합격, 더 이상 미룰 수

굴삭기 운전기능사 필기 2021

과목별 필수핵심이론 + 최신기출복원문제 + 실전모의고사

건설기계교육연구소 저

가이드 / GUIDE

■ 굴삭기운전기능사

주로 건설업체, 건설기계 대여업체 등으로 진출하며, 이외에도 광산, 항만, 시 · 도 건설사업소 등 그 사용 범위가 광범위하므로 건설 및 토목사업이 대형화될수록 굴삭기 운전의 수요는 더욱 증가할 것으로 기대된다. 이에 따라 고성능기종의 건설기계 개발과 더불어 굴삭기의 안전운행과 기계수명 연장 및 작업능률 제고를 위해 숙련기능인력 양성이 요구된다.

■ 시험정보

1. 시험과목

• 필기시험

과목명	활용 NCS 능력단위	NCS 세분류
건설기계기관, 전기, 섀시, 굴삭기작업장치, 유압일반, 건설기계관리법규 및 도로통행방법, 안전관리	건설기계기관장치	굴삭기운전
	건설기계전기장치	
	건설기계섀시장치	
	굴삭기 작업장치	
	유압일반	
	건설기계관리법규 및 도로교통법	
	안전관리	

※ 수수료 : 14,500원

• 실기시험

과목명	활용 NCS 능력단위	NCS 세분류
굴삭기운전작업 및 도로주행	작업상황 파악	굴삭기운전
	운전 전 점검	
	장비 시운전	
	주행	
	터파기	
	깎기	
	쌓기	
	메우기	
	선택장치 작업	
	안전 · 환경관리	
	작업 후 점검	

※ 수수료 : 27,800원

2. 검정방법

구분	출제 방식	시간
필기	객관식 4지 택일형(60문항)	60분
실기	작업형	6분 정도

※ 필기, 실기 합격기준 : 100점 만점에 60점 이상

3. 필기 출제기준

주요항목	세부항목
1. 건설기계기관장치	1. 기관의 구조, 기능 및 점검
2. 건설기계전기장치	1. 전기장치의 구조, 기능 및 점검
3. 건설기계새시장치	1. 새시의 구조, 기능 및 점검
4. 굴삭기 작업장치	1. 굴삭기 작업장치
5. 유압일반	1. 유압유
	2. 유압기기
6. 건설기계관리법규 및 도로교통법	1. 건설기계등록검사
	2. 면허 · 사업 · 벌칙
	3. 건설기계의 도로 교통법
7. 안전관리	1. 안전관리
	2. 작업 안전

■ 검정현황

연도	필기		실기	
	응시	합격	응시	합격
2019년	47,259	28,505	47,709	19,602
2018년	44,294	26,000	40,803	16,424
2017년	41,692	23,887	42,216	17,036
2016년	33,547	16,369	36,221	15,044
2015년	30,547	14,922	33,466	14,345

단번에 확인하는 필기응시절차

1. 시험 일정 확인하기

① 한국산업인력공단 홈페이지(www.q-netor.kr) 접속

② 우측 상단 '로그인' 버튼을 눌러 로그인

※ q-net에 가입하지 않은 경우 회원가입 진행(진행 시 반명함판 크기의 사진 파일 등록)

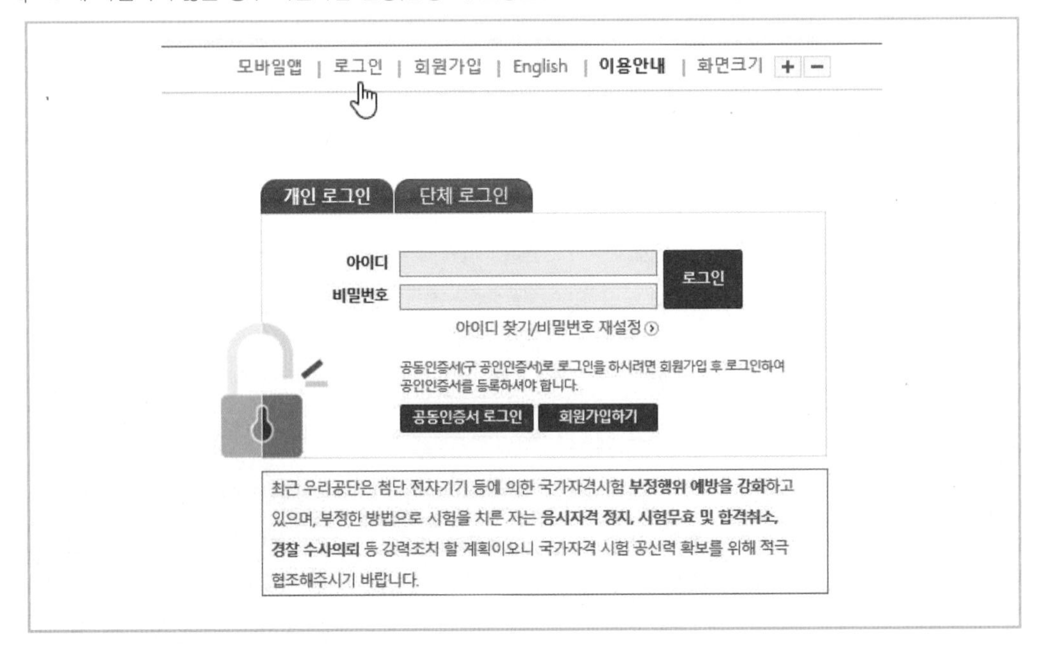

③ 메인 화면에서 좌측의 '원서접수'를 선택하면 현재 접수 가능한 시험 일정 확인 가능

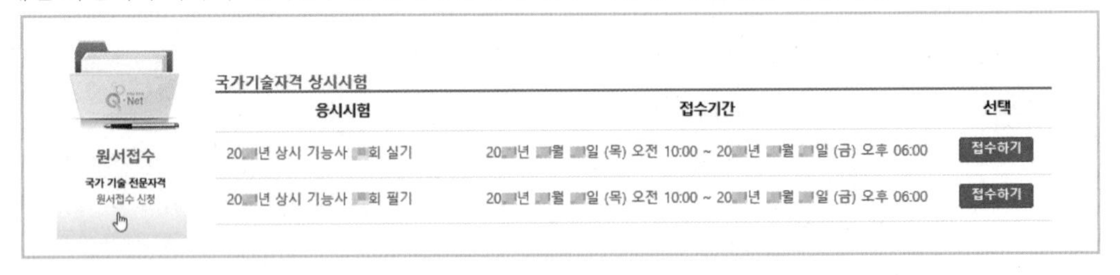

2. 시험 장소 확인하기

① 좌측 메뉴 중 '원서접수현황'을 클릭하고 해당되는 시험의 '현황보기'를 클릭

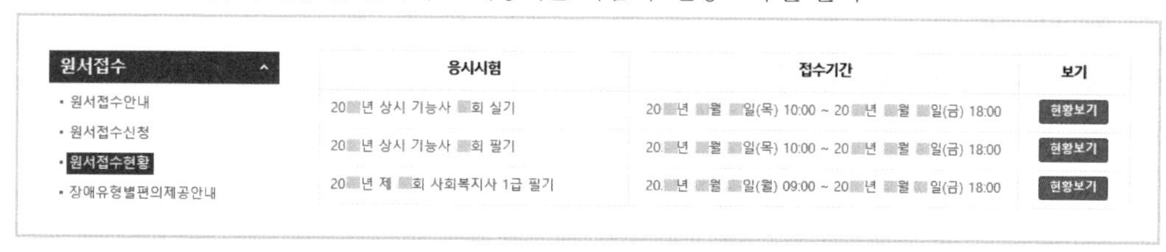

② 자격선택, 지역, 시/군/구, 응시유형을 선택한 후 '조회' 버튼을 눌러 시험장소 및 응시 정원 확인

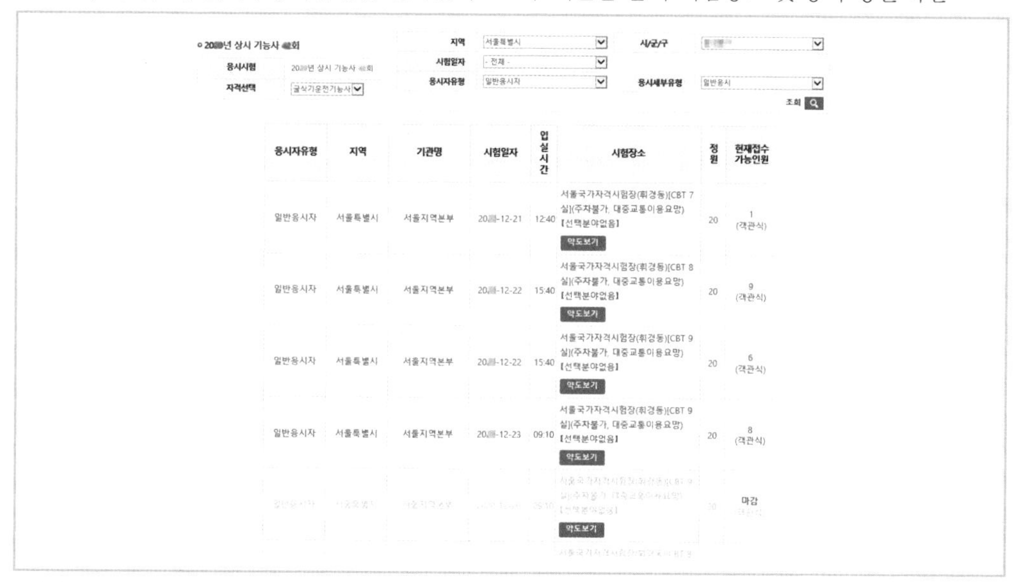

※ '현재 접수 가능 인원'에 '마감' 표시가 되어 있지 않은 곳에서만 시험 응시 가능

※ '약도보기'를 통해 시험장 위치 확인 가능

3. 원서 접수

① 좌측 메뉴 중 '원서접수신청'을 선택하면 현재 원서 접수 가능한 시험 목록 확인 가능

② 접수하고자 하는 시험의 '접수하기'를 눌러 시험 접수 페이지로 이동

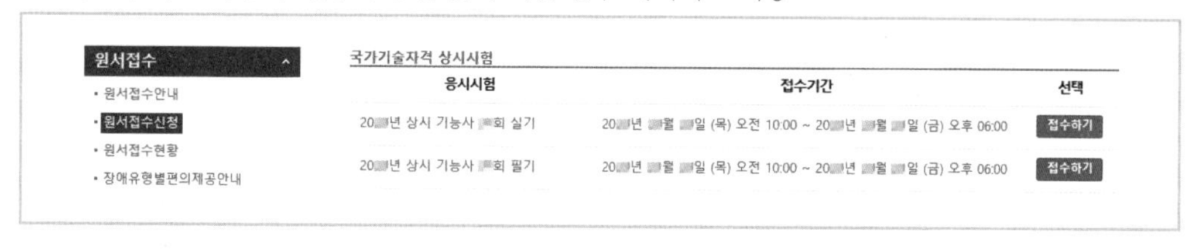

③ 응시종목을 선택하고 수수료 환불 관련 안내사항 확인 동의 후 '다음'을 눌러 접수 진행

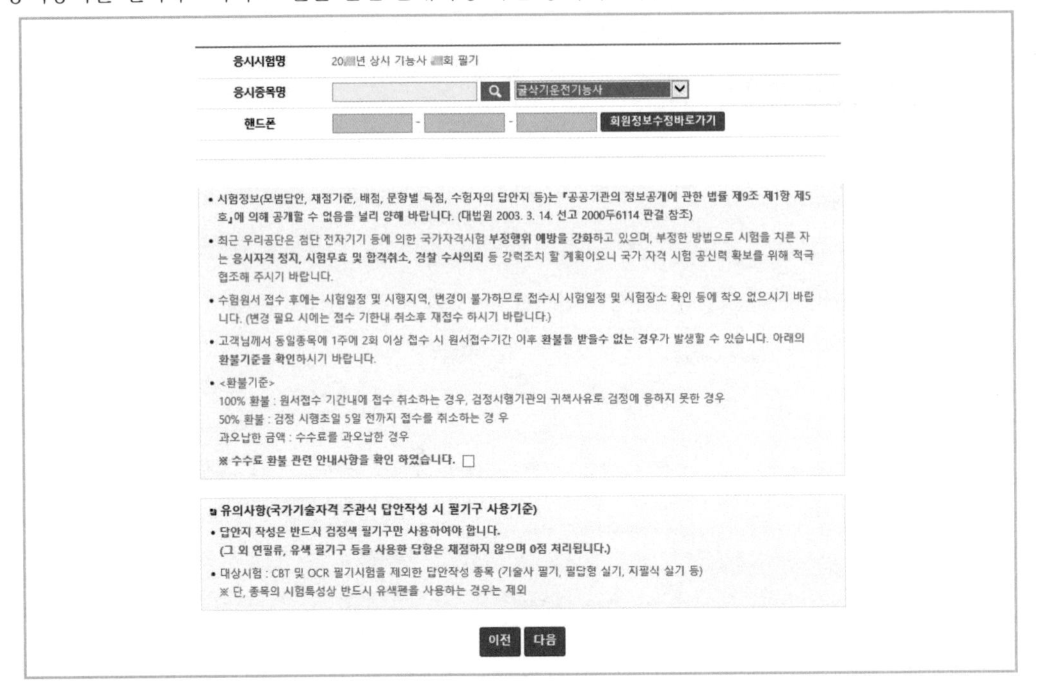

④ 이후 '응시유형' → '추가입력' → '장소선택' → '결제하기' 순으로 시험 접수를 진행하여 접수 완료

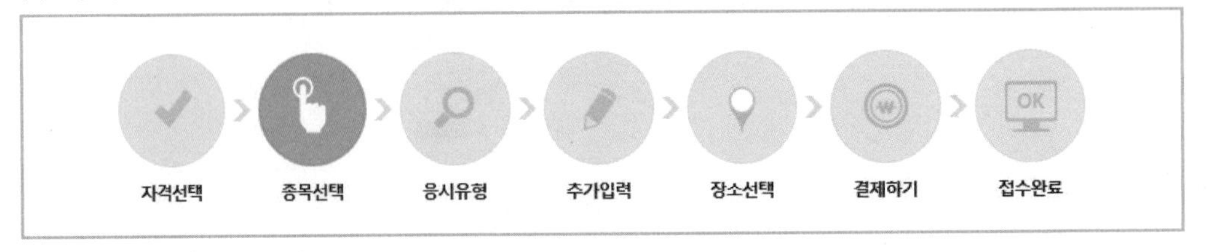

4. 필기시험 시험일 유의사항

① 입실시간 준수
② 수험표, 신분증, 필기구(흑색 싸인펜 등) 지참
③ 소지품 정리시간 이후 불허물품(전자 및 통신기기 등) 소지 시 퇴실 및 시험 무효처리되므로 주의
④ 시험장에 주차 시설이 없을 수 있으므로 가급적 대중교통 이용 권고

실기 작업 · 코스 요령

■ 코스운전

① 주어진 장비(타이어식)를 운전하여 운전석 쪽 앞바퀴가 중간 지점의 정지선 사이에 위치하면 일시정지한 후, 뒷바퀴가 (나) 도착선을 통과할 때까지 전진 주행하시오.

② 전진 주행이 끝난 지점에서 후진 주행으로 앞바퀴가 (가) 종료선을 통과할 때까지 운전하여 출발 전 장비 위치에 주차하시오.

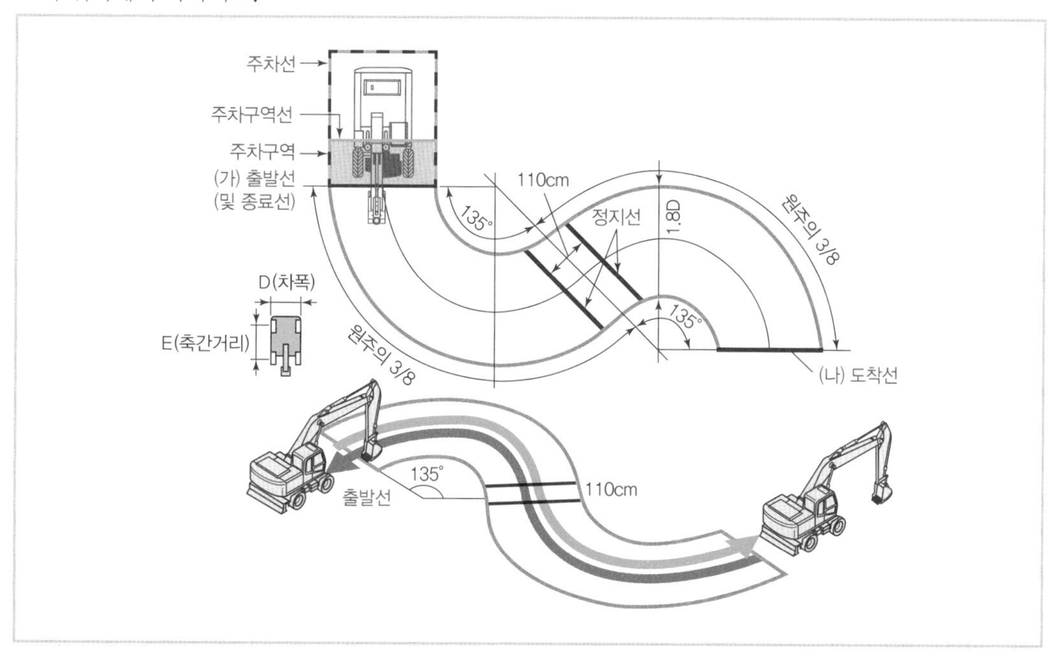

0. 준비사항

① 작업복 : 피부가 노출되지 않는 긴소매 상의(팔토시 허용) 및 긴바지

② 작업화 : 안전화 또는 운동화

③ 휴대폰 및 시계(스톱워치 포함)는 시험 전 심사위원에게 제출한다.

1. 출발 및 전진

① 시험 전 상태 : 시동이 걸린 상태, 사이드브레이크(채워짐), 전 · 후진 레버(중립), 위치는 출발선 1~2m 전

② 탑승 후 : 사이드브레이크를 가볍게 밟아 해지하고, 전후진레버를 밀어서 전진 상태로 둔 후 가속 페달을 가볍게 밟는다(전진기어만 넣으면 앞으로 전진하는 일반 승용차와 달리 굴삭기는 가속 페달을 밟아야 전진한다).

※ 작업장치 레버는 만지지 않는다.

※ 1분 이내에 앞바퀴가 출발선을 통과해야 하며, 그렇지 않으면 실격처리된다.

2. 출발 및 좌측으로 코너링

① 출발하면서 바로 핸들을 좌측으로 최대한 돌려준다(차량 무게로 인해 반대로 밀리는 현상이 있기 때문이다).

② 백미러를 확인하면서 운전석 뒷바퀴가 라인에 닿지 않을 정도의 간격을 유지한 채로 전진한다.

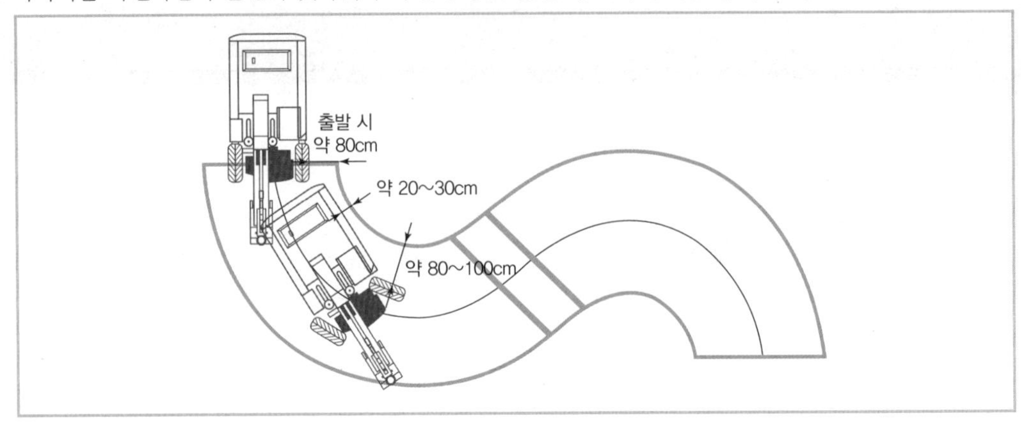

3. 정지선에서의 정지

① 정지선까지 오면 운전석 앞바퀴를 정지선 사이에 위치시키고 3초간 정지한다.

② 이때 가속 페달을 떼도 정지가 되지만, 브레이크 페달을 밟아 차량의 브레이크등이 켜지도록 한다.

③ 서서히 전진하면서 앞바퀴를 11자로 똑바로 한다.

4. 정지선에서 우측으로 코너링

① 정지선을 지나면서 좌측 라인과의 간격이 약 50~60cm가 될 때까지 그대로 전진한다.

② 핸들을 우측으로 최대한 돌린 후 도착점까지 전진한다.

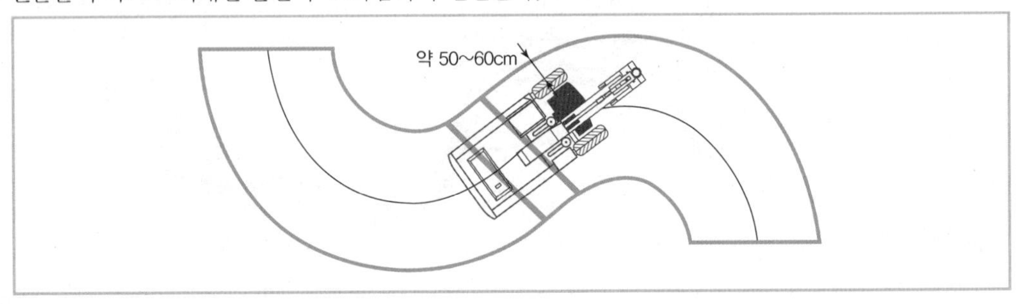

5. 도착점을 지나 정지하기

① 운전석 뒷바퀴가 도착선을 통과한 후, 좌측 뒷바퀴가 확실하게 통과하도록 1m 정도 충분히 전진한다.

② 이때, 핸들이 우측으로 다 감긴 상태 그대로 도착점을 통과한다.

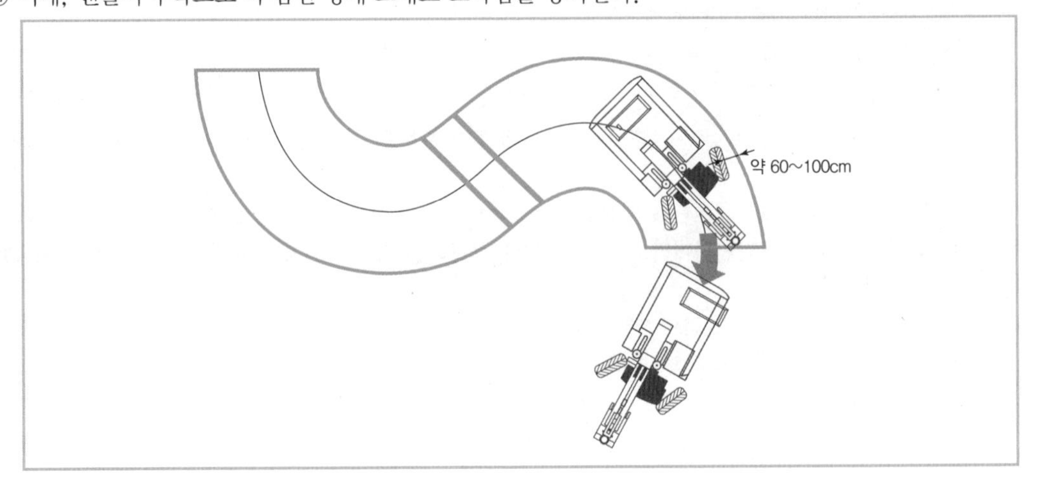

6. 후진하기

① 핸들을 우측으로 다 감긴 상태 그대로 유지하면서 전 · 후진 레버를 당기고 후진한다.

② 후진하면서 중간 정지선을 지나기 전, 차량의 좌측 차체가 코스의 좌측 꺾이는 라인과 약 20cm 정도 간격을 유지할 때 멈추고 핸들을 11자로 똑바로 한 후 후진한다.

※ 그림에서 A지점이 백미러에 보이거나 운전석 뒷바퀴가 정지선에 닿으면 후진을 멈추고 핸들을 똑바르게 한다.

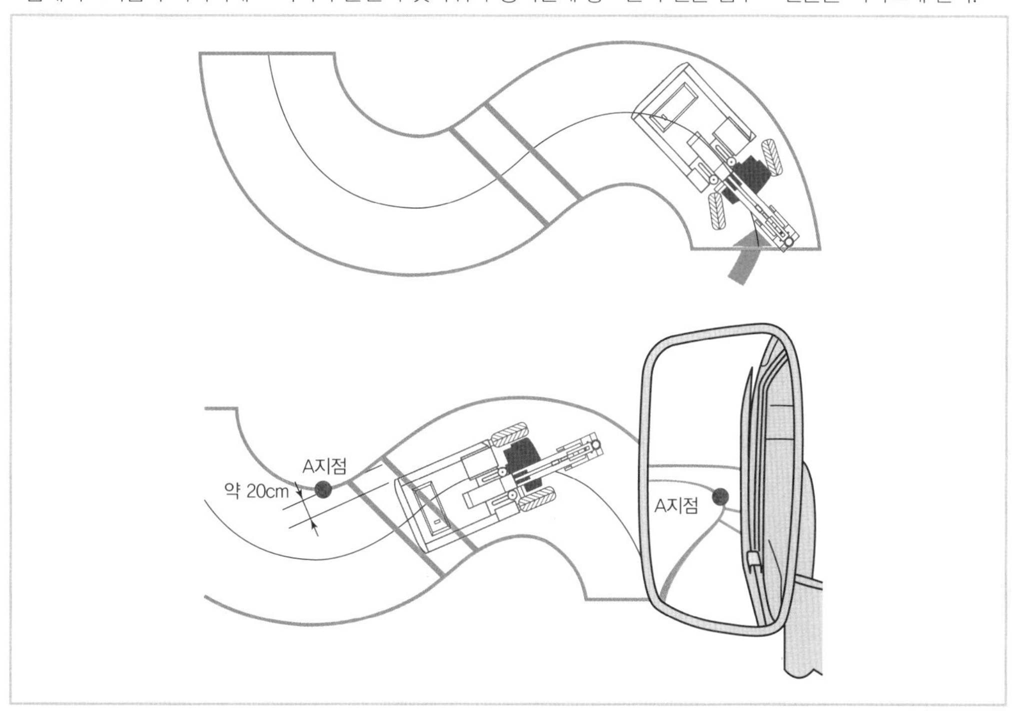

※ 앞바퀴를 11자 형태로 전 · 후진하는 구간(이론적인 11자 구간이며, 시험장별로 차이가 조금 있다)

7. 정지선에서의 좌회전

① 운전선 뒷바퀴가 A지점 근처에 오면 핸들을 끝까지 왼쪽으로 돌린다.

② 그 후 천천히 후진해서 출발선까지 회전한다.

8. 시작점까지 후진

① 뒷바퀴가 출발선 근처에 오면 다시 앞바퀴를 똑바로 하여 출발선 밖으로 완전히 통과하고, 주차구역 내에 앞바퀴가 들어오도록 한다.

② 그 후 전 · 후진 레버를 중립 상태로 두고, 사이드브레이크를 채운다(브레이크를 끝까지 밟으면 사이드 브레이크가 채워진다).

③ 시동을 끄지 않아도 되며 안전봉을 잡고 천천히 하차한다.

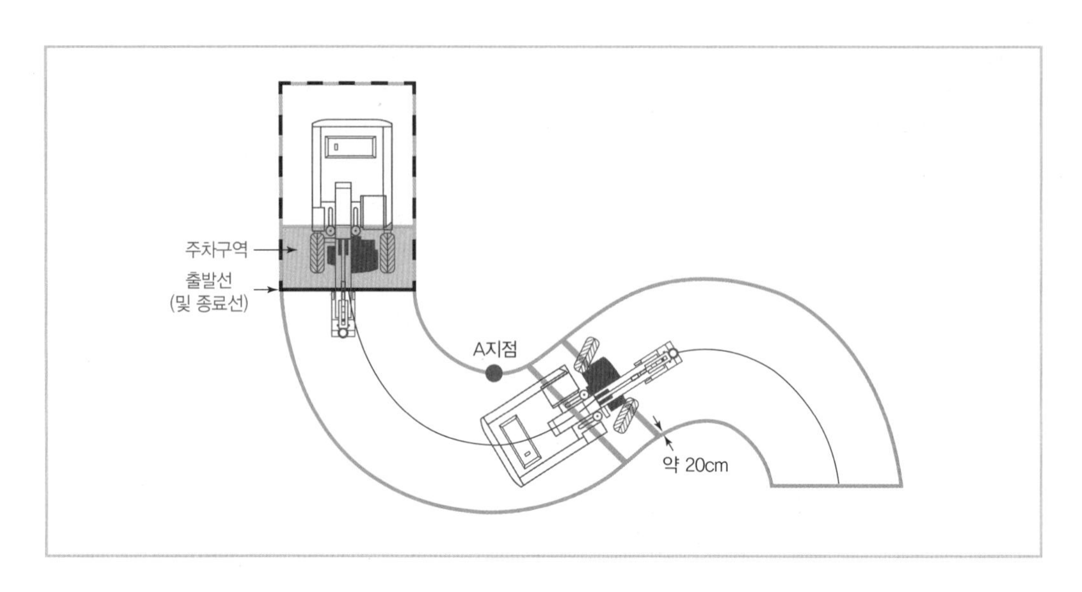

■ 굴착작업

① 주어진 장비로 A(C)지점을 굴착한 후, B지점에 설치된 폴(pole)의 버킷 통과구역 사이에 버킷이 통과하도록 선회한다. 그리고 C(A)지점의 구덩이를 메운 다음 평탄 작업을 마친 후, 버킷을 완전히 펼친 상태로 지면에 내려놓고 작업을 끝내시오.

② 굴착작업 횟수는 4회 이상(단, 굴착작업 시간이 초과될 경우 실격)

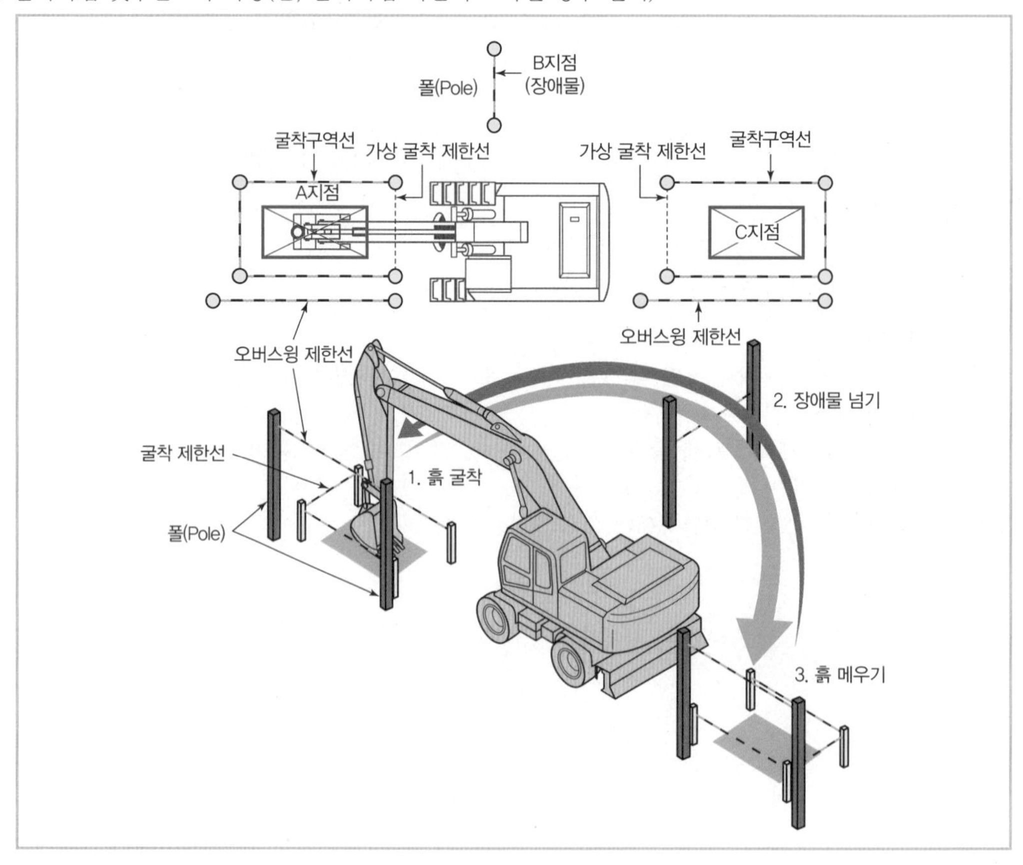

1. 탑승 및 작업 전 준비

① 탑승하면 감독관에게 손을 들어 준비신호를 보낸다.

② 호각 소리가 나면 좌측 조종 박스를 내리고, 안전잠금레버를 올린다(작업장치 해제).

③ 운전석 우측 조정 패널의 RPM 스위치를 7~8(최대 10일 경우) 정도에 맞춘다(RPM은 거의 조정되는 경우가 많다).

※ 만약 굴착 지역의 흙이 기준면과 부합되지 않는다고(지면에서 아래로 50cm 이상 파일 경우) 판단될 경우 감독관에게 흙량의 보정을 요구할 수 있다.

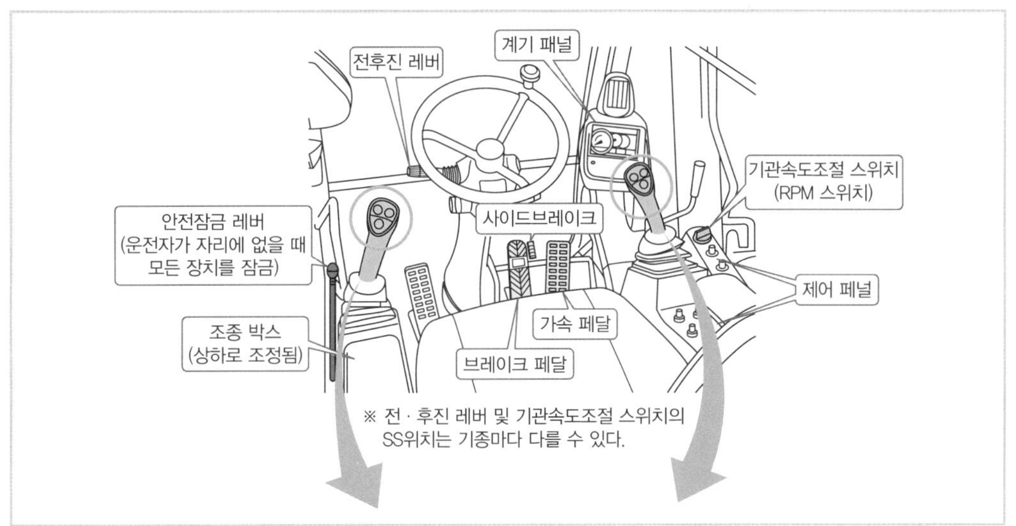

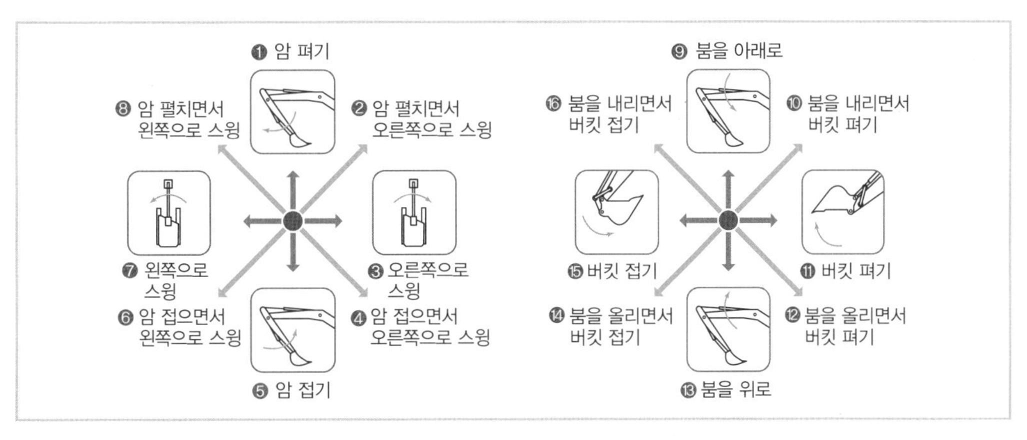

2. 출발 및 전진

① 처음 버킷은 펴진 상태로 바닥에 내려져 있다. 붐을 조금 올리고 오므리면서 내린다.

② 버킷을 지면과 90°가 될 때까지 오므리며 버킷 투스가 보이지 않도록 흙을 버킷에 담는다(❺, ⓯).

③ 버킷에 흙이 담겨지면 암을 살짝 당기고 버켓 상단면이 지면과 수평이 되도록 한다(버킷에 흙이 반 이하로 담겨 있다면 감점)

3. 붐 들어올리기

① 버킷을 들어올릴 때는 붐 실린더가 지면과 90°가 될 때까지 붐을 들어올리며 암 레버를 조금씩 당겨(❺, ⓭) 붐과 암의 각도가 약 100~110°로 하고 버킷을 완전히 접는다.

② 버킷 밑면은 운전자의 눈높이보다 약 15° 정도 위에 위치하도록 한다.

③ 이때 옆을 보며 장애물 선의 높이를 어느 정도 가늠하여 붐을 들어올리는 높이를 예측하는 것이 좋다.

※ 작업레버 조작 중 작업 장비의 덜컹거림(충격)이 3회 이상 반복되면 감점 또는 실격이 될 수 있으므로 주의해야 한다. 장비의 충격을 줄이기 위해 작업 레버를 부드럽고 천천히 움직여준다.

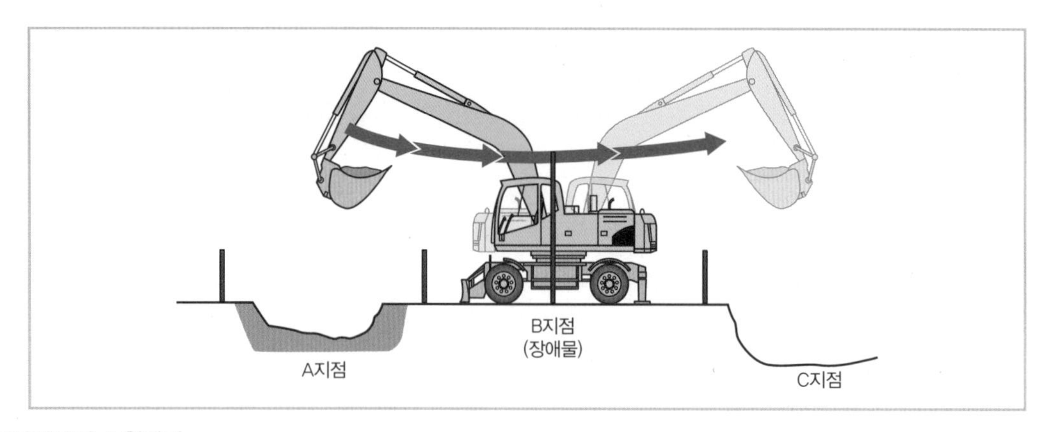

4. C지점까지 스윙하기

① B지점의 장애물에 닿지 않도록 조심하며 C지점까지 180° 스윙한다(❽).

② 가급적 붐을 들어올리며 스윙 작업을 동시에 한다

※ 스윙 시 버킷의 흙을 지나치게 흘리면 감점 대상임

5. 덤핑하기(메우기)

① 버킷이 C지점에 위치하면 1m 높이까지 하강(❾)하여 암을 펴면서 동시에 버킷을 서서히 펼친다(❶, ⓫).

② 좌측 레버를 밀어 덤핑 위치를 조정한다.

③ 굴착작업 및 덤핑작업을 4회 반복한다.

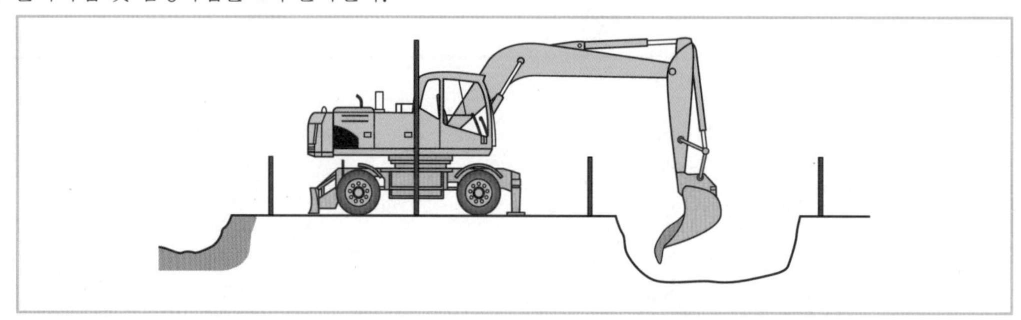

6. 지면 평탄작업

① 덤핑작업을 마치면 버킷투스를 지면에 닿게 한 후 버킷을 세우고 붐과 암으로 가볍게 당기고 펴면서 평탄작업을 2~3회 한다.

② 평탄작업을 마치면 처음처럼 버킷 윗면이 지면과 수평이 되도록 하고 버킷을 지면에 내려놓는다.

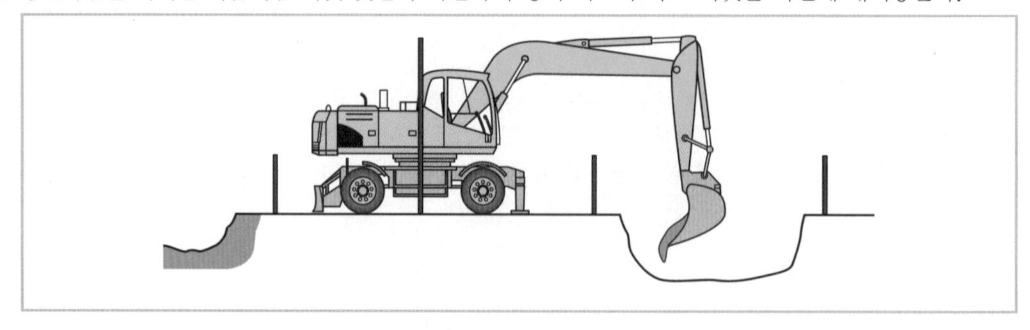

7. 작업 종료

① 처음과 마찬가지로 버킷을 바깥으로 완전히 펴고(⑪) 붐을 내려(⑩) 바닥에 내려놓는다.
② RPM을 0으로 조정한 후 안전잠금 레버를 내리고(잠금), 좌측 조종박스를 올린다.
③ 차량 승하차 시 안전봉을 잡고 안전사고에 주의하며, 뛰어내리지 않도록 한다.

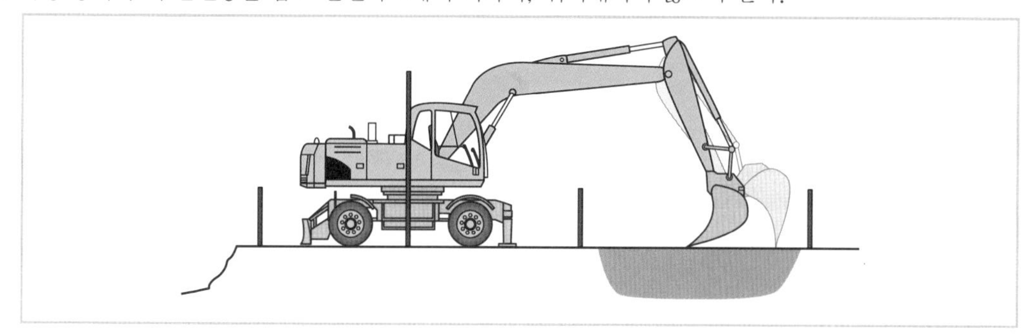

■ 코스운전, 굴착작업 시의 유의사항

① 코스운전

- 주행 시에는 상부 회전체를 반드시 고정시켜야 한다.
- 코스 중간지점에서의 정지는 정지선(앞, 뒤)에 운전석 쪽(좌측) 앞바퀴가 들어 있거나 물린 상태가 되도록 한다.
- 코스 전진 시 뒷바퀴가 도착선을 통과한 후 정차한다.
- 코스 후진 시 주차선을 건드리지 않게 주의하면서 주차구역 내에 앞바퀴가 위치하도록 주차한 후 코스운전을 종료한다.

② 굴착작업

- 굴착을 위해 적절한 RPM으로 조절한다.
- 굴착은 평적 이상으로 한다.
- 굴착, 선회, 덤프, 평탄작업 시 설치되어 있는 장애물을 건드리지 않도록 주의한다.
- 굴착 및 덤프작업 시 구분동작으로 하지 말고 연결동작으로 작업한다.
- 굴착작업 시 버킷 가로폭의 중심 위치는 앞쪽 터치라인을 기준으로 하여 안쪽으로 30cm 들어온 지점에서 굴착한다.
- 덤프 지점의 흙은 고르게 평탄해야 한다.

도서의 구성과 특징

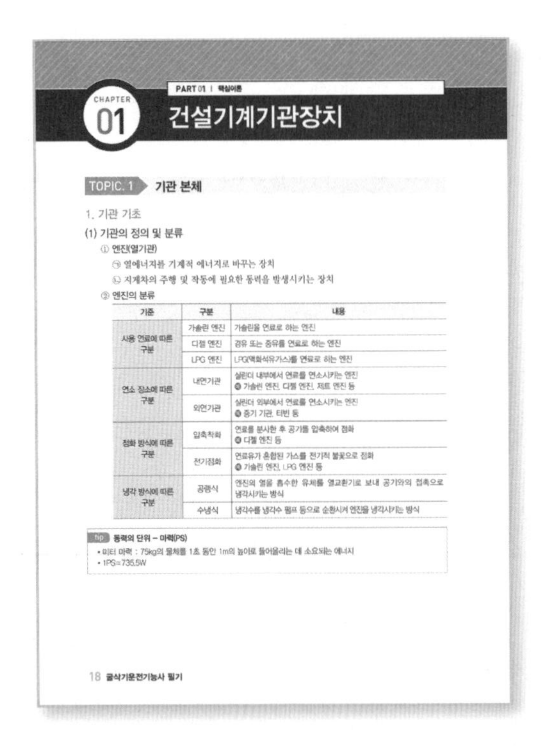

PART 01 | 핵심이론

CHAPTER 01 건설기계기관장치

TOPIC. 1 기관 본체

1. 기관 기초

(1) 기관의 정의 및 분류

① 엔진(열기관)

㉠ 열에너지를 기계적 에너지로 바꾸는 장치

㉡ 지게차의 주행 및 작동에 필요한 동력을 발생시키는 장치

② 엔진의 분류

기준	구분	내용
사용 연료에 따른 구분	가솔린 엔진	가솔린을 연료로 하는 엔진
	디젤 엔진	경유 또는 중유를 연료로 하는 엔진
	LPG 엔진	LPG(액화석유가스)를 연료로 하는 엔진
연소 장소에 따른 구분	내연기관	실린더 내부에서 연료를 연소시키는 엔진 예 가솔린 엔진, 디젤 엔진, 제트 엔진 등
	외연기관	실린더 외부에서 연료를 연소시키는 엔진 예 증기 기관, 터빈 등
점화 방식에 따른 구분	압축착화	연료를 분사한 후 공기를 압축하여 점화 예 디젤 엔진 등
	전기점화	연료유가 혼합된 가스를 전기적 불꽃으로 점화 예 가솔린 엔진, LPG 엔진 등
냉각 방식에 따른 구분	공랭식	엔진의 열을 흡수한 유체를 열교환기로 보내 공기와의 접촉으로 냉각시키는 방식
	수냉식	냉각수를 냉각수 펌프 등으로 순환시켜 엔진을 냉각시키는 방식

tip 동력의 단위 – 마력(PS)
- 미터 마력 : 75kg의 물체를 1초 동안 1m의 높이로 들어올리는 데 소요되는 에너지
- 1PS=735.5W

18 굴삭기운전기능사 필기

단원별 핵심이론

시간 낭비 없이 시험에 꼭 나올 핵심이론만을 요약하여 문제풀이 전 또는 시험 직전에 체크할 수 있도록 하였습니다.

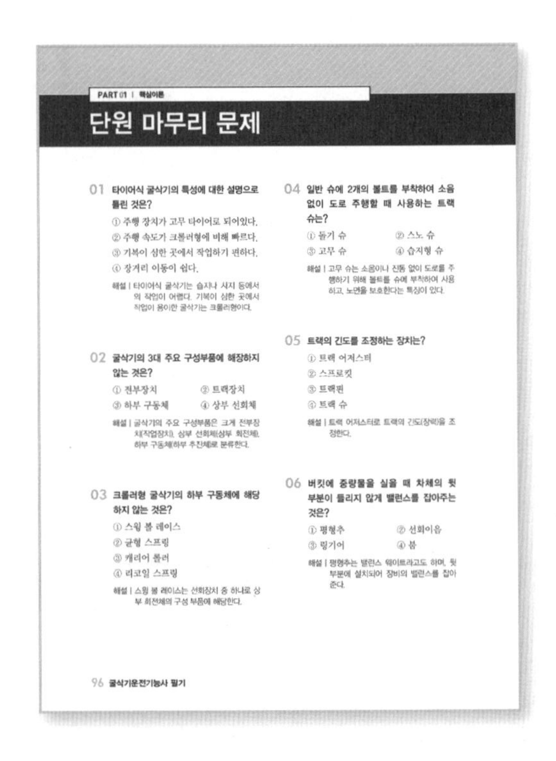

PART 01 | 핵심이론

단원 마무리 문제

01 타이어식 굴삭기의 특성에 대한 설명으로 틀린 것은?

① 주행 장치가 고무 타이어로 되어있다.
② 주행 속도가 크롤러형에 비해 빠르다.
③ 기복이 심한 곳에서 작업하기 편하다.
④ 장거리 이동이 쉽다.

해설 | 타이어식 굴삭기는 습지나 사지 등에서의 작업이 어렵다. 기복이 심한 곳에서 작업이 용이한 굴삭기는 크롤러형이다.

02 굴삭기의 3대 주요 구성부품에 해당하지 않는 것은?

① 전부장치 ② 트랙장치
③ 하부 구동체 ④ 상부 선회체

해설 | 굴삭기의 주요 구성부품은 크게 전부장치(작업장치), 상부 선회체(상부 회전체), 하부 구동체(하부 추진체)로 분류한다.

03 크롤러형 굴삭기의 하부 구동체에 해당하지 않는 것은?

① 스윙 볼 레이스
② 균형 스프링
③ 캐리어 롤러
④ 리코일 스프링

해설 | 스윙 볼 레이스는 선회장치 중 하나로 상부 회전체의 구성 부품에 해당한다.

04 일반 슈에 2개의 볼트를 부착하여 소음 없이 도로 주행할 때 사용하는 트랙 슈는?

① 돌기 슈 ② 스노 슈
③ 고무 슈 ④ 습지형 슈

해설 | 고무 슈는 소음이나 진동 없이 도로를 주행하기 위해 볼트를 슈에 부착하여 사용하고, 노면을 보호한다는 특징이 있다.

05 트랙의 긴도를 조정하는 장치는?

① 트랙 어저스터
② 스프로킷
③ 트랙핀
④ 트랙 슈

해설 | 트랙 어저스터로 트랙의 긴도(장력)을 조정한다.

06 버킷에 중량물을 실을 때 차체의 뒷부분이 들리지 않게 밸런스를 잡아주는 것은?

① 평형추 ② 선회이음
③ 링기어 ④ 붐

해설 | 평형추는 밸런스 웨이트라고도 하며, 뒷부분에 설치되어 장비의 밸런스를 잡아준다.

96 굴삭기운전기능사 필기

단원마무리문제

단원별로 중요한 문제만을 수록하여 출제되는 유형을 파악할 수 있도록 하였습니다.

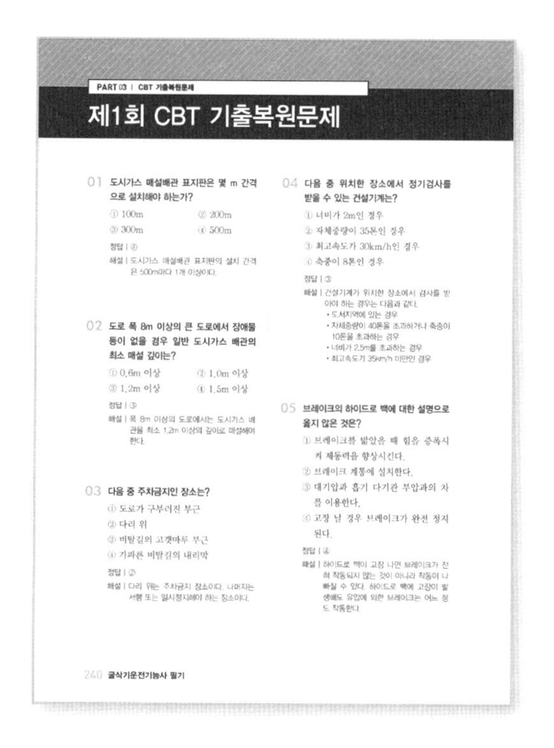

PART 03 | CBT 기출복원문제

제1회 CBT 기출복원문제

01 도시가스 매설배관 표지판은 몇 m 간격으로 설치해야 하는가?

① 100m ② 200m
③ 300m ④ 500m

정답 | ④
해설 | 도시가스 매설배관 표지판의 설치 간격은 500m마다 1개 이상이다.

02 도로 폭 8m 이상의 큰 도로에서 장애물 등이 없을 경우 일반 도시가스 배관의 최소 매설 깊이는?

① 0.6m 이상 ② 1.0m 이상
③ 1.2m 이상 ④ 1.5m 이상

정답 | ③
해설 | 폭 8m 이상의 도로에서는 도시가스 배관을 최소 1.2m 이상의 깊이로 매설해야 한다.

03 다음 중 주차금지인 장소는?

① 도로가 구부러진 부근
② 다리 위
③ 비탈길의 고갯마루 부근
④ 가파른 비탈길의 내리막

정답 | ②
해설 | 다리 위는 주차금지 장소이다. 나머지는 서행 또는 일시정지해야 하는 장소이다.

04 다음 중 위치한 장소에서 정기검사를 받을 수 있는 건설기계는?

① 너비가 2m인 경우
② 자체중량이 35톤인 경우
③ 최고속도가 30km/h인 경우
④ 축중이 8톤인 경우

정답 | ③
해설 | 건설기계가 위치한 장소에서 검사를 받아야 하는 경우는 다음과 같다.
- 도서지역에 있는 경우
- 자체중량이 40톤을 초과하거나 축중이 10톤을 초과하는 경우
- 너비가 2.5m를 초과하는 경우
- 최고속도가 35km/h 미만인 경우

05 브레이크의 하이드로 백에 대한 설명으로 옳지 않은 것은?

① 브레이크를 밟았을 때 힘을 증폭시켜 제동력을 향상시킨다.
② 브레이크 계통에 설치한다.
③ 대기압과 흡기 다기관 부압과의 차를 이용한다.
④ 고장 난 경우 브레이크가 완전 정지된다.

정답 | ④
해설 | 하이드로 백이 고장 나면 브레이크가 전혀 작동되지 않는 것이 아니라 작동이 나빠질 수 있다. 하이드로 백에 고장이 발생해도 유압에 의한 브레이크는 어느 정도 작동한다.

240 굴삭기운전기능사 필기

기출복원문제 600문항

과년도 기출복원문제와 CBT 기출복원문제 총 10회분을 수록하였습니다. 문제 아래 바로 해설을 배치하여 빠른 학습이 가능하도록 하였습니다.

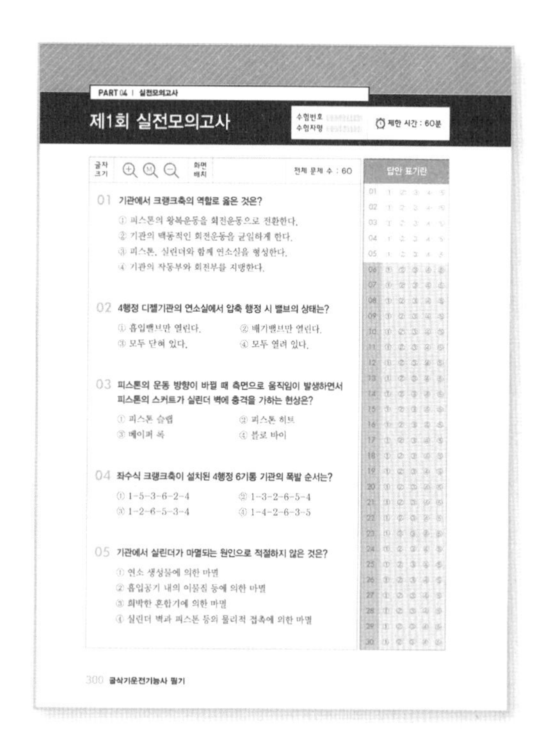

PART 04 | 실전모의고사

제1회 실전모의고사

수험번호
수험자명
제한 시간 : 60분

글자 크기 화면 배치 전체 문제 수 : 60

답안 표기란

01 기관에서 크랭크축의 역할로 옳은 것은?

① 피스톤의 왕복운동을 회전운동으로 전환한다.
② 기관의 맥동적인 회전운동을 균일하게 한다.
③ 피스톤, 실린더와 함께 연소실을 형성한다.
④ 기관의 작동부와 회전부를 지탱한다.

02 4행정 디젤기관의 연소실에서 압축 행정 시 밸브의 상태는?

① 흡입밸브만 열린다. ② 배기밸브만 열린다.
③ 모두 닫혀 있다. ④ 모두 열려 있다.

03 피스톤의 운동 방향이 바뀔 때 측면으로 움직임이 발생하면서 피스톤의 스커트가 실린더 벽에 충격을 가하는 현상은?

① 피스톤 슬랩 ② 피스톤 히트
③ 베이퍼 록 ④ 블로 바이

04 좌수식 크랭크축이 설치된 4행정 6기통 기관의 폭발 순서는?

① 1-5-3-6-2-4 ② 1-3-2-6-5-4
③ 1-2-6-5-3-4 ④ 1-4-2-6-3-5

05 기관에서 실린더가 마멸되는 원인으로 적절하지 않은 것은?

① 연소 생성물에 의한 마멸
② 흡입공기 내의 이물질 등에 의한 마멸
③ 희박한 혼합기에 의한 마멸
④ 실린더 벽과 피스톤 등의 물리적 접촉에 의한 마멸

300 굴삭기운전기능사 필기

실전모의고사 5회분

실제 CBT와 유사한 디자인으로 구성하여, 실제 시험처럼 60문항을 풀어볼 수 있는 실전모의고사 5회분을 수록하였습니다. 문제와 해설을 분리 구성하여 시험 직전 정확한 실력을 확인할 수 있습니다.

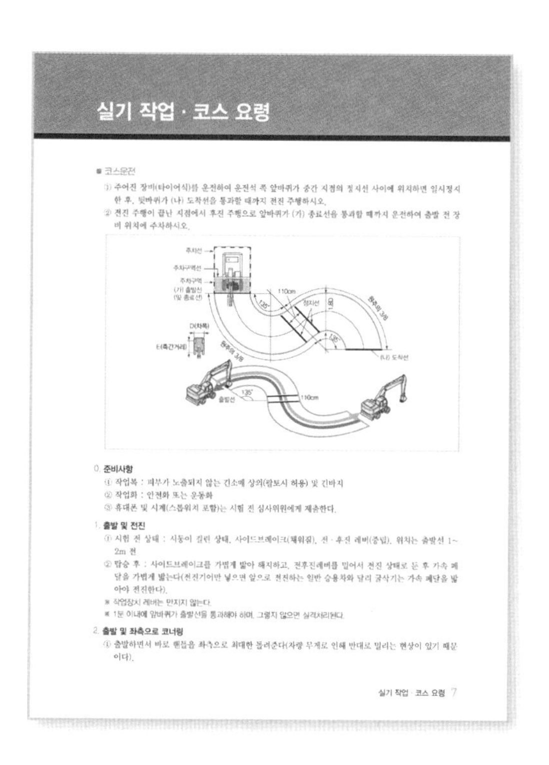

실기 작업 · 코스 요령

■ 코스운전
① 주어진 장비(타이어식)를 운전하여 운전석 쪽 앞바퀴가 중간 지점의 정지선 사이에 위치하면 일시정지한 후, 뒷바퀴가 (나) 도착선을 통과할 때까지 전진 주행하시오.
② 전진 주행이 끝난 지점에서 후진 주행으로 앞바퀴가 (가) 종료선을 통과할 때까지 운전하여 출발 전 장비 위치에 주차하시오.

0. 준비사항
① 작업복 : 피부가 노출되지 않는 긴소매 상의(팔토시 허용) 및 긴바지
② 작업화 : 안전화 또는 운동화
③ 휴대폰 및 시계(스톱워치 포함)는 시험 전 심사위원에게 제출한다.

1. 출발 및 전진
① 시험 전 상태 : 시동이 걸린 상태, 사이드브레이크(체위줌), 전·후진 레버(중립), 위치는 출발선 1~2m 전
② 탑승 후 : 사이드브레이크를 가볍게 밟아 해지하고, 전후진레버를 밀어서 전진 상태로 둔 후 가속 페달을 가볍게 밟는다(전진기어만 넣으면 앞으로 전진하는 일반 승용차와 달리 굴삭기는 가속 페달을 밟아야 전진한다).
※ 작업장치 레버는 만지지 않는다.
※ 1분 이내에 앞바퀴가 출발선을 통과해야 하며, 그렇지 않으면 실격처리된다.

2. 출발 및 좌측으로 코너링
① 출발하면서 바로 핸들을 좌측으로 최대한 꺾어준다(차량 무게로 인해 반대로 밀리는 현상이 있기 때문이다).

실기 작업 · 코스 요령 7

실기 작업 · 코스 요령

필기시험에 이어 실기시험까지 한 권에 수록하였습니다. 단순한 실기 도면이 아닌 실제시험에 필요한 실기 코스와 작업요령 및 주의사항을 확인할 수 있습니다.

목차

PART 01 핵심이론

PART 02 과년도 기출복원문제

PART 03 CBT 기출복원문제

PART 04 실전모의고사

PART 05 실전모의고사 정답 및 해설

P / A / R / T 01

Craftsman Excavating Machine Operator

핵심이론

CHAPTER 01 건설기계기관장치

TOPIC. 1 기관 본체

1. 기관 기초

(1) 기관의 정의 및 분류

① 엔진(열기관)

㉠ 열에너지를 기계적 에너지로 바꾸는 장치

㉡ 지게차의 주행 및 작동에 필요한 동력을 발생시키는 장치

② 엔진의 분류

기준	구분	내용
사용 연료에 따른 구분	가솔린 엔진	가솔린을 연료로 하는 엔진
	디젤 엔진	경유 또는 중유를 연료로 하는 엔진
	LPG 엔진	LPG(액화석유가스)를 연료로 하는 엔진
연소 장소에 따른 구분	내연기관	실린더 내부에서 연료를 연소시키는 엔진 예 가솔린 엔진, 디젤 엔진, 제트 엔진 등
	외연기관	실린더 외부에서 연료를 연소시키는 엔진 예 증기 기관, 터빈 등
점화 방식에 따른 구분	압축착화	연료를 분사한 후 공기를 압축하여 점화 예 디젤 엔진 등
	전기점화	연료유가 혼합된 가스를 전기적 불꽃으로 점화 예 가솔린 엔진, LPG 엔진 등
냉각 방식에 따른 구분	공랭식	엔진의 열을 흡수한 유체를 열교환기로 보내 공기와의 접촉으로 냉각시키는 방식
	수냉식	냉각수를 냉각수 펌프 등으로 순환시켜 엔진을 냉각시키는 방식

tip 동력의 단위 – 마력(PS)

- 미터 마력 : 75kg의 물체를 1초 동안 1m의 높이로 들어올리는 데 소요되는 에너지
- 1PS=735.5W

(2) 디젤기관

① 디젤기관의 특징

㉠ 경유를 연료로 사용

㉡ 압축 · 착화 방식(점화장치가 없음)

㉢ 가솔린 기관 대비 높은 압축비

tip 압축 · 착화 방식

실린더 내에 공기만을 흡입하여 높은 압력으로 압축한 후 압축된 고온 · 고압의 공기에 연료를 분사시켜 자연 착화시키는 방식

② 디젤기관의 장점과 단점

장점	단점
• 열효율이 높음 • 인화점이 높은 경유를 연료유로 사용해 취급이 용이함(화재의 위험성이 낮음) • 연료소비율이 낮음	• 소음과 진동이 큼 • 마력당 무게가 무거움 • 구조가 복잡하고 제작비가 비쌈

③ 4행정 사이클 기관

㉠ 행정 순서 : 흡입 → 압축 → 폭발(작동) → 배기

tip 디젤기관의 행정별 밸브 열림 상태

구분	흡입	압축	폭발(작동)	배기
흡입밸브	열림	닫힘	닫힘	닫힘
배기밸브	닫힘	닫힘	닫힘	열림

㉡ 크랭크축과 캠축의 회전비 : 크랭크축이 2회전할 때 캠축이 1회전(2:1)

tip 기관 실린더 수가 많을 때의 장점

• 기관의 진동이 적음
• 가속이 원활하고 신속함
• 저속회전이 용이하고 출력이 높음

(3) 기관 이상 발생 원인

① 기관 출력 저하의 직접적 원인

㉠ 실린더 내 압축 압력 저하

㉡ 연료분사량 저하

㉢ 노킹 발생

② 디젤기관에서 시동이 되지 않을 때의 원인

㉠ 연료의 부족

• 기관의 진동이 적음

• 가속이 원활하고 신속함
• 저속회전이 용이하고 출력이 높음

㉡ 연료 공급 펌프 불량
㉢ 연료 계통 내 공기 혼입
㉣ 배터리 방전

③ 디젤기관의 진동 발생 원인
㉠ 연료 계통 내 공기 혼입
㉡ 실린더별 연료분사압력 차이
㉢ 4기통 엔진에서 1개의 분사노즐 막힘
㉣ 인젝터 불균율 발생

④ 기관 과열의 원인
㉠ 윤활유 부족
㉡ 냉각수 부족
㉢ 물 펌프 고장
㉣ 팬벨트 이완 혹은 절손
㉤ 라디에이터 코어 막힘 혹은 불량
㉥ 냉각장치 내 스케일 과다
㉦ 정온기가 닫힌 상태로 고장
㉧ 이상연소(노킹 등) 발생

2. 기관 주요부의 구성 및 작용

(1) 실린더 블록과 실린더

① 실린더 블록
㉠ 주철합금으로 제작된 부품으로 엔진의 골격을 이루는 부분
㉡ 내부는 물 통로와 실린더로 구성
㉢ 실린더 헤드, 오일 팬, 각종 부속 장치 및 코어 플러그 등이 부착됨

② 실린더
㉠ 피스톤 행정의 약 2배 길이의 원통형 부분
㉡ 피스톤과 함께 연소실을 형성

tip 실린더 행정과 실린더 내경의 비
• 실린더 행정 내경비=$\frac{1}{2}$
• 이 비율에 따라 엔진을 장행정 엔진, 정방행정 엔진, 단행정 엔진으로 구분

③ 실린더 라이너
㉠ 실린더 내부에 삽입되어 실린더 및 피스톤의 마멸을 방지하고 실린더에 가해지는 열응력을 감소시킴
㉡ 고열 및 마멸에 대한 저항력이 높은 특수 주철합금으로 제작

> **tip** 실린더 라이너의 종류
>
> | | |
> |---|---|
> | **습식 라이너** | • 냉각수가 라이너와 직접 접촉
• 디젤기관에서 주로 사용
• 라이너의 두께 : 5~8mm |
> | **건식 라이너** | • 간접적으로 라이너를 냉각
• 가솔린 기관에서 주로 사용
• 라이너의 두께 : 2~3mm |

④ 실린더 헤드

㉠ 실린더, 실린더 라이너, 피스톤 등과 함께 연소실을 형성

㉡ 흡 · 배기 밸브, 연료 분사 밸브, 점화 장치 등 각종 밸브 및 장치가 설치됨

> **tip** 실린더 헤드의 구비조건
> - 고온에서 열 팽창이 적을 것
> - 폭발 압력에 견딜 수 있는 강성 및 강도를 가질 것
> - 조기 점화를 방지하기 위해 가열되기 쉬운 돌출부가 없을 것
> - 열전도 특성이 좋으며, 주조나 가공이 쉬울 것

㉢ 실린더 개스킷 : 실린더 블록과 실린더 헤드의 조립부에 설치되어 실린더 헤드의 물과 압축가스, 오일 등이 새지 않도록 밀봉 역할을 함

> **tip** 실린더 캐스킷의 손상으로 인한 영향
> - 압축압력 및 폭발압력의 저하
> - 냉각수에 기름 혼입(라디에이터 방열기 캡을 열어 점검할 때 기름이 떠 있음)

⑤ 실린더의 마모

㉠ 실린더 마모의 원인

- 실린더 벽과 피스톤 및 피스톤의 접촉에 의한 마모
- 연소 생성물(카본)에 의한 마모
- 흡입공기 중의 먼지 등 이물질에 의한 마모
- 커넥팅 로드의 휨으로 인한 마모

㉡ 실린더 마모 시 발생하는 현상

- 압축 효율 저하
- 크랭크실 내의 윤활유 소모 증가(윤활유의 연소실 유입)
- 기관 출력 저하

(2) 피스톤

① 역할

㉠ 실린더 내를 왕복 운동하며 공기를 압축시킴

㉡ 연소 가스의 압력을 받아 그 힘을 크랭크축으로 전달시킴

② 피스톤의 구비조건

㉠ 고압과 고열을 직접 받으므로 충분한 기계적 강도를 가져야 함

㉡ 열을 실린더 내벽으로 잘 전달할 수 있도록 열전도가 좋아야 함

㉢ 마멸에 잘 견디고 관성의 영향이 적도록 무게가 가벼워야 함

㉣ 폭발 압력을 유효하게 이용할 수 있어야 함

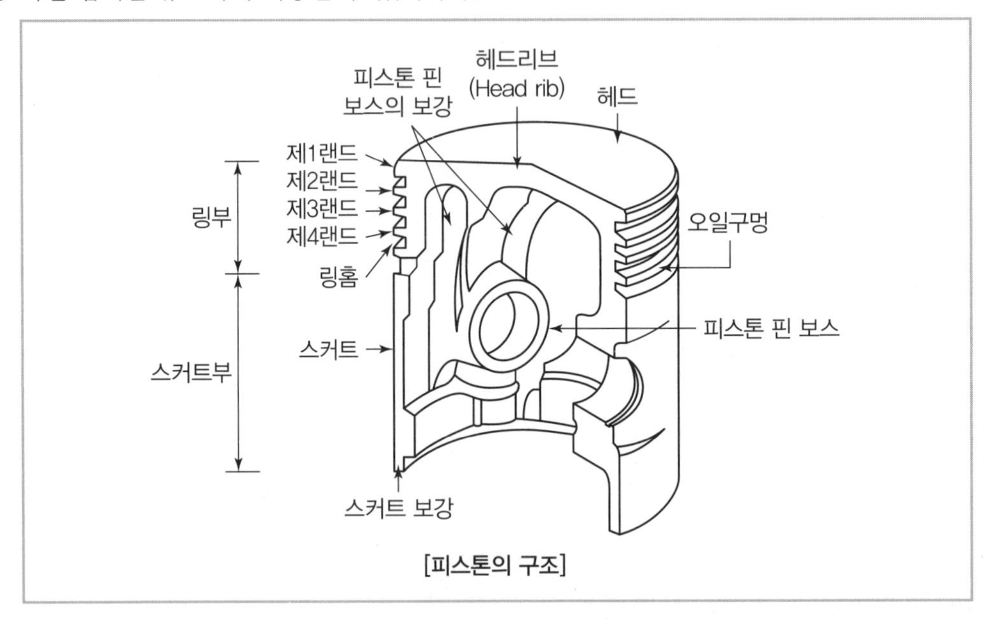

[피스톤의 구조]

③ 피스톤의 간극

㉠ 실린더 내부의 지름과 피스톤 최대의 바깥 지름과의 차이

㉡ 피스톤이 정상온도에서 팽창되는 것을 고려하여 두는 간격

㉢ 피스톤 간극에 따른 영향

피스톤 간극이 클 경우	• 블로 바이(blow by)에 의한 압축 압력 저하 • 오일의 연소실 유입 • 오일 소비 증대 • 피스톤 슬랩 현상 발생 • 오일 희석
피스톤 간극이 작을 경우	• 마찰열에 의한 피스톤의 소결(덩어리로 굳어지는 현상) 발생 • 마찰에 따른 마멸 증대

tip **피스톤 슬랩(사이드 노크)**

- 피스톤의 요동 현상(상하 운동이 아닌 측면으로의 움직임)으로 피스톤의 스커트가 실린더 벽을 때리는 현상
- 피스톤의 간극이 너무 클 경우 발생하며, 특히 저온에서 더 쉽게 발생
- 피스톤 슬랩 방지를 위해 피스톤 간극을 실린더 내경의 0.05% 정도로 조절

(3) 피스톤링

① 피스톤링의 구성과 역할

압축링	• 피스톤 상부에 설치되는 2~4개의 링 • 피스톤과 실린더 라이너 사이의 기밀 유지 • 피스톤에서 받은 열을 실린더 벽으로 방출
오일링	• 피스톤 하부에 설치되는 1~2개의 링 • 실린더 라이너 내벽의 윤활유가 연소실로 들어가지 못하도록 긁어내리고 윤활유를 고르게 분포시킴

② 피스톤링의 구비조건

㉠ 적당한 경도를 가지며 운전 중 부러지지 않을 것

㉡ 적당한 장력을 가지며, 균등한 면압으로 실린더 벽에 밀착할 것

㉢ 가공면이 매끄럽고 마멸에 견딜 수 있으며 열전도가 양호할 것

※ 피스톤링이 실린더 벽보다 너무 강할 경우 실린더의 마멸이 쉽게 발생함

> **tip 피스톤링의 고착 원인**
> - 링 이음부의 관극 과다
> - 실린더유의 주유량 부족
> - 윤활유의 연소 불량으로 발생한 탄소의 피스톤링 홈 유입

(4) 커넥팅 로드

① 역할 : 피스톤이 받는 압력(폭발력)을 크랭크축에 전달

② 구조

소단부	피스톤(피스톤 핀)과 연결
본체	소단부와 대단부를 연결
대단부	크랭크 핀과 연결

③ 구비조건

㉠ 충분한 강성을 가지고 있어야 함(고탄소강 재질)

㉡ 내마멸성이 우수하고 가벼워야 함

(5) 크랭크 축

① 역할

㉠ 실린더 블록에 지지되어 캠 축을 구동

㉡ 실린더의 폭발력을 피스톤 및 커넥팅 로드를 통해 전달받아 회전운동을 함

> **tip 기관의 폭발 순서**
> - 4기통 기관 : 1-3-4-2, 1-2-4-3
> - 6기통 기관 : 1-5-3-6-2-4(우수식), 1-4-2-6-3-5(좌수식)

② 구성

크랭크 저널	메인 베어링에 의해서 상하가 지지되어 그 속에서 회전을 하는 부분
크랭크 핀	크랭크 저널의 중심에서 크랭크 반지름만큼 떨어진 곳에 있으며 저널과 평행하게 설치
크랭크 암	크랭크 저널과 크랭크 핀을 연결하는 부분으로 반대쪽으로는 평형추를 설치하여 회전력의 평형을 유지

(6) 베어링

① 역할과 구성

㉠ 크랭크 저널에 설치되어 크랭크 축을 지지하고 회전 중심을 잡아 주는 역할

㉡ 주로 배어링 캡과 상 · 하부 메탈로 구성된 평면 베어링을 사용함

② 베어링의 구비조건

㉠ 하중을 부담하는 능력이 좋을 것

㉡ 내피로성, 추종 유동성, 내식성, 매입성이 좋을 것

tip 베어링의 오일 간극

- 적정 오일 간극은 0.038~0.1mm 정도
- 오일 간극이 클 경우 유압이 저하되고 윤활유의 소비가 증가
- 오일 간극이 작을 경우 마모가 촉진되고 소결이 발생

(7) 플라이휠

① 역할

㉠ 크랭크축의 회전력을 균일하게 함

㉡ 저속 회전을 가능케 함

㉢ 엔진의 시동을 쉽게 함

㉣ 밸브의 조정을 편리하게 함

② 구조 : 스타터 모터, 피니언 기어, 링 기어, 마찰면 등으로 구성

OX 퀴즈

플라이휠은 크랭크축의 맥동적인 회전력을 균일하게 하는 역할을 한다. (○/×)

정답 | ○

해설 | 플라이휠은 크랭크축의 회전운동을 저장했다가 다시 내보냄으로써 회전력을 균일하게 하는 부품이다.

(8) 캠 축과 밸브 리프터

① 캠 : 실린더 헤드의 흡기 밸브 및 배기 밸브 등을 작동(개폐)시키는 부분

② 캠 축 : 캠이 설치된 축으로 크랭크 축으로부터 기어(혹은 체인, 벨트 등)에 의해 동력을 전달받아 회전

③ 밸브 리프터(밸브 태핏)

㉠ 캠의 회전에 의해 상하로 움직이며, 밸브와 로커 암으로 연결되어 밸브를 작동시킴

㉡ 유압식과 기계식이 있으며, 대부분의 기관에서 유압식을 사용함

tip 유압식 밸브 리프터의 특징

- 밸브 간극 조정 및 점검이 불필요함
- 밸브의 개폐시기가 정확하게 조절되어 기관의 성능이 향상됨
- 캠에 의한 충격을 흡수하여 밸브 기구의 내구성이 향상됨
- 구조가 다소 복잡함

(9) 밸브와 밸브 스프링

① 밸브

㉠ 역할 : 혼합 가스를 흡입하거나(흡입 밸브) 연소된 가스를 배출(배기 밸브)

㉡ 밸브의 구비조건

- 고온 · 고압에 견딜 수 있을 것
- 열전도가 양호할 것
- 가능한 가벼울 것
- 내구성이 클 것

② 밸브 스프링

㉠ 역할 : 밸브와 밸브 시트의 밀착을 도와 블로 바이(blow by)를 방지

㉡ 밸브 스프링의 구비조건

- 블로 바이(blow by)가 생기지 않도록 탄성을 유지할 것
- 캠의 형태에 맞추어 밸브가 움직일 수 있도록 할 것
- 내구성이 클 것
- 서징(surging) 현상이 없을 것

tip 밸브 스프링의 서징 현상과 방지책

- 서징 현상 : 캠에 의한 강제 진동과 스프링 자체의 고유 진동이 공진하여 심한 소음과 진동이 발생하는 현상
- 밸브 스프링의 서징 방지 대책
  - 원추 스프링 사용
  - 부등 피치 스프링을 사용
  - 이중 스프링을 사용
  - 스프링 정수가 큰 스프링을 사용

③ 밸브 간극

㉠ 정의 : 밸브 스템의 끝과 로커암 사이의 간극

㉡ 일반적인 밸브 간극

- 흡기 밸브 : 0.20~0.25mm
- 배기 밸브 : 0.25~0.40mm

㉢ 밸브 간극에 따른 영향

밸브 간극이 클 때	• 흡 · 배기 효율 저하 • 출력 저하 및 스템 엔드부의 찌그러짐 및 소음 발생 • 정상 작동 온도에서 밸브의 불완전 개방
밸브 간극이 작을 때	• 실린더의 기밀 유지 불량 • 블로 바이(blow by) 현상 발생 • 이상 연소 발생 • 출력 저하

OX 퀴즈

벨브의 간극이 너무 클 경우 블로 바이(blow by) 현상이 발생할 수 있다. (○/×)

정답 | ×

해설 | 블로 바이(blow by) 현상은 밸브의 간극이 작을 때 나타날 수 있는 현상이다.

3. 연소실과 연소

① 엔진(디젤 엔진)의 연소실

구분	장점	단점
직접 분사식	• 열효율이 높고 시동이 쉬움 • 냉각에 의한 열손실이 적고 열변형이 적음	• 높은 분사 압력으로 분사 펌프 및 노즐 등의 수명이 짧음 • 노킹의 발생이 쉬움
예비 연소실식	• 분사 압력이 낮아 연료장치의 고장이 적음 • 연료 성질 변화에 둔함 • 노킹의 발생이 적음	• 연소실의 표면이 커 냉각 손실이 큼 • 연료 소비율이 다소 높고 구조가 복잡함
와류실식	• 기관의 회전 속도 및 범위가 넓고 고속 회전이 가능 • 평균 유효 압력이 높고 분사 압력이 비교적 낮음	• 시동 시 예열 플러그가 필요하고 구조가 복잡함 • 열효율이 낮고 저속에서 노킹의 발생이 쉬움
공기실식	• 시동이 쉬워 예열 플러그가 불필요함 • 연료의 연소 압력이 가장 낮음	• 연료의 소비량이 많으며 배기온도가 높음 • 분사 시기에 따라 엔진의 작동에 영향이 미침

② 연소실의 구비조건

㉠ 유효 압력이 높고 연소 시간이 짧을 것

㉡ 연료의 소비가 적고 연소 상태가 좋을 것

㉢ 와류가 잘되어 공기와 연료의 혼합이 잘 이루어질 것

㉣ 시동이 쉽고 노킹이 적을 것

③ 노킹

㉠ 정의 : 실린더 내의 이상연소에 의해 망치로 두드리는 것 같은 소리가 나는 현상

㉡ 노킹의 원인

- 세탄가가 낮은(착화성이 좋지 않은) 연료의 사용
- 연료 분사 시기가 빠르거나 연료의 분사가 불균일한 상태
- 연료 분사 압력 혹은 연료 분사 밸브의 분무 상태가 부적당한 상태
- 냉각수 온도가 너무 낮아 기관이 과냉각된 상태
- 실린더의 압축 압력이 불충분해 압축비가 낮아진 상태

㉢ 노킹 발생 방지를 위한 방법

- 세탄가가 높은 연료의 사용으로 착화지연시간 줄임
- 실린더의 압축비를 높임
- 연료 분사량을 적절히 제어
- 흡기 온도 및 압력을 높임
- 실린더 내의 와류를 크게 함

빈칸 채우기

노킹을 방지하기 위해서는 (　　　)이/가 높은 연료를 사용하는 것이 좋다.

정답 | 세탄가

4. 기관 주요부 점검

① 시동 전 점검 사항

㉠ 연료 및 유압유의 양

㉡ 냉각수 및 엔진오일의 양

㉢ 기관의 팬벨트 장력

② 시동 시 점검 사항

㉠ 라디에이터 캡을 열어 냉각수가 채워져 있는지 확인

㉡ 오일 레벨 게이지로 윤활유의 양과 색을 확인

㉢ 배터리 충전 상태 확인

③ 기관 시동 직후 점검 사항

㉠ 오일 및 냉각수 누출 여부 확인

㉡ 배기가스 색깔 확인

④ 기관 작동 중 점검 사항

㉠ 냉각수의 온도

㉡ 엔진오일의 온도 및 압력

TOPIC. 2 연료장치

1. 연료유

(1) 연료유의 일반적인 성질

① 발열량 : 연료가 완전 연소되었을 때 발생되는 열량

② 비중 : 부피가 같은 기름의 무게와 물의 무게의 비

③ 점도

㉠ 액체가 유동할 때 분자 간의 마찰에 의해 유동을 방해하려는 성질

㉡ 파이프 내의 연료유 유동성과 밀접한 관계가 있으며 연료 분사 밸브의 분사 상태에 큰 영향을 미침

④ 인화점 : 연료를 서서히 가열할 때 나오는 유증기에 불을 가까이 했을 때 불이 붙는 최저 온도

⑤ 발화점

㉠ 연료의 온도가 인화점보다 높게 되었을 때 외부의 불 없이도 자연 발화하는 최저 온도

㉡ 디젤기관의 연소와 가장 관계가 깊은 성질

⑥ 응고점과 유동점

㉠ 응고점 : 전혀 유동하지 않게 되는 기름의 최고 온도

㉡ 유동점 : 응고된 기름에 열을 가하여 움직이기 시작할 때의 최저 온도

⑦ 세탄가 : 연료의 착화성을 정량화한 수치

(2) 디젤기관용 연료유의 조건

① 발열량이 높고 연소성이 좋을 것

② 반응은 중성이고 점도가 적당할 것

③ 응고점이 낮을 것(−4℃ 이하)

④ 회분, 수분, 유황분 등의 함유량이 적을 것

2. 연료 공급 펌프와 연료 여과기

① 연료 공급 펌프

㉠ 연료 압력을 $2\sim3kgf/cm^2$ 정도로 가압하여 필터로 공급하는 펌프

㉡ 연료 계통 내의 공기 빼기 작업을 하기 위한 수동(프라이밍) 펌프가 마련되어 있음

tip 프라이밍 펌프를 이용한 공기 빼기

- 순서 : 연료 공급 펌프 → 연료 여과기 → 분사 펌프
- 공기 없이 연료만 배출되면 공기 빼기 작업이 완료된 것
- 작동 중인 프라이밍 펌프를 누른 상태에서 벤트 플러그를 막아 공기 빼기를 마무리

② 연료 여과기

㉠ 연료 공급 펌프와 연료 분사 펌프 사이에 설치되어 연료 내의 이물질(불순물, 수분, 먼지 등)을 제거하는 장치

㉡ 여과기 윗면에 벤트 플러그를 설치하여 공기 빼기 작업 시 공기를 제거함

㉢ 여과기 내부에는 과잉 공급된 연료를 탱크로 되돌려 보내는 오버 플로우 밸브가 설치됨

빈칸 채우기

연료 계통의 공기 빼기를 할 때는 (   ) 펌프를 사용한다.

정답 | 프라이밍

3. 연료 분사 장치

① 연료 분사 펌프

㉠ 공급펌프에서 공급받은 연료를 약 100~130kgf/cm^2 압력으로 가압한 후 분사노즐로 공급하는 펌프

㉡ 디젤기관에만 사용되는 부품

㉢ 구성

플런저	분사량을 저장하기 위한 리드(제어홈)와 배출 구멍이 뚫여 있음
딜리버리 밸브 (Delivery Valve)	후적 방지, 역류 방지, 잔압 유지 등의 역할 ※ 후적 : 연료 분사가 완료된 후 분사 노즐 팁에 연료 방울이 맺혀 있는 현상
조속기(Governor)	엔진 회전 속도나 부하 변동에 따라 분사량을 조절해 주는 장치
타이머(Timer)	엔진 회전 속도나 부하 변동에 따라 분사 시기를 조절해 주는 장치

tip 분사 시기에 따른 배기가스 색

- 분사 시기가 빠를 경우 : 배기가스 색은 흑색이 됨
- 분사 시기가 늦을 경우 : 배기가스 색은 청색 혹은 백색이 됨

② 분사 노즐

㉠ 실린더 헤드에 설치되어 분사 펌프로부터 압송된 연료를 실린더 내에 분사

㉡ 연료 분사의 요소

무화	분사되는 연료의 미립화(아주 작은 입자로 깨지는 것)
관통	연료가 실린더 내의 압축 공기를 뚫고 나가는 것
분산	연료 분사 밸브의 노즐로부터 연료유가 원통형으로 분사되어 퍼지는 상태
분포	실린더 내에 분사된 연료유가 공기와 균등하게 혼합된 상태

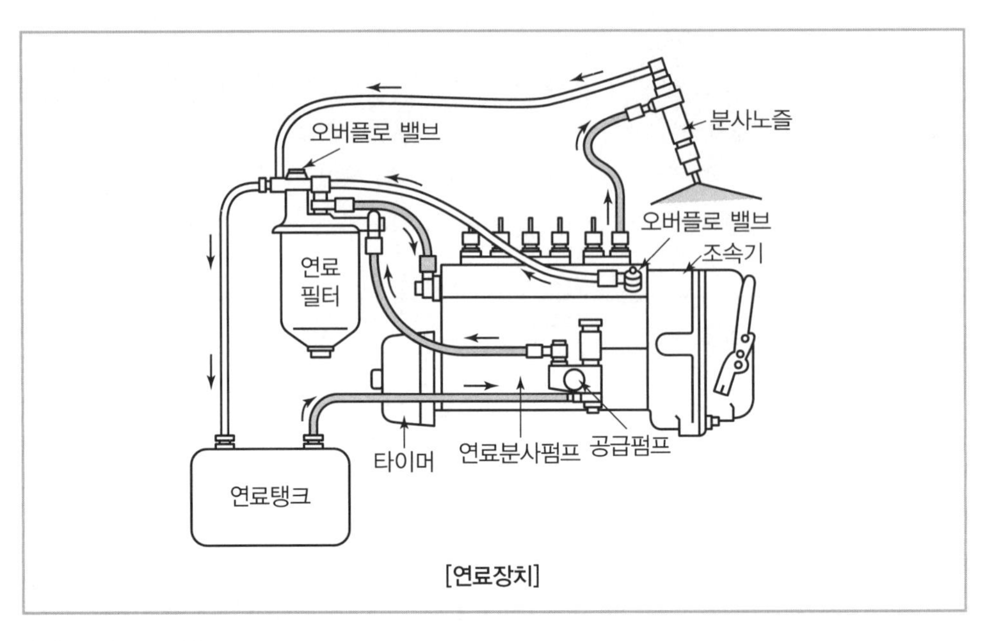

[연료장치]

㉢ 분사 노즐의 종류

개방형	구조가 간단하나 분사의 시작과 끝에서 연료의 무화가 나쁘고 후적이 많음
밀폐형	연료의 무화가 좋고 후적도 없으나 구조가 복잡하고 가공이 어려움

TOPIC. 3 냉각장치

1. 냉각 일반

① 냉각장치

㉠ 작동 중인 엔진의 온도를 75~95℃(실린더 헤드 물 재킷 내의 온도 기준)로 유지하기 위한 장치

㉡ 구분

공랭식	• 엔진을 대기와 접촉시켜 냉각시키는 방식 • 냉각수의 누출이 없으나 냉각이 균일하지 못함 • 냉각 팬의 유무에 따라 자연 통풍식과 강제 통풍식으로 구분
수냉식	• 냉각수를 사용하여 엔진을 냉각시키는 방식 • 냉각수 순환 방식에 따라 자연 순환식, 강제 순환식, 압력 순환식, 밀봉 압력식으로 구분

빈칸 채우기

오토바이와 같은 소형 기관은 주로 주행 중에 받는 공기로 냉각하는 (   ) 냉각장치를 채용한다.

정답 | 자연 통풍식

tip 수냉식 냉각장치 구분

자연 순환식	물의 대류작용으로 냉각수가 순환됨
강제 순환식	물 펌프를 통해 강제적으로 냉각수를 순환시킴
압력 순환식	냉각수를 가압하여 비등점을 높이는 방식
밀봉 압력식	냉각수 팽창 크기의 저장 탱크를 두는 방식

② 과열과 과랭

과열로 인한 영향	• 윤활유가 연소되어 유막의 손실 발생 • 윤활유의 부족 현상 발생 • 조기 점화나 노킹 등의 발생으로 출력 저하 • 열로 인한 부품 변형 발생
과랭으로 인한 영향	• 혼합기체의 기화 불충분으로 출력 저하 • 오일 희석으로 베어링부의 마멸 증대 • 연료 소비율 증대

③ 엔진 과열의 원인

㉠ 냉각수 부족

㉡ 냉각수 펌프 불량

㉢ 정온기가 닫힌 채로 고장

※ 정온기가 열린 채로 고장 날 경우 과랭의 원인

㉣ 물 재킷 등 냉각 통로의 막힘(스케일 등)

㉤ 라디에이터 코어의 오손 및 파손 혹은 20% 이상의 막힘

㉥ 수온조절기의 완전 열림 온도가 높음

2. 냉각장치의 구성 및 작용

① 물 재킷(water jacket) : 실린더와 연소실 주위에 설치된 냉각수 통로

② 물 펌프(water pump) : 벨트에 의해서 엔진 크랭크축의 동력을 받아 회전하는 원심 펌프

※ 물 펌프 구동 벨트의 장력은 10kgf의 힘으로 눌러 13~20mm 정도가 정상

③ 정온기(thermostat)

㉠ 실린더 헤드와 라디에이터 사이에 설치되어 냉각수의 온도를 알맞게 조절

㉡ 종류 : 바이메탈형, 벨로즈형, 왁스 펠릿형

㉢ 65℃에서 열리기 시작하여 85℃에는 완전히 열림

㉣ 닫힌 채로 고장 시 엔진 과열, 열린 채로 고장 시 엔진 과랭의 원인이 됨

④ 라디에이터(radiator) : 공기를 통과시켜 냉각수의 열을 식히는 역할을 하며 방열 판 형태

㉠ 구비조건

- 단위 면적당 방열량이 클 것
- 공기의 흐름 저항이 적을 것
- 냉각수의 흐름 저항이 적을 것
- 가볍고 작으며, 강도가 클 것

㉡ 라디에이터 코어

- 냉각수를 냉각시키는 부분
- 물 통로(튜브)와 튜브 사이에 설치되는 냉각 핀으로 구성

㉢ 라디에이터의 막힘률 : $\frac{\text{신품용량} - \text{구품용량}}{\text{신품용량}} \times 100$

※ 막힘률이 규정값의 20% 이상일 경우 코어를 신품으로 교환할 것

tip 가압식 라디에이터의 장점

- 라디에이터의 크기를 작게 할 수 있음
- 냉각수의 손실이 적음
- 냉각 장치의 효율을 높일 수 있음
- 냉각수의 비등점을 높일 수 있음

⑤ 라디에이터 캡

㉠ 냉각수 주입구의 마개를 말하는 것으로 압력 밸브와 진공 밸브가 설치됨

압력 밸브	냉각장치 내의 압력을 0.2~0.9kg/cm² 정도로 유지하여 비등점을 112℃로 상승시킴으로써 물이 쉽게 오버히트(overheat)되는 것을 방지함
진공 밸브	과랭 시 라디에이터 내의 진공으로 인한 코어의 파손을 방지함

㉡ 냉각장치 내부 압력 조절

냉각장치 내부 압력이 높아질 경우	압력 밸브가 열려 냉각수를 보조탱크로 보내줌
냉각장치 내부 압력이 낮아질 경우	진공 밸브가 열려 보조탱크 냉각수가 라디에이터로 복귀함

㉢ 라디에이터 캡의 이상 원인과 증상

라디에이터 캡의 스프링 파손	냉각수의 비등점 하락
헤드 개스킷의 파손	• 냉각수에 기름이 떠 있음 • 기관 작동 중 라디에이터 캡 쪽으로 물이 상승하면서 연소가스가 누출됨
수냉식 오일 쿨러 파손	캡을 열어보았을 때 냉각수에 오일이 섞여 있음

OX 퀴즈

라디에이터 캡이 파손될 경우 냉각수의 비등점이 낮아진다. (○/×)

정답 | ○

해설 | 라디에이터 캡은 냉각장치 내의 압력을 조정하여 냉각수의 비등점을 높이는 역할을 한다. 따라서 라디에이터 캡이 파손될 경우 냉각수의 비등점이 낮아진다.

⑥ 냉각 팬(cooling fan) : 라디에이터 냉각 효과를 증대하기 위하여 공기를 통과시킴

⑦ 수온계

㉠ 냉각수 온도를 측정하는 온도계

㉡ 종류 : 부어튼 튜브식, 밸런싱 코일식, 바이메탈식 등

⑧ 팬 벨트

㉠ 고무제 V벨트로 풀리와의 접촉각은 40°

㉡ 팬 벨트 장력 점검 및 조정

- 정상 : 물 펌프 풀리와 발전기 풀리 사이에서 10kg의 힘으로 눌렀을 때 13~20mm
- 장력에 따른 영향

장력이 너무 클 경우(팽팽할 경우)	• 각 풀리 베어링의 마모 촉진 • 기관의 과랭
장력이 너무 작을 경우(헐거울 경우)	냉각수 순환 불량으로 인한 기관의 과열

- 장력의 조정 : 발전기 조정암의 고정 볼트를 풀고 조정

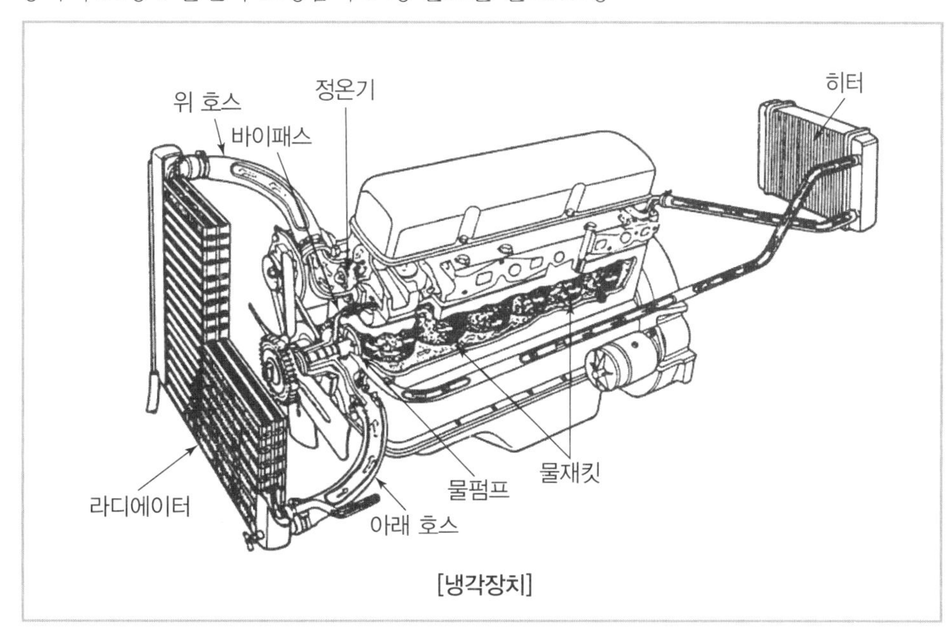

[냉각장치]

3. 냉각수와 부동액

① 냉각수

㉠ 증류수, 빗물, 수돗물 등의 연수를 사용

㉡ 열을 잘 흡수하나 100℃에서 비등, 0℃에서 결빙

② 부동액

㉠ 용도 : 냉각수 동결 방지를 위해 사용하며 냉각수와 적당히 혼합하여 사용

※ 운행 지방의 최저 기온보다 5~10℃ 낮은 온도를 기준으로 혼합

㉡ 종류 : 글리세린 및 메탄올, 에틸렌글리콜 등이 있으며, 에틸렌글리콜을 주로 사용

㉢ 부동액의 구비조건
- 침전물이 발생하지 않을 것
- 냉각수와 혼합이 잘될 것
- 내부식성이 크고 팽창계수가 작을 것
- 비점이 높고 응고점이 낮을 것
- 휘발성이 없고 유동성이 좋을 것

OX 퀴즈

냉각수는 글리세린이나 메탄올, 에틸렌글리콜 등이 있으며 에틸렌글리콜을 주로 사용한다. (○/×)

정답 | ×
해설 | 부동액에 대한 설명이다. 냉각수는 증류수나 빗물, 수돗물 등의 연수를 사용한다.

TOPIC. 4 윤활장치

1. 윤활과 윤활유

① 윤활의 필요성

㉠ 기관 내 회전 운동부 혹은 왕복 운동부에서 금속끼리의 직접 마찰로 인해 마멸 · 소멸의 발생이 가능

㉡ 마찰면에 윤활유를 공급함으로써 마멸 및 손상을 방지하고 동력의 손실을 줄임

② 윤활유의 기능

㉠ 녹 방지(방청) 작용

㉡ 작동부의 충격 완화 및 소결 방지 작용

㉢ 냉각 작용

㉣ 마찰 감소 및 마멸 방지 작용

㉤ 기밀 유지 작용

㉥ 세척 작용

㉦ 응력 분산 작용

③ 윤활유의 구비조건

㉠ 점도가 적당할 것

㉡ 청정 능력이 좋을 것

㉢ 열과 산에 대하여 안정성이 있을 것

㉣ 비중이 적당할 것

㉤ 카본 생성이 적을 것

㉥ 인화점과 발화점이 높을 것

㉦ 응고점이 낮을 것

㉧ 기포 발생이 적을 것

2. 윤활유의 종류와 특성

① 윤활유의 종류

㉠ 액체 윤활제 : 광유, 지방유, 혼성유(광유+지방유)

㉡ 반고체 윤활제(그리스) : 작업장치의 연결부 니플에 주유

㉢ 고체 윤활제

tip 점도에 따른 윤활유의 분류

적정 사용 계절	겨울	봄 · 가을	여름
SAE 번호	10~20	30	40~50

OX 퀴즈

더운 여름철에는 SAE 번호가 낮은 윤활유를 사용하는 것이 좋다. (○/×)

정답 | ×

해설 | 여름철에는 SAE 번호가 40~50인 윤활유를 사용하는 것이 좋다. 반대로 겨울에는 SAE 번호가 낮은 (10~20) 윤활유를 사용하는 것이 좋다.

② 윤활유의 특성

㉠ 점도

- 액체가 유동할 때 분자 간의 마찰에 의해 유동을 방해하려는 성질
- 온도가 상승하면 점도는 낮아지고 온도가 낮아지면 점도는 높아짐
- 점도 지수 : 온도 변화에 따른 점도의 변화 비율을 수치로 나타낸 것으로, 값이 클수록 온도에 따른 점도의 변화가 작음

㉡ 유성

- 점도는 같지만 마찰계수가 다른 윤활유의 성질을 나타내는 것
- 오일이 금속 재질의 마찰면에 유막을 형성하는 성질

3. 윤활 및 여과 방식

① 윤활 방식

㉠ 2행정 사이클 엔진의 윤활 방식

혼기 혼합식	윤활유를 연료유와 9~25:1 비율로 혼합하여 크랭크 케이스에 흡입할 때와 실린더의 소기 때 마찰 부분을 윤활하는 방식
분리 윤활식	주요 윤활 부분에 오일펌프로 윤활유를 압송하는 방식으로, 4행정 사이클 엔진의 압송식과 동일

※ 건설기계의 경우 대부분 분리 윤활식임

㉢ 4행정 사이클 엔진의 윤활 방식

비산식	오일펌프 없이 커넥팅 로드의 베어링 캡에 오일 디퍼가 오일을 퍼 올려 뿌리는 방식
압송식	주요 윤활 부분에 오일펌프로 윤활유를 압송하는 방식
비산압송식	• 비산식과 압송식 두 방식을 함께 사용 • 크랭크 축 베어링, 캠 축 베어링, 로커암 축 등에는 펌프로 압송, 피스톤 및 실린더 등에는 비산식으로 윤활유를 공급

② 여과 방식

㉠ 분류식 : 비여과유를 윤활부로, 여과유는 오일 팬으로 보내는 방식

㉡ 전류식 : 모든 윤활유를 필터를 통과시켜 윤활부로 보내는 방식

㉢ 샨트식 : 비여과유와 여과유를 모두 윤활부로 보내는 방식

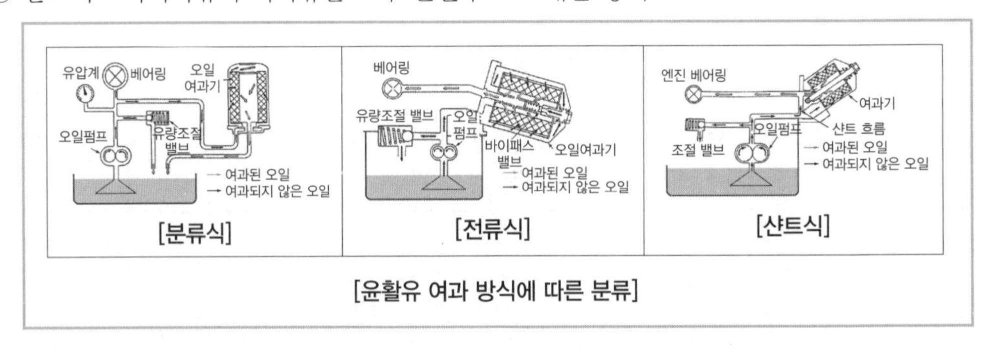

[분류식] [전류식] [샨트식]

[윤활유 여과 방식에 따른 분류]

4. 윤활장치의 구성 및 작용

① 오일 팬과 스트레이너

㉠ 오일 팬 : 오일을 저장해 두는 곳으로, 급출발 및 급정지, 오르막길 주행 등에도 오일이 충분히 공급되도록 배플(칸막이)과 섬프가 만들어져 있음

㉡ 스트레이너 : 유체의 고형물을 제거하기 위한 여과 장치로 펌프로 들어가는 쪽에 여과망이 설치됨

② 오일 펌프

㉠ 캠 축 혹은 크랭크에 의해 구동되는 윤활유 펌프로 오일 팬 내의 오일을 빨아 올려 기관의 각 작동부에 압송하며, 일반적으로 오일 팬 내에 설치됨

㉡ 오일 펌프의 종류

기어펌프	내접기어형과 외접기어형
로터펌프	이너로터가 아웃로터와 작동
베인펌프	편심로터가 날개와 작동
플런저(피스톤)펌프	플런저가 캠 축에 의해 작동

㉢ 4행정 기관은 주로 기어펌프를, 2행정 기관은 플런저펌프를 주로 사용

③ 유압 조절 밸브

㉠ 내부에 볼이나 플런저, 스프링 등으로 구성되어 과도한 압력의 상승 및 저하를 방지하고 압력을 일정하게 유지시킴

㉡ 오일펌프의 압력 조절 밸브를 조정하여 스프링 장력을 조절

장력을 높게 할 경우	유압 상승
장력을 낮게 할 경우	유압 저하

④ 오일 여과기

㉠ 기관의 마찰부에서 발생한 금속 분말, 열화 및 노화로 발생한 산화물, 흡입된 먼지 등 각종 불순물을 정유하는 장치

㉡ 엘리먼트 교환식과 일체식으로 구분

㉢ 여과기의 세척 및 교환

엘리먼트 교환식	엘리먼트 청소 시 세척하여 사용
일체식	엔진오일 교환 시 여과기도 함께 교환

⑤ 오일 압력계

㉠ 계기판을 통해 엔진오일의 순환 상태를 표시

㉡ 유압 경고등이 시동 시 잠시 점등된 후 꺼지면 유압이 정상인 상태

㉢ 오일 입력계 수치가 낮은 경우의 원인

- 크랭크축 오일 틈새가 클 경우
- 크랭크 케이스에 오일이 적은 경우
- 오일펌프가 불량한 경우

tip 오일 압력 이상의 원인

오일 압력이 높은 경우	릴리프 밸브 닫힌 채로 고착, 점도 과대, 간극 과소, 필터나 회로의 막힘 등
오일 압력이 낮은 경우	릴리프 밸브 열린 채로 고착, 점도 과소, 간극 과대, 오일 부족, 펌프 기어 마모 등

⑥ 오일의 교환 및 점검

㉠ 오일의 양 점검

- 평지에서 측정
- 엔진 시동 정지 후 5분이 지난 뒤에 측정
- F와 L 사이에서 중간 정도를 나타내면 정상

㉡ 오일 상태 판정

검정색에 가까움	심한 오염
붉은색에 가까움	연료유(가솔린) 유입
흰색에 가까움	냉각수 혼입

㉢ 오일의 교환 시기

- 정상 사용 시 : 200~250시간마다 교환
- 심한 오염 지역 : 100~125시간마다 교환

5. 윤활장치 점검

① 엔진의 윤활유 압력 저하 원인

㉠ 윤활유 펌프 성능 저하

㉡ 오일 점도 저하

※ 오일 점도가 지나치게 높을 경우 엔진오일 압력이 규정 이상으로 높아질 수 있음

㉢ 기관 각부의 마멸

㉣ 윤활유 압력 릴리프 밸브가 열린 채 고착

㉤ 크랭크 케이스의 오일 부족

② 엔진오일 과다 소비 원인

㉠ 피스톤링 및 피스톤의 마멸

㉡ 실린더의 마멸

㉢ 밸브 가이드의 마멸

㉣ 오일의 누설

③ 엔진 내 오일 온도 상승 원인

㉠ 과부하 상태에서 작업

㉡ 오일 냉각기 불량

㉢ 오일의 점도 과대

㉣ 오일 부족

TOPIC. 5 흡 · 배기장치

1. 흡배기장치 일반

① 흡배기장치 : 실린더 내로 혼합 가스 혹은 공기를 흡입하고, 연소 후 연소 가스를 효과적으로 배출하는 일을 담당하는 장치

② 주요 배출 가스

㉠ 배기가스 : 연료가 불완전연소될 경우 일산화탄소(CO), 질소산화물(NO_X), 탄화수소(HC) 등 유해물질이 발생

㉡ 블로 바이(blow by) 가스 : 실린더와 피스톤 사이에서 빠져 나오는 가스

㉢ 연료 증발 가스 : 연료 탱크나 연료 계통 등에서 연로가 증발하여 발생하는 가스

③ 공연비에 따른 배기가스 배출 특성

이론 공연비보다 농후	CO와 HC 증가, NO_x 감소
이론 공연비보다 약간 희박	NO_x 증가, CO와 HC 감소
이론 공연비보다 희박	HC 증가, CO와 NO_x 감소

④ 연소 상태에 따른 배기가스의 색깔

무색 또는 담청색	정상 연소(완전연소)
흰색	윤활유 연소
흑색	진한 혼합기 혹은 장비의 노후, 연료의 질 불량
볏짚색	희박한 혼합비

2. 흡배기장치의 구성 및 작용

① 공기청정기

㉠ 엔진에 흡입되는 공기 중 분포된 먼지 등 불순물을 제거하는 장치

㉡ 엔진의 수명을 연장시키고 흡기 계통에서 발생하는 소음을 줄임

㉢ 종류

건식 공기청정기	여과지 또는 여과포 등을 여과망으로 사용
습식 공기청정기	케이스 밑에 오일이 들어 있어 공기가 오일에 접촉할 때 불순물이 여과됨

tip 건식 공기청정기의 세척

압축공기를 이용해 안에서 밖으로 불순물을 불어냄

㉣ 공기청정기가 막힐 경우 발생할 수 있는 증상

- 배기가스의 색이 흑색이 됨
- 엔진의 출력 저하
- 연소 불량
- 실린더 및 피스톤, 흡 · 배기밸브 등 윤활부의 마멸 촉진

② 흡기다기관

㉠ 혼합된 기체를 실린더 내로 유입시키는 통로로서 주철합금 혹은 알루미늄합금 재질

㉡ 구비조건

- 실린더에 혼합기체가 균일하게 분배되어야 함
- 흡입 효율이 저하되지 않도록 굴곡이 없어야 함
- 연소가 촉진되도록 혼합기체에 와류를 형성시켜야 함

빈칸 채우기

흡배기장치는 연료의 연소가 촉진되도록 혼합기체에 (   )을/를 형성시킬 수 있어야 한다.

정답 | 와류

tip **밸브 오버랩(밸브 겹침)**

흡입 밸브와 배기 밸브가 동시에 열려 있는 것으로, 흡입 · 배기의 효율을 높임

③ 과급기

㉠ 엔진의 흡입(체적) 효율을 높이기 위한 장치

㉡ 주요 특징

- 엔진 출력 35~45% 증가
- 연료 소비율 향상
- 착화 지연 단축
- 회전력 증대
- 엔진 중량 증가

㉢ 종류

- 슈퍼차저 : 엔진 동력을 이용
- 터보차저 : 배기가스의 압력 이용

④ **배기다기관** : 각 실린더에서 연소된 가스를 배기 포트로부터 중앙으로 모아 소음기로 방출시키는 통로

⑤ **소음기**

㉠ 배기가스의 외부 방출 시 발생하는 급격한 가스의 팽창으로 인한 소음(폭발음) 및 화재의 위험을 방지하고 배압을 적게 하는 장치

㉡ 소음기 손상 시의 영향

- 카본이 많이 낄 경우 엔진 과열 및 엔진 출력 저하 발생
- 기관 과열로 냉각수 온도 상승

단원 마무리 문제

01 열에너지를 기계적 에너지로 바꿔주는 장치는?

① 엔진 ② 펌프
③ 모터 ④ 보일러

해설 | 엔진은 열에너지를 기계적 에너지로 바꾸는 장치로서, 흔히 '열기관'이라고도 한다.

02 다음 중 연료를 분사한 후 공기를 압축, 고온 · 고압을 만들어 점화하는 방식의 엔진은?

① 가솔린 엔진
② LGP 엔진
③ 터빈
④ 디젤 엔진

해설 | 디젤 엔진은 연료를 분사한 후 공기를 압축, 고온 · 고압을 만들어 점화하는 압축착화 방식의 엔진이다.
①, ② 전기점화 방식
③ 외연기관

03 가솔린 기관 대비 디젤기관의 장점으로 옳지 않은 것은?

① 화재의 위험성이 낮음
② 열효율이 높음
③ 마력당 무게가 가벼움
④ 연료소비율이 낮음

해설 | 디젤 엔진은 가솔린 엔진에 비해 소음과 진동이 크고 구조가 복잡하며 제작비가 비싸다. 또한 마력당 무게가 무거운 것도 단점이다.

04 4행정 사이클 기관에서 기관이 실제 동력을 발생시키는 행정은?

① 흡입행정 ② 압축행정
③ 폭발행정 ④ 배기행정

해설 | 폭발행정은 실제 연료가 점화되어 폭발이 일어나면서 고압의 가스를 만들어내고, 이 힘으로 상사점에 있던 피스톤을 아래로 밀어내는 행정이다. 기관의 사이클에서 실제 동력을 발생시키는 행정이다.

05 4행정 사이클 기관에서 크랭크축이 6회 전하였을 경우 캠축의 회전수는?

① 2회전 ② 3회전
③ 4회전 ④ 6회전

해설 | 4행정 사이클 기관에서 크랭크축과 캠축의 회전비는 2:1이다. 따라서 크랭크축이 6회전할 경우 캠축은 3회전한다.

PART 01 PART 02 PART 03 PART 04 PART 05

정답 01 ① 02 ④ 03 ③ 04 ③ 05 ②

06 다음 중 기관의 과열 원인이 아닌 것은?

① 정온기가 열린 상태로 고장 남
② 윤활유가 부족함
③ 팬벨트가 절손됨
④ 냉각장치 내 스케일이 과다함

해설 | 정온기가 닫힌 상태로 고장 날 경우 기관이 과열될 수 있다. 정온기가 열린 상태로 고장이 날 경우 기관 과랭의 원인이 될 수 있다.

07 기관에서 피스톤의 행정이란 무엇을 말하는가?

① 피스톤의 외경
② 실린더의 길이
③ 피스톤의 상사점과 하사점 간의 거리
④ 실린더의 내경

해설 | 행정이란 피스톤의 상사점(가장 높이 올라갔을 때의 지점)과 하사점(가장 낮게 내려갔을 때의 지점) 사이의 거리를 말한다.

08 다음 중 실린더 헤드가 갖추어야 할 조건으로 옳지 않은 것은?

① 폭발 압력에 견딜 수 있는 강성을 가져야 한다.
② 와류를 만들기 위해 돌출부가 있어야 한다.
③ 고온에서도 열 팽창이 적어야 한다.
④ 열전도 특성이 좋아야 한다.

해설 | 실린더 헤드는 조기 점화를 방지하기 위해서 가열되기 쉬운 돌출부가 없는 형태여야 한다.

09 피스톤의 간극이 너무 클 경우 발생하는 현상으로, 피스톤의 요동으로 인해 피스톤의 스커트가 실린더 벽을 충격하는 현상은?

① 블로 바이 현상
② 슬라이드 현상
③ 캐비테이션 현상
④ 사이드 노크 현상

해설 | 피스톤 슬랩, 혹은 사이드 노크 현상은 피스톤의 요동으로 피스톤의 스커트가 실린더 벽을 때리는 것으로, 피스톤의 간격이 너무 클 경우 발생한다.

10 실린더에 마멸이 발생했을 때 나타나는 현상이 아닌 것은?

① 기관의 출력 저하
② 기관의 압축 압력 증가
③ 연료 소비량 증가
④ 연료의 불완전 연소

해설 | 실린더에 마멸이 발생할 경우 기관의 압축 압력은 저하된다.

11 다음 중 피스톤링에 대한 설명으로 옳지 않은 것은?

① 압축링과 오일링으로 구성되어 있다.
② 오일링은 피스톤과 실린더 사이의 기밀을 유지하는 역할을 한다.
③ 피스톤링이 실린더 벽보다 너무 강한 재질일 경우 실린더의 마멸이 쉽게 발생한다.
④ 피스톤 상부에 압축링이, 그 아래에 오일링이 설치된다.

해설 | 피스톤과 실린더 사이의 기밀을 유지하는 것은 압축링의 역할이다. 오일링은 실린더 라이너 내벽의 윤활유가 연소실로 유입되는 것을 방지한다.

12 다음 중 크랭크 축을 구성하는 부품이 아닌 것은?

① 크랭크 저널
② 크랭크 암
③ 크랭크 핀
④ 크랭크 바

해설 | 크랭크는 크랭크 저널, 크랭크 핀, 크랭크 암으로 구성되어 있다. 크랭크 바라는 부품은 없다.

13 디젤 엔진에서 메인 베어링으로 주로 사용되는 베어링은?

① 롤러 베어링
② 볼 베어링
③ 평면 베어링
④ 슬리브 베어링

해설 | 평면 베어링, 혹은 미끄럼 베어링은 전동체 없이 회전체와 면 접촉을 하게 되어 고하중에 특화되어 있는 베어링이다. 기관의 메인 베어링으로 주로 사용된다.

14 엔진에서 크랭크 축의 맥동적인 회전력을 균일하게 하는 것은?

① 밸브 리프터 ② 플라이 휠
③ 크로스헤드 ④ 밸브 리프터

해설 | 플라이 휠은 크랭크 축의 맥동적인 회전력을 균일하게 하고 저속 회전을 가능하게 하는 부품이다.

15 다음 중 유압식 밸브 리프터의 특징으로 옳지 않은 것은?

① 밸브의 구조가 단순해 유지 보수가 쉽다.
② 밸브의 개폐시기가 정확하게 조절된다.
③ 밸브 간극의 조정 및 점검이 필요없다.
④ 밸브 기구의 내구성이 높다.

해설 | 유압식 밸브 리프터는 구조가 다소 복잡하여 고장 발생 시 보수가 상대적으로 어렵다는 단점이 있다.

16 기관의 밸브 간극이 작을 때 나타날 수 있는 현상이 아닌 것은?

① 실린더의 기밀 유지가 불량해진다.
② 블로 바이 현상이 발생한다.
③ 이상 연소가 발생한다.
④ 흡 · 배기 효율이 저하된다.

해설 | 흡 · 배기 효율의 저하는 밸브 간극이 클 때 나타날 수 있는 현상이다.

17 다음 중 기관에 노킹이 발생하는 원인으로 옳지 않은 것은?

① 냉각수의 온도가 과도하게 낮다.
② 연료 분사 시기가 빠르다.
③ 연료의 세탄가가 높다.
④ 연료 분사 압력이 부적당하다.

해설 | 연료의 세탄가가 낮은 경우, 즉 연료의 착화성이 좋지 않은 경우 노킹이 발생할 수 있다.

정답 06 ① 07 ③ 08 ② 09 ④ 10 ② 11 ② 12 ④ 13 ③ 14 ② 15 ① 16 ④ 17 ③

18 연료유의 착화성을 정량화한 수치로, 기관의 노킹과 관련이 있는 것은?

① 인화점 ② 세탄가
③ 발화점 ④ 점도

해설 | 세탄가는 연료의 착화성을 정량화한 수치이다.

19 연료 계통 내의 공기 빼기 작업 시 사용하는 펌프는?

① 배기 펌프
② 냉각수 펌프
③ 연료 분사 펌프
④ 프라이밍 펌프

해설 | 프라이밍 펌프는 연료 계통 내의 공기 빼기 작업 시 사용하는 펌프이다.

20 디젤기관의 연료 분사 장치에서, 기관의 회전 속도나 부하 변동에 따라 분사 시기를 조절해 주는 장치는?

① 타이머
② 딜리버리 밸브
③ 조속기
④ 플런저

해설 | 타이머는 엔진의 회전 속도나 부하 변동에 따라 연료의 분사 시기를 조절해 주는 장치이다. 이와 달리 연료의 분사량을 조절해 주는 장치를 조속기(Governor)라 한다.

21 다음 중 연료 분사의 요소가 아닌 것은?

① 관통 ② 무화
③ 분포 ④ 응축

해설 | 연료 분사의 요소는 무화, 관통, 분산, 분포이다.

22 다음 중 기관이 과랭될 경우 나타날 수 있는 현상은?

① 윤활유의 연소로 인한 유막의 손실
② 기관 노킹 발생
③ 오일 희석으로 인한 베어링부의 마멸 증대
④ 열로 인한 부품 변형 발생

해설 | 기관이 과랭될 경우 혼합기체의 기화 불충분으로 인한 출력의 저하, 연료 소비율 증대, 오일 희석으로 인한 베어링부의 마멸 증대 등의 현상이 나타날 수 있다.

23 실린더 헤드와 라디에이터 사이에 설치되어 냉각수의 온도를 조절하는 장치는?

① 물 재킷 ② 정온기
③ 방열판 ④ 팬 벨트

해설 | 정온기는 냉각수의 온도를 알맞게 조절하는 장치로 보통 65℃에서 열리기 시작하여 85℃에는 완전히 열리게 된다.

24 냉각장치 내의 압력을 조절하여 냉각수의 비등점을 상승시키는 장치는?

① 라디에이터 캡
② 팬 벨트
③ 물 펌프
④ 냉각 팬

해설 | 라디에이터 캡은 냉각수 주입구의 마개를 말하는 것으로, 압력을 조정하여 냉각수의 비등점을 112℃로 상승시키는 역할을 한다.

25 냉각장치에 사용되는 부동액의 구비조건으로 옳지 않은 것은?

① 침전물이 발생하지 않을 것
② 냉각수와 혼합이 되지 않을 것
③ 내부식성이 크고 팽창계수가 작을 것
④ 휘발성이 없을 것

해설 | 부동액은 냉각수와 잘 혼합되는 성질을 가져야 한다.

26 다음 중 윤활유의 주요 기능이 아닌 것은?

① 방청 기능
② 소결 방지 기능
③ 마멸 방지 기능
④ 응력 집중 기능

해설 | 윤활유는 작동부의 마멸을 방지하고 응력을 분산시키는 작용을 한다.

27 다음 중 한겨울에 사용하기 적절한 윤활유는?

① SAE 15 ② SAE 30
③ SAE 40 ④ SAE 50

해설 | 겨울에는 SAE 10~20번대의 윤활유를 사용하는 것이 좋다. 참고로 SAE 번호가 클수록 점도가 높다.

28 윤활장치에서, 오일펌프 없이 오일디퍼가 오일을 퍼 올려 뿌리는 방식은?

① 압송식 ② 비산식
③ 전류식 ④ 샨트식

해설 | 비산식은 오일펌프 없이 커넥팅 로드의 베어링 캡에 오일 디퍼가 오일을 퍼 올려 뿌리는 윤활 방식이다.

29 윤활장치를 여과 방식에 따라 구분할 때, 비여과유와 여과유를 모두 윤활부로 보내는 방식은?

① 비산식 ② 분류식
③ 샨트식 ④ 전류식

해설 | 샨트식은 비여과유와 여과유를 모두 윤활부로 보내는 여과 방식이다.

30 점도 지수가 큰 윤활유의 성질에 대한 설명으로 옳은 것은?

① 온도에 따른 점도의 변화가 작다.
② 온도에 따른 점도의 변화가 크다.
③ 압력에 따른 점도의 변화가 작다.
④ 압력에 따른 점도의 변화가 크다.

해설 | 점도 지수는 온도 변화에 따른 점도의 변화 비율을 나타낸 것으로, 점도 지수가 클수록 온도에 따른 점도의 변화가 작다.

정답 18 ② 19 ④ 20 ① 21 ④ 22 ③ 23 ② 24 ① 25 ② 26 ④ 27 ① 28 ② 29 ③ 30 ①

31 엔진오일에 냉각수가 혼입될 경우 오일의 색은?

① 검정색에 가까움
② 붉은색에 가까움
③ 흰색에 가까움
④ 노란색에 가까움

해설 | 엔진오일에 냉각수가 혼입될 경우 오일은 흰색에 가까운 색을 보인다.

32 오일의 양은 정상 수준이나 오일의 압력이 규정치보다 높을 경우 조치 사항으로 옳은 것은?

① 유압 조절 밸브를 조인다.
② 유압 조절 밸브를 풀어준다.
③ 오일을 일부 배출한다.
④ 오일을 전부 제거한 후 다시 보충한다.

해설 | 유압 조절 밸브는 유압의 과도한 상승 및 저하 등을 방지하고 유압을 일정하게 유지시키는 장치이다. 유압이 과도하게 높을 경우 밸브를 풀어 유압을 낮춘다.

33 냉각장치의 팬 벨트에 관한 설명으로 옳지 않은 것은?

① 팬 벨트의 정상적인 장력은 10kg의 힘으로 눌렀을 때 13~20mm이다.
② 고무 재질의 V벨트를 주로 사용한다.
③ 장력이 너무 클 경우 기관이 과냉될 수 있다.
④ 장력이 너무 작을 경우 각 폴리 베어링의 마모가 촉진된다.

해설 | 장력이 너무 작을 경우 냉각수 순환 불량으로 인해 기관이 과열될 수 있다.

34 기관의 공기청정기가 막힐 경우 발생할 수 있는 증상이 아닌 것은?

① 배기가스의 색이 흰색이 된다.
② 엔진의 출력이 저하된다.
③ 엔진의 연소가 불량해진다.
④ 실린더, 피스톤 등 윤활부의 마멸이 촉진된다.

해설 | 공기청정기가 막힐 경우 연소 불량으로 배기가스의 색이 흑색이 된다.

35 오염이 심하지 않은 일반적인 환경에서 건설기계를 활용할 때, 엔진오일의 교환 시기로 가장 적절한 것은?

① 100~125시간마다 교환
② 150~175시간마다 교환
③ 200~250시간마다 교환
④ 250~300시간마다 교환

해설 | 정상 사용 시 200~250시간마다, 오염이 심한 지역에서 사용 시 100~125시간마다 교환해 주어야 한다.

36 다음 중 윤활유가 갖추어야 할 조건으로 옳지 않은 것은?

① 카본의 생성이 적어야 한다.
② 열과 산에 대해 안정성이 있어야 한다.
③ 인화점과 응고점이 낮아야 한다.
④ 기포의 발생이 적어야 한다.

해설 | 응고점은 낮아야 하지만, 인화점과 발화점은 높아야 한다.

37 다음 중 기관 냉각장치의 부동액으로 사용할 수 있는 것은?

① 증류수
② 에틸렌글리콜
③ 에탄올
④ 메탄

해설 | 부동액은 글리세린이나 메탄올, 에틸렌글리콜 등이 있으며 에틸렌글리콜을 주로 사용한다.

38 디젤기관의 구성품이 아닌 것은?

① 분사 펌프 ② 흡기다기관
③ 점화장치 ④ 공기청정기

해설 | 디젤기관에는 점화장치가 없다. 점화장치가 필요한 것은 가솔린 기관이다.

39 1PS는 약 몇 W인가?

① 735W ② 73.5W
③ 7.35W ④ 0.735W

해설 | 1PS는 735.5W이다.

40 기관의 실린더 벽 중 마멸이 가장 크게 발생하는 곳은?

① 상사점 부근
② 하사점 부근
③ 중간 부근
④ 상사점과 하사점 부근

해설 | 상사점 부근은 실제 폭발이 일어나는 곳으로 실린더의 마멸이 가장 크게 발생한다.

정답 31 ③ 32 ② 33 ④ 34 ① 35 ③ 36 ③ 37 ② 38 ③ 39 ① 40 ①

건설기계전기장치

TOPIC. 1 축전지(배터리)

1. 전기의 기초

(1) 전기의 구성

① 전류

㉠ 정의 : 전자의 이동

㉡ 단위 : 암페어(Ampere)

㉢ 전류의 3대 작용

발열작용	도체 내를 전류가 흐를 때 도체의 저항에 의해 열이 발생하는 것 예 시가라이터, 예열플러그, 열선 등
화학작용	전해액에 전류가 흐르면서 화학작용이 발생하는 것 예 배터리
자기작용	도체에 전류가 흐르면서 그 주변 공간에 자기현상이 발생하는 것 예 솔레노이드 기구, 발전기, 기동전동기 등

② 저항

㉠ 정의 : 전자의 흐름을 방해하는 요소

㉡ 단위 : 옴(Ohm)

㉢ 물체의 고유 저항과 도체의 길이에 비례하고 단면적에는 반비례함

㉣ 저항의 연결

직렬연결	여러 개의 저항을 한 줄로 연결하는 방법으로 전체 저항은 증가
병렬연결	여러 개의 저항을 나누어 연결하는 방법으로 전체 저항은 감소

③ 전압

㉠ 정의

- 도체 안에 있는 두 점 사이의 전기적인 위치 에너지의 차, 즉 전기 회로에 전류를 흐르게 하는 능력
- 1V : 1Ω의 저항을 갖는 도체에 1A의 전류가 흐르게 하는 에너지

㉡ 단위 : 볼트(V)

(2) 전기 관련 법칙

① 옴의 법칙

㉠ 정의 : 전압(V), 전류(I), 저항(R) 사이의 관계를 설명하는 법칙

㉡ $V=I\times R,\ I=\frac{V}{R},\ R=\frac{V}{I}$

빈칸 채우기

전류가 20[A], 저항이 5[Ω]일 경우 전압은 (   )[V]이다.

정답 | 100

② 줄(Joule)의 법칙

㉠ 정의 : 저항(R)을 가지는 도체(저항체)에 흐르는 전류(I)의 크기와 이 저항체에서 단위 시간당 발생하는 열량(P)과의 관계를 설명하는 법칙

㉡ $P=I^2R=\frac{E^2}{R}$

③ 플레밍의 법칙

㉠ 플레밍의 왼손 법칙

- 자기장 내에 있는 도선에 전류가 흐를 때 자기장의 방향과 도선에 흐르는 전류의 방향으로 도선이 받는 힘의 방향을 결정하는 규칙
- 왼손 검지를 자기장의 방향, 중지를 전류의 방향으로 했을 때 엄지가 가리키는 방향이 도선이 받는 힘의 방향이 됨

㉡ 플레밍의 오른손 법칙

- 자기장 속에서 도선이 움직일 때 자기장의 방향과 도선이 움직이는 방향으로 유도 기전력 또는 유도 전류의 방향을 결정하는 규칙
- 오른손 엄지를 도선의 운동 방향, 검지를 자기장의 방향으로 했을 때, 중지가 가리키는 방향이 유도 기전력 또는 유도 전류의 방향이 됨

(3) 전기회로

① 도체와 부도체, 반도체

㉠ 도체 : 한 방향 혹은 여러 방향으로 전기의 흐름(전류)이 가능한 물체 혹은 물질

㉡ 부도체 : 전기 또는 열에 대한 저항이 매우 커서 전기나 열을 잘 전달하지 못하는 물체 혹은 물질

㉢ 반도체 : 특정 조건하에서만 전기가 통하는 물질로, P형(+)과 N형(−) 두 종류가 있음

② 다이오드

㉠ 전류를 한쪽으로만 흐르게 하고 반대쪽으로는 흐르지 않게 하는 정류 작용을 하는 전자 부품

㉡ P형 반도체와 N형 반도체를 맞대어 결합한 것

③ 트랜지스터

㉠ 전류나 전압의 흐름을 조절하여 증폭하거나 스위치시키는 역할을 하는 전자 부품

㉡ 다이오드에 또 하나의 반도체를 접합한 것으로 PNP형과 NPN형이 있음

OX 퀴즈

다이오드는 전류나 전압의 흐름을 조절하여 증폭시키는 전자 부품이다. (○/×)

정답 | ×

해설 | 다이오드는 전류를 한쪽 방향으로만 흐르게 하고 반대쪽으로는 흐르지 않게 하는 정류 작용을 하는 전자 부품이다. 전류나 전압의 흐름을 증폭시키는 부품은 트랜지스터이다.

2. 축전지(배터리)

(1) 축전지 일반

① 기능

㉠ 차량의 시동 시 기동전동기와 점화장치에 전원을 공급

㉡ 발전기의 고장 혹은 발전 용량 부족 시 차량에 필요한 전원을 공급

㉢ 발전기의 출력 및 부하의 언밸런스 조정

② 축전지의 종류

구분	내용
알카리 축전지	• 전해액으로 알카리 용액을 사용하는 축전지 • 열악한 환경에서도 오래 사용할 수 있으나 가격이 높음
납산 축전지	• 저렴한 가격으로 현재 주로 사용되는 축전지 • 수명이 짧고 무게가 무거움 • 양극판은 과산화납을, 음극판은 해면상납을 사용하며 전해액은 묽은 황산 • 셀의 수에 따라 전압이 결정됨
MF 축전지	• 무보수용 배터리 • 격자는 납과 칼슘합금 재질 • 전해액의 보충이 필요없음

(2) 축전지의 구성

① 극판

㉠ (+)극판은 과산화납, (−)극판은 해면상납 재질

㉡ 두 종류의 극판이 격리판을 사이에 두고 설치되어 있으며, 음극판이 양극판보다 1장 더 많음

② 격리판

㉠ 기능 : 양극판과 음극판의 단락 방지

㉡ 격리판의 구비 조건

- 전해액에 부식되지 않을 것
- 다공성이며 기계적인 강도가 있을 것
- 전해액의 확산이 잘될 것

③ 벤트 플러그

㉠ 전해액 및 증류수 보충 시 사용하는 마개

㉡ 축전지 내부에서 발생한 가스를 방출

④ 터미널

㉠ [+]와 [−]로 표시됨

㉡ 양극단자는 적갈색으로, 음극단자는 회색으로 표시됨

㉢ 양극단자가 더 굵으며 음극단자는 더 작음

㉣ 양극단자는 P자로, 음극단자는 N자로 표시됨

⑤ 전해액(납산축전지)

㉠ 구성 : 물 70%와 황산 30%가 섞여 있는 묽은 황산($2H_2SO_4$)

㉡ 기능 : 충전과 방전의 화학작용

㉢ 전해액 제조 시 주의사항

- 질그릇을 이용할 것
- 물보다 비중이 큰 황산을 조금씩 물에 부어 가면서 혼합할 것
- 온도가 45℃ 이상으로 올라가지 않도록 할 것

㉣ 완전 충전 시 전해액의 표준 비중 : 1.260~1.280

※ 반 충전 상태일 경우 1.186 이하
※ 온도가 올라가면 비중은 떨어짐

㉤ 국내에서는 일반적으로 1.280(20℃)를 표준으로 함

빈칸 채우기

일반적으로 납축전지의 전해액은 물에 (   )을/를 혼합한 묽은 (   )을/를 사용한다.

정답 | 황산

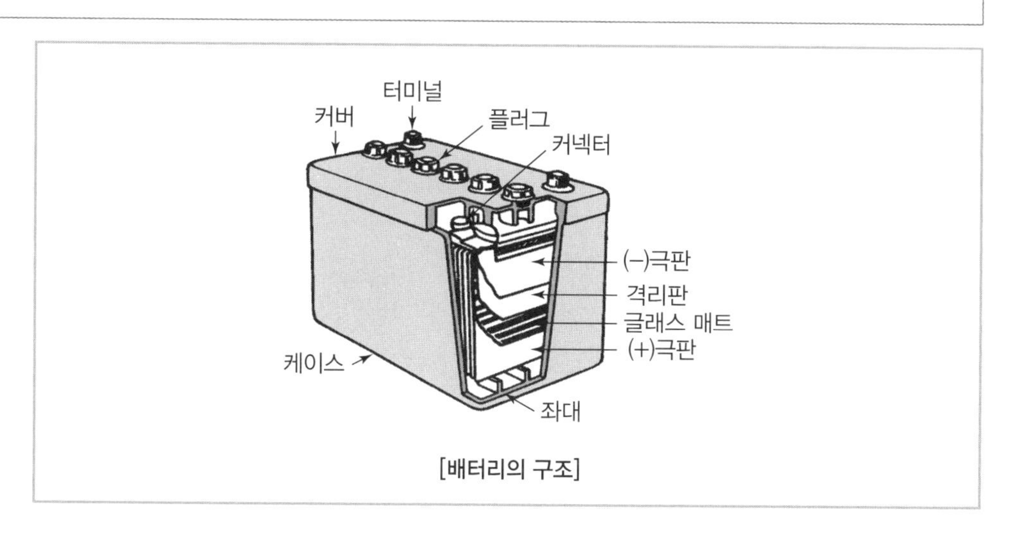

[배터리의 구조]

(3) 납산축전지의 전압과 용량

① 납산축전지의 셀

㉠ 1개 셀의 전압 : 각 2.1~2.3V

㉡ 가장 흔히 사용하는 12V 납산축전지는 6개의 셀이 직렬로 연결됨

② 방전 종지 전압

㉠ 1개 셀의 방전 종지 전압 : 1.75V

㉡ 12V 축전지의 경우 6개의 셀이 연결되어 있으므로 1.75V × 6 = 10.5V

③ 납산축전지의 용량 : 극판의 크기와 수, 전해액의 양에 의해 결정

(4) 축전지의 연결과 충전

① 축전지의 연결

구분	내용
직렬연결	• 동일한 전압과 용량의 축전지 2개 이상을 직렬로 연결하는 방식 • 전압은 연결한 개수에 비례하여 증가하고 용량은 1개일 때와 동일함
병렬연결	• 동일한 전압과 용량의 축전지 2개 이상을 병렬로 연결하는 방식 • 전압은 1개일 때와 동일하고 용량은 연결한 개수에 비례하여 증가함

② 축전지의 충전

㉠ 충전 방법

구분	내용
정전류 충전	배터리 용량의 약 10%의 일정한 전류로 충전하는 방법
정전압 충전	자동차 발전기에서 일정한 전압으로 배터리를 충전하는 방법
급속 충전	배터리 용량의 50%로 충전하는 방법으로 1시간 이내로 충전을 완료

※ 정전류 충전이 가장 일반적으로 활용됨

㉡ 충전 시 주의사항

- 환기가 잘 되는 곳에서 실시할 것
- 전해액의 온도가 45℃ 이상으로 상승하지 않도록 할 것
- (−)극에서 발생하는 수소가스는 폭발 위험이 있으므로 주의할 것
- 차량 장착 상태에서 충전 시 단자 케이블 제거 후 실시할 것
- 장기간 보관 시 2주에 1회 정도 보충 및 충전할 것
- 과충전 · 과방전을 피할 것

㉢ 충전이 안 되는 경우의 원인

- 발전기 전압 조정기의 조정 전압이 너무 낮은 경우
- 충전회로에서 누전이 있는 경우
- 전기의 사용량이 과다한 경우

㉣ 배터리의 충전 직후 즉시 방전되는 경우의 원인

- 배터리 내부에 불순물이 과다하게 축적된 경우
- 방전 종지 전압까지 된 상태에서 충전한 경우
- 격리판의 파손으로 양쪽 극판이 단락된 경우

TOPIC. 2 시동장치

1. 전동기

① 기동전동기의 원리

㉠ 플레밍의 왼손법칙을 이용

㉡ 건설기계의 경우 전기자 코일과 계자 코일이 직렬로 연결된 직권식 전동기를 주로 사용

② 기동전동기의 종류 : 계자 코일과 전기자 코일의 연결 방식에 따라 구분

직권식(직렬)	• 전기자 코일과 계자 코일이 직렬로 연결 • 회전력이 크고 회전 속도의 변화가 커 기동전동기에 사용
분권식(병렬)	• 전기자 코일과 계자 코일이 병렬로 연결 • 회전 속도가 일정하고 회전력이 비교적 작아 파워윈도우 모터, 팬 등에 사용
복권식 (직 · 병렬 혼합)	• 전기자 코일과 계자 코일이 직 · 병렬로 연결 • 초기 회전력이 크고 나중에는 속도가 일정하여 와이퍼 모터 등에 사용

OX 퀴즈

건설기계의 경우 회전력 회전 속도의 변화가 큰 분권식 전동기를 주로 사용한다. (○/×)

정답 | ×

해설 | 건설기계는 회전력이 크고 회전 속도의 변화가 큰 직권식 전동기를 주로 사용한다.

2. 시동장치의 구성 및 작용

① 전기자 : 권선과 철심, 정류자로 구성되는 회전 부분

㉠ 전기자(아마추어) 코일 : 전기자 권선의 구성단위로, 전류를 주면 회전하는 부품

㉡ 전기자 철심 : 전기자 권선을 감고 있는 철심

㉢ 정류자(Commutator) : 전류가 일정 방향으로 흐르게 하는 역할

② 고정부 : 계철과 계자 코일

㉠ 계철(요크) : 자력선의 통로와 전돌기의 틀이 되는 부분

㉡ 계자 코일 : 계자 철심의 구성단위로, 전류가 흐르면 전자석이 됨

③ 브러시(brush) : 정류자에 접촉되어 전기자에 전류를 공급하며, 1/3 이상 마모 시 교환함

④ 솔레노이드 스위치

㉠ 내부에 풀 인 코일(ST단자 및 M단자와 연결)과 홀드인(ST단자와 접지 연결) 코일이 있음

㉡ ST단자, B단자, M단자가 있음

㉢ 점화스위치를 돌리면 ST단자를 통해 풀인 홀드인 코일에 전류가 흘러 플런저가 뒤로 당겨지고 B단자와 M단자가 연결되어 모터가 강력하게 회전

⑤ 기동전동기의 동력전달기구

㉠ 기동전동기에서 발생한 회전력을 기관의 플라이휠 링 기어로 전달

※ 기동전동기의 구동 피니언이 플라이휠에 링기어와 접합됨

PART 01
PART 02
PART 03
PART 04
PART 05

㉡ 클러치, 시프트 레버 및 피니언 기어 등으로 구성

※ 피니언 : 전기자의 회전을 엔진의 플라이휠에 전달하는 기어

㉢ 오버 러닝(over running) 클러치 : 전기자를 보호하기 위해 무부하 운전을 시키는 클러치

㉣ 기동전동기의 동력전달방식 구분

벤딕스식 (관성 섭동식)	• 피니언의 관성과 기동전동기가 무부하 상태에서 고속 회전하는 성질을 이용 • 전동기에서 발생한 회전력을 플라이휠에 전달하는 방식
전기자 섭동식	피니언 기어가 전기자 축에 고정되어 전기자와 섭동하면서 회전하는 방식
피니언 섭동식 (전자식)	• 피니언의 미끄럼 운동과 기동전동기 스위치의 개폐를 전자력으로 하여 전동기에서 발생한 회전력을 플라이 휠 링 기어에 전달하는 방식 • 솔레노이드 스위치를 사용

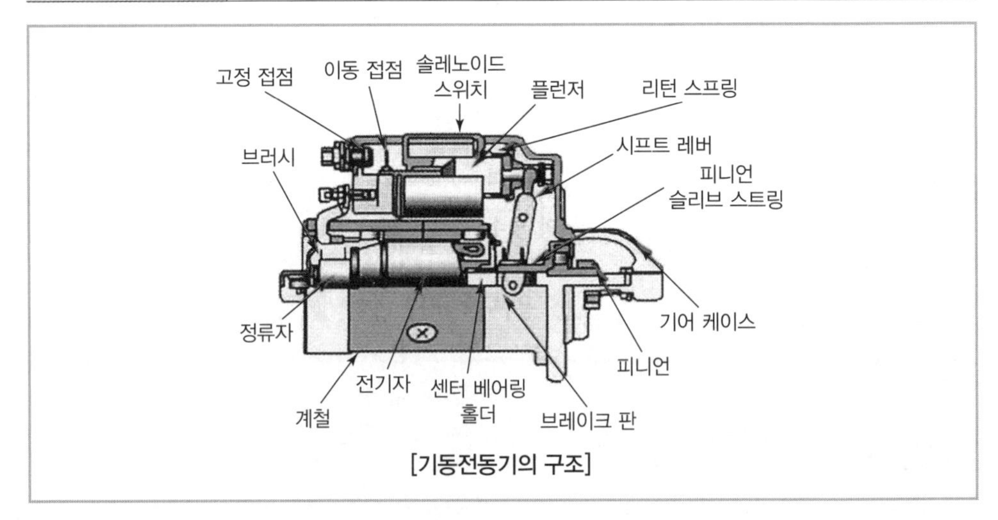

[기동전동기의 구조]

3. 기동전동기의 기동 시 주의사항 및 고장 원인

① 기동전동기 기동 시 주의사항

㉠ 엔진 시동 후에는 시동기 조작 금지

㉡ 회전속도가 규정 이하일 경우 기동이 되지 않으므로 회전속도에 유의할 것

㉢ 배선용 전선의 굵기가 규정 이하인 경우 사용 금지

② 기동전동기의 고장 원인

스위치를 넣어도 전동기가 기동하지 않을 경우	• 퓨즈의 용단 • 브러시의 오손 혹은 브러시 고착 • 계자 코일의 단선 또는 접지 • 전기자 코일 또는 정류자편의 단락 • 베어링의 불량 및 과부하 • 기동 스위치 접촉 불량 및 배선 불량 • 축전지의 전압 저하
전동기가 저속으로 회전할 경우	• 전기자 또는 정류자에서의 단락 • 전기자 코일의 단선 • 베어링의 불량 • 과부하 및 전압의 부적당

③ 기동전동기의 점검

㉠ 그로울러 시험기로 전기자 코일의 단선, 단락, 접지 상태를 점검

㉡ 무부하 시험 요령

- 전류계는 직렬로 연결
- 전압계는 병렬로 연결
- 회전계 설치

TOPIC. 3 충전장치

1. 발전기의 역할과 원리

① 역할

㉠ 엔진 크랭크축과 벨트로 연결되어 전기를 생산, 차량에 필요한 전기를 공급

㉡ 축전지에 전류를 공급

② 원리 : 플레밍의 오른손법칙

2. 충전장치의 구성 및 작용

① 직류발전기와 교류발전기 비교

구분	직류발전기	교류발전기
정류장치	정류자	실리콘 다이오드
발전량 조정장치	전압조정기, 전류제한기	전압조정기
역류 방지 장치	컷 아웃 릴레이	실리콘 다이오드
전기 발생 부품	전기자	스테이터(stator)
여자 방식	자여자 방식	타여자 방식

② 직류발전기의 작동과 구조

㉠ 기본 작동 : 크랭크축 풀리와 팬벨트를 통해 전기자가 회전하면 코일에 교류 기전력이 발생, 이를 정류자와 브러시를 이용해 직류로 만들어 이끌어냄

㉡ 기본 구조

- 전기자 : 전류가 발생되는 부분으로 전기자 철심과 전기자 코일, 정류자, 전기자 축 등으로 구성
- 계자 철심과 계자 코일 : 계자 코일에 전류가 흐르면 철심이 전자석이 되어 자속을 발생시킴
- 정류자와 브러시 : 전기자에서 발생한 교류를 정류하여 직류로 변환

③ 교류발전기의 구조

㉠ 스테이터(stator) : 직류발전기의 전기자에 해당하는 것으로 3상의 교류 전기가 유도됨

㉡ 로터(roter)

- 직류발전기의 계자 코일과 계자 철심에 해당하며, 브러시를 통해 들어온 전류를 이용해 자속을 만듦
- 팬벨트로 전달되는 엔진 동력으로 회전

㉢ 슬립 링(slip ring) : 브러시와 접촉되어 있으며 로터 코일에 여자 전류를 공급

㉣ 브러시(brush) : 로터 코일에 축전지 전류를 공급

㉤ 실리콘 다이오드(정류기)

- 스테이터 코일에서 유도된 교류를 직류로 변환
- (+)다이오드 3개, (−)다이오드 3개로 총 6개의 정류용 다이오드가 설치됨

빈칸 채우기

(   )은/는 직류발전기의 전기자에 해당하는 것으로 여기서 3상의 교류 전기가 유도된다.

정답 | 스테이터

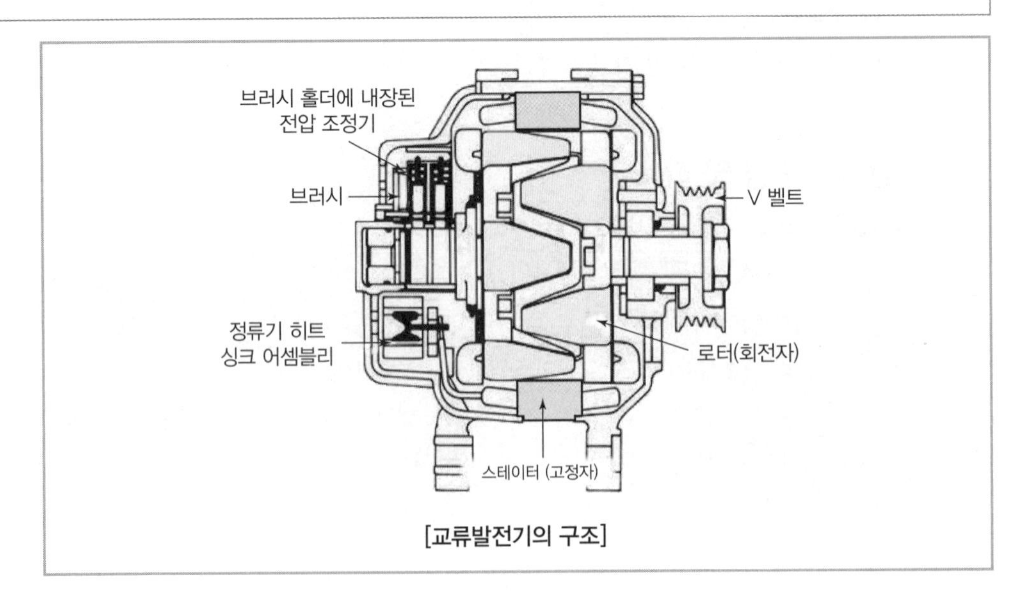

[교류발전기의 구조]

tip 직류발전기의 조정기(레귤레이터)

전압 조정기	발전기의 전압을 일정하게 유지
컷 아웃 릴레이	축전지로부터 전류가 역류하는 것을 방지
전류 제한기	규정 이상의 전류가 되더라도 소손되는 것을 방지

※ 교류발전기의 경우 전압 조정기만 필요(컷 아웃 릴레이와 전류 제한기 없음)

④ 교류발전기의 특징
  ㉠ 저속에서 충전 성능이 우수함
  ㉡ 정류자가 없기 때문에 브러시의 수명이 길
  ㉢ 실리콘 다이오드의 정류 특성이 우수함
  ㉣ 발전량 조정장치는 전압 조정기뿐임
  ㉤ 경량이고 소형이며 출력이 큼

⑤ 교류발전기의 충전 불량 원인
  ㉠ 충전회로에 높은 저항이 걸릴 경우
  ㉡ 발전기 조정 전압이 낮을 경우
  ㉢ 다이오드가 단선 또는 단락되었을 경우
  ㉣ 발전기 R 단자 회로가 단선일 경우
  ㉤ 발전기의 슬립 링 또는 브러시가 마모되었을 경우
  ㉥ 스테이터 코일의 단선일 경우
  ㉦ 발전기 구동벨트 장력이 부적합할 경우
    ※ 점검 시 극성을 바꾸거나 역내 전압을 가하면 내부 다이오드가 손상될 수 있으므로 주의

TOPIC. 4 조명장치 및 계기장치, 냉난방장치

1. 조명장치

(1) 광도와 조도

① 광도
  ㉠ 정의 : 특정 방향의 단위 입체각으로 방사되는 빛의 밝기(일률)
  ㉡ 단위 : 칸델라(cd)

② 조도
  ㉠ 정의 : 단위 면적당 도달한 광선속, 즉 빛을 받는 특정 면의 밝기
  ㉡ 단위 : 럭스(lx)

③ 광선속
  ㉠ 정의 : 단위시간 동안 주어진 면적을 지나가는 빛의 양
  ㉡ 단위 : 루멘(lm)

(2) 조명장치의 구성 및 작용

① 전조등

세미 실드빔식	• 렌즈와 반사경은 일체형이나 전구는 별도로 설치 • 공기의 유통이 있어 반사경이 흐려질 수 있음 • 전구를 갈아 끼울 수 있다는 장점이 있음 • 필라멘트의 소손 방지를 위해 전구 안에 가스를 채움
실드빔식	• 알루미늄을 진공 증착시킨 유리 반사경의 초점에 필라멘트를 설치한 후 렌즈를 용착하여 내부에 불활성 가스를 넣고 봉한 것 • 물이나 먼지가 들어가지 않아 반사경이 흐려지지 않음 • 광도의 변화가 적음 • 필라멘트 손상 시 전조등 전체를 교환해야 함(렌즈나 반사경의 이상 여부와 무관)

OX 퀴즈

실드빔식의 경우 전구 고장 시 전구만 별도로 교환할 수 있다는 장점이 있다. (○/×)

정답 | ×

해설 | 전구 고장 시 전구만 별도로 교환할 수 있는 것은 세미 실드빔식이다. 실드빔식은 렌즈와 반사경, 전구가 일체형이므로 전구 고장 시 전조등 전체를 교환해야 한다.

② 방향지시등

㉠ 구성 및 조건

- 건설기계 중심에 대해 좌·우 대칭일 것
- 건설기계 너비의 50% 이상 간격을 두고 설치되어 있을 것
- 등색은 호박색 또는 노란색일 것
- 점멸 주기는 분당 60회 이상, 120회 이하일 것

㉡ 이상 작동 시 원인

점멸이 느릴 경우	• 전구의 접지 불량 • 축전지 용량 저하 • 퓨즈 또는 배선의 접촉 불량 • 전구의 용량이 규정값 이하
좌·우의 점멸 횟수가 다르거나 한쪽이 작동하지 않을 경우	• 접지 불량 • 규정에 맞지 않는 전구 사용 • 한쪽 전구의 단선 • 플래셔 스위치부터 지시등 사이의 단선

③ 제동등 및 후진등

제동등의 구성 및 조건	• 등색은 붉은색일 것 • 제동 조작 동안 지속적인 점등 상태를 유지할 것 • 다른 등화와 겸용할 경우 광도가 3배 이상 증가할 것 • 지상 35cm 이상, 200cm 이하에 설치될 것
후진등의 구성 및 조건	• 변속장치를 후진 위치로 조작할 때 점등될 것 • 2개 이하로 설치될 것 • 등색은 흰색 또는 노란색일 것 • 지상 25cm 이상, 120cm 이하에 설치될 것 • 주광축이 하향일 것

2. 계기장치

① 역할 : 엔진 가동 및 장비 주행 시 장비의 가동 상태를 운전석에서 운전자가 확인할 수 있도록 표시

② 종류 및 역할

경고등	각종 장치들의 상태를 알려 주며 이상 발생 시 점등
속도계	건설기계의 주행 속도를 km/h로 표시
온도계	엔진 물 재킷 내 냉각수의 온도 표시
연료계	연료 탱크 내의 잔류 연료량 표시
전압계	축전지의 전압계를 표시
RPM 게이지	엔진의 분당 회전수 표시
엔진오일 유압계	엔진오일의 순환 압력 표시

3. 냉난방장치

① 냉방장치

㉠ 냉방장치의 구성

압축기	냉매를 고온 · 고압가스로 변환시켜 응축기로 전달
응축기	고온 · 고압의 냉매를 냉각하여 액체 냉매로 변환
건조기	응축기에서 유입되는 액체 냉매 내의 수분 및 불순물을 여과
팽창 밸브	고압의 액체 냉매를 저압의 액체 냉매로 감압
증발기	주위의 공기에서 열을 흡수하여 냉매를 기체로 변환
블로우 모터	내기 혹은 외기를 흡입해 증발기로 통과시킴

㉡ 냉매 사이클(카르노 순환 과정)

압축	고압으로 냉매를 단열 압축
응축	응축 증기의 등압 변화
팽창	액화 냉매의 단열 팽창
증발	냉매의 일정 압력 증발(주변 냉각)

tip 구냉매와 신냉매

- 구냉매(R-12) : 냉매로서는 가장 이상적이나 오존층 파괴 및 지구 온난화를 유발하여 사용이 제한됨
- 신냉매(HFC-134a) : 구냉매를 대체하여 현재 사용되고 있는 냉매

② 난방장치

온수식	• 엔진 냉각용 온수를 활용하여 난방 • 수냉식 엔진 차량용 장치로 구조가 간단함
배기열식	• 배기 가스의 열을 이용하여 난방 • 공랭식 엔진 차량용 장치로 구조가 간단함
연소식	• 연료의 연소열을 이용하여 난방 • 버스 및 건설기계용으로 구조가 복잡함 • 열용량이 커 한랭지에서 적합함

단원 마무리 문제

01 다음 중 전기 관련 단위로 옳지 않은 것은?

① 전압 – [V]
② 전류 – [W]
③ 주파수 – [Hz]
④ 저항 – [Ω]

해설 | 와트[W]는 전력의 단위이다. 전류의 단위는 암페어[A]이다.

02 다음 중 전자의 흐름을 방해하는 요소는?

① 저항 ② 전력
③ 전압 ④ 전류

해설 | 저항은 전자의 흐름을 방해하는 요소로, 고체의 길이에 비례하고 단면적에 반비례한다.

03 다음 중 전류의 3대 작용에 해당하지 않는 것은?

① 발열작용 ② 화학작용
③ 자기작용 ④ 대류작용

해설 | 전류의 3대 작용은 발열작용, 화학작용, 자기작용이다.

04 전압이 10V이고 저항이 2Ω일 때 전류는 얼마인가?

① 2A ② 5A
③ 8A ④ 10A

해설 | $I=\frac{V}{R}$이므로 $\frac{10}{2}$=5A이다.

05 납축전지의 구성 중 내부에서 발생한 가스를 방출하는 역할을 하는 부품은?

① 격리판 ② 극판
③ 벤트 플러그 ④ 케이스

해설 | 벤트 플러그는 전해액 및 증류수 보충 시 사용하는 마개로, 내부에서 발생한 가스를 배출하는 역할도 한다.

06 납축전지가 완전 충전 상태일 때 전해액의 표준 비중은? (20℃ 기준)

① 1.150 ② 1.225
③ 1.280 ④ 1.350

해설 | 국내에서는 20℃ 기준 완충 시 전해액의 표준 비중을 1.280으로 한다.

PART 01 PART 02 PART 03 PART 04 PART 05

정답 01 ② 02 ① 03 ④ 04 ② 05 ③ 06 ③

07 12V 축전지의 방전 종지 전압은?

① 6.5V　　② 8V
③ 9.5V　　④ 10.5V

해설 | 12V 축전지는 6개의 셀이 연결되어 있으므로 방전 종지 전압은 10.5V이다.

08 동일한 전압과 용량의 축전지 3개를 직렬로 연결했을 경우 옳은 것은?

① 전압은 동일하고 용량은 3배 증가한다.
② 전압은 3배 증가하고 용량은 동일하다.
③ 전압과 용량이 모두 3배 증가한다.
④ 전압과 용량 모두 변화가 없다.

해설 | 직렬 연결 시 전압은 연결한 개수에 비례하여 증가하고 용량은 1개일 때와 동일하다.

09 납산축전지 1개 셀의 전압은?

① 1.5~2.0V　　② 2.1~2.3V
③ 2.5~2.7V　　④ 2.8~3.0V

해설 | 납산축전지 1개 셀의 전압은 각 2.1~2.3V이다. 일반적인 12V 납산축전지는 6개의 셀이 직렬로 연결되어 있다.

10 축전지를 급속 충전할 때의 주의사항으로 옳지 않은 것은?

① 충전 시간은 가능한 짧게 한다.
② 충전 전류는 축전지 용량의 1/2 정도로 한다.
③ 충전 중 가스가 발생하면 즉시 충전을 중단한다.
④ 충전 중 전해액의 온도가 45℃ 이하로 떨어지지 않도록 한다.

해설 | 충전 중 전해액의 온도가 45℃를 넘기지 않도록 해야 한다.

11 납축전지의 터미널에 대한 설명으로 옳지 않은 것은?

① [+]와 [−]로 표시되어 있다.
② 양극단자는 적갈색으로, 음극단자는 회색으로 표시되어 있다.
③ 양극단자가 더 작고, 음극단자가 더 굵다.
④ 양극단자는 P자로, 음극단자는 N자로 표시되어 있다.

해설 | 양극단자가 더 굵고 음극단자는 더 작다.

12 납축전지에 대한 설명으로 옳지 않은 것은?

① 양극판은 과산화납 재질로 이루어져 있다.
② 격리판은 양극판과 음극판의 단락을 방지한다.
③ 양극판이 음극판보다 1장 더 많다.
④ 전해액으로는 묽은 황산을 사용한다.

해설 | 음극판이 양극판보다 1장 더 많다.

13 12V 납축전지 4개를 병렬로 연결할 경우 총 전압은?

① 12V　　② 24V
③ 36V　　④ 48V

해설 | 축전지를 병렬로 연결할 경우 용량은 그 개수에 비례하여 증가하나 전압은 1개일 때와 동일하다.

14 기동전동기에서 활용되는 원리로 옳은 것은?

① 플레밍의 왼손법칙
② 플레밍의 오른손법칙
③ 열역학 제2법칙
④ 옴의 법칙

해설 | 기동전동기는 플레밍의 왼손법칙을 이용한 장치이다.

15 회전력이 크고 회전 속도의 변화가 커 건설기계에서 주로 사용하는 전동기 방식은?

① 분권식 전동기
② 전기자 섭동식 전동기
③ 직권식 전동기
④ 복권식 전동기

해설 | 직권식은 전기자 코일과 계자 코일이 직렬로 연결된 것으로 회전력이 크고 회전 속도의 변화가 커 건설기계에서 주로 사용한다.

16 시동장치에서 전류를 일정한 방향으로 흐르게 하는 부품은?

① 계철
② 정류자
③ 브러시
④ 피니언 기어

해설 | 정류자(Commutator)는 전류가 일정한 방향으로 흐르게 하는 역할을 한다.

17 기동전동기를 동력전달방식에 따라 구분한 것으로 적절하지 않은 것은?

① 벤딕스식
② 로테이터식
③ 전기자 섭동식
④ 피니언 섭동식

해설 | 기동전동기를 동력전달방식에 따라 구분하면 벤딕스식, 전기자 섭동식, 피니언 섭동식으로 구분할 수 있다.

18 기동전동기의 브러시를 교환해야 하는 시기로 가장 적절한 것은?

① 브러시가 1/5 이상 마모되면 교환
② 브러시가 1/2 이상 마모되면 교환
③ 브러시가 1/3 이상 마모되면 교환
④ 브러시가 4/5 이상 마모되면 교환

해설 | 브러시는 전기자에 전류를 공급하는 부분으로, 1/3 이상 마모되었을 때 교환해야 한다.

19 교류발전기에서 3상의 교류 전기를 유도하는 부품은?

① 스테이터
② 로터
③ 슬립 링
④ 브러시

해설 | 스테이터는 직류발전기의 전기자에 해당하는 것으로 3상의 교류 전기가 유도되는 부품이다.

정답 07 ④ 08 ② 09 ② 10 ④ 11 ③ 12 ③ 13 ① 14 ① 15 ③ 16 ② 17 ② 18 ③ 19 ①

20 **교류발전기의 특징으로 옳지 않은 것은?**

① 저속에서의 충전 성능이 우수하다.
② 정류자가 없어 브러시의 수명이 길다.
③ 전압 조정기만으로 발전량을 조정한다.
④ 출력이 크나, 무겁고 크기가 크다.

해설 | 교류발전기는 경량이고 소형이며 출력이 크다는 특징이 있다.

21 **직류발전기의 레귤레이터에서 축전지로부터 전류가 역류하는 것을 방지하는 부품은?**

① 전압 조정기
② 전류 제한기
③ 컷 아웃 릴레이
④ 실리콘 다이오드

해설 | 컷 아웃 릴레이는 축전지로부터 전류가 역류하는 것을 방지한다.

22 **교류발전기의 스테이터 코일에서 발생한 전기는?**

① 교류 전기로서 실리콘에 의해 직류로 변환되어 내부로 들어간다.
② 교류 전기로서 실리콘에 의해 직류로 변환되어 외부로 나온다.
③ 직류 전기로서 실리콘에 의해 교류로 변환되어 내부로 들어간다.
④ 직류 전기로서 실리콘에 의해 교류로 변환되어 외부로 나온다.

해설 | 스테이터 코일에서 발생한 3상의 교류 전기는 실리콘 다이오드(정류기)를 통해 직류로 변환되어 외부로 나온다.

23 **전조등의 필라멘트 손상 시 전조등 전체를 교환해야 하는 것은?**

① 실드빔식
② 세미 실드빔식
③ 분리식
④ LED식

해설 | 실드빔식은 유리 반사경의 초점에 필라멘트를 설치한 후 렌즈를 용착한 것으로, 필라멘트 손상 시 전조등 전체를 교환해야 한다.

24 **방향지시등 좌 · 우의 점멸 횟수가 다를 경우의 원인으로 가장 적절한 것은?**

① 축전지의 용량 저하
② 퓨즈 또는 배선의 접촉 불량
③ 용량이 규정값 이하인 전구 사용
④ 플래셔 스위치부터 지시등 사이의 단선

해설 | ①~③은 지시등의 점멸이 느릴 경우의 원인이다.

25 **계기장치 중 온도계가 표시하는 것은?**

① 엔진 연소실 내 온도
② 엔진 물 재킷 내 냉각수 온도
③ 엔진오일의 기관 출구 온도
④ 냉각수 탱크 내 냉각수 온도

해설 | 온도계는 엔진 물 재킷 내 냉각수의 온도를 표시한다.

20 ④ 21 ③ 22 ④ 23 ① 24 ④ 25 ② **정답**

CHAPTER 03

건설기계섀시장치

TOPIC. 1 동력전달장치

1. 동력전달장치

① 건설기계를 주행시키기 위해 기관에서 발생하는 동력을 구동 바퀴에 전달하는 장치

② 주요 장치 : 클러치, 변속기, 드라이브 라인, 구동축, 구동바퀴, 최종감속장치, 차동장치

③ 동력전달 순서

㉠ 엔진 → 클러치 → 변속기 → 드라이브라인(추진축, 자재이음) → 종감속

㉡ 계통의 순서 : 피스톤 → 커넥팅로드 → 크랭크축 → 클러치 → 기어 → 차동장치 → 액슬축 → 바퀴

④ 장점

㉠ 설계 · 제작 시 조작력에 상관없이 조향 기어비 설정 가능

㉡ 가벼운 조작력으로도 조작 가능

㉢ 조향 휠의 시미현상 감소

> **tip 시미현상**
> 자동차의 진행 중 어떤 속도에 이르면 핸들에 진동을 느끼는 것으로, 일반적으로 자동차의 조향장치 전체의 진동을 말한다.

2. 클러치

(1) 주요 기능

① 엔진과 변속기 사이에 설치되어 엔진의 동력을 변속기로 전달 혹은 차단

② 엔진 시동 시 기관의 무부하 상태를 유지

③ 기어 변속 시 일시적으로 동력을 차단

④ 관성 주행을 가능케 함

(2) 구비 조건

① 동력 차단 및 전달이 확실하고 신속할 것

② 회전평형이 좋고 회전관성이 작을 것

③ 방열이 잘 되고 과열되지 않을 것

④ 구조가 간단하고 고장이 적을 것

⑤ 기관과 변속기 간의 연결 · 분리가 용이할 것

⑥ 클러치 페달의 자유 간극

㉠ 정상 간극 : 20~30mm 정도로 설정하여 클러치의 미끄러짐 방지

㉡ 과도한 간극에 따른 영향

간극이 클 경우	• 클러치의 차단 불량으로 변속 시 소음 발생 • 변속 조작 불량 • 클러치 끌림 발생
간극이 작을 경우	• 클러치가 미끄러져 동력 전달 불량 • 페이싱, 릴리스 베어링의 조기 마멸 • 클러치의 과열 발생

⑦ 클러치의 용량

㉠ 용량이 너무 크면 동력 전달 시 충격이 발생하기 쉬우며, 너무 작으면 클러치가 미끄러지는 현상 발생

㉡ 엔진 회전력의 2~3배 정도 큰 용량

OX 퀴즈

과급기는 건설기계장비 중 동력전달장치에 해당하는 구성품이다.

정답 | ×

해설 | 과급기는 동력전달장치가 아닌 엔진장치로 실린더에 압축공기를 공급한다.

(3) 구조

① **클러치판** : 변속기 입력축을 통해 회전력을 전달시키는 마찰판으로 압력판과 플라이휠 사이에 설치된다.

② **압력판** : 클러치판을 밀어 플라이휠에 압착시키는 역할로 플라이휠과 같이 회전한다.

③ **클러치 스프링** : 압력판에 압력을 가하는 스프링으로 클러치 커버와 압력판 사이에 설치된다.

④ **릴리스 베어링** : 릴리스 포크에 의해 클러치 축으로 움직임으로써 릴리스 레버를 눌러 동력을 차단한다.

⑤ **릴리스 레버** : 릴리스 베어링에 의해 눌리면 클러치판을 누르고 있는 압력판을 분리시킨다.

tip 릴리스 레버

릴리스 레버와 릴리스 베어링이 분리되어 있다면 클러치 페달을 밟지 않은 상태이기 때문에 클러치가 연결된 것이다.

(4) 고장 원인 및 점검

① 주요 고장 원인

㉠ 클러치 면의 마멸

㉡ 클러치 압력판 스프링 손상

㉢ 릴리스 레버의 불량

② 클러치 미끄러짐의 원인

㉠ 클러치 디스크가 마모되었을 경우
㉡ 클러치 디스크에 오일이 묻었을 경우
㉢ 다이어프램 스프링의 장력이 약화된 경우
㉣ 클러치 페달의 유격이 작을 경우

③ 클러치가 미끄러질 때의 영향
㉠ 견인력이 증가하지 않음
㉡ 연료 소비율 증가
㉢ 엔진 과열
㉣ 등판 능력 저하
㉤ 페이싱이 타는 냄새가 남

④ 클러치 페달의 유격

유격이 클 경우	• 클러치가 잘 끊어지지 않음 • 기어가 끌리는 소음 발생
유격이 작을 경우	• 미끄럼 발생 • 클러치판 소손 • 릴리스 베어링의 마모 • 동력 전달의 불량

빈칸 채우기

클러치 페달 유격의 크기가 클 경우, 클러치가 잘 끊어지지 않으나 변속 시 (　　)이/가 발생한다.

정답 | 소음

3. 변속기

(1) 주요 기능

① 클러치와 추진축 사이에 설치되어 엔진의 동력을 주행 상태에 맞도록 회전 · 속도를 바꿔 구동바퀴에 전달
② 장비를 후진시키는 역전장치도 갖추고 있음
③ 엔진의 회전 속도와 바퀴의 회전 속도의 비를 주행 저항에 대응하여 변경함
④ 바퀴의 회전 방향을 역전시켜 건설기계의 후진을 가능케 함
⑤ 엔진 기동 시 무부하 상태를 유지함

(2) 구비조건

① 단계 없이 연속적으로 변속될 것
② 소형 · 경량일 것
③ 변속 조작이 쉽고 정숙하며 정확하게 이루어질 것
④ 동력 전달 효율이 좋고 정비성이 좋을 것
⑤ 회전속도와 회전력의 변환이 빠를 것

(3) 고장 원인 및 점검

변속기어가 잘 물리지 않는 경우	• 클러치 유격 과다로 인한 클러치 차단 불량 • 시프트 레일의 휨 • 싱크로 메시 기구의 접촉 불량 및 키 스프링의 마모 • 동기 물림 링과의 접촉 불량
기어가 빠지는 경우	• 싱크로나이저 클러치 기어의 스플라인 마멸 • 로킹 볼의 마모 또는 스프링 쇠약 혹은 절손 • 메인 드라이브 기어의 마멸 • 클러치 축과 파일럿 베어링의 마멸 • 기어의 백래시 과대
기어에서 소리가 나는 경우	• 클러치가 잘 끊기지 않음 • 싱크로나이저 마찰면의 마멸 • 스플라인의 마멸 • 기어 오일의 양 부족 및 오일의 질 불량, 오일 점도 저하 • 클러치 기어 허브와 주축과의 틈새 과다

4. 드라이브 라인

(1) 주요 기능

① 변속기의 출력을 종감속기어로 전달

② 동력을 후차축에 전달하기 위해 주로 유니버셜 조인트, 슬립조인트로 설계됨

(2) 구성

슬립이음	추진축의 길이 변화를 가능케 함
자재이음 (유니버설 조인트)	• 2개의 축 사이에 설치되어 동력을 원활히 전달할 수 있도록 함. • 추진축의 각도 변화를 가능케 함
추진축(프로펠러 샤프트)	변속기의 회전력을 종감속장치에 전달하여 바퀴를 회전시킴

OX 퀴즈

슬립이음 연결 부위에 가장 적절한 윤활유는 그리스이다.

정답 | ○

5. 종감속장치 및 차동장치

(1) 종감속기어(최종구동기어)

① 추진축의 회전력을 직각 방향(90°)으로 바꾸며, 엔진의 회전수를 감속하여 구동력을 증대시킨다.

② 추진축에서 받은 동력을 거의 직각인 각도로 바꾸어 뒷바퀴에 전달한다.

③ 바퀴의 무게 · 지름, 기관 출력 등의 정도에 따라 적절한 감속비로 감속해 회전력을 높인다.

④ $종속감비 = \frac{링기어잇수}{구동기어잇수}$

(2) 차동기어장치

① 선회 시 좌우 구동바퀴의 회전 속도를 다르게 한다.

② 커브를 돌 때 바깥쪽 바퀴의 회전 속도를 증대시켜 선회를 원활하게 해 준다.

6. 타이어

(1) 구조

비드	림과 접촉하는 장치
카커스	고무로 피복된 코드가 여러 겹으로 겹쳐 있으며 타이어 골격을 이룸
트레드	• 노면과 직접 접촉되어 적은 슬립으로 견인력을 증대시킴 • 열 발산 및 미끄럼 방지의 효과
브레이커	트레드와 카커스 사이의 여러 겹으로 겹친 코드 층을 내열성 고무로 감싼 구조

(2) 분류

기압에 따른 분류	고압 타이어, 저압 타이어, 초저압 타이어
형상에 따른 분류	바이어스 타이어, 편평 타이어, 레이디얼 타이어, 스노우 타이어 등

(3) 타이어 관련 현상

① **스탠딩 웨이브** : 고속 주행 시 타이어 내 에어가 적어 타이어가 쭈그러지는 현상

② **하이드로 플레인(수막현상)** : 노면의 빗물에 의해 타이어가 공중에 뜨는 현상

(4) 타이어 트레드 패턴의 필요성

① 타이어 측면 및 전진 방향의 미끄러짐 방지

② 타이어 내부의 열 발산

③ 구동력 및 선회 성능 향상

TOPIC. 2 제동장치

1. 구비조건

① 작동이 확실하고 제동 효과가 클 것
② 내구성과 신뢰성이 뛰어날 것
③ 점검 및 정비가 쉬울 것
④ 마찰력이 좋을 것

2. 다양한 현상

(1) 페이드 현상

① 과도한 마찰열이 축적되어 라이닝의 마찰계수가 급격히 저하되고 브레이크가 잘 듣지 않는 현상이다.
② 브레이크를 연속적으로 사용할 경우 발생한다.
③ 페이드 현상이 발생할 경우 기계의 작동을 멈추고 열을 식혀야 한다.

(2) 베이퍼 록 현상

① 브레이크 오일이 기화되어 제동이 불가능해지는 현상이다.
② 과도한 브레이크 사용, 드럼과 라이닝 끌림에 의한 과열, 마스터 실린더 체크 밸브의 소손에 의한 잔압 저하, 불량 오일 사용, 오일의 변질로 인한 비점 저하 등으로 발생한다.
③ 주로 내리막 등에서 과도하게 잦은 브레이크 사용 시 발생하므로 엔진 브레이크를 사용하여 내려가는 것이 좋다.

(3) 브레이크 오일

① 구비조건
㉠ 윤활성이 있을 것
㉡ 비등점이 높아 베이퍼 록(Vapor lock)을 일으키지 않을 것
㉢ 화학적으로 안정될 것
㉣ 응고점은 낮고 인화점은 높을 것
㉤ 온도 변화에 대한 점도 변화가 적을 것(점도 지수가 클 것)

② 주의 사항
㉠ 다른 제조회사의 오일을 혼용하지 것
㉡ 지정된 오일을 사용할 것
㉢ 빼낸 오일은 재사용하지 말 것

③ 공기식 브레이크

㉠ 구성

공기 압축기	엔진의 동력을 이용하여 공기를 압축
공기 저장 탱크	압축된 공기를 저장
압력 조절 밸브	공기 탱크 내 압력을 일정하게 유지
언로드(unload) 밸브	압력이 규정압 이상으로 상승 시 압축기를 무부하 운전시킴
안전 밸브	탱크 내 압력이 규정압 이상 상승되면 밸브가 열려 압력을 대기 중으로 방출
브레이크 밸브	제동 시 릴레이 밸브와 브레이크 챔버로 공기를 공급
릴레이 밸브	압축공기를 뒤 브레이크 챔버로 공급
퀵 릴리스(quick release) 밸브	브레이크 해제 시 챔버 내 공기를 방출
브레이크 챔버(chamber)	압축공기를 최종적으로 받아 캠을 구동
캠(cam)	회전하여 슈를 드럼에 압착(유압 브레이크의 휠 실린더 역할)

㉡ 특징

- 공기 유량 조절 밸브만 개폐시키므로 답력이 적게 들어감
- 공기가 약간 누출되어도 제동력의 저하가 크지 않음
- 베이퍼 록 미발생
- 구조가 복잡하고, 공기압축기의 구동에 엔진의 출력 일부가 소모됨

④ 배력식 브레이크

㉠ 종류

하이드로 백(진공 배력식)	대기압과 흡기다기관의 부압(부분진공)을 이용한 브레이크
하이드로 에어팩(압축공기 배력식)	압축공기의 압력과 대기압의 차이를 이용한 브레이크

㉡ 특징

- 차량의 대형화에 의한 제동력의 부족 현상 해결
- 큰 제동력 발생

빈칸 채우기

공기 브레이크에서 브레이크 슈는 리턴 스프링에 의해 수축되며 (　　)에 의해 확장된다.

정답 | 캠

⑤ 유압식 브레이크

㉠ 구성

브레이크 페달	페달에 가해진 힘의 3~6배 정도의 힘을 마스터 실린더에 가함
마스터 실린더	브레이크 페달에서 전달받은 힘을 이용해 필요한 유압을 발생시킴
휠 실린더	마스터 실린더에서 유압을 받아 브레이크 드럼의 회전을 제어
파이프 라인	브레이크 파이프 라인에 항상 잔압을 두어야 함

㉡ 특징

- 파스칼의 원리
- 모든 바퀴에 균등한 제동력 제공

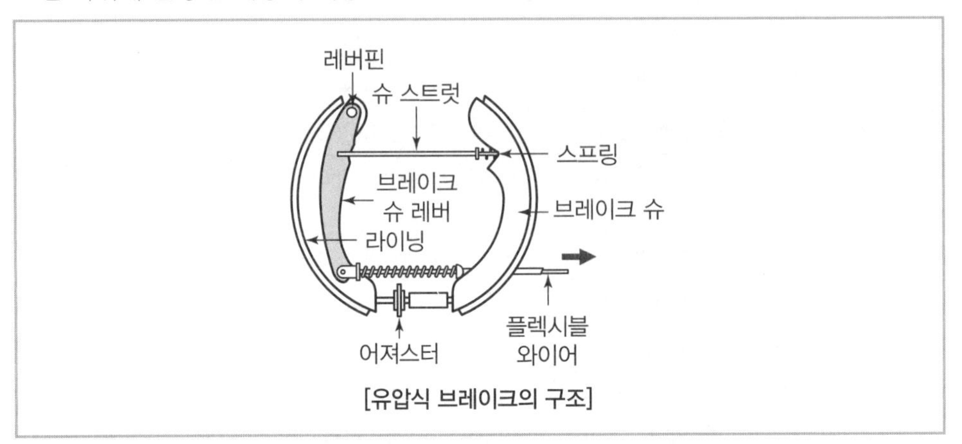

[유압식 브레이크의 구조]

⑥ 드럼식 브레이크

㉠ 구성

- 휠 실린더 : 브레이크 슈를 드럼 쪽으로 밀어주는 실린더
- 브레이크 슈 : 휠 실린더에 의해 드럼과 접촉하여 제동력을 발생시킴
- 리턴 스프링 : 브레이크 페달을 놓으면 스프링의 복원력에 의해 브레이크 슈를 원위치로 복귀시킴

㉡ 드럼의 구비조건

- 회전 평형이 좋을 것
- 충분한 강성을 유지할 것
- 내마멸성이 있을 것
- 방열이 잘될 것
- 가벼울 것
- 회전 관성이 적을 것

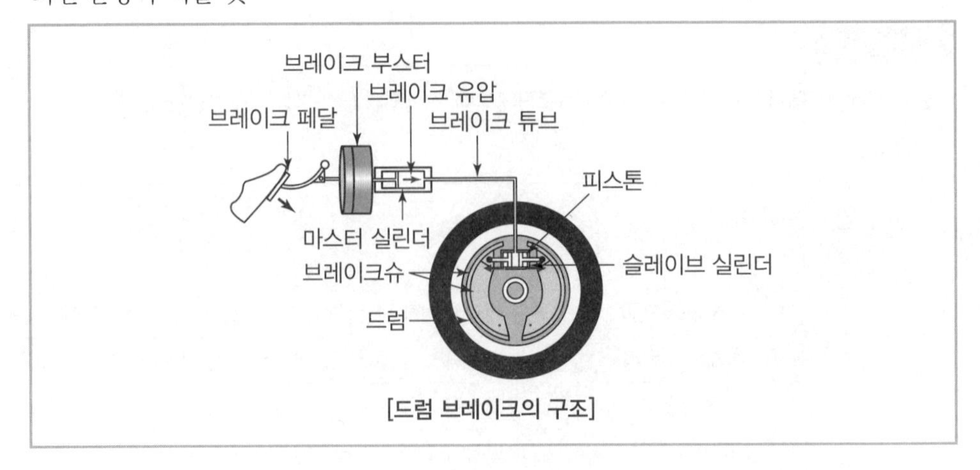

[드럼 브레이크의 구조]

⑦ 디스크식 브레이크

㉠ 구성

- 디스크 : 휠 허브에 결합되어 바퀴와 함께 회전
- 캘리퍼 : 패드를 디스크 브레이크에 밀착시켜 브레이크를 잡아 주는 장치로 유압에 의해 작동
- 브레이크 실린더 및 피스톤 : 실린더 내 브레이크 오일의 유압에 의해 피스톤이 패드를 디스크에 압착시킴

㉡ 특징

- 디스크가 대기에 노출되어 방열성이 좋음
- 자기 작동이 없어 제동력의 변화가 적음
- 편제동이 없음
- 구조가 간단하고 정비가 용이함
- 패드의 마모 속도가 빠름

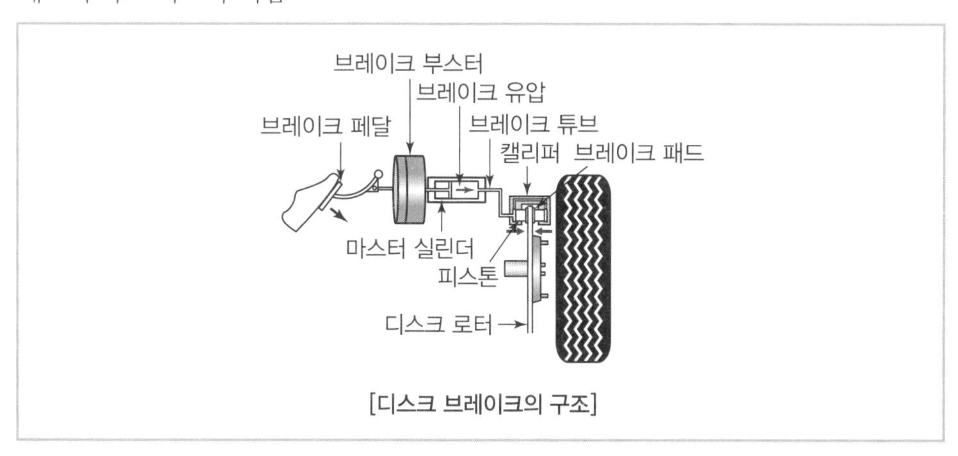

[디스크 브레이크의 구조]

빈칸 채우기

유압 브레이크에서 ( )은/는 잔압을 유지시키는 역할을 한다.

정답 | 체크 밸브

TOPIC. 3 조향장치

1. 조향장치

① 조향 휠의 각도를 변화시켜 기계의 진행 방향을 조정하는 장치이다.

② 조향핸들로 앞바퀴를 조향하는 구조이다.

③ 조향장치 원리 : 전차대식, 애커먼식, 애커먼 장토식

2. 구비조건

① 주행 중의 노면의 충격에 영향을 받지 않을 것

② 조향 휠과 바퀴의 회전수 차이가 크지 않을 것

③ 고속 선회 시 조향 핸들이 안정될 것

④ 수명이 길고 정비하기 용이할 것

⑤ 조작하기 쉽고 최소회전반경이 적을 것

⑥ 진행 방향 변경 시 무리한 힘이 작용되지 않을 것

tip 최소회전반경

조향 각도를 최대로 한 채 선회할 경우 그려지는 바깥쪽 원의 반경

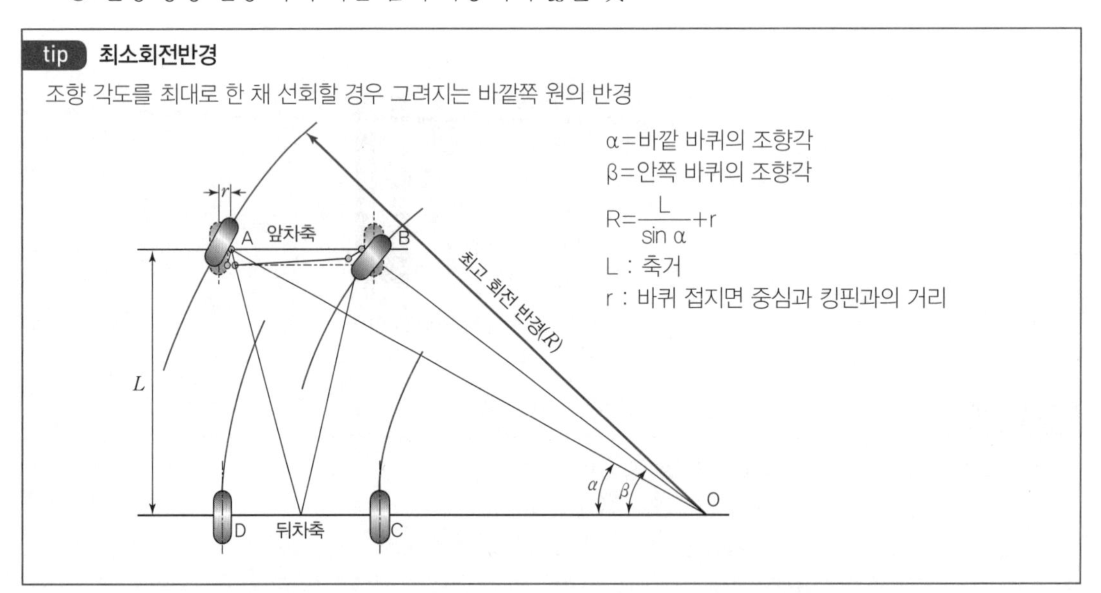

3. 구성

(1) 조향 휠

① 림, 스포크, 허브 등으로 구성되며 핸들이라고도 한다.

② 차량의 크기에 따라 휠의 지름은 각각 다르다.

③ 휠의 작용을 용이하게 하기 위해 유격을 준다.

④ 스포크 또는 림 내부는 알루미늄 합금 심 등으로 보강되고 외부는 합성수지로 되어 있다.

tip 핸들의 유격이 커지는 원인

- 볼 이음 부분의 마멸
- 조향바퀴 및 앞바퀴 베어링 마모
- 조향 기어의 큰 백래시 발생
- 조향 너클 및 링키지의 불량 접속부

(2) 조향 축

① 조향 휠의 회전을 조향 기어에 전달하는 축이다.

② 윗부분에는 핸들이, 아랫부분에는 조향 기어가 결합되어 있다.

③ 웜과 스플라인을 통해 자재이음으로 연결되어 있다.

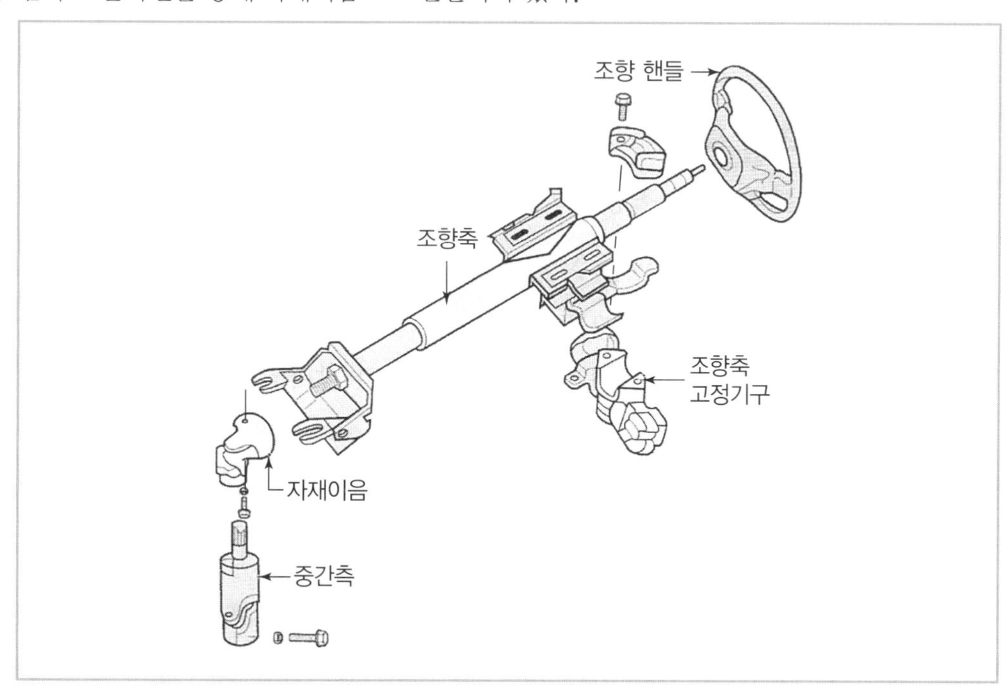

(3) 조향기어

① 조향 휠의 회전 방향을 바꾸고 링크 기구에 전달하는 장치이다.

② **종류** : 보올 너트 형식(웜 섹터식, 웜 너트식, 캠 레버식 등), 래크 피니언형

③ **구성품** : 웜 기어, 섹터 기어, 조정스크류

④ 조향기어가 마모되었을 때 백래시가 커지고 핸들의 유격도 함께 커진다.

tip 백래시

서로 물리는 기어 부분 사이에 생기는 틈새로 결합이 단단하지 않을 때 발생한다.

(4) 조향 링키지

① **피트먼 암** : 조향 휠의 움직임을 릴레이 로드나 드래그 링크에 전달한다.

② **타이로드** : 좌우 끝에 타이로드 엔드가 하나씩 설치되어 길이 조절이 가능하다.

③ **너클 암** : 타이로드와 너클의 연결대 역할을 한다.

④ **드래그 링크** : 너클 암과 피트먼 암을 연결하는 로드이다.

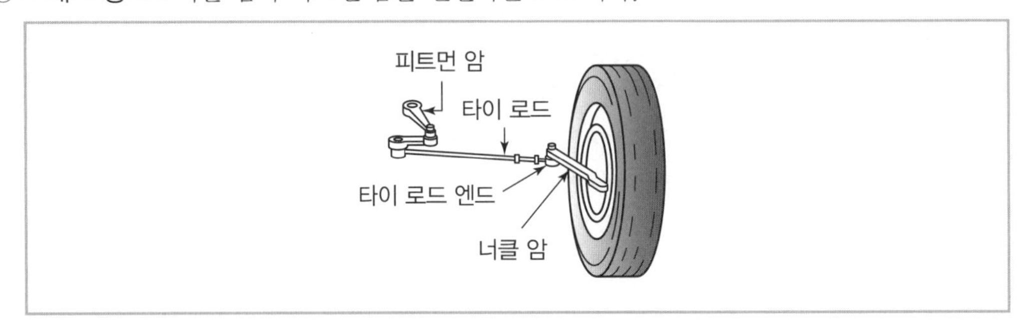

빈칸 채우기

건설기계에서 (　　　　　　)은/는 조향 휠의 토인 교정 역할을 담당한다.

정답 | 타이로드

TOPIC. 4 주행장치

1. 앞바퀴 필요성

① 타이어의 마모를 최소한으로 한다.

② 작은 힘으로도 조향 휠을 조작할 수 있다.

③ 조향 복원력을 향상시킬 수 있다.

④ 방향 안정성을 향상시킬 수 있다.

2. 앞바퀴 정렬 요소

(1) 캠버

① 앞바퀴를 앞에서 보았을 때 윗부분이 바깥쪽으로 약간 벌어져 상부가 하부보다 넓게 되어 있는 것

② 즉, 앞바퀴를 앞에서 보았을 때 수선을 이룬 각을 말함

③ 조향 조작력을 가볍게 하고 앞 차축의 휨을 방지함

④ 타이어의 이상 마멸을 방지함

(2) 토인

① 앞바퀴를 위에서 보았을 때 앞쪽이 뒤쪽보다 안쪽으로 치우친 것
② 앞바퀴를 평행하게 회전시킴
③ 타이어의 사이드 슬립과 편마멸을 방지함
④ 조향 링키지 마멸에 의한 토아웃을 방지함

(3) 캐스터

① 앞바퀴를 옆에서 보았을 때 킹핀이 수직선에 대해 어느 한쪽으로 기울어져 있는 것
② 직진 성능을 좋게 하고 복원력을 발생시킴

(4) 킹핀 경사각

① 앞바퀴를 앞에서 볼 때 킹핀이 수선에 대해 이룬 각
② 조향 핸들의 조작력을 가볍게 함
③ 복원성을 향상시키며 시미를 방지함

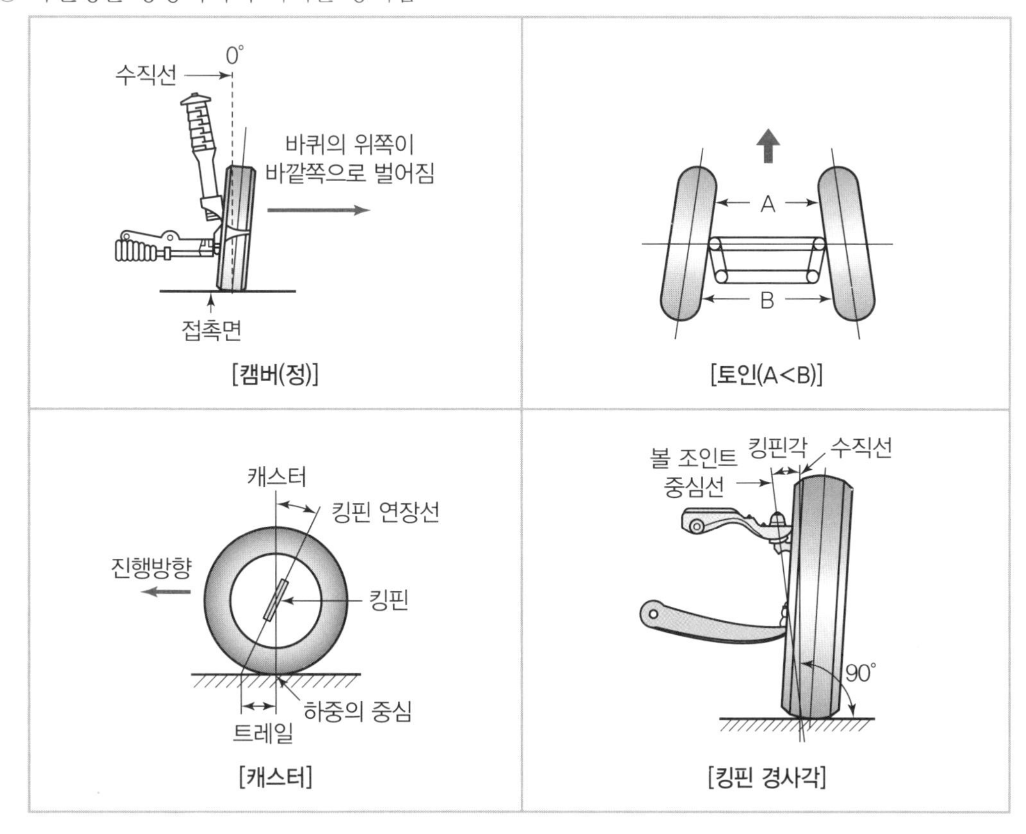

[캠버(정)]
[토인(A<B)]
[캐스터]
[킹핀 경사각]

tip 킹핀 경사각과 캠버

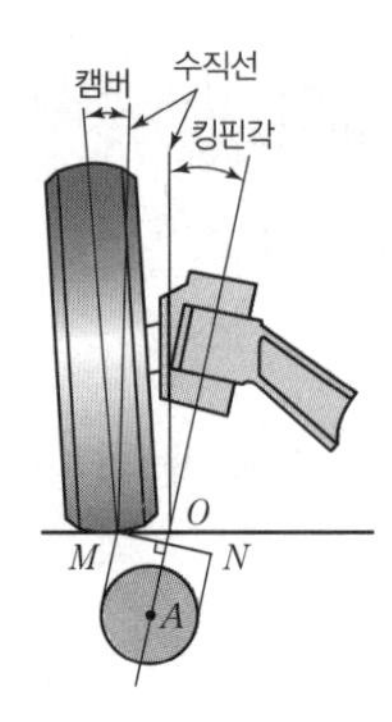

킹핀 경사각이 있으면 휠을 돌렸을 때 타이어의 접지점 M은 킹핀의 중심선에 대해 직각인 평면 M–N상에 원을 그린다.

단원 마무리 문제

01 건설기계장비의 동력을 전달하는 계통의 순서로 옳은 것은?

① 피스톤 – 클러치 – 커넥팅로드 – 크랭크축
② 피스톤 – 커넥팅로드 – 크랭크축 – 클러치
③ 피스톤 – 추진축 – 크랭크축 – 클러치
④ 피스톤 – 추진축 – 크랭크축 – 구동축

해설 | 굴삭기의 동력을 전달하는 계통의 순서는 피스톤 → 커넥팅로드 → 크랭크축 → 클러치 순으로 진행된다.

02 건설기계장비의 동력전달장치에 해당하지 않는 것은?

① 유압모터
② 차동장치
③ 변속기
④ 구동바퀴

해설 | 동력전달장치에는 클러치, 변속기, 구동바퀴, 종감속장치, 차동장치 등이 있다.

03 클러치의 고장 원인으로 거리가 가장 먼 것은?

① 클러치 면이 마멸되었다.
② 릴리스 레버가 정상적으로 조정되지 않았다.
③ 변속기의 오일이 부족하였다.
④ 클러치 압력판의 스프링이 심하게 손상되었다.

해설 | 변속기 오일이 부족할 때에는 변속기에 소음이 발생하며, 클러치의 고장 원인과는 거리가 멀다.

04 기어가 물림 위치에서 쉽게 빠지지 않도록 하는 기구는?

① 링기어 ② 클러치
③ 인터록 볼 ④ 로킹볼

해설 | 로킹볼은 기어가 물림 위치거나 중립일 때 쉽게 빠지지 않도록 하는 장치이다.

05 변속기의 구비조건으로 옳지 않은 것은?

① 다루기 쉬우면서 고장이 적어야 한다.
② 대형이면서 고중량이어야 한다.
③ 전달효율이 좋아야 한다.
④ 연속적인 단계 없이 변속되어야 한다.

해설 | 건설기계장비의 변속기는 소형이면서 경량이어야 한다.

정답 01 ② 02 ① 03 ③ 04 ④ 05 ②

06 **클러치의 동력을 변속기에 전달하는 축은?**

① 드라이브 라인
② 종감속기어
③ 조향 바퀴
④ 토우

해설 | 드라이브 라인에 대한 설명으로, 변속기에서 나오는 동력을 후차축에 전달하기도 한다.

07 **타이어 중 타이어 트레드와 사이드 월의 경계 부분에 해당하는 구조는?**

① 트레드부
② 비드부
③ 숄더부
④ 카커스부

해설 | 숄더(Shoulder)부는 타이어 트레드와 사이드 월의 경계 부분을 가리킨다.

08 **브레이크를 과다 사용했을 때 발생할 수 있는 현상으로 옳은 것은?**

① 페이드 현상
② 사이클링 현상
③ 베이퍼 록 현상
④ 브레이크 록 현상

해설 | 베이퍼 록은 브레이크 과다 사용으로 브레이크액이 기화하여 유압작용이 불가능해지는 현상을 말한다.

09 **종감속비가 크면 가속 성능과 고속 성능은 어떻게 변화하는가?**

① 가속 성능은 향상하고 고속 성능은 저하된다.
② 가속 성능과 고속 성능 모두 향상한다.
③ 가속 성능은 저하되고 고속 성능은 향상한다.
④ 가속 성능과 고속 성능 모두 저하된다.

해설 | 종감속비가 크면 가속 성능 및 등판능력은 향상, 고속 성능은 저하된다.

10 **고속으로 선회 시 조향 장치가 갖추어야 할 조건으로 옳은 것은?**

① 조향 바퀴에 진동이 느껴져야 한다.
② 조향 핸들이 안정되어야 한다.
③ 조향 바퀴가 노면에 영향을 받아야 한다.
④ 조향 휠과 바퀴의 회전수 차이가 커야 한다.

해설 | 고속으로 선회할 경우 조향 장치 중 핸들은 안정되어야 한다.

11 **토인을 측정할 때 반드시 갖추어야 할 조건으로 옳은 것은?**

① 킹핀 경사각이 10° 이상이어야 한다.
② 유압이 높아야 한다.
③ 타이어의 공기압력이 낮아야 한다.
④ 직진 상태여야 한다.

해설 | 토인을 측정할 경우 반드시 직진 상태에서 측정하여야 한다.

12 다음 중 유압식 브레이크에서 이용되는 원리로 옳은 것은?

① 에너지 보존의 법칙
② 파스칼의 법칙
③ 베르누이의 법칙
④ 아르키메데스의 법칙

해설 | 파스칼의 법칙이란 밀폐된 용기의 액체에 작용하는 압력은 어느 방향 · 지점에서나 일정하다는 법칙으로, 유압식 브레이크의 원리이다.

13 조향 핸들이 무거워지는 이유와 거리가 가장 먼 것은?

① 타이어 공기압력의 불균일
② 쇽업쇼버의 불량 작동
③ 브레이크 패드 간격 과다
④ 조향기어의 큰 백래시

해설 | 타이어 공기압력이 불균일하면 조향핸들이 한쪽 방향으로 쏠리는 원인이 된다.

14 건설기계장비에서 조향 바퀴의 얼라인먼트 요소와 관련이 있는 것은?

① 브레이크 슈
② 토아웃
③ 부스터
④ 킹핀 경사각

해설 | 조향 바퀴의 얼라이먼트 요소로는 토인, 캐스터, 캠버, 킹핀 경사각이 있다.

15 지렛대의 작용을 이용하며 밟는 힘의 3배 정도의 힘을 마스터 실린더에 가하는 장치는?

① 리턴 스프링
② 마스터 실린더
③ 브레이크 페달
④ 브레이크 밸브

해설 | 브레이크 페달은 밟는 힘의 3~6배 정도의 힘을 마스터 실린더에 가하며 지렛대의 원리를 이용한다.

16 방열이 잘 되며 안정된 제동력을 얻고 페이드 현상 발생률이 적은 브레이크는?

① 드럼 브레이크
② 디스크 브레이크
③ 공기 브레이크
④ 넌서보 브레이크

해설 | 디스크 브레이크의 특징에 대한 설명으로, 브레이크 패드가 디스크에 마찰을 가하여 제동력을 얻는 유압식 브레이크의 일종이다.

17 공기 브레이크에서 브레이크 슈를 직접적으로 작동시키는 것은?

① 캠
② 진공 밸브
③ 브레이크 챔버
④ 너클암

해설 | 공기 브레이크에서 캠은 브레이크 슈를 확장시키고 직접 작동시킨다.

정답 06 ① 07 ③ 08 ③ 09 ① 10 ② 11 ④ 12 ② 13 ① 14 ④ 15 ③ 16 ② 17 ①

18 다음 중 토크 컨버터에 대한 설명으로 적절하지 않은 것은?

① 펌프, 스테이터, 터빈 등으로 구성되어 있다.
② 펌프와 터빈의 날개에 각도가 있다.
③ 엔진의 토크를 변속기에 원활하게 전달하는 기능을 한다.
④ 스테이터는 클러치판의 마찰력을 감소시킨다.

해설 | 토크 컨버터의 구성품 중 스테이터는 오일의 방향을 전환시켜 회전력을 증대시키는 역할을 한다.

19 클러치의 구비조건에 대한 설명으로 옳지 않은 것은?

① 마찰열에 대한 방열성이 충분하다.
② 정비성이 좋고 구조가 복잡하다.
③ 기관의 회전 변동을 적절하게 저감한다.
④ 변속 또는 발진 시 접속이 원활하다.

해설 | 클러치는 마찰열에 대한 방열성이 충분하고 내구성이 양호해야 하며, 구조가 간단하여야 한다.

20 스노 타이어에 스파이크를 박은 것으로 빙판길에서 제동력을 좋게 한 타이어는?

① 스터드리스 타이어
② 래디알 타이어
③ 스파이크 타이어
④ 바이어스 타이어

해설 | 스파이크 타이어는 스노 타이어의 트레드에 스파이크를 박은 타이어이다.

18 ④ 19 ② 20 ③ 정답

CHAPTER 04 굴삭기 작업장치

TOPIC. 1 굴삭기 구조

1. 굴삭기(Excavator)

(1) 분류

① 무한궤도식 크롤러 굴삭기(Crawler Type)

㉠ 기복이 심한 곳에서의 작업 용이

㉡ 습지, 연약지, 사지에서의 작업 유리

㉢ 원거리 주행(약 2km 이상) 시 트레일러에 탑재하여 이동

㉣ 유압에 의해 전후진과 각종 작업이 이루어짐

㉤ 동력전달순서 : 기관 → 유압펌프 → 컨트롤밸브 → 센터조인트 → 주행모터 → 트랙

② 타이어식 휠 굴삭기(Wheel Type)

㉠ 포장 도로나 실내에서 작업이 가능하나 습지, 사지에서의 작업 곤란

㉡ 주행 장치가 고무 타이어로 된 형식

㉢ 장거리 이동이 쉽고 기동성이 좋음

㉣ 변속과 주행 속도가 빠름

③ 트럭탑재형

㉠ 트럭에 굴삭 장치 탑재

㉡ 주로 소형으로만 사용됨

> **tip 굴삭기의 정의**
> - 토목 · 건축 · 건설 현장 등에서 토양 굴착 또는 적재 작업을 하는 행하는 건설기계
> - 무한궤도 또는 타이어식으로 굴삭장치를 가진 자체중량 1톤 이상인 것
> - 유압으로 작동하는 셔블, 크램셸, 백호, 브레이커 등을 부착하여 다양한 작업을 수행

(2) 용도

① 작업장치에 따른 용도

㉠ 백호 : 일반적인 토사 작업

㉡ 브레이커 : 암석, 아스팔트 등의 파쇄 작업

② 일반적인 용도

㉠ 토사 굴토 및 굴착 작업

㉡ 도량 파기 작업

㉢ 토사 상차 작업

㉣ 암석, 콘크리트 등의 파쇄 작업

(3) 규격

① 버킷의 용량으로 표시하는데, 평적과 산적으로 구분한다.

② 일반적으로 1회에 담을 수 있는 산적용량(㎥, 세제곱미터)으로 표시한다.

2. 굴삭기의 구조

(1) 기본 구조

① 작업장치(전부장치)

② 상부 회전체(상부 선회체)

③ 하부 추진체(하부 구동체)

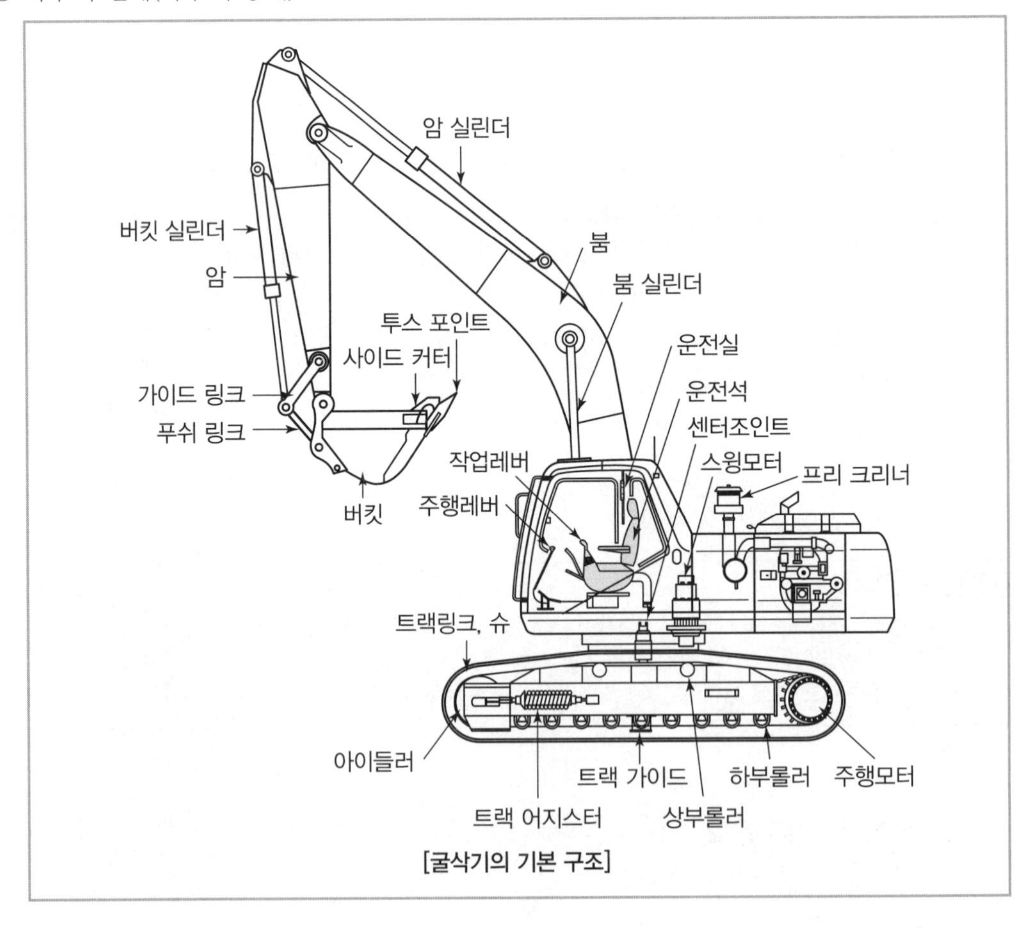

[굴삭기의 기본 구조]

(2) 작업장치

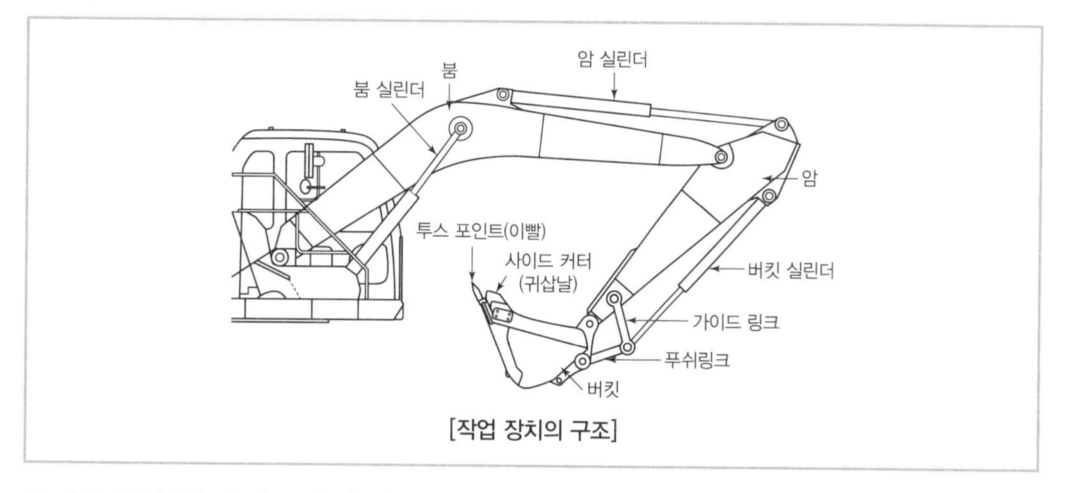

[작업 장치의 구조]

① 작업장치(전부 장치)는 유압 실린더에 의해 작동되며 붐, 암, 버킷으로 구성되어 있다.

② 붐(Boom)

㉠ 상부 회전체의 풋 핀에 설치되어 있고, 1개나 2개의 유압 실린더에 의해 상하운동

㉡ 종류

원피스 붐	• 굴삭, 정지 등 일반적인 작업에 적합 • 하나의 구성품(piece)으로 만들어짐
투피스 붐	• 굴삭 깊이를 깊게 할 수 있으며 다양도 붐으로 사용 • 두 개의 구성품(piece)으로 만들어짐 • 클램셸 또는 토사 이동 적재 작업에 적합
오프셋 붐	• 좁은 도로 양쪽의 배수로 구축, 좁은 장소 등 특수조건의 작업에 적합 • 상부 회전체의 회전 없이 붐 회전 가능 • 붐의 스윙각도 : 좌우 각각 60° 정도
로터리 붐	• 회전 모터(붐과 암의 연결부분)를 설치하여 굴삭기의 이동 없이 암이 360° 회전 가능

tip 붐의 자연 하강량이 증가하는 원인

• 유압실린더의 내부 누출
• 유압실린더 배관의 파손
• 컨트롤 밸브 중 스풀에서의 누출

③ 암(Arm)

㉠ 붐과 버킷 사이에 설치된 부분으로 암의 각도가 80~110°일 때 굴삭력이 가장 크다.

㉡ 종류

표준 암	일반적인 굴삭 작업에 적합
롱 암	깊은 굴삭 작업에 적합
쇼트 암	협소한 장소에서의 작업에 적합
익스텐션 암	• 암의 길이 연장 • 깊고 넓은 작업에 적합

OX 퀴즈

펌프의 토출량이 부족하면 암 레버의 조작이 잠깐 멈춘다. (○/×)

정답 | ○
해설 | 암 레버의 조작이 잠깐 멈추었다가 다시 움직이는 현상은 펌프의 토출량이 부족했을 때 발생한다.

④ 작업장치 부분 : 직접 작업을 하는 부분

구분	내용
백호	• 일반적으로 가장 많이 사용되며 지면보다 낮은 곳의 굴삭 작업에 적합 • 버킷을 운전자 방향으로 당기며 작업 • 수중 굴삭 작업 가능
이젝터 버킷	• 버킷 안에 토사를 밀어내는 이젝터 장착 • 진흙 등의 굴삭 작업에 적합
크램셸	• 수직 굴토, 배수구 굴삭 및 청소 작업에 적합
유압 셔블	• 버킷의 굴삭 방향이 백호와 반대 방향 • 장비보다 위쪽의 작업에 적합 • 셔블의 프론트 어태치먼트의 상부 회전체는 풋 핀으로 연결됨 • 산악 지역에서 토사, 점토질, 암반 등을 굴삭한 후 트럭에 싣기 편함 • 백호 버킷을 뒤집어 사용 가능
브레이커	암석, 콘크리트, 아스팔트 파쇄, 말뚝 박기 등에 적합
파일 드라이브 및 어스 오거	• 파일 드라이브 장치를 붐암에 설치 • 항타 · 항발 작업에 적합
우드 그래플	전신주, 원목 등을 집어서 운반 · 하역하는 작업에 적합

빈칸 채우기

굴삭작업과 직접 관련 있는 조종레버는 (　　　) 제어레버, (　　　) 제어레버, (　　　) 제어레버이다.

정답 | 붐, 암(스틱), 버킷

(3) 상부 회전체

① 하부 구동체(추진체)에 설치되어 360° 회전하는 부분이다.

② 앞부분에는 풋 핀에 의해 붐이 설치, 뒷부분에는 카운터 웨이트를 설치하여 안전성을 유지한다.

③ 카운터 웨이트(밸런스 웨이트, 평형추)

㉠ 상부 회전체의 뒷부분에 설치되며 중량물이 실릴 때 뒷부분이 들리는 것을 방지하고 장비의 밸런스를 유지

㉡ 굴삭 작업 시 장비가 앞으로 넘어지는 사고 방지

④ 선회장치(Swing decive)

㉠ 선회(스윙) 장치 : 고정된 링기어에 스윙 피니언 기어가 치합되어 회전하면 상부 회전체도 회전함

㉡ 선회 모터 : 일반적으로 피스톤 모터 사용

㉢ 선회 감속 장치 : 선회 모터의 회전 속도를 감속시켜 토크를 증대시킴

㉣ 회전 고정 장치

- 굴삭기가 주행하거나 트레일러에 의해 운반될 때 상부 회전체와 하부 구동체를 고정시킴
- 굴삭기가 트레일러에서 하차할 때는 반드시 고정 장치를 풀고 하차하여야 함

㉤ 선회 볼 레이스 : 상부 회전체 프레임에 볼트로 고정

⑤ 센터 조인트

㉠ 선회이음, 스위블 조인트라고도 함

㉡ 굴삭기 회전부의 중심부에 설치되어 상부 회전체가 회전하더라도 오일 관로(호스, 파이프 등)가 꼬이지 않고 오일을 하부 주행체로 원활히 송유함

㉢ 굴삭 작업 시 유압 및 하중의 변동에 견딜 수 있는 구조여야 함

㉣ 압력 상태에서도 선회가 가능한 관이음

⑥ 컨트롤 밸브

㉠ 메인 릴리프 밸브 등 장비의 유압을 컨트롤하는 밸브

㉡ 오버 로드 릴리프 밸브 : 메인 릴리프 밸브와 회로 내의 과부하 방지

㉢ 메이크업 밸브 : 회로 내의 진공 방지

tip 선회 동작이 원활하지 않은 경우

- 선회 모터 내부 손상
- 컨트롤 밸브 스풀 불량
- 릴리프 밸브 설정 압력 부족
- 유압밸브 또는 모터의 이상

(4) 하부 추진체

① 특징

㉠ 상부 회전체와 전부 장치 등의 하중을 지지하고 장비를 이동시킨다.

㉡ 타이어식과 트럭식은 자동차와 유사하다.

㉢ 무한궤도식은 유압에 의해 동력이 전달되는 트랙 롤러(하부롤러), 캐리어 롤러(상부롤러), 리코일 스프링, 스프로킷, 트랙 아이들러(전부 유동륜) 등으로 구성되어 있다.

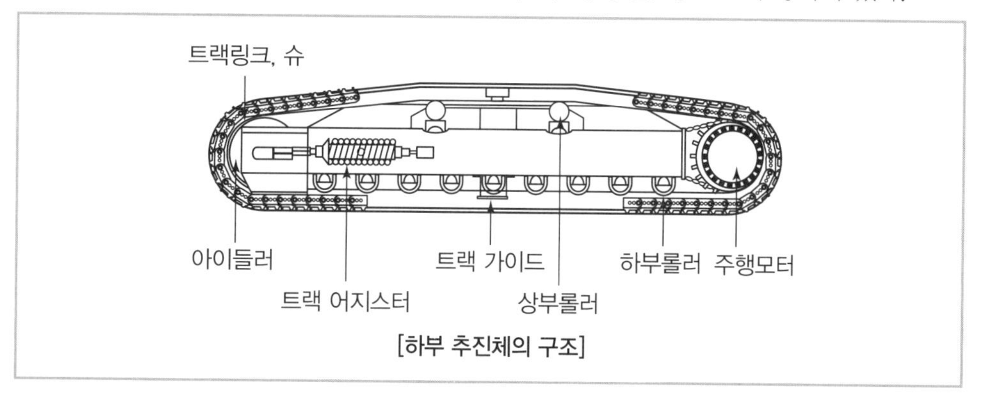

[하부 추진체의 구조]

② 트랙 아이들러(유동륜)

㉠ 좌우트랙 앞부분에 설치되며 프론트 아이들러, 전부유동륜이라고 함

㉡ 조정 실린더와 연결되어 트랙의 장력을 조정하면서 트랙의 주행 방향 유도

㉢ 주행 시 지면으로부터 받는 충격을 완화하기 위해 트랙 프레임 위를 전후로 움직이는 구조

㉣ 리코일 스프링으로 지지되어 있음

③ 리코일 스프링

㉠ 이너 스프링과 아우터 스프링으로 구성된 이중스프링으로 되어 있음

㉡ 주행 중 앞쪽으로부터 프론트 아이들러에 가해지는 충격을 완충시킴과 동시에 차체의 전면에서 오는 충격을 흡수함으로써 파손 및 진동을 방지하여 원활한 운전을 가능하게 함

㉢ 건설기계에서는 코일 스프링식을 주로 사용

빈칸 채우기

무한궤도식 건설기계에서 샤프트나 스프링 절손 시 (　　　　　)을 분해해야 한다.

정답 | 리코일 스프링

④ 트랙 롤러(하부롤러)

㉠ 트랙 프레임 아래에 3~7개 설치되어 차체의 전체 무게를 지지하고, 트랙이 받는 중량을 지면에 균일하게 분포시킴

㉡ 싱글(단일) 플랜지형과 더블(2중) 플랜지형을 병용함

㉢ 플로팅 실 : 윤활제의 누설과 흙물의 침입 방지

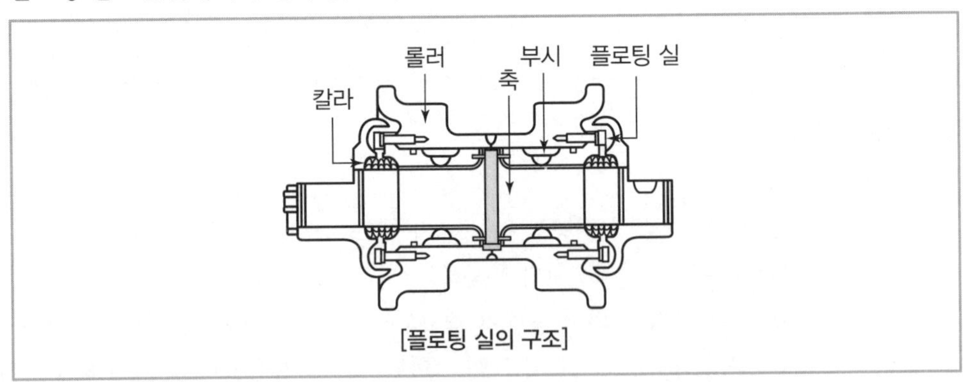

[플로팅 실의 구조]

⑤ 캐리어 롤러(상부롤러)

㉠ 싱글(단일) 플랜지형으로 트랙 프레임 위에 1~3개가 설치됨

㉡ 트랙(프론트) 아이들러와 스프로킷 사이의 트랙이 처지는 것을 방지

㉢ 트랙이 스프로킷에 원활하게 물리도록 회전 위치를 바르게 유지

㉣ 더스트 실 : 흙이나 먼지의 침입을 방지, 롤러의 바깥 방향에 설치

⑥ 주행모터

㉠ 센터 조인트로부터 받은 유압에 의해 회전하면서 스프로킷, 트랙, 감속 기어 등을 회전시켜 주행체를 구동시키는 역할

㉡ 트랙에 각 1개씩, 총 2개가 설치되어 있음

⑦ 균형 스프링

㉠ 요철이 있는 지면 주행 시 트랙 프레임의 상하 운동과 급정차 시의 충격을 완충하는 역할

㉡ 일종의 판 스프링으로 메인 스프링에 설치된 브래킷 아래에 설치됨

㉢ 좌우 트랙 프레임에 작용하는 하중이 균일하도록 작용함

⑧ 스프로킷

㉠ 주행 모터에 의해 회전하여 트랙을 회전시키는 역할

㉡ 트랙의 장력이 과대하거나 이완되어 있으면 스프로킷의 마모가 심해짐

㉢ 스프로킷과 프론트 아이들러가 일치하지 않으면 스프로킷이 한쪽으로 마모됨

OX 퀴즈

프론트 아이들러와 스프로킷이 일치하지 않으면 슈 볼트로 조정한다. (○/×)

정답 | ×
해설 | 브래킷 옆에 있는 심(Shim)을 이용하여 프론트 아이들러와 스프로킷을 조정한다.

⑨ 트랙 프레임

㉠ 하부 구동체의 몸체로 상부롤러, 하부롤러, 스프로킷, 주행모터 등을 지지하는 역할

㉡ 좌우 트랙 프레임이 평형을 유지하면서 상하로 움직이는 구조

㉢ 대각지주가 설치된 것이 일반적이며 대각지주가 없는 것도 있음

⑩ 트랙

㉠ 특징

- 슈, 핀, 부싱, 링크로 구성되어 스프로킷으로부터 동력을 받아 회전함
- 트랙 링크 핀에는 1~2개의 마스터 핀이 있으며, 트랙을 분리할 경우에 마스터 핀을 뽑음
- 트랙핀과 부싱을 뽑을 때는 유압프레스 사용
- 링크에 부싱이 강하게 압입되고 그 속에 핀이 일정 간격으로 끼워져 있음

tip 마스터 핀과 더스트 실

- 마스터 핀(Master pin) : 트랙을 쉽게 분리하기 위해 설치한 것
- 더스트 실(Dust seal) : 진흙탕에서 작업 시 핀과 부싱 사이에 토사가 들어가는 것을 방지

㉡ 트랙 슈

- 트랙의 겉면을 구성하며 그리스를 주유하지 않음

• 트랙 슈의 종류

단일 돌기 슈	일렬의 돌기가 있으며 견인력이 좋음	
이중 돌기 슈	• 높이가 같은 2열의 돌기가 있으며 회전성이 좋음 • 중하중에 의한 굽힘 방지	
습지용 슈	• 슈의 단면을 삼각형이나 원호로 만들어 연약한 지반 작업에 적합 • 슈의 너비를 넓게 하여 접지면적을 크게 함	
평활 슈	슈를 편평하게 만들어 도로의 노면 파괴 방지	
암반용 슈	• 슈의 강도를 높여 암반 작업에 적합 • 양쪽에 리브를 가지고 있어 가로 방향의 미끄럼 방지	
스노 슈	• 돌기에 단을 붙여 가로 방향의 미끄럼 방지 • 구멍이 뚫어져 있어 얼음 조각이나 눈 등에서 잘 빠져나옴	
고무 슈	일반 슈에 2개의 볼트를 장착하여 노면을 보호하고 소음 · 진동 없이 주행 가능	

ⓒ 트랙을 트랙터에서 분리해야 하는 경우
- 트랙이 벗겨진 경우
- 트랙, 스프로킷, 아이들러, 실을 교환하는 경우

ⓓ 트랙 장력의 조정
- 구성품의 수명 연장, 트랙의 이탈 방지, 스프로킷의 마모 방지 목적
- 트랙 어저스터(Track adjuster)로 트랙 긴도 · 장력을 조정하며 지반이 평탄한 곳에서 조정
- 트랙의 장력 : 25~30mm 정도로 조정
- 기계식(너트식)과 그리스 주입식(그리스식)으로 분류

ⓜ 트랙 장력의 측정
- 아이들러와 1번 상부롤러 사이에서 측정
- 트랙 슈의 처진 상태가 30~40mm 정도면 정상
- 상부롤러와 트랙 사이에 지렛대를 넣고 올렸을 때 간극이 30~40㎜ 정도면 정상
- 주행 중에 구동체인의 장력 조정은 아이들러를 전 · 후진시켜 조정

TOPIC. 2 무한궤도식 굴삭기의 동력전달장치

1. 동력전달순서

① 유압식

주행 시	기관 → 유압펌프 → 컨트롤 밸브 → 센터조인트 → 주행 모터 → 트랙
굴삭 작업 시	기관 → 유압펌프 → 컨트롤 밸브 → 유압실린더 → 작업장치
스윙 작업 시	기관 → 유압펌프 → 스윙모터 → 피니언 기어 → 링 기어

② 기계식

마찰클러치형	기관 → 주 클러치 → 자재이음 → 변속기 → 피니언 기어 → 베벨 기어 → 조향 클러치 → 종감속기어 → 구동륜 → 트랙
토크컨버터형	기관 → 토크변환기 → 자재이음 → 변속기 → 피니언 기어 → 베벨 기어 → 조향 클러치 → 종감속기어 → 구동륜 → 트랙

2. 동력전달장치

(1) 유압식

① 주행모터

㉠ 스프로킷, 트랙 등을 회전시켜 무한궤도식 건설기계의 주행 동력을 담당하는 유압 모터

㉡ 유압식 무한궤도 굴삭기의 조향작용 담당

피벗턴	• 완회전 • 한쪽 주행 레버만 밀거나 당겨서 한쪽 트랙만 전 · 후진시켜 회전	
스핀턴	• 급회전 • 한쪽 주행 레버는 앞으로 밀고, 한쪽 레버는 조종자 앞쪽으로 동시에 당겨 회전	

② 제동장치

㉠ 주행 모터의 주차 제동은 네거티브 형식으로 멈춰 있는 상태가 기본이며, 주행 시 제동이 풀리는 형식

㉡ 수동에 의한 제동 불가, 제동은 주차 제동 한 가지만을 사용함

㉢ 주행신호에 따라 제동이 해제되며, 브레이크 밸브는 주행 시 열림

빈칸 채우기

일반 승용차와 같이 움직이는 것을 멈추는 일반적인 제동 방식은 (   ) 제동이다.

정답 | 포지티브

(2) 기계식

① 메인 클러치

㉠ 기관의 동력을 변속기로 전달하거나 차단시키는 역할

㉡ 유체 클러치 중에서 토크 변환기가 주로 사용됨

② 자재이음

㉠ 클러치의 동력을 변속기에 전달하는 역할

㉡ 지면으로부터의 충격을 완화하며 변화되는 각도에 따라 동력을 융통성 있게 전달

③ 변속기 : 클러치로부터 동력을 받아 후진 및 속도 조절

④ 피니언과 베벨기어

㉠ 수직동력을 수평동력으로 변환시켜 2.8:1의 감속을 함

㉡ 피니언 기어 : 변속기 출력축에 연결

㉢ 베벨기어 : 방향을 바꾸어 주는 축인 환향축에 연결

⑤ 조향 클러치(환향 클러치)

㉠ 주행 중에 주행 방향을 바꾸는 역할

㉡ 좌우 트랙 중에서 어느 한쪽의 유압모터 동력을 차단하면 트랙이 동력을 끊은 쪽으로 회전하는 원리

⑥ 종감속기어

㉠ 최종 구동 장치, 파이널 드라이브라고도 함

㉡ 엔진의 회전 속도를 최종적으로 감속시켜 스프로킷에 전달하는 역할

㉢ 동력전달계통에서 최종적으로 구동력을 증가시킴

tip 무한궤도식 동력전달방식

무한궤도식(크롤러형) 굴삭기의 동력전달방식은 유압식과 기계식으로 분류되나, 일반적으로 유압식을 사용한다.

3. 무한궤도식 굴삭기의 점검

(1) 트랙의 점검사항

① 트랙의 장력을 규정값으로 조정

② 구동 스프로킷의 마멸 한계 초과 시 교환

③ 상 · 하부 롤러의 균열 및 마멸 발견 시 교환

(2) 트랙이 잘 벗겨지는 이유

① 고속주행 중에 급커브를 도는 경우

② 트랙유격이 너무 이완되었을 경우

③ 트랙의 중심 정렬이 맞지 않은 경우

④ 전부 유동륜과 스프로킷의 중심이 맞지 않은 경우

⑤ 전부 유동륜과 스프로킷이 마모된 경우

(3) 트랙 장력이 과다할 경우 나타나는 현상

① 스프로킷 또는 프론트 아이들러의 마모

② 트랙 핀, 부싱, 링크, 롤러 등 트랙 부품의 조기 마모

(4) 무한궤도식 건설기계의 주행 불량 현상 원인

① 스프로킷이 손상된 경우

② 유압펌프의 토출 유량이 부족한 경우

③ 한쪽 주행모터의 브레이크 작동이 불량한 경우

TOPIC. 3 작업 방법 및 안전 사항

1. 작업 방법

(1) 기본 작업 순서

① 굴삭 : 버킷으로 흙을 퍼 담는 작업

② 붐 상승

③ 스윙 : 작업 위치로 선회

④ 적재 : 덤프트럭이나 적재 장소에 흙을 쏟는 작업

⑤ 스윙

⑥ 굴삭 : 굴삭 위치로 버킷을 내림

(2) 연약지 및 습지에서의 주행

① 연약지면 또는 습지에서는 매트나 나무판 위에 장비를 세운 뒤 작업한다.

② 한쪽 트랙이 습지 등에 빠진 경우 붐을 사용하여 빠진 트랙을 들어올린 후 트랙 밑에 통나무를 넣어 탈출한다.

③ 두 개의 트랙 모두 빠진 경우 붐을 최대한 앞쪽으로 펼친 후 버킷투스를 지면에 박은 다음 천천히 당기면서 장비를 서서히 주행시켜 탈출한다.

④ 자력으로 탈출할 수 없는 경우 하부 프레임에 와이어 로프를 걸고 크레인으로 당길 때 굴삭기는 주행 레버를 견인방향으로 밀면서 탈출한다.

2. 작업 안전 사항

(1) 경사지에서 작업할 때

① 작업 지역을 가능한 평평하게 한다.

② 10° 이상 경사진 장소에서는 가급적 작업하지 않는다.

③ 버킷 방향을 경사지 위로 향하도록 하여 작업한다.

(2) 수중 작업할 때

① 수중 작업을 하거나 시냇물을 건널 때는 바닥의 상태와 물의 깊이 · 속도 등을 점검한다.

② 상부 롤러보다 깊은 곳이나 규정된 깊이 이상에서 작업하지 않는다.

(3) 굴삭기 운전 중일 때

① 기관을 필요 이상 공회전시키지 않는다.

② 주행 시 버킷의 높이는 30~50cm 정도가 적절하며 전부장치는 전방을 향하는 것이 좋다.

③ 가급적 평탄한 지면에서 작업하고 엔진은 중속이 적절하다.

④ 주행 중 작업 장치의 레버를 조작해서는 안 된다.

⑤ 급가속 급브레이크는 가급적 피한다.

(4) 굴삭기를 트레일러에 상차할 때

① 가급적 경사대를 이용한다.

② 작업 장치를 반드시 뒤쪽으로 한다.

③ 경사대의 각도는 10~15° 정도 경사시킨다.

④ 붐을 이용해 버킷으로 차체를 들어 올려 탑재하는 방식은 전복의 위험이 있으므로 주의해야 한다.

(5) 굴삭기를 크레인으로 들어올릴 때

① 굴삭기의 중량에 적절한 크레인을 사용한다.

② 충분한 강도를 가진 와이어를 사용한다.

(6) 작업 중 운전자가 하차할 때

① 버킷을 지면에 완전히 내리고 엔진을 정지시킨다.

② 시동 스위치를 반드시 off시키고 키를 빼서 보관한다.

※ 타이어식의 경우 경사지에서는 고임목 설치

3. 안전기준 및 조건

구분	내용
등판능력	100분의 25 기울기의 견고한 건조 지면을 올라갈 수 있어야 한다. 단, 무한궤도식 굴착기는 100분의 30을 말한다.
제동능력	정지 상태를 유지할 수 있는 제동장치 및 제동잠금장치를 갖추어야 한다.
디퍼 및 크람셀 버킷	균열이나 손상된 곳이 없어야 하고, 디퍼도어는 원활하게 개폐되어야 한다.
굴착잠금장치	굴착 작업 중 차체 이동을 방지할 수 있어야 하고, 굴착 반발력에 대응할 수 있는 잠금장치 또는 브레이크의 기능을 가진 구조여야 하며, 주행 제동장치로서 이를 겸용할 수 있다.
붐과 암	• 붐은 상부선회체의 앞쪽에 연결핀으로 설치되어 암 및 버킷 등을 지지하고 굴착 시의 충격에 견딜 수 있도록 균열, 만곡 및 절단된 곳이 없어야 한다. • 암은 버킷과 붐을 연결하는 구조로 굴착 시의 충격에 견딜수 있어야 한다.
좌우의 안정도	견고한 땅 위에서 자체중량 상태로 좌우로 25°까지 기울여도 넘어지지 않는 구조이어야 한다. 이 경우 굴착기의 자세는 주행자세로 한다.
버킷 기울기의 변화량	최대작업반경 상태에서 버킷 끝단의 기울기의 변화량이 10분당 5° 이내이어야 한다.
선회주차브레이크	• 선회할 때 작업의 안전을 위해 선회주차브레이크를 설치해야 한다. • 선회주차브레이크는 선회조작이 중립에 위치할 때 자동으로 제동되어야 하며, 엔진이 가동되는 상태나 정지된 상태에서도 제동기능을 유지하여야 한다.
센터조인트	센터조인트는 회전부 중심에 설치하며, 상부 및 하부의 유압기기가 선회 중일 때에도 송유(送油) 가능한 구조로서, 굴착 작업을 할 때 발생하는 하중 및 유압의 변동에 대하여 견딜 수 있는 구조여야 한다.
퀵커플러	굴착기 버킷의 결합 및 분리를 신속하게 할 수 있는 퀵커플러를 설치할 때는 다음 기준에 적합하여야 한다. • 버킷 잠금장치는 이중 잠금으로 할 것 • 유압잠금장치가 해제된 경우 조종사가 알 수 있을 정도로 충분한 크기의 경고음이 발생되는 장치를 설치할 것 • 퀵커플러에 과전류가 발생할 때 전원을 차단할 수 있어야 하며, 작동스위치는 조종사의 조작에 의해서만 작동되는 구조일 것

단원 마무리 문제

01 타이어식 굴삭기의 특성에 대한 설명으로 틀린 것은?

① 주행 장치가 고무 타이어로 되어있다.
② 주행 속도가 크롤러형에 비해 빠르다.
③ 기복이 심한 곳에서 작업하기 편하다.
④ 장거리 이동이 쉽다.

해설 | 타이어식 굴삭기는 습지나 사지 등에서의 작업이 어렵다. 기복이 심한 곳에서 작업이 용이한 굴삭기는 크롤러형이다.

02 굴삭기의 3대 주요 구성부품에 해장하지 않는 것은?

① 전부장치 ② 트랙장치
③ 하부 구동체 ④ 상부 선회체

해설 | 굴삭기의 주요 구성부품은 크게 전부장치(작업장치), 상부 선회체(상부 회전체), 하부 구동체(하부 추진체)로 분류한다.

03 크롤러형 굴삭기의 하부 구동체에 해당하지 않는 것은?

① 스윙 볼 레이스
② 균형 스프링
③ 캐리어 롤러
④ 리코일 스프링

해설 | 스윙 볼 레이스는 선회장치 중 하나로 상부 회전체의 구성 부품에 해당한다.

04 일반 슈에 2개의 볼트를 부착하여 소음 없이 도로 주행할 때 사용하는 트랙 슈는?

① 돌기 슈 ② 스노 슈
③ 고무 슈 ④ 습지형 슈

해설 | 고무 슈는 소음이나 진동 없이 도로를 주행하기 위해 볼트를 슈에 부착하여 사용하고, 노면을 보호한다는 특징이 있다.

05 트랙의 긴도를 조정하는 장치는?

① 트랙 어저스터
② 스프로킷
③ 트랙핀
④ 트랙 슈

해설 | 트랙 어저스터로 트랙의 긴도(장력)을 조정한다.

06 버킷에 중량물을 실을 때 차체의 뒷부분이 들리지 않게 밸런스를 잡아주는 것은?

① 평형추 ② 선회이음
③ 링기어 ④ 붐

해설 | 평형추는 밸런스 웨이트라고도 하며, 뒷부분에 설치되어 장비의 밸런스를 잡아준다.

07 굴삭기의 붐과 암의 적정 각도는?

① 40~60°

② 80~110°

③ 100~140°

④ 90°

해설 | 굴삭 각도는 80~110° 정도가 적절하다.

08 굴삭기의 기본 작업 순서는?

① 붐 상승 → 스윙 → 굴삭 → 적재 → 스윙 → 붐 하강

② 굴삭 → 스윙 → 붐 하강 → 스윙 → 적재 → 굴삭

③ 굴삭 → 붐 상승 → 스윙 → 굴삭 → 스윙 → 적재

④ 굴삭 → 붐 상승 → 스윙 → 적재 → 스윙 → 굴삭

해설 | 굴삭기는 '굴삭 → 붐 상승 → 스윙 → 적재 → 스윙 → 굴삭' 순으로 작업이 이루어진다.

09 버킷 투스의 선단을 최저 위치로 내린 경우 짚면에서 버킷 투스의 선단까지의 길이는?

① 붐 길이

② 작업 반경

③ 최대굴삭깊이

④ 최소굴삭깊이

해설 | ① 붐 길이 : 풋 핀 중심에서 암 고정핀 중심까지의 거리
② 작업 반경 : 상부 회전체 중심선에서 버킷 선단까지의 거리

10 운전 후 점검 사항이 아닌 것은?

① 장비 가동 일지 작성

② 장비 외관 점검

③ 연료 탱크에 연료 주입

④ 작업장치의 각 부분 마모 상태 확인

해설 | 장비의 외관을 점검하는 것은 운전 전 정비 사항에 해당한다.

정답 01 ③ 02 ② 03 ① 04 ③ 05 ① 06 ① 07 ② 08 ④ 09 ③ 10 ②

유압일반

TOPIC. 1 유압유

1. 유압일반

(1) 정의

① 압력

㉠ 유체 내에서 단위면적당 작용하는 힘(kg/cm^2)

㉡ 압력 = $\frac{\text{가해진 힘}}{\text{단면적}}$

② 유량 : 단위시간에 이동하는 유체의 체적

③ 비중량 : 단위 체적당 무게(kg/m^3)

④ 압력의 단위

㉠ 건설기계 : kgf/cm^2

㉡ 기타 : ㎩, kPa, psi, bar, mmHg, atm 등

(2) 파스칼의 원리

① 유체의 압력은 면에 대하여 직각으로 작용한다.

② 각 점의 압력은 모든 방향으로 동일하다.

③ 밀폐된 용기 내의 액체 일부에 가해진 압력은 유체 각 부분에 동시에 같은 크기로 전달된다.

④ 좁은 면적에서 힘(F_1)을 가하면 A_2/A_1의 면적비만큼 큰 힘(F_2)을 낸다.

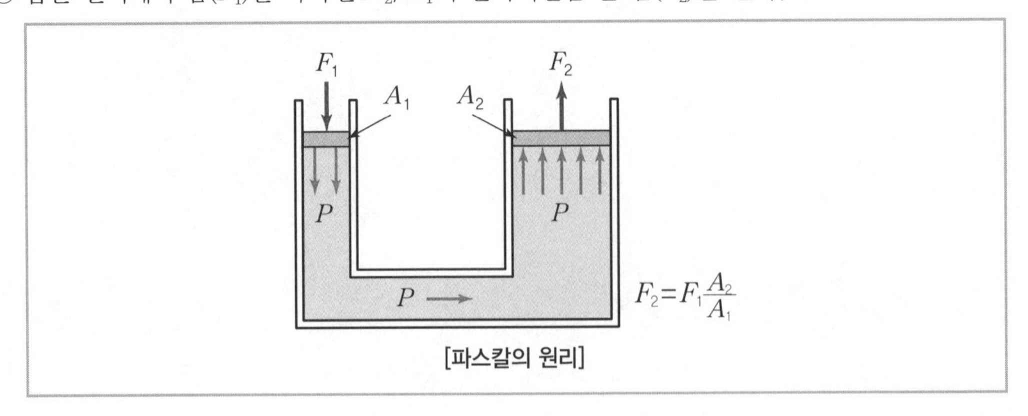

[파스칼의 원리]

(3) 유압 장치

① 유체의 압력에너지를 이용하여 기계적인 일을 하도록 하는 장치이다.

② 기본 구성요소 : 유압 발생 장치, 유압 제어 장치, 유압 구동 장치, 부속기수

③ 유압 장치의 장점

㉠ 입력에 대한 출력의 응답이 빠르다.

㉡ 출력당 작은 동력원으로 큰 힘을 낸다.

㉢ 속도제어, 운동방향 변경 등의 제어가 간단하다.

㉣ 힘의 전달 및 증폭이 용이하며 에너지 축적이 가능하다.

㉤ 동력 전달을 원활하게 할 수 있다.

㉥ 윤활성, 방청 및 내마모성이 우수하다.

㉦ 원격조작이 가능하며 최대 출력 토크의 제한이 용이하다.

④ 유압 장치의 단점

㉠ 온도의 영향을 쉽게 받는다.

㉡ 점도의 변화에 따라 기계의 속도가 변한다.

㉢ 오일의 가연성으로 인해 화재의 위험이 있다.

㉣ 관로를 연결하는 곳에서 유체의 누출이 발생할 수 있다.

㉤ 폐유로 인한 주변환경 오염이 발생할 수 있다.

㉥ 작동유에 이물질이 침입하거나 공기가 혼입하기 쉬우며 보수 관리가 어렵다.

> **tip 유압장치의 구성요소**
> - 유압 발생 장치 : 오일 탱크, 스트레이너, 유압 펌프, 유압 모터 등
> - 유압 구동 장치 : 유압 실린더, 유압모터, 요동모터 등

2. 유압유

(1) 유압 작동유의 역할

① 기계의 부식을 방지한다.

② 필요한 요소 사이를 밀봉한다.

③ 윤활 및 냉각 작용을 한다.

④ 압력 에너지를 이송하여 동력을 전달한다.

(2) 작동유의 구비조건

① 적당한 점도와 유동성을 가져야 한다.

② 인화점과 발화점이 높아야 한다.

③ 열팽창계수가 작아야 한다.

④ 윤활성, 산화 안정성, 방청성, 방식성이 좋아야 한다.

⑤ 비중이 적당하고 밀도가 작아야 한다.

⑥ 강인한 유막을 형성할 수 있어야 한다.
⑦ 장시간 사용하여도 화학적 변화가 적어야 한다.
⑧ 압력에 대해 비압축성이어야 한다.

(3) 작동유 과열의 원인

① 유압유의 부족 및 노화
② 냉각기(오일 냉각기)의 고장 및 불량
③ 릴리프 밸브가 닫힌 상태로 고장
④ 펌프의 효율성 불량
⑤ 고속 및 과부하로 연속 작업
⑥ 유압 회로 내 유압 손실 및 캐비테이션 발생

(4) 유압유의 온도 상승 시 나타나는 현상

① 작동 불량 현상 및 기계적 마모 발생
② 열화 촉진
③ 펌프 효율 및 밸브류 기능 저하
④ 열에 의한 유압기기의 변형
⑤ 점도 저하에 의한 누유
⑥ 유압유의 산화작용 촉진

tip 작동유의 온도

- 정상 온도 : 40~60℃
- 최고 허용 온도 : 80℃
- 최저 허용 온도 : 40℃

(5) 작동유의 열화를 점검하는 방법

① 색깔의 변화 또는 수분 · 침전물의 유무를 확인한다.
② 점도의 상태로 확인한다.
③ 흔들었을 때 생기는 거품이 없어지는 양상을 확인한다.
④ 악취가 발생하는지 확인한다.

tip 유압유의 외관상 점검

- 투명한 색채로 처음과 변화가 없을 경우 정상
- 암흑 또는 흰 색채를 나타내고 기포가 발생할 경우 비정상

3. 유압유의 점도

① 점도

㉠ 점성 : 형태가 변화할 때 나타나는 유체의 저항 또는 서로 붙어 있는 부분이 떨어지지 않으려는 성질

㉡ 점도 : 점성의 정도를 나타내는 척도

OX 퀴즈

점도와 온도는 반비례한다. (○/×)

정답 | ○

해설 | 온도가 내려가면 점도는 높아지고, 온도가 상승하면 점도는 저하된다.

② 점도지수

㉠ 온도 변화에 따른 윤활유의 점도 변화를 표시하는 지수

㉡ 점도 변화가 크면 점도지수가 낮은 것

③ 점도의 영향

㉠ 점도가 높을 때

- 유압 높아짐
- 열 발생의 원인
- 동력 손실 커짐
- 관내의 마찰 손실 커짐

㉡ 점도가 낮을 때

- 오일 누설에 영향
- 펌프 효율 저하
- 회로 압력 저하
- 실린더 및 컨트롤 밸브에서의 누출 발생

4. 캐비테이션

(1) 캐비테이션(Cavitation, 공동현상)

① 작동유에 용해된 공기가 기포로 발생하여 유압 장치 내에 국부적인 높은 압력, 소음 또는 진동을 일으켜 효율이 저하되는 현상이다.

② 필터의 여과 입도수(mesh)가 너무 높을 때 발생한다.

③ 오일 탱크의 오버 플로우가 생긴다.

tip 유체의 관로에 공기가 침입할 경우

- 캐비테이션 현상 발생
- 유압유의 열화 촉진
- 실린더 숨돌리기 현상 발생

(2) 유압펌프 흡입구의 캐비테이션 방지법

① 펌프의 운전 속도를 규정 속도 이하로 유지한다.

② 흡입양정을 1m 이하로 한다.

③ 흡입관 굵기를 유압 본체 연결구와 같은 크기로 한다.

(3) 유압 작동유에 수분이 미치는 영향

① 작동유의 윤활성을 저하시킨다.

② 작동유의 방청성을 저하시킨다.

③ 작동유의 산화와 열화를 향상시킨다.

④ 캐비테이션 현상을 발생시킨다.

⑤ 유압기기의 마모를 촉진시킨다.

빈칸 채우기

유압유에 수분이 형성되는 주요 원인은 (   )이다.

정답 | 공기의 혼입

5. 유압유의 점검 및 취급

(1) 유압유의 노화 촉진 원인

① 유온이 높을 경우

② 다른 오일이 혼입되었을 경우

③ 수분이 혼입되었을 경우

(2) 오일에 거품이 생기는 원인

① 토출 측 씰이 손상된 경우

② 오일 부족으로 일부 공기가 흡입된 경우

③ 오일탱크와 펌프 사이에 공기가 유입된 경우

(3) 플러싱 후 처리 방법

① 잔류 플러싱 오일을 반드시 제거한다.

② 라인필터 엘리먼트를 교환한다.

③ 전체 라인에 작동유가 공급되도록 한다.

④ 작동유 탱크 내부를 청소한다.

(4) 유압이 발생되지 않을 때의 점검

① 오일 개스킷 파손 여부

② 릴리프 밸브의 불량 여부

③ 오일펌프의 고장 및 파이프 파손 여부

④ 오일량 점검 및 유압계 점검

OX 퀴즈

유압장치의 수명 연장에 있어서 가장 중요한 점검 요소는 이음 부분과 탱크 급유구 등의 풀림 점검이다. (○/×)

정답 | ×

해설 | 유압장치의 수명 연장에 있어서 가장 중요한 요소는 오일 필터의 점검 및 교환이다.

TOPIC. 2 유압기기

1. 유압펌프

(1) 특징

① 원동기로부터 공급받은 기계적 에너지를 유압 에너지로 변환한다.

② 엔진이 회전하는 동안 항상 회전한다.

③ 엔진의 플라이휠에 의해 구동된다.

④ 큰 부하가 걸려도 토출량의 변화가 적으며, 유압 토출 시 맥동이 적은 성능을 요구한다.

⑤ 유압탱크의 오일을 흡입하여 컨트롤 밸브로 송유 · 토출한다.

⑥ 펌프의 용량은 주어진 압력과 그때의 토출량으로 표시한다.

(2) 점검

① 유압이 낮은 원인

㉠ 펌프 흡입라인의 막힘

㉡ 낮은 탱크의 유면

㉢ 펌프 회전 방향이 반대인 경우

㉣ 기어 옆 부분과 펌프 내벽 사이의 큰 간격

㉤ 기어와 펌프 내벽 사이의 큰 간격

② 소음이 발생하는 원인

㉠ 오일 속에 공기 침입

㉡ 오일의 양이 적을 때

㉢ 너무 높은 오일의 점도

㉣ 너무 빠른 펌프의 회전 속도

㉤ 펌프 흡입관의 접합부로부터 공기 유입

㉥ 스트레이너의 막힘으로 흡입 용량이 작아질 때

㉦ 너무 큰 펌프 축의 편심 오차

③ 펌프가 오일을 토출하지 않는 원인
㉠ 낮은 오일탱크의 유면
㉡ 부족한 오일량
㉢ 흡입관으로의 공기 유입

④ 작동유의 유출 여부 확인 방법
㉠ 운전자는 관심을 가지고 항상 작동유의 유출을 점검하여야 한다.
㉡ 고정 볼트가 풀리면 추가 조임을 해야 한다.
㉢ 하우징에 균열이 발생하면 교환 또는 수리를 해야 한다.

2. 유압펌프의 종류

(1) 기어 펌프

① 구조가 간단하고 고장이 적으며 저렴하다.
② 유압 작동유의 오염에 비교적 강하다.
③ 흡입 능력이 가장 크다.
④ 소음과 진동이 비교적 크다.
⑤ 정용량형 펌프이다.
⑥ 피스톤 펌프에 비해 효율이 떨어진다.
⑦ 폐입현상을 방지하기 위해 릴리프 홈이 적용된 기어를 사용한다.

> **tip 트로코이드 펌프**
> - 특수 치형 기어펌프로 로터리 펌프라고도 함
> - 2개의 로터를 조립하여 안쪽 로터가 회전하면 바깥쪽 로터도 동시에 회전
> - 안쪽은 내 · 외측 로터, 바깥쪽은 하우징으로 구성

> **tip 기어 펌프에서 소음이 나는 원인**
> - 오일의 과부족
> - 펌프의 베어링 마모
> - 흡입 라인의 막힘

(2) 베인 펌프

① 소형 · 경량이며 간단한 구조로 보수가 용이하다.
② 수명이 길고 성능이 좋다.
③ 맥동이 적다.
④ 토크(Torque)가 안정되어 소음이 적다.
⑤ 캠 링 면과 베인 선단 부분에 마모가 발생한다.
⑥ 주요 구성 요소 : 베인, 캠 링, 회전자

tip 베인 펌프의 원리

• 케이싱에 접하여 베인이 편심된 회전축에 끼워져 회전한다.
• 이때 액체를 흡입 측에서 토출 측으로 밀어낸다.

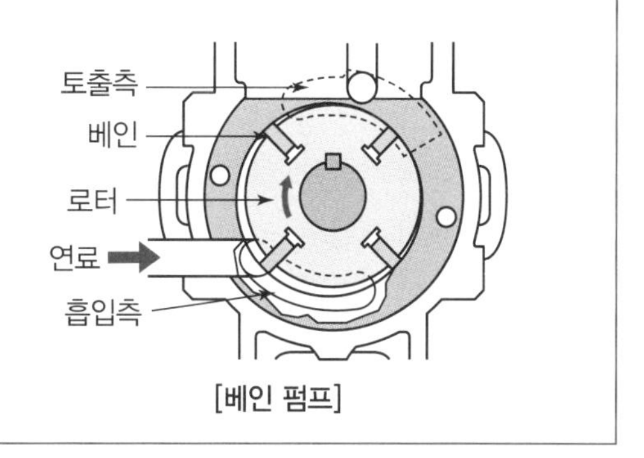

[베인 펌프]

(3) 나사 펌프

① 케이싱 내 나사가 로터를 회전시켜 유체를 나사 홈 사이로 밀어내는 원리이다.
② 고속회전이 가능하다.
③ 맥동이 없어 토출량이 고르다.
④ 점도가 낮은 오일의 사용이 가능하다.
⑤ 폐입현상이 없다.

(4) 피스톤 펌프(플런저 펌프)

① 원리 : 실린더 내에서 피스톤과 흡사한 플런저를 왕복 운동시켜 실린더 속의 용적을 변화시킴으로써 유체를 흡입 및 송출

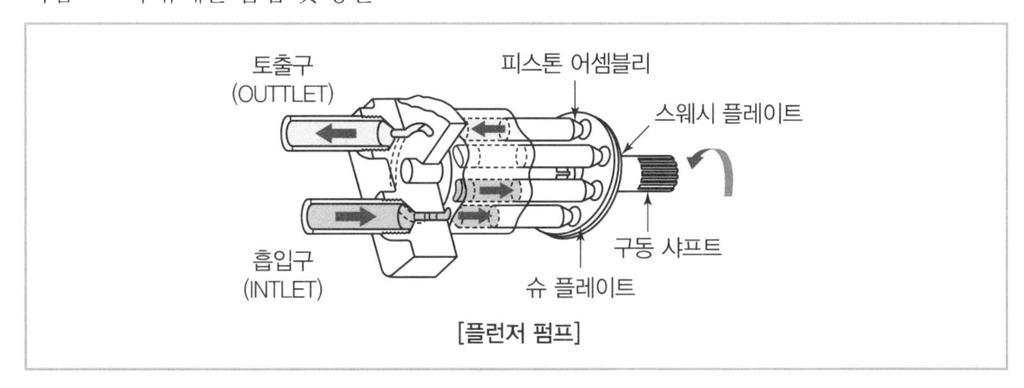

[플런저 펌프]

② 다른 펌프에 비해 최고압 토출이 가능하다.
③ 펌프효율에서 전압력 범위가 높아 유압펌프 중 고효율이다.
④ 높은 압력에 잘 견디고 가변용량이 가능하다.
⑤ 토출량의 변화 범위가 크다.
⑥ 피스톤은 왕복운동, 축은 왕복 또는 회전운동을 한다.
⑦ 구조가 복잡하고 가격이 비싸지만 수명이 가장 길다.
⑧ 오일의 오염에 민감하고 흡입능력이 낮다.
⑨ 베어링에 부하가 크다.

3. 밸브의 종류

(1) 유압제어 밸브

① 유압펌프에서 발생한 유압을 목적에 맞게 오일의 압력 · 속도 · 방향을 제어하는 밸브이다.

② 유량제어 : 일의 속도 제어

③ 압력제어 : 일의 크기 제어

④ 방향제어 : 일의 방향 제어

(2) 릴리프 밸브

① 펌프와 제어 밸브 사이에 설치되며 회로 전체의 압력을 제어한다.

② 유압을 설정 압력으로 일정하게 유지시키고 유압회로의 최고 압력을 제한한다.

③ 유압이 규정치보다 높아지는 경우에 작동하여 계통을 보호한다.

④ 릴리프 밸브의 설정 압력이 불량하면 유압건설기계의 고압 호스가 자주 파열된다.

⑤ 릴리프 밸브 스프링의 장력이 약화될 때 채터링 현상이 발생한다.

⑥ 메인 릴리프 밸브에 이상이 있을 시 유압으로 작동되는 작업장치에서 작업 중 힘이 떨어질 수 있다.

> **tip 채터링 현상**
> 릴리프 밸브에서 볼이 밸브 시트를 때려 소음이 발생하는 현상

(3) 압력제어 밸브

① 유압 회로 내의 최고 압력을 규제하고 필요한 압력을 유지한다.

② 펌프와 방향전환 밸브 사이에 설치된다.

③ 유압 회로 내에 일정 유압을 조절하여 일의 크기를 결정한다.

④ 토크 변환기에서 오일의 과다 압력을 방지한다.

(4) 유량제어 밸브

① 회로에 공급되는 유량을 조절하여 액추에이터의 운동 속도를 제어한다.

② 스로틀 밸브 : 관로를 줄여 통과하는 오일량을 조절하는 밸브

③ 분류 밸브 : 유량을 제어 및 분배하는 밸브

④ 니들 밸브 : 내경이 작은 파이프 내 미세한 유량을 조절하는 밸브

⑤ 기타

압력 보상 유량제어 밸브	스로틀 전후의 압력차를 일정하게 유지하는 작용으로 항상 일정한 유량을 보냄
온도 압력 보상 유량제어 밸브	점도 변화의 영향을 적게 받도록 함

(5) 방향제어 밸브

① 액추에이터 운동 방향을 제어하기 위해 유체의 흐르는 방향을 제어한다.

② 유체의 흐름 방향을 한쪽으로만 허용한다.

③ 유압모터 또는 유압실린더의 작동 방향 변환에 사용된다.

④ 종류

체크 밸브	• 유압 회로에서 오일의 역류 방지 • 회로 내 잔류압력 유지 • 유압유의 흐름을 한쪽으로만 허용하여 반대 방향의 흐름 제어
셔틀 밸브	• 두 개 이상의 입구와 한 개의 출구 • 출구가 최고 압력의 입구를 선택하는 기능 • 저압측은 통제하고 고압측만 통과
스풀 밸브	• 하나의 밸브 외부에 여러 개의 홈이 파여 있음 • 축 방향으로 이동하여 오일의 흐름 변환
감속 밸브	• 기계장치로 스풀을 작동시켜 유로를 서서히 개폐시킴 • 작동체의 발진 · 정지 · 감속 변환을 충격 없이 작동시킴

(6) 기타 압력제어 밸브

카운터 밸런스 밸브	중력으로 인해 제어속도 이상으로 실린더가 낙하하는 것을 방지
무부하 밸브(언로드 밸브)	• 회로 내 압력이 설정값에 도달하면 펌프의 전 유량을 탱크로 방출 • 펌프에 부하가 걸리지 않게 하여 동력을 절약
리듀싱 밸브(감압 밸브)	• 입구 압력을 유압회로에서 감압하여 유압실린더 출구 설정 압력으로 유지 • 1차측의 압력, 유량과 관계없이 분기회로에서 2차측 압력을 설정값까지 감압하여 사용
시퀀스 밸브	두 개 이상의 분기회로에서 유압회로의 압력에 의해 액추에이터 작동 순서 제어

tip 액추에이터

• 압력 에너지를 기계적 에너지로 변환
• 회전운동을 하는 유압모터와 직선 왕복 운동을 하는 유압실린더로 구성
• 유압펌프로 송출된 에너지를 직선 또는 회전 운동을 통해 기계적 일로 변환하는 기기

4. 유압모터

(1) 특징

① 작동 유압 에너지에 의해 회전운동을 연속적으로 하여 기계적인 일을 한다.

② 오일의 흐름량에 의해 유압모터의 속도가 결정된다.

③ 유압모터의 용량 : 입구압력(kgf/cm^2)당 토크

(2) 장단점

장점	단점
• 속도, 방향, 변속, 역전의 제어가 용이 • 작동의 신속성 및 정확성 • 소형 · 경량이고 큰 출력을 얻을 수 있음 • 전동 모터에 비해 급속정지가 쉬움 • 광범위한 무단 변속 가능	• 작동유 점도 변화에 의한 유압모터 사용 제한 • 먼지나 공기가 작동유에 침입하지 않도록 각별한 주의 필요 • 인화성 오일을 사용하여 화재 위험 가능성 있음

(3) 종류

① 기어형 모터

㉠ 간단한 구조와 저렴한 가격

㉡ 일반적으로 평기어를 사용하지만 헬리컬 기어도 사용함

㉢ 유압유에 이물질이 혼합되어도 고장이 적음

㉣ 정방향 또는 역방향의 회전이 자유로움

② 베인형 모터

㉠ 일정한 출력 토크, 역전 및 무단 변속기로 사용이 가능함

㉡ 정용량형 모터로 캠 링에 날개가 밀착되도록 하여 작동함

㉢ 무단 변속기로 내구력이 뛰어남

㉣ 스프링 또는 로킹 빔을 사용하여 항상 날개를 캠링 면에 압착시켜 두어야 함

③ 피스톤형 모터(플런저형 모터)

㉠ 복잡한 구조와 비싼 가격

㉡ 피스톤형으로 유지 관리에 주의가 필요

㉢ 펌프의 최고 토출 압력, 평균효율이 가장 높아 고압 대출력에 적합함

㉣ 레이디얼형과 액시얼형으로 구분

> **tip 유압모터의 전체 효율**
> • 기어형 유압모터의 전체 효율은 70% 이하로 좋지 않다.
> • 베인형 유압모터의 전체 효율은 약 95%이다.
> • 피스톤형 유압모터의 전체 효율이 가장 좋다.

(4) 점검 사항

① 감속기 오일 수준 점검 시 주의사항

㉠ 점검 전 오일 수준 점검 게이지 주변을 청결하게 유지

㉡ 오일의 정상적인 작업 온도에서 점검

㉢ 오일량이 너무 많을 경우 모터 유닛 불량 및 손상 발생 가능

② 회전속도가 규정 속도보다 느릴 경우의 원인

㉠ 오일의 내부 누설

㉡ 유압유의 유입량 부족

㉢ 작동부의 파손 및 마모

③ 소음과 진동이 발생하는 원인
㉠ 체결 볼트의 이완
㉡ 내부 부품의 파손
㉢ 작동유 내 공기의 혼입

5. 유압실린더

(1) 특징

① 유압 펌프에서 공급되는 유압을 직선 왕복 운동으로 변환시킨다.
② 회로 내에 유량이 부족하면 유압실린더의 작동 속도가 느려진다.
③ 구성부품 : 피스톤, 피스톤 로드, 실린더, 실, 쿠션기구
④ 종류

단동식	복동식	다단식
• 피스톤의 한쪽에만 유압이 공급되어 작동 • 리턴은 자중 및 외력에 의해 작동 • 피스톤형, 램형, 플런저형	• 피스톤의 양쪽에 압유를 교대로 공급하여 작동 • 양방향의 운동을 유압으로 작동시키는 방식 • 편로드형, 양로드형	• 유압 실린더의 내부에 또 하나의 실린더를 내장하거나 하나의 실린더에 여러 개의 피스톤을 삽입하는 방식 • 실린더 길이에 비해 긴 행정이 필요할 때 적합

(2) 점검 사항

① 유압실린더 정비
㉠ 도면의 순서에 따라 분해 및 조립
㉡ 쿠션 기구의 작은 유로는 압축 공기를 불어 막힘 여부 검사
㉢ O링은 일회용이기 때문에 한 번 사용 후 교환

② 자연하강현상 원인
㉠ 실린너 내의 피스톤씰의 마모
㉡ 실린더 내부의 마모
㉢ 컨트롤 밸브의 스풀 마모
㉣ 릴리프 밸브의 불량

③ 숨돌리기 현상
㉠ 기계가 작동하다가 순간적으로 멈칫하는 현상
㉡ 공기의 혼입이 원인으로 힘이 완벽하게 전달되지 않음
㉡ 작동지연 현상, 서지압 발생, 피스톤의 불안정 작동 등의 현상 발생

④ 움직임이 불규칙하거나 느린 원인
㉠ 피스톤링의 마모
㉡ 너무 높은 유압유의 점도
㉢ 회로 내 공기의 혼입
㉣ 너무 낮은 유압

TOPIC. 3 부속기기

1. 유압탱크

(1) 기능

① 계통 내에 필요한 유량을 확보한다.
② 탱크 외벽의 방열에 의해서 적정 온도를 유지한다.
③ 격판에 의한 기포를 분리 및 제거한다.
④ 스트레이너 설치로 회로 내의 불순물 혼입을 방지한다.

(2) 구비조건

① 발생한 열을 발산할 수 있어야 한다.
② 오일에 이물질이 혼입되지 않도록 밀폐되어야 한다.
③ 배출밸브(드레인) 및 유면계를 설치해야 한다.
④ 적정 크기의 주유구와 스트레이너를 설치해야 한다.
⑤ 흡입관과 복귀관(리턴 파이프) 사이에 격판이 있어야 한다.
⑥ 유면은 적정범위에서 'F'에 가깝게 유지해야 한다.

(3) 탱크에 수분이 혼입되었을 경우

① 공동 현상이 발생한다.
② 작동유의 열화가 촉진된다.
③ 유압기기의 마모를 촉진시킨다.

2. 어큐뮬레이터

(1) 특징

① 축압기라고도 하며, 유압유의 압력 에너지를 저장한다.
② 보조용 및 비상용 유압원으로 사용한다.
③ 서지 압력과 충격 압력의 흡수, 또는 펌프 맥동의 흡수를 위해 사용한다.
④ 점진적 압력의 증대를 위해 사용한다.
⑤ 압력을 일정하게 유지한다.

(2) 종류

① 스프링식
② 공기압축식 : 피스톤형, 블래더형(고무 주머니형), 다이어프램형

3. 여과기

① 유압장치에서 마모된 찌꺼기 등의 이물질을 제거하는 장치이다.
② 필터와 스트레이너가 있다.
③ **탱크용** : 유압유에 포함된 불순물을 제거하기 위해 유압펌프 흡입관에 흡입 스트레이너를 설치한다.
④ **관로용** : 흡입관 필터, 복귀관 필터, 압력관 필터가 있다.

4. 오일 냉각기

① 오일 온도를 일정하게 유지한다.
② 오일의 온도는 60℃ 이상이면 산화가 촉진되고 70℃가 한계이다.
③ 수랭식과 공랭식으로 작동유를 냉각시킨다.

tip 작동유의 온도 상승 시 발생하는 현상
윤활제의 분해, 점도의 저하가 발생하여 작동부가 녹아 붙고 펌프 효율 저하와 오일 누출의 원인이 되기도 한다.

5. 배관 및 이음

① 배관
㉠ 펌프와 밸브 및 실린더를 연결하여 동력을 전달한다.
㉡ 고압용에는 고압 배관용 탄소강관을 사용한다.
㉢ 금속관과 고무호스로 구분한다.

② 이음
㉠ 관을 연결하는 부분이다.
㉡ 조립 후 충격 · 진동에 의한 오일 누출에 유의한다.
㉢ 플레어 이음과 슬리브 이음으로 구분한다.

6. 오일 씰

① 기기의 오일 누출을 방지하는 역할을 한다.
② 오일 실은 유압계통 수리 시마다 항상 교환한다.
③ 유압작동부 내에서 오일 누출 시 가장 먼저 오일 씰을 점검한다.
④ 운동용 씰인 캐핑과 고정형 씰인 개스킷이 있다.

OX 퀴즈

오일 씰은 유압장치에서 피스톤 로드에 있는 먼지가 실린더 내에 혼입되는 것을 방지한다. (○/×)

정답 | ×
해설 | 더스트 씰에 대한 설명이다. 오일 씰은 기기의 오일 누출을 방지한다.

TOPIC. 4 유압회로

1. 유압회로

(1) 유압 기본 회로

① 유압기기를 서로 연결하는 유로로 기호화하여 도면으로 표시된다.

② 오픈 회로, 클로즈 회로, 탠덤 회로, 병렬 회로, 직렬 회로 등이 있다.

(2) 압력제어 회로

① 작동 목적에 맞게 압력을 얻는 회로이다.

② 회로의 최고압을 제어하거나 회로의 일부 압력을 감압한다.

(3) 속도제어 회로

① 유압 모터나 유압 실린더의 속도를 임의로 쉽게 제어하는 회로이다.

② 실린더의 유량, 크기, 부하 등에 의해 속도를 제어한다.

미터인 회로	• 액추에이터 입구 관로에 설치한 유량제어 밸브 • 흐름을 제어하여 속도 제어
미터아웃 회로	• 액추에이터 출구 관로에 설치한 회로 • 실린더에서 유출되는 유량을 제어하여 속도 제어
블리드 오프 회로	• 실린더 입구 측의 분기회로에 유량제어 밸브를 설치해 실린더 입구의 불필요한 압유를 배출시켜 작동 효율을 증진시킨 회로 • 다른 회로에 비해 플런저 이송을 정확하게 조절하기 어려움

(4) 무부하 회로

① 작업 중 유압펌프 유량이 필요하지 않을 때 펌프 송출량을 저압으로 탱크에 귀환시켜 유압 펌프를 무부하시킨다.

② 펌프 구동력의 손실을 막고 유압장치의 가열을 방지한다.

2. 유압회로의 점검

(1) 압력에 영향을 주는 요소

① 유체의 점도

② 유체의 흐름량

③ 관로 직경의 크기

> **tip** **유압회로의 압력을 점검하는 위치**
> 유압의 측정은 압력이 발생된 다음에 측정하여야 하므로 유압펌프와 컨트롤 밸브 사이에서 점검한다.

(2) 소음이 발생하는 원인

① 캐비테이션 현상

② 채터링 현상

③ 회로 내 공기의 혼입

(3) 기타 점검

① 회로 내 잔압을 설정하여 신속한 작업이 이루어지도록 하고, 회로 내 공기 혼입, 오일 누설 등을 방지한다.

② 회로 내 압력 손실이 발생할 경우 유압기기의 속도가 떨어진다.

③ 회로 내 캐비테이션 현생이 발생할 경우 압력을 일정하게 유지하여야 한다.

④ 유압조절 밸브 고착 시 회로 내에 압력이 비정상적으로 올라간다.

3. 기호 회로도

전동기	Ⓜ=	유압동력원	▶—
가변 조작조정	—▶	단동실린더	
복동식 편로드형		복동식 양로드형	
시퀀스 밸브		체크 밸브	
릴리프 밸브		무부하 밸브	
유압 변환기		압력계	

오일탱크		어큐뮬레이터	
공기유압변환기	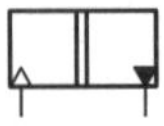	오일 여과기	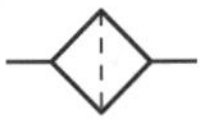
정용량형 유압펌프 (양방형)		가변용량형 유압펌프	
단동 솔레노이드	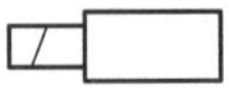	직접 조작 방식	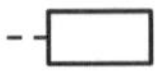
레버 조작 방식	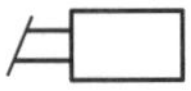	간접 조작 방식	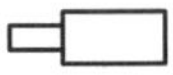
인력 조작 레버	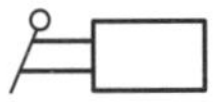	스프링식 제어	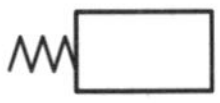
드레인 배출기		압력스위치	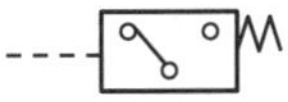

단원 마무리 문제

01 유압의 압력으로 옳은 것은?

① 압력=단면적×가해진 힘
② 압력=가해진 힘×단면적
③ 압력=단면적 / 가해진 힘
④ 압력=가해진 힘 / 단면적

해설 | 압력은 유체 내에서 단위면적당 작용하는 힘을 말한다.

02 유압장치의 기본 구성요소에 대한 설명으로 틀린 것은?

① 유압 발생 장치는 유체 에너지를 기계적 에너지로 변환시킨다.
② 유압 구동 장치에는 유압실린더, 유압모터 등이 있다.
③ 유압 제어 장치는 유압원으로부터 공급받은 오일을 작동체로 보내는 역할을 한다.
④ 부속기구는 사용자의 편리함을 위해 설치한 것이다.

해설 | 유압 발생 장치는 유압을 발생시키는 장치이고, 유압 에너지를 기계적 에너지로 변환시키는 것은 유압 구동 장치이다.

03 기어펌프에서 소음이 나는 원인으로 틀린 것은?

① 오일의 과부족
② 펌프의 베어링 마모
③ 흡입 라인의 막힘
④ 조정 스프링의 큰 장력

해설 | 조정 스프링의 장력과 기어펌프의 소음과는 직접적인 연관이 없다. 유압조절 밸브에서 조정 스프링의 장력이 클 경우 유압이 높아진다.

04 유압 펌프의 한 종류로 구조가 복잡하며 소음이 크고 자체 흡입 능력이 나쁘나 수명이 긴 펌프는?

① 나사 펌프
② 피스톤 펌프
③ 기어 펌프
④ 베인 펌프

해설 | 피스톤(플런저) 펌프에 대한 설명이다. 펌프 중에서 최고압력이 가장 높다.

PART 01 PART 02 PART 03 PART 04 PART 05

정답 01 ④ 02 ① 03 ④ 04 ②

05 펌프 내에 기포가 생겨 유압 장치에 높은 압력과 소음 및 진동이 발생하는 것으로, 장치의 수명을 단축시키는 것은?

① 공동현상
② 수격현상
③ 맥동현상
④ 채터링현상

해설 | 공동현상에 대한 설명으로 캐비테이션 현상이라고도 한다.

06 회로 내 압력이 설정값에 도달하면 펌프의 전 유량을 탱크로 방출하여 동력을 절약할 수 있도록 하는 압력제어 밸브는?

① 리듀싱 밸브 ② 시퀀스 밸브
③ 언로드 밸브 ④ 릴리프 밸브

해설 | 언로드 밸브에 대한 설명으로 무부하 밸브라고도 한다. 펌프에 부하가 걸리지 않게 하여 동력을 절감하기 위해 사용하는 밸브이다.

07 방향제어 밸브에 대한 설명으로 틀린 것은?

① 유압장치에 사용되는 밸브는 경유로 세척하지 않는다.
② 포핏 밸브는 밀봉성이 우수하나 큰 조작력이 필요하다.
③ 액추에이터의 운동 방향을 제어하기 위해 유체의 흐름을 제어한다.
④ 스풀 밸브는 작동유의 오염에 취약하다는 단점이 있다.

해설 | 밸브 부품은 세척할 때 경유를 이용한다.

08 릴리프 밸브의 특징으로 거리가 먼 것은?

① 릴리프 밸브 스프링의 장력이 약해지면 채터링현상이 발생한다.
② 유압회로의 최고 압력을 제한하는 밸브이다.
③ 펌프의 토출측에 위치한다.
④ 토크 변환기에서 오일의 과다한 압력을 방지한다.

해설 | ④는 압력제어 밸브에 대한 설명이다.

09 액추에이터의 작동 속도와 가장 관련있는 것은?

① 압력
② 유량
③ 점도
④ 기계적 에너지

해설 | 유량의 변경에 따라 액추에이터의 속도 조절이 가능하다.

10 유압모터의 가장 큰 장점으로 옳은 것은?

① 간접적으로 큰 회전력을 얻는다.
② 속도 · 방향의 제어가 어렵지만 변속 · 역전의 제어가 용이하다.
③ 대형 중량으로서 큰 출력을 낸다.
④ 오일의 누출량이 많다.

해설 | 유압모터는 비교적 넓은 범위의 무단변속이 용이하다는 장점이 있다.

11 유압모터에서 작동유의 적정 온도는?

① 30~60℃
② 50~80℃
③ 60℃ 이상
④ 20℃ 미만

해설 | 적정 오일 온도는 30~60℃이다.

12 다음 그림의 실린더는?

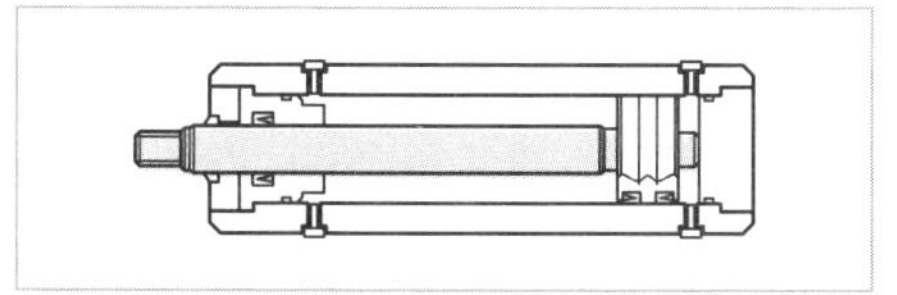

① 복동 실린더
② 단동 실린더
③ 단동 다단 실린더
④ 복동 다단 실린더

해설 | 복동 실린더에 대한 그림으로, 양방향의 운동을 유압으로 작동시킨다.

13 실린더에 공기가 혼입되어 피스톤의 작동이 불량해져 순간적으로 작동시간의 지연을 초래하는 현상은?

① 공동현상
② 자연하강현상
③ 숨돌리기현상
④ 채터링현상

해설 | 숨돌리기현상에 대한 설명이다. 공기 혼입으로 인해 힘이 완벽하게 전달되지 않아 발생한다.

14 어큐뮬레이터 중 가스오일식의 종류에 해당하지 않는 것은?

① 피스톤형
② 분사형
③ 다이어프램형
④ 고무 주머니형

해설 | 어큐뮬레이터 중 가스오일식(공기압축식)에는 피스톤형, 블래더형(고무 주머니형), 다이어프램형이 있다.

15 유압탱크의 구비조건과 거리가 먼 것은?

① 최소 회전반경이 적어야 한다.
② 유면은 적정 범위에서 F에 가까워야 한다.
③ 발생한 열을 발산해야 한다.
④ 배출 밸브를 설치해야 한다.

해설 | ①은 조향 장치가 갖추어야 할 조건에 해당한다.

16 오일탱크의 구성부품으로 옳지 않은 것은?

① 스트레이너
② 드레인 플러그
③ 유면계
④ 복귀관 필터

해설 | 복귀관 필터는 여과기 중 라인 여과기와 관련이 있다.

> **오일탱크의 구성품**
> 스트레이너, 배플(칸막이), 유면계, 주입구 캡, 드레인 플러그 등

정답 05 ① 06 ③ 07 ① 08 ④ 09 ② 10 ② 11 ① 12 ① 13 ③ 14 ② 15 ① 16 ④

17 관과 관을 접속할 때 주로 쓰이는 관 이음쇠의 일종은?

① 실린더 포트
② 유니온 조인트
③ 쿠션 조정 나사
④ 로드카바

해설 | 유니온 조인트(Union Joint)에 대한 설명으로, 호이스트형 유압호스 연결부에 가장 많이 사용한다.

18 유압 작동유가 갖추어야 할 조건으로 틀린 것은?

① 열팽창계수가 작을 것
② 점도지수가 낮을 것
③ 발화점이 높을 것
④ 비압축성일 것

해설 |

작동유의 구비조건
- 압력에 대해 비압축성일 것
- 밀도가 작을 것
- 발화점이 높을 것
- 열팽창계수가 작을 것
- 온도에 의한 점도 변화가 적을 것

19 유압유의 점도에 대한 설명으로 틀린 것은?

① 온도와 점도는 반비례한다.
② 점성의 정도를 나타내는 척도이다.
③ 온도 변화에 따른 점도 변화가 크면 점도지수가 높다.
④ 점도가 서로 다른 2종유의 오일을 혼합하면 열화 현상을 촉진시킨다.

해설 | 온도 변화에 따른 점도 변화가 크다면 점도지수는 낮다.

20 유압유의 점도가 낮을 때 나타날 수 있는 현상이 아닌 것은?

① 회로 압력이 떨어진다.
② 펌프 효율이 떨어진다.
③ 오일 누설에 영향을 준다.
④ 동력 손실이 커진다.

해설 | 유압유의 점도가 높을 때 동력 손실이 커진다.

21 사용 중인 작동유의 수분 함유 여부를 현장에서 바로 판정하는 가장 좋은 방법은?

① 오일을 빈 유리관에 담아 침전물을 확인한다.
② 오일을 가열한 철판 위에 떨어뜨려 본다.
③ 여과지에 오일을 떨어뜨려 본다.
④ 오일과 물을 섞어 반응을 확인해 본다.

해설 | 작동유의 수분 함유 여부는 가열한 철판 위에 오일을 떨어뜨려 확인할 수 있다.

22 유압 회로 내 밸브를 갑자기 닫을 경우 유압유의 속도 에너지가 압력 에너지로 변하면서 일시적으로 큰 압력이 증가하는 현상은?

① 채터링 현상
② 에어레이션 현상
③ 공동 현상
④ 서지 현상

해설 | 서지 현상은 유압유의 속도 에너지가 압력 에너지로 변하면서 일시적으로 큰 압력 증가가 생기는 것이다.

23 오일 냉각기의 구비 조건으로 거리가 먼 것은?

① 정비나 청소하기가 편리해야 한다.
② 유압유 흐름 저항이 커야 한다.
③ 온도 조정이 잘 되어야 한다.
④ 촉매작용이 없어야 한다.

해설 | 유압유의 흐름 저항이 작아야 한다.

24 오일 탱크에서 오일량을 표시하는 것은?

① 유량계 ② 유압계
③ 유면계 ④ 온도계

해설 | 유면계는 오일 탱크 내의 오일량을 표시하는 부품이다.

25 오일의 압력이 낮아지는 원인이 아닌 것은?

① 계통 내에 누설이 있을 때
② 오일의 점도가 낮아졌을 때
③ 펌프 축 주위의 토출 측 씰이 손상되었을 때
④ 오일펌프의 성능이 노후되었을 때

해설 | 펌프 축 주위의 토출 측 씰이 손상되었을 경우 유압장치에서 오일에 거품이 생기는 원인이 될 수 있다.

26 유압 기본 회로에 해당하지 않는 것은?

① 클로즈 회로 ② 서지업 회로
③ 병렬 회로 ④ 오픈 회로

해설 | 유압 기본 회로의 종류는 오픈, 클로즈, 탠덤, 병렬, 직렬 회로 등이 있다.

27 기어펌프의 장단점으로 틀린 것은?

① 다른 펌프에 비해 수명이 비교적 길다.
② 간단한 구조에 소형이며 제작이 쉽다.
③ 플런저 펌프에 비해 효율이 낮다.
④ 흡입 성능이 우수하다.

해설 | 기어펌프는 수명이 비교적 짧다는 단점이 있다.

28 유량 제어를 통해 작업 속도를 조절하는 방식에 속하지 않는 것은?

① 블리드 오프 방식
② 미터 인 방식
③ 미터 아웃 방식
④ 블리드 온 방식

해설 | 속도 제어 회로의 방식으로는 블리드 오프, 미터 인, 미터 아웃 방식이 있다.

29 다음의 유압 기호가 의미하는 것은?

① 정용량형 유압 펌프
② 압력계
③ 가변용량형 유압 펌프
④ 요동형 액추에이터

해설 | 가변용량형 유압 펌프를 나타내는 기호이다.

정답 17 ② 18 ② 19 ③ 20 ④ 21 ② 22 ④ 23 ② 24 ③ 25 ③ 26 ② 27 ① 28 ④ 29 ③

30 다음 그림의 명칭은?

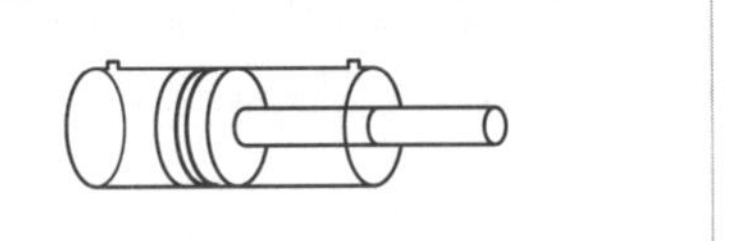

① 단동 실린더
② 단동 다단실린더
③ 복동 실린더
④ 복동 다단실린더

해설 | 복동 실린더를 나타내는 그림이다.

31 다음 중 압력 스위치를 나타내는 것은?

① 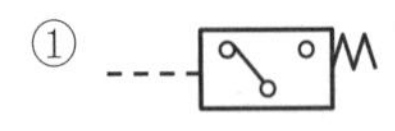

② 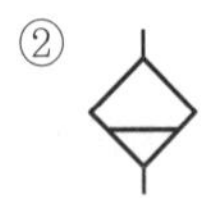

③ 

④ 

해설 | ② 드레인 배출기
③ 유압 압력계
④ 유압 동력원

32 유압장치 내에 슬러지 등이 생겼을 때 이것을 용해하여 장치 내를 깨끗하게 하는 작업은?

① 플러싱
② 채터링
③ 캐비테이션
④ 오픈

해설 | 플러싱(Flushing)에 대한 설명으로, 플러싱 후 잔류 오일을 반드시 제거하여야 한다.

33 유압유의 첨가제에 해당하지 않는 것은?

① 산화방지제
② 유동점강하제
③ 청정분산제
④ 점도지수방지제

해설 |

> **윤활유 첨가제의 종류**
> 산화방지제, 부식방지제, 소포제, 유동점강하제, 방청제, 점도지수향상제, 청정분산제 등

34 기호 회로도에 사용되는 유압 기호의 표시 방법으로 틀린 것은?

① 흐름의 방향을 표시해야 한다.
② 각 기기의 작용압력을 표시해야 한다.
③ 정상 또는 중립 상태를 표시해야 한다.
④ 오해의 위험이 없을 경우 기호를 회전하여도 된다.

해설 | 각 기기의 구조 및 작용압력은 표시하지 않는다.

35 액추에이터의 출구 쪽 관로에 유량 제어 밸브를 직렬로 설치하는 속도 제어 회로는?

① 블리드 오프 회로
② 언로드 회로
③ 미터 인 회로
④ 미터 아웃 회로

해설 | 미터 아웃 회로는 출구 쪽 관로의 유량 제어 밸브로, 유량을 제어하여 액추에이터 속도를 제어한다.

30 ③ 31 ① 32 ① 33 ④ 34 ② 35 ④ 정답

건설기계관리법규 및 도로교통법

TOPIC. 1 건설기계등록검사

1. 건설기계관리법

(1) 목적(제1조)

건설기계의 등록 · 검사 · 형식승인 및 건설기계사업과 건설기계조종사면허 등에 관한 사항을 정하여 건설기계를 효율적으로 관리하고 건설기계의 안전도를 확보하여 건설공사의 기계화를 촉진함을 목적으로 한다.

(2) 정의(제2조)

① **건설기계** : 건설공사에 사용할 수 있는 기계로서 대통령령으로 정하는 것을 말한다.

② **폐기** : 국토교통부령으로 정하는 건설기계장치를 그 성능을 유지할 수 없도록 해체하거나 압축 · 파쇄 · 절단 또는 용해(鎔解)하는 것을 말한다.

③ **건설기계사업** : 건설기계대여업, 건설기계정비업, 건설기계매매업 및 건설기계해체재활용업을 말한다.

④ **건설기계대여업** : 건설기계의 대여를 업(業)으로 하는 것을 말한다.

⑤ **건설기계정비업** : 건설기계를 분해 · 조립 또는 수리하고 그 부분품을 가공제작 · 교체하는 등 건설기계를 원활하게 사용하기 위한 모든 행위(경미한 정비행위 등 국토교통부령으로 정하는 것은 제외한다)를 업으로 하는 것을 말한다.

⑥ **건설기계매매업** : 중고(中古) 건설기계의 매매 또는 그 매매의 알선과 그에 따른 등록사항에 관한 변경신고의 대행을 업으로 하는 것을 말한다.

⑦ **건설기계해체재활용업** : 폐기 요청된 건설기계의 인수(引受), 재사용 가능한 부품의 회수, 폐기 및 그 등록말소 신청의 대행을 업으로 하는 것을 말한다.

⑧ **중고 건설기계** : 건설기계를 제작 · 조립 또는 수입한 자로부터 법률행위 또는 법률의 규정에 따라 건설기계를 취득한 때부터 사실상 그 성능을 유지할 수 없을 때까지의 건설기계를 말한다.

⑨ **건설기계형식** : 건설기계의 구조 · 규격 및 성능 등에 관하여 일정하게 정한 것을 말한다.

OX 퀴즈

건설기계정비업은 건설기계를 분해 · 조립하여 건설기계를 원활하게 사용하기 위한 모든 행위를 업으로 하는 것을 말한다. (○/×)

정답 | ○

(3) 건설기계의 범위(시행령 [별표 1])

건설기계	범위
불도저	무한궤도 또는 타이어식인 것
굴착기	무한궤도 또는 타이어식으로 굴착장치를 가진 자체중량 1톤 이상인 것
로더	무한궤도 또는 타이어식으로 적재장치를 가진 자체중량 2톤 이상인 것. 다만, 차체굴절식 조향장치가 있는 자체중량 4톤 미만인 것은 제외한다.
지게차	타이어식으로 들어올림 장치와 조종석을 가진 것. 다만, 전동식으로 솔리드타이어를 부착한 것 중 도로(「도로교통법」 제2조제1호에 따른 도로를 말하며, 이하 같다)가 아닌 장소에서만 운행하는 것은 제외한다.
스크레이퍼	흙 · 모래의 굴착 및 운반장치를 가진 자주식인 것
덤프트럭	적재용량 12톤 이상인 것. 다만, 적재용량 12톤 이상 20톤 미만의 것으로 화물운송에 사용하기 위하여 자동차관리법에 의한 자동차로 등록된 것을 제외한다.
기중기	무한궤도 또는 타이어식으로 강재의 지주 및 선회장치를 가진 것. 다만, 궤도(레일)식인 것을 제외한다.
모터그레이더	정지장치를 가진 자주식인 것
롤러	• 조종석과 전압장치를 가진 자주식인 것 • 피견인 진동식인 것
노상안정기	노상안정장치를 가진 자주식인 것
콘크리트뱃칭플랜트	골재저장통 · 계량장치 및 혼합장치를 가진 것으로서 원동기를 가진 이동식인 것
콘크리트피니셔	정리 및 사상장치를 가진 것으로 원동기를 가진 것
콘크리트살포기	정리장치를 가진 것으로 원동기를 가진 것
콘크리트믹서트럭	혼합장치를 가진 자주식인 것(재료의 투입 · 배출을 위한 보조장치가 부착된 것을 포함한다)
콘크리트펌프	콘크리트배송능력이 매시간당 5세제곱미터 이상으로 원동기를 가진 이동식과 트럭적재식인 것
아스팔트믹싱플랜트	골재공급장치 · 건조가열장치 · 혼합장치 · 아스팔트공급장치를 가진 것으로 원동기를 가진 이동식인 것
아스팔트피니셔	정리 및 사상장치를 가진 것으로 원동기를 가진 것
아스팔트살포기	아스팔트살포장치를 가진 자주식인 것
골재살포기	골재살포장치를 가진 자주식인 것
쇄석기	20킬로와트 이상의 원동기를 가진 이동식인 것
공기압축기	공기토출량이 매분당 2.83세제곱미터(매 제곱센티미터당 7킬로그램 기준) 이상의 이동식인 것
천공기	천공장치를 가진 자주식인 것
항타 및 항발기	원동기를 가진 것으로 헤머 또는 뽑는 장치의 중량이 0.5톤 이상인 것
자갈채취기	자갈채취장치를 가진 것으로 원동기를 가진 것
준설선	펌프식 · 바켓식 · 딧퍼식 또는 그래브식으로 비자항식인 것. 다만, 「선박법」에 따른 선박으로 등록된 것은 제외한다.

특수건설기계	제1호부터 제25호까지의 규정 및 제27호에 따른 건설기계와 유사한 구조 및 기능을 가진 기계류로서 국토교통부장관이 따로 정하는 것
타워크레인	수직타워의 상부에 위치한 지브(jib)를 선회시켜 중량물을 상하, 전후 또는 좌우로 이동시킬 수 있는 것으로서 원동기 또는 전동기를 가진 것. 다만, 「산업집적활성화 및 공장설립에 관한 법률」 제16조에 따라 공장등록대장에 등록된 것은 제외한다.

2. 건설기계 등록

(1) 등록(제3조, 시행령 제3조)

① 건설기계의 소유자는 대통령령으로 정하는 바에 따라 건설기계를 등록하여야 한다.

② 건설기계의 소유자가 등록을 할 때에는 특별시장 · 광역시장 · 도지사 또는 특별자치도지사에게 건설기계 등록신청을 하여야 한다.

③ 시 · 도지사는 건설기계 등록신청을 받으면 신규 등록검사를 한 후 건설기계등록원부에 필요한 사항을 적고, 그 소유자에게 건설기계등록증을 발급하여야 한다.

④ 건설기계의 소유자는 건설기계등록증을 잃어버리거나 건설기계등록증이 헐어 못쓰게 된 경우에는 국토교통부령으로 정하는 바에 따라 재발급을 신청하여야 한다.

⑤ 등록의 요건 및 신청절차 등 등록에 필요한 사항은 대통령령으로 정한다.

⑥ 건설기계등록신청은 건설기계를 취득한 날(판매를 목적으로 수입된 건설기계의 경우에는 판매한 날을 말한다)부터 2월 이내에 하여야 한다. 다만, 전시 · 사변 기타 이에 준하는 국가비상사태하에 있어서는 5일 이내에 신청하여야 한다.

(2) 건설기계 등록 시 제출해야 하는 서류(시행령 제3조)

① 건설기계의 출처를 증명하는 서류. 다만, 해당 서류를 분실한 경우에는 해당 서류의 발행사실을 증명하는 서류(원본 발행기관에서 발행한 것으로 한정한다)로 대체할 수 있다.

㉠ 국내에서 제작한 건설기계 : 건설기계제작증

㉡ 수입한 건설기계 : 수입면장 등 수입사실을 증명하는 서류. 다만, 타워크레인의 경우에는 건설기계제작증을 추가로 제출하여야 한다.

㉢ 행정기관으로부터 매수한 건설기계 : 매수증서

② 건설기계의 소유자임을 증명하는 서류

③ 건설기계제원표

④ 보험 또는 공제의 가입을 증명하는 서류

tip 미등록 건설기계의 임시운행 사유

※ 미등록 건설기계의 임시운행 기간은 15일 이내로 한다. 다만, 신개발 건설기계를 시험 · 연구의 목적으로 운행하는 경우에는 3년 이내로 한다.
- 등록신청을 하기 위하여 건설기계를 등록지로 운행하는 경우
- 신규등록검사 및 확인검사를 받기 위하여 건설기계를 검사장소로 운행하는 경우
- 수출을 하기 위하여 건설기계를 선적지로 운행하는 경우
- 수출을 하기 위하여 등록말소한 건설기계를 점검 · 정비의 목적으로 운행하는 경우
- 신개발 건설기계를 시험 · 연구의 목적으로 운행하는 경우
- 판매 또는 전시를 위하여 건설기계를 일시적으로 운행하는 경우

(3) 등록사항의 변경

① 건설기계의 등록사항 중 변경사항이 있는 경우 그 소유자 또는 점유자는 대통령령으로 정하는 바에 따라 이를 시 · 도지사에게 신고하여야 한다.

② 건설기계매매업의 등록을 한 자가 건설기계를 매매하거나 매매의 알선을 한 경우에는 해당 매수인을 갈음하여 등록사항의 변경신고를 하여야 한다. 다만, 매수인이 직접 변경신고를 하는 경우에는 그러하지 아니하다.

③ 시 · 도지사는 변경신고를 받은 날부터 3일 이내에 신고수리 여부를 신고인에게 통지하여야 한다.

④ 건설기계매매업자를 거치지 아니하고 건설기계를 매수한 자가 등록사항의 변경신고를 하지 아니한 경우에는 대통령령으로 정하는 바에 따라 해당 매수인을 갈음하여 매도인이 이를 신고할 수 있다.

⑤ 시 · 도지사는 변경신고를 받은 경우 대통령령으로 정하는 바에 따라 이를 접수하고 15일 이내에 신고수리 여부를 신고인에게 통지하여야 한다.

⑥ 건설기계의 소유자는 건설기계 등록사항에 변경이 있는 경우 그 변경이 있은 날부터 30일(상속의 경우에는 상속개시일부터 6개월) 이내에 건설기계 등록사항 변경신고서에 서류를 첨부하여 등록을 한 시 · 도지사에게 제출하여야 한다. 다만, 전시 · 사변 기타 이에 준하는 국가비상사태하에 있어서는 5일 이내에 하여야 한다.

빈칸 채우기

건설기계의 등록사항 변경신고를 받은 시 · 도지사는 이를 접수하고 (　　)일 이내에 신고수리 여부를 신고인에게 통지해야 한다.

정답 | 15

(4) 변경신고 시 제출해야 하는 서류(시행령 제3조)

① 변경내용을 증명하는 서류

② 건설기계등록증(자가용 건설기계 소유자의 주소지 또는 사용본거지가 변경된 경우는 제외한다)

③ 건설기계검사증(자가용 건설기계 소유자의 주소지 또는 사용본거지가 변경된 경우는 제외한다)

(5) 등록이전(시행령 제6조)

① 건설기계의 소유자는 등록한 주소지 또는 사용본거지가 변경된 경우(시 · 도간의 변경이 있는 경우에 한한다)에는 그 변경이 있은 날부터 30일(상속의 경우에는 상속개시일부터 6개월) 이내에 새로운 등록지를 관할하는 시 · 도지사에게 서류를 제출하여야 한다.

② 건설기계 소유자의 주소가 변경된 경우로서 건설기계 소유자가 다음에 해당하는 신고를 한 경우에는 주소 변경 사실을 증명하는 서류를 제출하지 아니할 수 있다.

㉠ 「주민등록법」에 따른 주소의 정정신고, 전입신고

㉡ 「출입국관리법」에 따른 전입신고

㉢ 「재외동포의 출입국과 법적 지위에 관한 법률」에 따른 국내거소 이전신고

tip 등록이전 신고 시 제출서류

- 건설기계등록이전신고서
- 소유자의 주소 또는 건설기계의 사용본거지의 변경 사실을 증명하는 서류
- 건설기계등록증
- 건설기계검사증

빈칸 채우기

건설기계의 소유자는 등록한 주소지의 도가 변경된 경우 그 변경이 있은 날부터 (　　)일 이내에 새로운 등록지를 관할하는 시 · 도지사에게 서류를 제출해야 한다.

정답 | 30

(6) 등록의 말소(제6조)

① 시 · 도지사는 등록된 건설기계가 다음의 어느 하나에 해당하는 경우에는 그 소유자의 신청이나 시 · 도지사의 직권으로 등록을 말소할 수 있다. 다만, ㉠, ㉧ 또는 ㉯에 해당하는 경우에는 직권으로 등록을 말소하여야 한다.

㉠ 거짓이나 그 밖의 부정한 방법으로 등록을 한 경우

㉡ 건설기계가 천재지변 또는 이에 준하는 사고 등으로 사용할 수 없게 되거나 멸실된 경우

㉢ 건설기계의 차대(車臺)가 등록 시의 차대와 다른 경우

㉣ 건설기계가 제12조에 따른 건설기계안전기준에 적합하지 아니하게 된 경우

㉤ 최고(催告)를 받고 지정된 기한까지 정기검사를 받지 아니한 경우

㉥ 건설기계를 수출하는 경우

㉦ 건설기계를 도난당한 경우

㉧ 건설기계를 폐기한 경우

㉨ 건설기계해체재활용업을 등록한 자에게 폐기를 요청한 경우

㉩ 구조적 제작 결함 등으로 건설기계를 제작자 또는 판매자에게 반품한 경우

㉪ 건설기계를 교육 · 연구 목적으로 사용하는 경우

㉫ 대통령령으로 정하는 내구연한을 초과한 건설기계. 다만, 정밀진단을 받아 연장된 경우에는 그 연장기간을 초과한 건설기계

② 등록 말소의 기한 : 사유가 발생한 날부터 30일 이내. 단 도난 시에는 2개월 이내

tip 건설기계등록원부의 보관

- 시 · 도지사는 건설기계등록원부를 보관 · 관리해야 한다. 건설기계의 등록을 말소한 날부터 10년간 보존해야 한다.
- 건설기계등록원부의 등본 또는 초본을 발급받거나 열람하고자 하는 자는 시 · 도지사에게 신청할 수 있다.

(7) 등록번호표

① 등록번호표(제8조)

㉠ 등록된 건설기계에는 국토교통부령으로 정하는 바에 따라 등록번호표를 부착 및 봉인하고, 등록번호를 새겨야 한다.

㉡ 건설기계의 소유자는 등록번호표 또는 그 봉인이 떨어지거나 알아보기 어렵게 된 경우에는 시 · 도지사에게 등록번호표의 부착 및 봉인을 신청하여야 한다.

㉢ 누구든지 등록번호표를 부착 및 봉인하지 아니한 건설기계를 운행하여서는 아니 된다. 다만, 임시번호표를 붙여 일시적으로 운행하는 경우에는 그러하지 아니하다.

㉣ 누구든지 등록번호표를 가리거나 훼손하여 알아보기 곤란하게 하여서는 아니 되며, 그러한 건설기계를 운행하여서도 아니 된다.

② 등록번호표 제작 등의 통지(시행규칙 제17조)

㉠ 시 · 도지사는 다음에 해당하는 경우에는 건설기계 소유자에게 등록번호표를 제작할 것을 통지하거나 명령하여야 한다.

- 건설기계의 등록을 한 경우
- 등록이전 신고를 받은 경우
- 등록번호표의 재부착의 신청을 받은 경우
- 건설기계의 등록번호를 식별하기 곤란한 경우
- 등록사항의 변경신고를 받아 등록번호표의 용도 구분을 변경한 경우

㉡ 통지 또는 명령은 통지서 또는 명령서에 의한다.

㉢ 통지서 또는 명령서를 받은 건설기계 소유자는 그 받은 날부터 3일 이내에 등록번호표 제작자에게 그 통지서 또는 명령서를 제출하고 등록번호표 제작을 신청하여야 한다.

㉣ 등록번호표 제작자는 등록번호표 제작의 신청을 받은 때에는 7일 이내에 등록번호표 제작을 하여야 하며, 등록번호표 제작 통지(명령)서를 3년간 보존하여야 한다.

빈칸 채우기

등록번호표 제작자는 등록번호표 제작의 신청을 받은 때에는 (   )일 이내에 등록번호표 제작을 해야 한다.

정답 | 7

③ 건설기계의 기종별 기호 표시방법(시행규칙 [별표 2])

표시	기종	표시	기종
01	불도저	15	콘크리트펌프
02	굴착기	16	아스팔트믹싱플랜트
03	로더	17	아스팔트피니셔
04	지게차	18	아스팔트살포기
05	스크레이퍼	19	골재살포기
06	덤프트럭	20	쇄석기
07	기중기	21	공기압축기
08	모터그레이더	22	천공기
09	롤러	23	항타 및 항발기
10	노상안정기	24	자갈채취기
11	콘크리트뱃칭플랜트	25	준설선
12	콘크리트피니셔	26	특수 건설기계
13	콘크리트살포기	27	타워크레인
14	콘크리트믹서트럭		

tip 건설기계의 등록번호표의 도색

구분	색칠	등록번호
자가용	녹색 판에 흰색 문자	1001~4999
영업용	주황색 판에 흰색 문자	5001~8999
관용	흰색 판에 검은색 문자	9001~9999

④ 등록번호표의 반납(제9조)

등록된 건설기계의 소유자는 다음에 해당하는 경우에는 10일 이내에 등록번호표의 봉인을 떼어낸 후 그 등록번호표를 국토교통부령으로 정하는 바에 따라 시 · 도지사에게 반납하여야 한다.

㉠ 건설기계의 등록이 말소된 경우

㉡ 건설기계의 등록사항 중 등록된 건설기계 소유자의 주소지 또는 사용본거지의 변경 또는 등록번호가 변경된 경우

㉢ 등록번호표 또는 그 봉인이 떨어지거나 식별이 어려울 때 등록번호표의 부착 및 봉인을 신청하는 경우

⑤ 특별표지 부착 대상 건설기계(「건설기계 안전기준에 관한 규칙」 제2조)

구분	건설기계
길이	16.7m를 초과하는 건설기계
너비	2.5m를 초과하는 건설기계
높이	4.0m를 초과하는 건설기계
최소 회전 반경	12m를 초과하는 건설기계
총중량	40톤 초과하는 건설기계
총중량 상태에서 축하중	10톤 초과하는 건설기계

OX 퀴즈

높이가 4.5m인 건설기계의 경우 특별표지를 부착해야 한다. (○/×)

정답 | ○

해설 | 높이가 4m가 넘는 건설기계는 특별표지를 부착해야 한다.

3. 건설기계의 검사

(1) 건설기계의 검사(제13조)

건설기계의 소유자는 그 건설기계에 대하여 국토교통부령으로 정하는 다음의 구분에 따라 국토교통부장관이 실시하는 검사를 받아야 한다.

① 신규 등록검사 : 건설기계를 신규로 등록할 때 실시하는 검사

② 정기검사

㉠ 건설공사용 건설기계로서 3년의 범위에서 국토교통부령으로 정하는 검사 유효기간이 끝난 후 계속하여 운행하려는 경우에 실시하는 검사

㉡ 「대기환경보전법」 제62조 및 「소음 · 진동관리법」 제37조에 따른 운행차의 정기검사

③ 구조변경검사 : 건설기계의 주요 구조를 변경하거나 개조한 경우 실시하는 검사

④ 수시검사

㉠ 성능이 불량하거나 사고가 자주 발생하는 건설기계의 안전성 등을 점검하기 위하여 수시로 실시하는 검사

㉡ 건설기계 소유자의 신청을 받아 실시하는 검사

(2) 정기검사

① 신청(시행규칙 제23조)

㉠ 정기검사를 받으려는 자는 검사 유효기간의 만료일 전후 각각 31일 이내의 기간(반출되는 건설기계 또는 해당 건설기계를 사용하는 사업이 휴지되는 경우에는 반입 후 또는 사업재개신고 후 31일 이내의 기간으로 하고, 타워크레인을 이동설치하는 경우에는 이동설치 후 검사에 소요되는 기간 전으로 한다)에 정기검사신청서를 시 · 도지사에게 제출해야 한다.

㉡ 검사대행자를 지정한 경우에는 검사대행자에게 이를 제출해야 하고, 검사대행자는 받은 신청서 중 타워크레인 정기검사신청서가 있는 경우에는 총괄기관이 해당 검사신청의 접수 및 검사업무의 배정을 할 수 있도록 그 신청서와 첨부서류를 총괄기관에 즉시 송부해야 한다.

㉢ 검사신청을 받은 시 · 도지사 또는 검사대행자는 신청을 받은 날부터 5일 이내에 검사일시와 검사장소를 지정하여 신청인에게 통지해야 한다.

② 유효기간(시행규칙 [별표 7])

㉠ 신규등록 후의 최초 유효기간의 산정은 등록일부터 기산한다.

㉡ 신규등록일(수입된 중고건설기계의 경우에는 제작연도의 12월 31일로 한다)부터 20년 이상 경과된 경우 검사 유효기간은 1년으로 한다(타워크레인의 경우 6개월).

㉢ 타워크레인을 이동설치하는 경우에는 이동설치할 때마다 정기검사를 받아야 한다.

기종		구분	검사 유효기간
굴착기		타이어식	1년
로더		타이어식	2년
지게차		1톤 이상	2년
덤프트럭		–	1년
기중기		타이어식, 트럭적재식	1년
모터그레이더		–	2년
콘크리트믹서트럭		–	1년
콘크리트펌프		트럭적재식	1년
아스팔트살포기		–	1년
천공기		트럭적재식	2년
타워크레인		–	6개월
특수건설기계	• 도로보수트럭	타이어식	1년
	• 노면파쇄기	타이어식	2년
	• 노면측정장비	타이어식	2년
	• 수목이식기	타이어식	2년
	• 터널용 고소작업차	타이어식	2년
	• 트럭지게차	타이어식	1년
	• 그 밖의 특수건설기계	–	3년
그 밖의 건설기계		–	3년

빈칸 채우기

1톤 이상 지게차의 정기검사 유효기간은 (   )년이다.

정답 | 2

③ 정기검사 연기(시행규칙 제24조)

㉠ 건설기계 소유자는 천재지변, 건설기계의 도난, 사고발생, 압류, 1월 이상에 걸친 정비, 그 밖의 부득이한 사유로 검사 신청기간 내에 검사를 신청할 수 없는 경우에는 검사 신청기간 만료일까지 검사연기신청서에 연기사유를 증명할 수 있는 서류를 첨부하여 시 · 도지사에게 제출하여야 한다. 다만, 검사대행자를 지정한 경우에는 검사대행자에게 제출하여야 한다.

㉡ 검사연기신청을 받은 시 · 도지사 또는 검사대행자는 그 신청일부터 5일 이내에 검사연기 여부를 결정하여 신청인에게 통지하여야 한다. 이 경우 검사연기 불허통지를 받은 자는 검사신청기간 만료일부터 10일 이내에 검사신청을 하여야 한다.

㉢ 검사를 연기하는 경우에는 그 연기기간을 6월 이내로 한다. 이 경우 그 연기기간 동안 검사 유효기간이 연장된 것으로 본다.

㉣ 건설기계 소유자가 당해 건설기계를 사용하는 사업을 영위하는 경우로서 당해 사업의 휴지를 신고한 경우에는 당해 사업의 개시신고를 하는 때까지 검사 유효기간이 연장된 것으로 본다.

tip 건설기계의 검사를 연장받을 수 있는 기간

- 해외임대를 위하여 일시 반출된 경우 : 반출기간 이내
- 압류된 건설기계의 경우 : 압류기간 이내
- 건설기계 대여업을 휴지하는 경우 : 휴지기간 이내
- 타워크레인 또는 천공기가 해체된 경우 : 해체되어 있는 기간 이내

④ 정기검사의 일부 면제(시행규칙 제32조의2)

㉠ 시 · 도지사 또는 검사대행자는 영 제14조 제2항에 따라 등록을 한 부분건설기계정비업자 또는 종합건설기계정비업자로부터 이미 건설기계의 제동장치를 받은 당해 건설기계의 소유자에게 그 제동장치에 대한 정기검사를 면제할 수 있다.

㉡ 건설기계의 제동장치에 대한 정기검사를 면제받고자 하는 자는 정기검사의 신청 시에 당해 건설기계정비업자가 발행한 건설기계제동장치정비확인서를 시 · 도지사 또는 검사대행자에게 제출해야 한다.

빈칸 채우기

건설기계 정기검사 시 제동장치에 대한 검사를 면제받기 위해서는 (　　)가 발행한 제동장치정비확인서를 시 · 도지사에게 제출해야 한다.

정답 | 건설기계정비업자

(3) 구조변경검사(시행규칙 제25조)

① 주요 구조의 변경 및 개조의 범위

㉠ 원동기 및 전동기의 형식 변경

㉡ 동력전달장치의 형식 변경

㉢ 제동장치의 형식 변경
㉣ 주행장치의 형식 변경
㉤ 유압장치의 형식 변경
㉥ 조종장치의 형식 변경
㉦ 조향장치의 형식 변경
㉧ 작업장치의 형식 변경. 다만, 가공작업을 수반하지 아니하고 작업장치를 선택 · 부착하는 경우에는 작업장치의 형식 변경으로 보지 아니한다.
㉨ 건설기계의 길이 · 너비 · 높이 등의 변경
㉩ 수상작업용 건설기계의 선체의 형식 변경
㉪ 타워크레인 설치기초 및 전기장치의 형식 변경

② 건설기계의 기종 변경, 육상작업용 건설기계규격의 증가 또는 적재함의 용량 증가를 위한 구조변경은 할 수 없다.

OX 퀴즈

건설기계 적재함의 용량 증가를 위한 구조변경은 가능하다. (○/×)

정답 | ×
해설 | 건설기계 적재함의 용량 증가를 위한 구조변경은 할 수 없다.

(4) 수시검사(시행규칙 제26조)

① 시 · 도지사는 수시검사를 명령하려는 때에는 수시검사를 받아야 할 날부터 10일 이전에 건설기계 소유자에게 건설기계 수시검사명령서를 교부해야 한다. 이 경우 검사대행자를 지정한 경우에는 검사대행자에게 그 사실을 통보해야 한다.

② 수시검사명령을 받은 자는 건설기계수시검사신청서를 시 · 도지사에게 제출해야 한다. 다만, 검사대행자를 지정한 경우에는 검사대행자에게 제출해야 하고, 검사대행자는 받은 신청서 중 타워크레인 수시검사신청서가 있는 경우에는 총괄기관이 해당 검사신청의 접수 및 검사업무의 배정을 할 수 있도록 그 신청서와 첨부서류를 총괄기관에 즉시 송부해야 한다.

③ 검사신청을 받아 검사를 실시한 시 · 도지사 또는 검사대행자는 해당 건설기계가 검사기준에 적합한 경우에는 건설기계검사증에 수시검사일 등 그 밖에 필요한 사항을 기재하여 신청인에게 교부해야 한다.

④ 시 · 도지사는 수시검사명령서를 교부하면서 건설기계 소유자가 해당 수시검사 명령에 따르지 않으면 해당 건설기계의 등록번호표를 영치할 수 있다는 사실을 알려야 한다.

(5) 검사장소(시행규칙 제32조)

① 검사소에서 검사를 받아야 하는 건설기계
㉠ 덤프트럭
㉡ 콘크리트믹서트럭
㉢ 콘크리트펌프(트럭적재식)

㉣ 아스팔트살포기

㉤ 트럭지게차(국토교통부장관이 정하는 특수건설기계인 트럭지게차를 말한다)

② 건설기계가 위치한 장소에서 검사를 받아야 하는 건설기계

㉠ 도서지역에 있는 경우

㉡ 자체중량이 40톤을 초과하거나 축중이 10톤을 초과하는 경우

㉢ 너비가 2.5m를 초과하는 경우

㉣ 최고속도가 35km/h 미만인 경우

OX 퀴즈

너비가 3m인 건설기계는 검사소에서 검사를 받아야 한다. (○/×)

정답 | ×

해설 | 건설기계의 너비가 2.5m를 초과하는 경우 건설기계가 위치한 장소에서 검사를 받아야 한다.

TOPIC. 2 면허 · 사업 · 벌칙

1. 건설기계조종사의 면허 및 건설기계사업

(1) 건설기계조종사면허(제26조)

① 건설기계를 조종하려는 사람은 시장 · 군수 또는 구청장에게 건설기계조종사면허를 받아야 한다. 다만, 국토교통부령으로 정하는 건설기계를 조종하려는 사람은 운전면허를 받아야 한다.

② 건설기계조종사면허는 다음 건설기계의 종류별로 받아야 한다.

㉠ 덤프트럭

㉡ 아스팔트살포기

㉢ 노상안정기

㉣ 콘크리트믹서트럭

㉤ 콘크리트펌프

㉥ 천공기(트럭적재식을 말한다)

㉦ 특수건설기계 중 국토교통부장관이 지정하는 건설기계

③ 건설기계조종사면허를 받으려는 사람은 해당 분야의 기술자격을 취득하고 적성검사에 합격하여야 한다.

④ 다음 소형 건설기계의 건설기계조종사면허의 경우에는 시 · 도지사가 지정한 교육기관에서 실시하는 소형 건설기계의 조종에 관한 교육과정의 이수로 기술자격의 취득을 대신할 수 있다.

㉠ 5톤 미만의 불도저, 로더, 천공기(트럭적재식은 제외)

㉡ 3톤 미만의 지게차, 굴착기, 타워크레인
㉢ 공기압축기
㉣ 콘크리트펌프(이동식)
㉤ 쇄석기
㉥ 준설선

⑤ 건설기계조종사면허증의 발급, 적성검사의 기준, 그 밖에 건설기계조종사면허에 필요한 사항은 국토교통부령으로 정한다.

(2) 건설기계조종사면허의 종류(시행규칙 [별표 21])

면허의 종류	조종할 수 있는 건설기계
불도저	불도저
5톤 미만의 불도저	5톤 미만의 불도저
굴착기	굴착기
3톤 미만의 굴착기	3톤 미만의 굴착기
로더	로더
3톤 미만의 로더	3톤 미만의 로더
5톤 미만의 로더	5톤 미만의 로더
지게차	지게차
3톤 미만의 지게차	3톤 미만의 지게차
기중기	기중기
롤러	롤러, 모터그레이더, 스크레이퍼, 아스팔트피니셔, 콘크리트피니셔, 콘크리트살포기 및 골재살포기
이동식 콘크리트펌프	이동식 콘크리트펌프
쇄석기	쇄석기, 아스팔트믹싱플랜트 및 콘크리트뱃칭플랜트
공기압축기	공기압축기
천공기	천공기(타이어식, 무한궤도식 및 굴진식을 포함한다. 다만, 트럭적재식은 제외한다), 항타 및 항발기
52톤 미만의 천공기	5톤 미만의 천공기(트럭적재식은 제외한다)
준설선	준설선 및 자갈채취기
타워크레인	타워크레인
3톤 미만의 타워크레인	3톤 미만의 타워크레인

(3) 결격사유(제27조)

① 18세 미만인 사람
② 건설기계 조종상의 위험과 장해를 일으킬 수 있는 정신질환자 또는 뇌전증환자로서 국토교통부령으로 정하는 사람

③ 앞을 보지 못하는 사람, 듣지 못하는 사람, 그 밖에 국토교통부령으로 정하는 장애인

④ 건설기계 조종상의 위험과 장해를 일으킬 수 있는 마약 · 대마 · 향정신성의약품 또는 알코올 중독자로서 국토교통부령으로 정하는 사람

⑤ 건설기계조종사면허가 취소된 날부터 1년(거짓이나 그 밖의 부정한 방법으로 건설기계조종사면허를 받은 경우, 건설기계조종사면허의 효력정지기간 중 건설기계를 조종한 경우의 사유로 취소된 경우에는 2년)이 지나지 아니하였거나 건설기계조종사면허의 효력정지처분 기간 중에 있는 사람

OX 퀴즈

건설기계조종사면허가 취소된 날부터 1년이 지나지 않으면 면허시험을 볼 수 없다. (○/×)

정답 | ○

(4) 면허 취소 · 정지처분

① 위반행위에 따른 처분기준(시행규칙 [별표 22])

위반행위	근거 법조문	처분기준
거짓이나 그 밖의 부정한 방법으로 건설기계조종사면허를 받은 경우	법 제28조 제1호	취소
건설기계조종사면허의 효력정지기간 중 건설기계를 조종한 경우	법 제28조 제2호	취소
위 (3) ②~④ 규정 중 어느 하나에 해당하게 된 경우	법 제28조 제3호	취소
건설기계의 조종 중 고의 또는 과실로 중대한 사고를 일으킨 경우	법 제28조 제4호	
1. 인명피해		
① 고의로 인명피해(사망 · 중상 · 경상 등을 말한다)를 입힌 경우		취소
② 과실로 「산업안전보건법」 제2조 제7호에 따른 중대재해가 발생한 경우		취소
③ 그 밖의 인명피해를 입힌 경우		
㉠ 사망 1명마다		면허효력정지 45일
㉡ 중상 1명마다		면허효력정지 15일
㉢ 경상 1명마다		면허효력정지 5일
2. 재산피해 : 피해 금액 50만원마다		면허효력정지 1일 (90일을 넘지 못함)
3. 건설기계의 조종 중 고의 또는 과실로 「도시가스사업법」 제2조 제5호에 따른 가스공급시설을 손괴하거나 가스공급시설의 기능에 장애를 입혀 가스의 공급을 방해한 경우		면허효력정지 180일
「국가기술자격법」에 따른 해당 분야의 기술자격이 취소되거나 정지된 경우	법 제28조 제5호	「국가기술자격법」 제16조에 따라 조치

건설기계조종사면허증을 다른 사람에게 빌려 준 경우	법 제28조 제6호	취소
건설기계조종사 및 고용주의 준수사항을 위반하여 술에 취하거나 마약 등 약물을 투여한 상태에서 조종한 경우	법 제28조 제7호	
1. 술에 취한 상태(혈중알콜농도 0.03퍼센트 이상 0.08퍼센트 미만을 말한다. 이하 이 목에서 같다)에서 건설기계를 조종한 경우		면허효력정지 60일
2. 술에 취한 상태에서 건설기계를 조종하다가 사고로 사람을 죽게 하거나 다치게 한 경우		취소
3. 술에 만취한 상태(혈중알콜농도 0.08퍼센트 이상)에서 건설기계를 조종한 경우		취소
4. 2회 이상 술에 취한 상태에서 건설기계를 조종하여 면허효력정지를 받은 사실이 있는 사람이 다시 술에 취한 상태에서 건설기계를 조종한 경우		취소
5. 약물(마약, 대마, 향정신성 의약품 및 「유해화학물질 관리법 시행령」 제25조에 따른 환각물질을 말한다)을 투여한 상태에서 건설기계를 조종한 경우		취소
정기적성검사를 받지 않거나 적성검사에 불합격한 경우	법 제28조 제8호	취소

빈칸 채우기

건설기계조종사면허증을 다른 사람에게 빌려준 자는 (   )의 처분을 받는다.

정답 | 면허 취소

OX 퀴즈

혈중알콜농도가 0.05퍼센트인 상태로 건설기계를 조종한 경우 면허 취소의 처분을 받는다. (○/×)

정답 | ×

해설 | 혈중알콜농도가 0.03퍼센트 이상 0.08퍼센트 미만인 상태로 건설기계를 조종한 경우 면허효력정지 60일의 처분을 받는다.

② 면허의 반납(시행규칙 제80조)

㉠ 건설기계조종사면허를 받은 사람은 다음에 해당하는 때에는 그 사유가 발생한 날부터 10일 이내에 시장 · 군수 또는 구청장에게 그 면허증을 반납해야 한다.

- 면허가 취소된 때
- 면허의 효력이 정지된 때
- 면허증의 재교부를 받은 후 잃어버린 면허증을 발견한 때

㉡ 건설기계조종사면허를 받은 사람은 본인의 의사에 따라 해당 면허를 자진해서 시장 · 군수 또는 구청장에게 반납할 수 있다. 이 경우 건설기계조종사면허증 반납신고서를 작성하여 반납하려는 면허증과 함께 제출해야 한다.

(5) 건설기계조종사의 적성검사 기준(시행규칙 제76조)

① 두 눈을 동시에 뜨고 잰 시력(교정시력을 포함한다)이 0.7 이상이고 두 눈의 시력이 각각 0.3 이상일 것

② 55데시벨(보청기를 사용하는 사람은 40데시벨)의 소리를 들을 수 있고, 언어분별력이 80퍼센트 이상일 것

③ 시각은 150도 이상일 것

④ 정신질환자, 뇌전증환자로서 국토교통부령이 정하는 사람 그리고 마약 · 대마 · 향정신성의약품 또는 알코올중독자 등으로서 국토교통부령으로 정하는 사람에 해당되지 않을 것

(6) 건설기계정비업의 사업범위(시행령 [별표 2])

구분	사업범위
원동기	실린더헤드의 탈착정비
	실린더 · 피스톤의 분해 · 정비
	크랑크샤프트 · 캠샤프트의 분해 · 정비
	연료(연료공급 및 분사)펌프의 분해 · 정비
	위의 사항을 제외한 원동기 부분의 정비
유압장치의 탈부착 및 분해 · 정비	
변속기	탈부착
	변속기의 분해 · 정비
전후차축 및 제동장치정비(타이어식으로 된 것)	
차체부분	프레임 조정
	롤러 · 링크 · 트랙슈의 재생
	위의 사항을 제외한 차체 부분의 정비
이동정비	응급조치
	원동기의 탈 · 부착
	유압장치의 탈 · 부착
	원동기, 유압장치 외 부분의 탈 · 부착

tip 건설기계의 사후관리

건설기계형식에 관한 승인을 얻거나 그 형식을 신고한 자는 건설기계를 판매한 날부터 12개월(당사자 간에 12개월을 초과하여 별도 계약하는 경우에는 그 해당기간) 동안 무상으로 건설기계의 정비 및 정비에 필요한 부품을 공급하여야 한다.

2. 건설기계 관리 법규의 벌칙(제40조)

(1) 2년 이하의 징역 또는 2천만원 이하의 벌금

① 등록되지 아니한 건설기계를 사용하거나 운행한 자
② 등록이 말소된 건설기계를 사용하거나 운행한 자
③ 시 · 도지사의 지정을 받지 아니하고 등록번호표를 제작하거나 등록번호를 새긴 자
④ 건설기계의 주요 구조나 원동기, 동력전달장치, 제동장치 등 주요 장치를 변경 또는 개조한 자
⑤ 무단 해체한 건설기계를 사용 · 운행하거나 타인에게 유상 · 무상으로 양도한 자
⑥ 시정명령을 이행하지 아니한 자
⑦ 등록을 하지 아니하고 건설기계사업을 하거나 거짓으로 등록을 한 자
⑧ 등록이 취소되거나 사업의 전부 또는 일부가 정지된 건설기계사업자로서 계속하여 건설기계사업을 한 자

(2) 1년 이하의 징역 또는 1천만원 이하의 벌금

① 거짓이나 그 밖의 부정한 방법으로 등록을 한 자
② 건설기계의 등록번호를 지워 없애거나 그 식별을 곤란하게 한 자
③ 건설기계의 구조변경검사 또는 수시검사를 받지 아니한 자
④ 건설기계의 정비명령을 이행하지 아니한 자
⑤ 형식 승인, 형식 변경승인 또는 확인검사를 받지 아니하고 건설기계의 제작등을 한 자
⑥ 제작등을 한 건설기계의 사후관리에 관한 명령을 이행하지 아니한 자
⑦ 내구연한을 초과한 건설기계 또는 건설기계 장치 및 부품을 운행하거나 사용한 자
⑧ 내구연한을 초과한 건설기계 또는 건설기계 장치 및 부품의 운행 또는 사용을 알고도 말리지 아니하거나 운행 또는 사용을 지시한 고용주
⑨ 부품인증을 받지 아니한 건설기계 장치 및 부품을 사용한 자
⑩ 부품인증을 받지 아니한 건설기계 장치 및 부품을 건설기계에 사용하는 것을 알고도 말리지 아니하거나 사용을 지시한 고용주
⑪ 매매용 건설기계를 운행하거나 사용한 자
⑫ 폐기인수 사실을 증명하는 서류의 발급을 거부하거나 거짓으로 발급한 자
⑬ 폐기요청을 받은 건설기계를 폐기하지 아니하거나 등록번호표를 폐기하지 아니한 자
⑭ 건설기계조종사면허를 받지 아니하고 건설기계를 조종한 자
⑮ 건설기계조종사면허를 거짓이나 그 밖의 부정한 방법으로 받은 자
⑯ 소형 건설기계의 조종에 관한 교육과정의 이수에 관한 증빙서류를 거짓으로 발급한 자
⑰ 술에 취하거나 마약 등 약물을 투여한 상태에서 건설기계를 조종한 자와 그러한 자가 건설기계를 조종하는 것을 알고도 말리지 아니하거나 건설기계를 조종하도록 지시한 고용주
⑱ 건설기계조종사면허가 취소되거나 건설기계조종사면허의 효력정지처분을 받은 후에도 건설기계를 계속하여 조종한 자
⑲ 건설기계를 도로나 타인의 토지에 버려둔 자

OX 퀴즈

건설기계의 등록번호를 지워 없애거나 그 식별을 곤란하게 한 자는 1년 이하의 징역 또는 1천만원 이하의 벌금을 내야 한다. (○/×)

정답 | ○

(3) 300만원 이하의 과태료

① 건설기계임대차 등에 관한 계약서를 작성하지 아니한 자
② 정기적성검사 또는 수시적성검사를 받지 아니한 자
③ 시설 또는 업무에 관한 보고를 하지 아니하거나 거짓으로 보고한 자
④ 소속 공무원의 검사 · 질문을 거부 · 방해 · 기피한 자
⑤ 정당한 사유 없이 직원의 출입을 거부하거나 방해한 자

빈칸 채우기

정기적성검사 또는 수시적성검사를 받지 아니한 자는 (   ) 이하의 과태료를 내야 한다.

정답 | 300만원

(4) 100만원 이하의 과태료

① 수출의 이행 여부를 신고하지 아니하거나 폐기 또는 등록을 하지 아니한 자
② 등록번호표를 부착 · 봉인하지 아니하거나 등록번호를 새기지 아니한 자
③ 등록번호표를 부착 및 봉인하지 아니한 건설기계를 운행한 자
④ 등록번호표를 가리거나 훼손하여 알아보기 곤란하게 한 자 또는 그러한 건설기계를 운행한 자
⑤ 등록번호의 새김명령을 위반한 자
⑥ 건설기계안전기준에 적합하지 아니한 건설기계를 도로에서 운행하거나 운행하게 한 자
⑦ 조사 또는 자료제출 요구를 거부 · 방해 · 기피한 자
⑧ 특별한 사정없이 건설기계임대차 등에 관한 계약과 관련된 자료를 제출하지 아니한 자
⑨ 건설기계사업자의 의무를 위반한 자
⑩ 안전교육 등을 받지 아니하고 건설기계를 조종한 자

(5) 50만원 이하의 과태료

① 임시번호표를 붙이지 아니하고 운행한 자
② 등록사항의 변경신고를 하지 아니하거나 거짓으로 신고한 자
③ 등록의 말소를 신청하지 아니한 자
④ 변경신고를 하지 아니하거나 거짓으로 변경신고한 자
⑤ 등록번호표를 반납하지 아니한 자
⑥ 정기검사를 받지 아니한 자
⑦ 건설기계를 정비한 자

⑧ 건설기계형식의 승인 신고를 하지 아니한 자
⑨ 건설기계사업자의 변경신고를 하지 아니하거나 거짓으로 신고한 자
⑩ 건설기계사업의 양도 · 양수 등의 신고를 하지 아니하거나 거짓으로 신고한 자
⑪ 건설기계매매업자의 매매용 건설기계의 운행금지 등의 의무에 따른 신고를 하지 아니하거나 거짓으로 신고한 자
⑫ 건설기계의 해체재활용에 따른 등록말소사유 변경신고를 하지 아니하거나 거짓으로 신고한 자
⑬ 건설기계의 소유자 또는 점유자의 금지행위를 위반하여 건설기계를 세워둔 자

※ 규정에 따른 과태료는 대통령령으로 정하는 바에 따라 국토교통부장관, 시 · 도지사, 시장 · 군수 또는 구청장이 부과 · 징수한다.

TOPIC. 3 건설기계의 도로교통법

1. 도로통행방법에 관한 사항

(1) 도로주행 관련 도로교통법

① 목적(제1조)

도로에서 일어나는 교통상의 모든 위험과 장해를 방지하고 제거하여 안전하고 원활한 교통을 확보함을 목적으로 한다.

② 정의(제2조)

용어	정의
도로	•「도로법」에 따른 도로 •「유료도로법」에 따른 유료도로 •「농어촌도로 정비법」에 따른 농어촌도로 • 그 밖에 현실적으로 불특정 다수의 사람 또는 차마(車馬)가 통행할 수 있도록 공개된 장소로서 안전하고 원활한 교통을 확보할 필요가 있는 장소
자동차전용도로	자동차만 다닐 수 있도록 설치된 도로를 말한다.
고속도로	자동차의 고속 운행에만 사용하기 위하여 지정된 도로를 말한다.
차도(車道)	연석선(차도와 보도를 구분하는 돌 등으로 이어진 선을 말한다), 안전표지 또는 그와 비슷한 인공구조물을 이용하여 경계(境界)를 표시하여 모든 차가 통행할 수 있도록 설치된 도로의 부분을 말한다.
중앙선	차마의 통행 방향을 명확하게 구분하기 위하여 도로에 황색 실선(實線)이나 황색 점선 등의 안전표지로 표시한 선 또는 중앙분리대나 울타리 등으로 설치한 시설물을 말한다. 다만, 제14조 제1항 후단에 따라 가변차로(可變車路)가 설치된 경우에는 신호기가 지시하는 진행방향의 가장 왼쪽에 있는 황색 점선을 말한다.
차로	차마가 한 줄로 도로의 정하여진 부분을 통행하도록 차선(車線)으로 구분한 차도의 부분을 말한다.
차선	차로와 차로를 구분하기 위하여 그 경계지점을 안전표지로 표시한 선을 말한다.

노면전차 전용로	도로에서 궤도를 설치하고, 안전표지 또는 인공구조물로 경계를 표시하여 설치한 「도시철도법」 제18조의2제1항 각 호에 따른 도로 또는 차로를 말한다.
보도(步道)	연석선, 안전표지나 그와 비슷한 인공구조물로 경계를 표시하여 보행자(유모차와 행정안전부령으로 정하는 보행보조용 의자차를 포함한다)가 통행할 수 있도록 한 도로의 부분을 말한다.
길가장자리구역	보도와 차도가 구분되지 아니한 도로에서 보행자의 안전을 확보하기 위하여 안전표지 등으로 경계를 표시한 도로의 가장자리 부분을 말한다.
횡단보도	보행자가 도로를 횡단할 수 있도록 안전표지로 표시한 도로의 부분을 말한다.
교차로	'십'자로, 'T'자로나 그 밖에 둘 이상의 도로(보도와 차도가 구분되어 있는 도로에서는 차도를 말한다)가 교차하는 부분을 말한다.
안전지대	도로를 횡단하는 보행자나 통행하는 차마의 안전을 위하여 안전표지나 이와 비슷한 인공구조물로 표시한 도로의 부분을 말한다.
신호기	도로교통에서 문자 · 기호 또는 등화(燈火)를 사용하여 진행 · 정지 · 방향전환 · 주의 등의 신호를 표시하기 위하여 사람이나 전기의 힘으로 조작하는 장치를 말한다.
안전표지	교통안전에 필요한 주의 · 규제 · 지시 등을 표시하는 표지판이나 도로의 바닥에 표시하는 기호 · 문자 또는 선 등을 말한다.
차마	다음의 차와 우마를 말한다. • 차 – 자동차, 건설기계, 원동기장치자전거, 자전거 – 사람 또는 가축의 힘이나 그 밖의 동력(動力)으로 도로에서 운전되는 것. 다만, 철길이나 가설(架設)된 선을 이용하여 운전되는 것, 유모차, 행정안전부령으로 정하는 보행보조용 의자차는 제외한다. • 우마 : 교통이나 운수(運輸)에 사용되는 가축을 말한다.
자동차	철길이나 가설된 선을 이용하지 아니하고 원동기를 사용하여 운전되는 차(견인되는 자동차도 자동차의 일부로 본다)로서 다음의 차를 말한다. • 「자동차관리법」 제3조에 따른 다음의 자동차. 다만, 원동기장치자전거는 제외한다. – 승용자동차, 승합자동차, 화물자동차, 특수자동차, 이륜자동차 • 「건설기계관리법」 제26조 제1항 단서에 따른 건설기계
긴급자동차	• 소방차 • 구급차 • 혈액 공급차량 • 그 밖에 대통령령으로 정하는 자동차
주차	운전자가 승객을 기다리거나 화물을 싣거나 차가 고장 나거나 그 밖의 사유로 차를 계속 정지 상태에 두는 것 또는 운전자가 차에서 떠나서 즉시 그 차를 운전할 수 없는 상태에 두는 것을 말한다.
정차	운전자가 5분을 초과하지 아니하고 차를 정지시키는 것으로서 주차 외의 정지 상태를 말한다.
운전	도로(제44조, 제45조, 제54조 제1항, 제148조, 제148조의2 및 제156조 제10호의 경우에는 도로 외의 곳을 포함한다)에서 차마 또는 노면전차를 그 본래의 사용방법에 따라 사용하는 것(조종을 포함한다)을 말한다.
서행(徐行)	운전자가 차 또는 노면전차를 즉시 정지시킬 수 있는 정도의 느린 속도로 진행하는 것을 말한다.
앞지르기	차의 운전자가 앞서가는 다른 차의 옆을 지나서 그 차의 앞으로 나가는 것을 말한다.

일시정지	차 또는 노면전차의 운전자가 그 차 또는 노면전차의 바퀴를 일시적으로 완전히 정지시키는 것을 말한다.
보행자전용도로	보행자만 다닐 수 있도록 안전표지나 그와 비슷한 인공구조물로 표시한 도로를 말한다.

빈칸 채우기

(　　　)은/는 운전자가 차 또는 노면전차를 즉시 정지시킬 수 있는 정도의 느린 속도로 진행하는 것을 말한다.

정답 | 서행

tip 안전표지

교통안전에 필요한 주의 · 규제 · 지시 등을 표시하는 표지판이나 도로의 바닥에 표시하는 기호 · 문자 또는 선 등을 말한다.

구분	설명
주의표지	도로 상태가 위험하거나 도로 또는 그 부근에 위험물이 있는 경우에 필요한 안전조치를 할 수 있도록 이를 도로사용자에게 알리는 표지
규제표지	도로교통의 안전을 위하여 각종 제한 · 금지 등의 규제를 하는 경우에 이를 도로사용자에게 알리는 표지
지시표지	도로의 통행방법 · 통행구분 등 도로교통의 안전을 위하여 필요한 지시를 하는 경우에 도로사용자가 이에 따르도록 알리는 표지
보조표지	주의표지 · 규제표지 또는 지시표지의 주기능을 보충하여 도로사용자에게 알리는 표지
노면표시	도로교통의 안전을 위하여 각종 주의 · 규제 · 지시 등의 내용을 노면에 기호 · 문자 또는 선으로 도로사용자에게 알리는 표지

③ 신호 또는 지시에 따를 의무(제5조)

㉠ 도로를 통행하는 보행자, 차마 또는 노면전차의 운전자는 교통안전시설이 표시하는 신호 또는 지시와 다음의 어느 하나에 해당하는 사람이 하는 신호 또는 지시를 따라야 한다.

- 교통정리를 하는 국가경찰공무원(의무경찰을 포함한다) 및 제주특별자치도의 자치경찰공무원
- 국가경찰공무원 및 자치경찰공무원을 보조하는 사람으로서 대통령령으로 정하는 사람

㉡ 도로를 통행하는 보행자, 차마 또는 노면전차의 운전자는 교통안전시설이 표시하는 신호 또는 지시와 교통정리를 하는 국가경찰공무원 · 자치경찰공무원 또는 경찰보조자의 신호 또는 지시가 서로 다른 경우에는 경찰공무원 등의 신호 또는 지시에 따라야 한다.

OX 퀴즈

교통안전시설이 표시하는 신호 또는 지시와 교통정리를 하는 경찰공무원의 신호 또는 지시가 다를 경우, 보행자는 경찰공무원의 신호 또는 지시에 따라야 한다. (○/×)

정답 | ○

(2) 차로에 따른 통행차의 기준(시행규칙 [별표 9])

도로		차로 구분	통행할 수 있는 차종
고속도로 외의 도로		왼쪽 차로	승용자동차 및 경형 · 소형 · 중형 승합자동차
		오른쪽 차로	대형 승합자동차, 화물자동차, 특수자동차, 건설기계, 이륜자동차, 원동기장치자전거
고속도로	편도 2차로	1차로	앞지르기를 하려는 모든 자동차. 다만, 차량통행량 증가 등 도로 상황으로 인하여 부득이하게 시속 80km 미만으로 통행할 수밖에 없는 경우에는 앞지르기를 하는 경우가 아니라도 통행할 수 있다.
		2차로	모든 자동차
	편도 3차로 이상	1차로	앞지르기를 하려는 승용자동차 및 앞지르기를 하려는 경형 · 소형 · 중형 승합자동차. 다만, 차량통행량 증가 등 도로 상황으로 인하여 부득이하게 시속 80km 미만으로 통행할 수밖에 없는 경우에는 앞지르기를 하는 경우가 아니라도 통행할 수 있다.
		왼쪽 차로	승용자동차 및 경형 · 소형 · 중형 승합자동차
		오른쪽 차로	대형 승합자동차, 화물자동차, 특수자동차, 건설기계

OX 퀴즈

편도 3차로인 고속도로에서 건설기계는 왼쪽 차로를 이용한다. (○/)

정답 | ×
해설 | 편도 3차로인 고속도로에서 건설기계는 오른쪽 차로를 이용한다.

tip 왼쪽 차로와 오른쪽 차로의 구분

도로	차로 구분	설명
고속도로 외의 도로	왼쪽 차로	차로를 반으로 나누어 1차로에 가까운 부분
	오른쪽 차로	왼쪽 차로를 제외한 나머지 차로
고속도로	왼쪽 차로	1차로를 제외한 차로를 반으로 나누어 그 중 1차로에 가까운 부분의 차로
	오른쪽 차로	1차로와 왼쪽 차로를 제외한 나머지 차로

※ 차로수가 홀수인 경우 가운데 차로는 제외한다.

(3) 자동차등과 노면전차의 속도(시행규칙 제19조)

도로 구분		최고속도	최저속도
일반도로	주거지역 · 상업지역 · 공업지역	• 50km/h • 지방경찰청장이 원활한 소통을 위하여 특히 필요하다고 인정하여 지정한 노선 또는 구간 : 60km/h	–
	그 외 일반도로	• 60km/h • 편도 2차로 이상의 도로 : 80km/h	

자동차전용도로			90km/h	30km/h
고속도로	편도 1차로		80km/h	50km/h
	편도 2차로 이상	모든 고속도로	• 100km/h • 화물자동차(적재중량 1.5톤 초과), 특수자동차, 위험물운반자동차, 건설기계 : 80km/h	
		지정 · 고시한 노선 또는 구간의 고속도로	• 120km/h • 화물자동차(적재중량 1.5톤 초과), 특수자동차, 위험물운반자동차, 건설기계 : 90km/h	

※ 일반도로는 고속도로 및 자동차전용도로 외의 모든 도로를 말한다.

빈칸 채우기

일반도로에서 편도 2차로 이상인 곳에서는 최고 (   )까지 운행할 수 있다.

정답 | 80km/h

(4) 운전할 수 있는 제1종 차의 종류(시행규칙 [별표 18])

운전면허		운전할 수 있는 차량
대형면허		• 승용자동차 • 승합자동차 • 화물자동차 • 건설기계 – 덤프트럭, 아스팔트살포기, 노상안정기 – 콘크리트믹서트럭, 콘크리트펌프, 천공기(트럭 적재식) – 콘크리트믹서트레일러, 아스팔트콘크리트재생기 – 도로보수트럭, 3톤 미만의 지게차 • 특수자동차[대형견인차, 소형견인차 및 구난차(이하 "구난차등"이라 한다)는 제외한다] • 원동기장치자전거
보통면허		• 승용자동차 • 승차정원 15명 이하의 승합자동차 • 적재중량 12톤 미만의 화물자동차 • 건설기계(도로를 운행하는 3톤 미만의 지게차로 한정한다) • 총중량 10톤 미만의 특수자동차(구난차등은 제외한다) • 원동기장치자전거
소형면허		• 3륜 화물자동차 • 3륜 승용자동차 • 원동기장치자전거
특수면허	대형 견인차	• 견인형 특수자동차 • 제2종 보통면허로 운전할 수 있는 차량
	소형 견인차	• 총중량 3.5톤 이하의 견인형 특수자동차 • 제2종 보통면허로 운전할 수 있는 차량
	구난차	• 구난형 특수자동차 • 제2종 보통면허로 운전할 수 있는 차량

2. 도로주행 시 안전운전

(1) 이상 기후 시의 운행속도(시행규칙 제19조)

구분	이상 기후 상황
최고속도의 100분의 20을 줄인 속도로 운행	• 비가 내려 노면이 젖어 있는 경우 • 눈이 20mm 미만 쌓인 경우
최고속도의 100분의 50을 줄인 속도로 운행	• 폭우 · 폭설 · 안개 등으로 가시거리가 100m 이내인 경우 • 노면이 얼어붙은 경우 • 눈이 20mm 이상 쌓인 경우

(2) 보행자의 보호(제27조)

① 모든 차 또는 노면전차의 운전자는 보행자가 횡단보도를 통행하고 있을 때에는 보행자의 횡단을 방해하거나 위험을 주지 아니하도록 그 횡단보도 앞(정지선이 설치되어 있는 곳에서는 그 정지선을 말한다)에서 일시정지하여야 한다.

② 모든 차 또는 노면전차의 운전자는 교통정리를 하고 있는 교차로에서 좌회전이나 우회전을 하려는 경우에는 신호기 또는 경찰공무원 등의 신호나 지시에 따라 도로를 횡단하는 보행자의 통행을 방해하여서는 아니 된다.

③ 모든 차의 운전자는 교통정리를 하고 있지 아니하는 교차로 또는 그 부근의 도로를 횡단하는 보행자의 통행을 방해하여서는 아니 된다.

④ 모든 차의 운전자는 도로에 설치된 안전지대에 보행자가 있는 경우와 차로가 설치되지 아니한 좁은 도로에서 보행자의 옆을 지나는 경우에는 안전한 거리를 두고 서행하여야 한다.

⑤ 모든 차 또는 노면전차의 운전자는 횡단보도가 설치되어 있지 아니한 도로를 보행자가 횡단하고 있을 때에는 안전거리를 두고 일시정지하여 보행자가 안전하게 횡단할 수 있도록 하여야 한다.

(3) 교통정리가 없는 교차로에서의 양보운전(제26조)

① 교차로에 들어가려고 하는 차의 운전자는 이미 교차로에 들어가 있는 다른 차가 있을 때에는 그 차에 진로를 양보하여야 한다.

② 교차로에 들어가려고 하는 차의 운전자는 그 차가 통행하고 있는 도로의 폭보다 교차하는 도로의 폭이 넓은 경우에는 서행하여야 하며, 폭이 넓은 도로로부터 교차로에 들어가려고 하는 다른 차가 있을 때에는 그 차에 진로를 양보하여야 한다.

③ 교차로에 동시에 들어가려고 하는 차의 운전자는 우측 도로의 차에 진로를 양보하여야 한다.

④ 교차로에서 좌회전하려고 하는 차의 운전자는 그 교차로에서 직진하거나 우회전하려는 다른 차가 있을 때에는 그 차에 진로를 양보하여야 한다.

OX 퀴즈

교차로에 동시에 들어가려고 하는 차의 운전자는 우측도로의 차에 진로를 양보하여야 한다. (○/×)

정답 | ○

(4) 앞지르기 금지 시기 및 장소(제22조)

① 앞차의 좌측에 다른 차가 앞차와 나란히 가고 있는 경우
② 앞차가 다른 차를 앞지르고 있거나 앞지르려고 하는 경우
③ 이 법이나 이 법에 따른 명령에 따라 정지하거나 서행하고 있는 차
④ 경찰공무원의 지시에 따라 정지하거나 서행하고 있는 차
⑤ 위험을 방지하기 위하여 정지하거나 서행하고 있는 차
⑥ 교차로, 터널 안, 다리 위
⑦ 도로의 구부러진 곳, 비탈길의 고갯마루 부근 또는 가파른 비탈길의 내리막 등 지방경찰청장이 도로에서의 위험을 방지하고 교통의 안전과 원활한 소통을 확보하기 위하여 필요하다고 인정하는 곳으로서 안전표지로 지정한 곳

(5) 서행 또는 일시정지할 장소(제31조)

① 모든 차 또는 노면전차의 운전자는 다음에 해당하는 곳에서는 서행하여야 한다.
㉠ 교통정리를 하고 있지 아니하는 교차로
㉡ 도로가 구부러진 부근
㉢ 비탈길의 고갯마루 부근
㉣ 가파른 비탈길의 내리막
㉤ 지방경찰청장이 도로에서의 위험을 방지하고 교통의 안전과 원활한 소통을 확보하기 위하여 필요하다고 인정하여 안전표지로 지정한 곳
② 모든 차 또는 노면전차의 운전자는 다음에 해당하는 곳에서는 일시정지하여야 한다.
㉠ 교통정리를 하고 있지 아니하고 좌우를 확인할 수 없거나 교통이 빈번한 교차로
㉡ 지방경찰청장이 도로에서의 위험을 방지하고 교통의 안전과 원활한 소통을 확보하기 위하여 필요하다고 인정하여 안전표지로 지정한 곳

(6) 주차금지의 장소(제33조)

① 터널 안 및 다리 위
② **다음의 곳으로부터 5미터 이내인 곳**
㉠ 도로공사를 하고 있는 경우에는 그 공사 구역의 양쪽 가장자리
㉡ 「다중이용업소의 안전관리에 관한 특별법」에 따른 다중이용업소의 영업장이 속한 건축물로 소방본부장의 요청에 의하여 지방경찰청장이 지정한 곳
③ 지방경찰청장이 도로에서의 위험을 방지하고 교통의 안전과 원활한 소통을 확보하기 위하여 필요하다고 인정하여 지정한 곳

OX 퀴즈

도로공사를 하고 있는 경우 그 공사 구역의 가장자리로부터 4m인 곳은 주차금지이다. (○/×)

정답 | ○

(7) 철길건널목의 통과(제24조)

① 모든 차 또는 노면전차의 운전자는 철길 건널목을 통과하려는 경우에는 건널목 앞에서 일시정지하여 안전한지 확인한 후에 통과하여야 한다. 다만, 신호기 등이 표시하는 신호에 따르는 경우에는 정지하지 아니하고 통과할 수 있다.

② 모든 차 또는 노면전차의 운전자는 건널목의 차단기가 내려져 있거나 내려지려고 하는 경우 또는 건널목의 경보기가 울리고 있는 동안에는 그 건널목으로 들어가서는 아니 된다.

③ 모든 차 또는 노면전차의 운전자는 건널목을 통과하다가 고장 등의 사유로 건널목 안에서 차 또는 노면전차를 운행할 수 없게 된 경우에는 즉시 승객을 대피시키고 비상신호기 등을 사용하거나 그 밖의 방법으로 철도공무원이나 경찰공무원에게 그 사실을 알려야 한다.

빈칸 채우기

모든 차 또는 노면전차의 운전자는 철길 건널목을 통과하려는 경우에는 건널목 앞에서 (　　　　)하여 안전한지 확인한 후에 통과하여야 한다.

정답 | 일시정지

(8) 교통안전표지

구분	설명
주의표지	도로 상태가 위험하거나 도로 또는 그 부근에 위험물이 있는 경우에 필요한 안전조치를 할 수 있도록 이를 도로사용자에게 알리는 표지
규제표지	도로교통의 안전을 위하여 각종 제한 · 금지 등의 규제를 하는 경우에 이를 도로사용자에게 알리는 표지
지시표지	도로의 통행방법 · 통행구분 등 도로교통의 안전을 위하여 필요한 지시를 하는 경우에 도로사용자가 이에 따르도록 알리는 표지
보조표지	주의표지 · 규제표지 또는 지시표지의 주기능을 보충하여 도로사용자에게 알리는 표지
노면표시	도로교통의 안전을 위하여 각종 주의 · 규제 · 지시 등의 내용을 노면에 기호 · 문자 또는 선으로 도로사용자에게 알리는 표지

(9) 통행의 우선순위(제29조)

① 차마 서로 간의 통행 우선순위

긴급자동차 → 긴급자동차 외의 자동차 → 원동기장치자전거 → 자동차 및 원동기장치자전거 이외의 차마

② 긴급자동차 외의 자동차 서로간의 통행 우선순위는 최고속도 순서에 따른다.

③ 비탈진 좁은 도로의 경우 올라가는 자동차가 내려가는 자동차를 도로의 우측 가장자리로 피하여 진로를 양보해야 한다(내려가는 차 우선).

④ 좁은 도로 또는 비탈진 좁은 도로에서는 빈 자동차가 도로의 우측 가장자리로 진로를 양보하여야 한다(화물적재차량이나 승객이 탑승한 차 우선).

> **tip 긴급자동차**
> 대통령령이 정하는 자동차로 그 본래의 긴급한 용도로 사용되고 있을 때, 우선권과 특례의 적용을 받는다.

(10) 술에 취한 상태에서의 운전 금지(제44조)

① 누구든지 술에 취한 상태에서 자동차 등, 노면전차 또는 자전거를 운전하여서는 안 된다.

② 경찰공무원은 교통의 안전과 위험방지를 위하여 필요하다고 인정하거나 ①을 위반하여 술에 취한 상태에서 자동차 등, 노면전차 또는 자전거를 운전하였다고 인정할 만한 상당한 이유가 있는 경우에는 운전자가 술에 취하였는지를 호흡조사로 측정할 수 있다. 이 경우 운전자는 경찰공무원의 측정에 응하여야 한다.

③ ②에 따른 측정 결과에 불복하는 운전자에 대하여는 그 운전자의 동의를 받아 혈액 채취 등의 방법으로 다시 측정할 수 있다.

④ ①에 따라 운전이 금지되는 술에 취한 상태의 기준은 운전자의 혈중알코올농도가 0.03퍼센트 이상인 경우로 한다.

(11) 사고발생 시의 조치(제54조)

① 차 또는 노면전차의 운전 등 교통으로 인하여 사람을 사상하거나 물건을 손괴한 경우에는 그 차 또는 노면전차의 운전자나 그 밖의 승무원은 즉시 정차하여 다음의 조치를 하여야 한다.

㉠ 사상자를 구호하는 등 필요한 조치

㉡ 피해자에게 인적 사항(성명 · 전화번호 · 주소 등) 제공

② ①의 경우 그 차 또는 노면전차의 운전자 등은 경찰공무원이 현장에 있을 때에는 그 경찰공무원에게, 경찰공무원이 현장에 없을 때에는 가장 가까운 국가경찰관서에 다음의 사항을 지체 없이 신고하여야 한다. 다만, 차 또는 노면전차만 손괴된 것이 분명하고 도로에서의 위험방지와 원활한 소통을 위하여 필요한 조치를 한 경우에는 그렇지 않다.

㉠ 사고가 일어난 곳

㉡ 사상자 수 및 부상 정도

㉢ 손괴한 물건 및 손괴 정도

㉣ 그 밖의 조치사항 등

단원 마무리 문제

01 다음 중 건설기계 등록의 말소 사유에 해당하지 않는 것은?

① 건설기계를 폐기한 경우
② 건설기계의 차대가 등록 시의 차대와 다른 경우
③ 건설기계의 구조변경을 했을 경우
④ 건설기계를 도난당한 경우

해설 | 건설기계의 구조변경 시 구조변경검사를 받아야 한다.

02 도로교통법상 가장 우선하는 신호는?

① 운전자의 수신호
② 수신기의 신호
③ 안전표지의 지시
④ 경찰공무원의 수신호

해설 | 도로를 통행하는 보행자와 모든 차마의 운전자는 교통안전시설이 표시하는 신호 또는 지시와 교통정리를 하는 국가경찰공무원 · 자치경찰공무원 또는 경찰보조자의 신호 또는 지시가 서로 다른 경우에는 경찰공무원 등의 신호 또는 지시에 따라야 한다.

03 도로교통법상 모든 차의 운전자가 일시정지해야 하는 곳은?

① 도로가 구부러진 부근
② 비탈길의 고갯마루 부근
③ 가파른 비탈길의 내리막
④ 좌우를 확인할 수 없는 교차로

해설 | 교통정리를 하고 있지 아니하고 좌우를 확인할 수 없거나 교통이 빈번한 교차로에서는 일시정지해야 한다(교통정리를 하고 있지 아니하는 교차로에서는 서행 가능).

04 다음 중 벌칙이 다른 하나는?

① 시 · 도지사의 지정을 받지 아니하고 등록번호표를 제작한 경우
② 건설기계의 등록번호를 지워 없애거나 그 식별을 곤란하게 한 자
③ 등록을 하지 아니하고 건설기계사업을 한 경우
④ 무단 해체한 건설기계를 사용 · 운행한 경우

해설 | ②의 경우 1년 이하의 징역 또는 1천만원 이하의 벌금형을 내야 하고, 나머지는 2년 이하의 징역 또는 2천만원 이하의 벌금을 내야 한다.

05 **도로 상태가 위험하거나 도로 또는 그 부근에 위험물이 있는 경우에 필요한 안전조치를 할 수 있도록 이를 도로사용자에게 알리는 표지는?**

① 지시표지 ② 규제표지
③ 노면표시 ④ 주의표지

해설 | ① 지시표지 : 도로의 통행방법 · 통행구분 등 도로교통의 안전을 위하여 필요한 지시를 하는 경우에 도로사용자가 이에 따르도록 알리는 표지
② 규제표지 : 도로교통의 안전을 위하여 각종 제한 · 금지 등의 규제를 하는 경우에 이를 도로사용자에게 알리는 표지
③ 노면표시 : 도로교통의 안전을 위하여 각종 주의 · 규제 · 지시 등의 내용을 노면에 기호 · 문자 또는 선으로 도로사용자에게 알리는 표지

06 **도로교통법상 최고속도의 100분의 20을 줄인 속도로 운행해야 하는 경우는?**

① 폭우로 가시거리가 50m인 경우
② 노면이 얼어붙은 경우
③ 안개로 인해 가시거리 80m인 경우
④ 눈이 18mm 쌓인 경우

해설 | 눈이 20mm 미만 쌓인 경우에는 최고속도의 100분의 20을 줄인 속도로 운행해야 한다. ①~③은 최고속도의 100분의 50을 줄인 속도로 운행해야 한다.

07 **다음 중 특별표지를 부착하지 않아도 되는 건설기계는?**

① 최소 회전 반경이 10m인 건설기계
② 높이가 5m인 건설기계
③ 길이가 17m인 건설기계
④ 너비가 4m인 건설기계

해설 | 최소 회전 반경이 12m를 초과하는 건설기계는 특별표지를 부착해야 한다.

08 **술에 취한 상태에서 건설기계를 조종하다가 사고로 사람을 죽게 하거나 다치게 한 경우 면허 취소 · 정지처분은?**

① 면허효력정지 45일
② 면허효력정지 120일
③ 면허효력정지 180일
④ 면허 취소

해설 | 술에 취한 상태에서 건설기계를 조종하다가 사고로 사람을 죽게 하거나 다치게 한 경우 면허 취소의 처분을 받는다.

09 **다음 중 건설기계의 등록에 대한 설명으로 옳지 않은 것은?**

① 건설기계의 소유자는 대통령령으로 정하는 바에 따라 건설기계를 등록하여야 한다.
② 등록의 요건 및 신청절차 등 등록에 필요한 사항은 시 · 도지사가 정한다.
③ 건설기계등록증을 잃어버린 경우 국토교통부령으로 정하는 바에 따라 재발급을 신청하여야 한다.
④ 건설기계의 소유자가 등록을 할 때에는 특별시장 · 광역시장 · 도지사 또는 특별자치도지사에게 건설기계 등록신청을 하여야 한다.

해설 | 등록의 요건 및 신청절차 등 등록에 필요한 사항은 대통령령으로 정한다.

정답 01 ③ 02 ④ 03 ④ 04 ② 05 ④ 06 ④ 07 ① 08 ④ 09 ②

10 정기검사를 받으려는 건설기계조종사는 검사유효기간의 만료일 전후 각각 며칠의 기간 내에 신청서를 제출해야 하는가?

① 15일 ② 20일
③ 30일 ④ 31일

해설 | 정기검사를 받으려는 자는 검사유효기간의 만료일 전후 각각 31일 이내의 기간에 정기검사신청서를 시 · 도지사에게 제출해야 한다.

11 다음 중 미등록 건설기계의 임시운행 기간이 다른 하나는?

① 수출을 하기 위하여 건설기계를 선적지로 운행하는 경우
② 판매 또는 전시를 위하여 건설기계를 일시적으로 운행하는 경우
③ 신개발 건설기계를 시험 · 연구의 목적으로 운행하는 경우
④ 신규등록검사 및 확인검사를 받기 위하여 건설기계를 검사장소로 운행하는 경우

해설 | 임시운행기간은 15일 이내로 한다. 다만, 신개발 건설기계를 시험 · 연구의 목적으로 운행하는 경우에는 3년 이내로 한다.

12 다음 중 건설기계 범위에 해당하지 않는 것은?

① 아스팔트 커터
② 아스팔트 믹싱플랜트
③ 아스팔트 살포기
④ 아스팔트 피니셔

해설 | 아스팔트 믹싱플랜트, 아스팔트 살포기, 아스팔트 피니셔는 건설기계에 해당한다.

13 정기검사의 유효기간이 2년인 건설기계는?

① 굴착기 ② 덤프트럭
③ 천공기 ④ 타워크레인

해설 | ①, ② 1년
④ 6개월

14 교통정리가 안 되어 있는 교차로에서 동시에 진입하려는 차의 운전자들이 취해야 할 자세는?

① 좌측 도로의 차에 진로를 양보한다.
② 우측 도로의 차에 진로를 양보한다.
③ 뒤에 차가 대기하고 있는 도로의 차에 진로를 양보한다.
④ 탑승인원이 많은 차에 진로를 양보한다.

해설 | 교차로에 동시에 들어가려고 하는 차의 운전자는 우측 도로의 차에 진로를 양보해야 한다.

15 건설기계조종사 면허 적성검사 기준으로 옳지 않은 것은?

① 두 눈의 시력이 각각 0.3 이상
② 시각은 150도 이상
③ 청력은 10m 거리에서 60데시벨을 들을 수 있을 것
④ 두 눈을 동시에 뜨고 잰 시력이 0.7 이상

해설 | 청력은 10m 거리에서 55데시벨(보청기를 사용하는 사람은 40데시벨)을 들을 수 있어야 한다.

16 다음 중 1년 이하의 징역 또는 1천만원 이하의 벌금을 내야 하는 자는?

① 법규를 위반하여 건설기계의 주요 구조를 변경한 자
② 건설기계의 등록번호 식별을 곤란하게 한 자
③ 등록번호표를 가리거나 훼손하여 알아보기 곤란하게 한 자
④ 건설기계안전기준에 적합하지 아니한 건설기계를 도로에서 운행한 자

해설 | ① 2년 이하의 징역 또는 2천만원 이하의 벌금
③, ④ 100만원 이하의 과태료

17 건설기계조종사 면허증을 반납하지 않아도 되는 경우는?

① 입원 등으로 건설기계 조종을 할 수 없게 된 때
② 면허가 취소된 때
③ 면허의 효력이 정지된 때
④ 분실로 인하여 면허증의 재교부를 받은 후 분실된 면허증을 발견한 때

해설 | 건설기계조종사면허를 받은 사람은 다음에 해당하는 때에는 그 사유가 발생한 날부터 10일 이내에 시장 · 군수 또는 구청장에게 그 면허증을 반납해야 한다.
- 면허가 취소된 때
- 면허의 효력이 정지된 때
- 면허증의 재교부를 받은 후 잃어버린 면허증을 발견한 때

18 건설기계에 등록된 사항 중 대통령령이 정하는 사항이 변경된 때에는 등록번호표의 봉인을 뗀 후 그 번호표를 며칠 이내에 시 · 도지사에게 반납하여야 하는가?

① 5일 ② 7일
③ 10일 ④ 15일

해설 | 건설기계 등록이 말소되거나 등록된 사항 중 대통령령이 정하는 사항이 변경된 때에는 등록번호표의 봉인을 뗀 후 그 번호표를 10일 이내에 시 · 도지사에게 반납하여야 한다.

19 신개발 건설기계의 시험 및 연구의 목적으로 임시운행을 해야 하는 경우 임시운행기간은 얼마인가?

① 15일 ② 30일
③ 1년 ④ 3년

해설 | 임시운행기간은 15일 이내로 한다. 다만, 신개발 건설기계를 시험 · 연구의 목적으로 운행하는 경우에는 3년 이내로 한다.

20 도로교통법상 고속도로 편도 3차로 이상인 곳에서 오른쪽 차로를 이용해야 하는 경우가 아닌 것은?

① 특수자동차
② 소형 승합자동차
③ 화물자동차
④ 대형 승합자동차

해설 | 고속도로 편도 3차로 이상인 도로에서 오른쪽 차로를 이용할 수 있는 차종은 대형 승합자동차, 화물자동차, 특수자동차, 건설기계가 있다.

정답 10 ④ 11 ③ 12 ① 13 ③ 14 ② 15 ③ 16 ② 17 ① 18 ③ 19 ④ 20 ②

21 신호등이 없는 철길건널목 통과방법으로 옳은 것은?

① 건널목의 차단기가 올라가 있으면 그대로 통과한다.
② 건널목의 차단기가 올라가 있으면 일시정지 하지 않아도 된다.
③ 건널목 앞에서 일시정지하여 안전한지 확인한 후 통과한다.
④ 일시정지를 하지 않아도 좌우를 살피며 통과한다.

해설 | 모든 차 또는 노면전차의 운전자는 철길 건널목을 통과하려는 경우에는 건널목 앞에서 일시정지하여 안전한지 확인한 후에 통과하여야 한다. 다만, 신호기 등이 표시하는 신호에 따르는 경우에는 정지하지 아니하고 통과할 수 있다.

22 다음 중 위치한 장소에서 정기검사를 받을 수 있는 건설기계는?

① 너비가 2m인 경우
② 자체중량이 35톤인 경우
③ 최고속도가 30km/h인 경우
④ 축중이 8톤인 경우

해설 | 건설기계가 위치한 장소에서 검사를 받아야 하는 경우는 다음과 같다.
- 도서지역에 있는 경우
- 자체중량이 40톤을 초과하거나 축중이 10톤을 초과하는 경우
- 너비가 2.5m를 초과하는 경우
- 최고속도가 35km/h 미만인 경우

23 다음 중 앞지르기가 금지되는 경우로 옳지 않은 것은?

① 터널 안에서 주행하는 경우
② 사람을 태우기 위해 우측 차로에 정지하고 있는 경우
③ 위험을 방지하기 위해 서행하고 있는 경우
④ 경찰공무원의 지시에 따라 정지하고 있는 경우

해설 | ①, ③, ④ 모두 앞지르기가 금지되어 있는 시기 및 장소이다.

24 다음 중 기종별 기호표시의 연결로 옳은 것은?

① 지게차 – 15
② 덤프트럭 – 06
③ 굴착기 – 01
④ 롤러 – 20

해설 | ① 지게차 – 04
③ 굴착기 – 02
④ 롤러 – 09

25 보행자가 통행하고 있는 도로를 통과할 때, 가장 올바른 방법은?

① 안전거리를 두고 서행한다.
② 보행자가 멈춰 있을 경우, 서행하지 않아도 된다.
③ 경음기로 보행자에게 자신의 위치를 알린 후 주행한다.
④ 속도 변화 없이 그대로 주행한다.

해설 | 모든 차의 운전자는 도로에 설치된 안전지대에 보행자가 있는 경우와 차로가 설치되지 아니한 좁은 도로에서 보행자의 옆을 지나는 경우에는 안전한 거리를 두고 서행하여야 한다.

26 다음 중 건설기계등록번호표에 대한 설명으로 옳은 것은?

① 영업용 등록번호표는 녹색 판에 흰색 문자로 한다.

② 관용 등록번호표의 등록번호는 9001~9999까지 사용할 수 있다.

③ 대통령의 등록번호표 봉인자 지정을 받은 자에게 등록번호표의 제작, 부착 등을 받아야 한다.

④ 건설기계 등록이 말소된 경우 등록번호표를 7일 이내에 시 · 도지사에게 반납해야 한다.

해설 | ① 영업용 등록번호표는 주황색 판에 흰색 문자로 한다.
③ 시 · 도자사의 등록번호표 봉인자 지정을 받은 자에게 등록번호표의 제작, 부착 등을 받아야 한다.
④ 건설기계 등록이 말소된 경우 등록번호표를 10일 이내에 시 · 도지사에게 반납해야 한다.

27 다음 중 통행의 우선순위가 맞는 것은?

① 긴급자동차 → 일반자동차 → 원동기장치 자전거

② 긴급자동차 → 원동기장치 자전거 → 승합자동차

③ 건설기계 → 긴급자동차 → 원동기장치 자전거

④ 원동기장치 자전거 → 긴급자동차 → 일반자동차

해설 | 통행 우선순위는 긴급자동차 → 긴급자동차 외의 자동차 → 원동기장치자전거 → 자동차 및 원동기장치자전거 이외의 차마 순이다.

28 다음 중 주차가 금지된 장소는?

① 보도와 차도가 구분되지 않은 곳

② 횡단보도로부터 8m 떨어진 곳

③소화장치가 설치된 곳으로부터 10m 떨어진 곳

④ 버스정류장 선으로부터 12m 떨어진 곳

해설 | 건널목의 가장자리 또는 횡단보도로부터 10m 이내인 곳은 주차가 금지된다.

29 다음 중 건설기계관리법상 처벌 기준이 다른 하나는?

① 건설기계의 등록번호를 지워 없앤 경우

② 건설기계를 도로에 버려 둔 자

③ 건설기계조종면허를 거짓으로 받은 자

④ 정기적성검사를 받지 않은 자

해설 | 정기적성검사를 받지 않은 자는 300만원 이하의 과태료를, 나머지는 1년 이하의 징역 또는 1천만원 이하의 벌금을 내야 한다.

정답 21 ③ 22 ③ 23 ② 24 ② 25 ① 26 ② 27 ① 28 ② 29 ④

30 **다음 중 정기검사 연기에 대한 설명으로 옳지 않은 것은?**

① 건설기계소유자는 부득이한 사유로 검사신청기간 내에 검사를 신청할 수 없는 경우에는 검사신청기간 만료 10일 전까지 서류를 첨부하여 시 · 도지사에게 제출해야 한다.

② 검사연기신청을 받은 시 · 도지사는 그 신청일부터 5일 이내에 검사연기 여부를 결정하여 신청인에게 통지하여야 한다.

③ 검사연기 불허통지를 받은 자는 검사신청기간 만료일부터 10일 이내에 검사신청을 하여야 한다.

④ 검사를 연기하는 경우에는 그 연기기간을 6월 이내로 한다. 이 경우 그 연기기간동안 검사유효기간이 연장된 것으로 본다.

해설 | 건설기계소유자는 천재지변, 건설기계의 도난, 사고발생, 압류, 1월 이상에 걸친 정비 그 밖의 부득이한 사유로 검사신청기간 내에 검사를 신청할 수 없는 경우에는 검사신청기간 만료일까지 검사연기신청서에 연기사유를 증명할 수 있는 서류를 첨부하여 시 · 도지사에게 제출하여야 한다. 다만, 검사대행자를 지정한 경우에는 검사대행자에게 제출하여야 한다.

30 ① **정답**

CHAPTER 07 안전관리

TOPIC. 1 안전관리

1. 산업안전일반

(1) 산업안전의 3요소

구분	내용
기술적 요소	• 설계상 결함 : 설계 변경 및 반영 • 장비의 불량 : 장비의 주기적 점검 • 안전시설 미설치 : 안전시설 설치 및 점검
교육적 요소	• 안전교육 미실시 : 강사 양성 및 교육 교재 발굴 • 작업 태도 불량 : 작업 태도 개선 • 작업 방법 불량 : 작업방법 표준화
관리적 요소	• 안전관리 조직 미편성 : 안전관리조직 편성 • 적성을 고려하지 않은 작업 배치 : 적정 작업 배치 • 작업환경 불량 : 작업환경 개선

(2) 산업재해

① 산업재해의 원인

구분	내용
직접 원인	• 물적 원인 : 불안전한 상태(1차 원인) • 인적 원인 : 불안전한 행동(1차 원인) ← 가장 높은 비율 차지 • 천재지변 : 불가항력
간접 원인	• 교육적 원인 : 개인적 결함(2차 원인) • 기술적 원인 : 개인적 결함(2차 원인) • 관리적 원인 : 사회적 환경, 유전적 요인

② 산업재해의 예방

㉠ 재해예방 4원칙 : 손실 우연의 원칙, 예방 가능의 원칙, 원인 계기의 원칙, 대책 선정의 원칙

㉡ 재해의 복합 발생 요인 : 환경의 결함, 사람의 결함, 시설의 결함

㉢ 산업안전보건상 근로자의 의무사항

- 위험한 장소에는 출입금지
- 위험상황 발생 시 작업 중지 및 대피
- 보호구 착용 및 안전 규칙의 준수

OX 퀴즈

산업재해를 예방하기 위한 원칙은 손실 우연의 원칙, 예방 가능의 원칙, 원인 계기의 원칙, 대책 선정의 원칙이다. (○/×)

정답 | ○

③ 산업재해의 분류

㉠ 사망 : 업무로 인해 목숨을 잃게 되는 경우

㉡ 중경상 : 부상으로 인하여 8일 이상의 노동 손실이 있는 경우

㉢ 경상해 : 부상으로 인하여 1일 이상, 7일 이하의 노동 손실이 있는 경우

㉣ 무상해 사고 : 응급처치 이하의 부상으로 작업에 종사하면서 치료를 받는 경우

tip ILO(국제노동기구)의 구분에 의한 근로 불능 상해의 종류

구분		내용
사망		안전사고로 사망하거나 혹은 부상의 결과로 사망한 것
영구	전노동 불능	부상의 결과로 근로 기능을 완전히 상실(신체장애등급 1~3등급)
영구	일부노동 불능	부상의 결과로 신체의 일부가 근로 기능을 완전히 상실(신체장애등급 4~14등급)
일시	전노동 불능	의사의 소견에 따라 일정 기간 동안 노동에 종사할 수 없는 상해
일시	일부노동 불능	의사의 진단에 따라 부상 다음 날 또는 그 이후의 정규노동에 종사할 수 없는 상태
구급처치 상해		응급처치 또는 자가 치료를 받고 당일 정상작업에 임할 수 있는 상해

(3) 재해발생 시 조치

① 재해발생 시 조치 순서 : 운전 정지 → 피해자 구조 → 응급처치 → 2차 재해방지

② 사고 시 응급처치 실시자의 준수 사항

㉠ 의식 확인이 불가능하여도 생사를 임의로 판정하지 않는다.

㉡ 원칙적으로 의약품의 사용은 피한다.

㉢ 정확한 방법으로 응급처치를 한 후에 반드시 의사의 치료를 받도록 한다.

(4) 안전관리

① 안전관리 : 재해나 사고 발생 가능성을 사전에 방지하기 위하여 취하는 행동이나 활동

② 안전관리의 목적

㉠ 능률적인 표준작업을 숙달시킨다.

㉡ 위험에 대처하는 능력을 기른다.

㉢ 작업에 대한 주의심을 파악할 수 있게 한다.

2. 기계 · 기기 및 공구에 관한 사항

(1) 공구 사용 시 안전수칙

① 작업 목적에 알맞은 공구를 사용한다.
② 작업이 끝난 후 보관함 등 안전한 장소에 보관한다.
③ 공구를 들고 사다리 등을 오르지 않는다.
④ 부적절한 수공구 발견 시 즉시 수리 · 보고 절차를 거쳐 조치한다.

(2) 작업 안전수칙

① 렌치 및 스패너 작업 안전수칙

㉠ 렌치는 미끄러지지 않도록 입의 물림면을 조인 후 사용한다.
㉡ 손가락이 협착되지 않도록 손잡이 사이에 충분한 공간이 있어야 한다.
㉢ 큰 힘을 얻기 위해 렌치에 파이프 등을 끼워 길이를 연장하거나 다른 공구로 두드리지 않는다.
㉣ 렌치는 밀지 않고 끌어당기는 상태로 작업한다.
㉤ 너트에 스패너를 끼워서 앞으로 잡아당길 때 힘이 걸리게 한다.

tip 렌치의 종류와 안전수칙

구분	내용
멍키렌치	아래턱 방향으로 돌려서 사용하며 웜과 랙의 마모에 유의
복스렌치	볼트나 너트 주위를 완전히 감싸는 형태로 미끄러지지 않고 큰 힘으로 풀거나 조일 수 있음
토크렌치	• 한 손은 끝을 잡고 돌리고, 다른 한 손은 지지점을 누르고 게이지 눈금을 확인 • 핸들을 잡고 몸 안쪽으로 잡아당김 • 볼트나 너트를 조일 때 조임력을 측정하며 규정값에 정확히 맞추도록 함
플러그렌치	점화플러그를 탈부착할 때 사용
오픈엔드렌치	• 자루에 파이프를 끼워 사용하지 않음 • 볼트와 너트를 보다 빠르게 조이거나 풀 수 있음 • 연료파이프라인의 연결부를 풀고 조일 때 사용

② 해머 작업 안전수칙

㉠ 사용 시 헛치지 않기 위해 대상물의 표면보다 더 큰 직경의 해머머리를 선택한다.
㉡ 편평한 바닥 위에서 안정된 자세로 작업한다.
㉢ 작업에 맞는 무게의 해머를 선택해 처음부터 크게 휘두르지 말고 한두 번 가볍게 친 다음 사용한다.
㉣ 기름 묻은 손으로 손잡이를 잡지 않고, 장갑을 착용할 경우 미끄러짐이 없는 장갑을 선택한다.
㉤ 타격하는 해머의 표면이 맞는 물체의 표면에 평행하도록 수직으로 내리치고 물체를 주시하여야 한다.
㉥ 단단한 물질 또는 담금질한 것은 함부로 타격하지 않도록 한다.
㉦ 타격면의 변형이 있거나 쐐기가 없거나 자루가 불안정한 것은 사용하지 않는다.

③ 드라이버 작업 안전수칙

㉠ 드라이버에 충격, 압력을 가하지 말아야 한다.

㉡ 자루가 쪼개졌거나 허술한 드라이버는 사용하지 않는다.

㉢ 드라이버의 날 끝은 항상 양호하게 관리해야 한다.

㉣ 드라이버 날 끝이 나사홈의 너비와 길이에 맞는 것을 사용한다.

㉤ (−) 드라이버 날 끝은 평평한 것(수평)이어야 한다.

㉥ 이가 빠지거나 둥글게 된 것은 사용하지 않는다.

㉦ 작은 크기의 부품인 경우라도 바이스에 고정시키고 작업하는 것이 좋다.

④ 선반 작업 안전수칙

㉠ 작업 시 작업복을 입고 장갑을 착용하지 않는다.

㉡ 칩 제거 시 칩 제거용 기구(쇠솔)를 사용하여야 하며 손으로 만지지 않는다.

㉢ 가공물 측정 또는 속도 변환 시 기계를 정지시켜야 한다.

㉣ 공작물의 설치가 끝나면 척, 렌치류는 곧 떼어 놓는다.

㉤ 절삭공구는 가능한 짧게 고정시킨다.

⑤ 밀링 작업 안전수칙

㉠ 기계 가동 중에는 얼굴을 가까이 대지 않고 자리를 이탈하지 않는다.

㉡ 가공물 설치 시 절삭 공구의 회전을 정지시킨다.

㉢ 절삭 공구에 주유할 때는 커터 위부터 주유한다.

㉣ 정면커터로 작업 시 시선은 커터 날 끝 45°의 대각선 방향에서 떨어져 한다.

⑥ 연산 작업 안전수칙

㉠ 연삭숫돌은 조심히 취급하여 충격이 가지 않도록 한다.

㉡ 안전덮개가 설치된 상태에서 사용하여 위험 상황에 대비한다.

㉢ 규격에 맞는 연삭숫돌을 사용하며 정해진 사용면으로만 작업한다.

㉣ 공작물은 확실하게 고정하고 작업 중에 이동시키지 않는다.

㉤ 연삭액 온도가 일정 온도 이상으로 상승되지 않도록 한다.

㉥ 숫돌과 받침대는 3mm 이내의 간격을 유지한다.

⑦ 사다리 작업 안전수칙

㉠ 발판의 간격은 적당한 거리로 일정하게 한다.

㉡ 사다리가 넘어지거나 미끄러지지 않게 한다.

⑧ 드릴 작업 안전수칙

㉠ 작업 전에 드릴이 올바르게 고정되어 있는지 확인한다.

㉡ 전기드릴을 사용할 경우 접지하여야 한다.

㉢ 먼저 작은 구멍을 뚫은 후에 큰 구멍을 뚫는 순으로 한다.

㉣ 드릴 회전 시 칩을 손으로 털거나 입으로 불지 않는다.

㉤ 장갑을 끼고 작업하지 않는다.

⑨ 용접 작업 안전수칙

㉠ 용접 주위 또는 작업장 주변에 인화물질이 없는지 확인한다.

㉡ 전기용접할 때 차체의 배터리 접지선을 반드시 제거해야 한다.

⑩ 정 작업 안전수칙

㉠ 기름을 깨끗이 닦은 후에 사용한다.

㉡ 정 머리가 벗겨져 있거나 날끝이 둥글어진 것은 사용하지 않는다.

㉢ 담금질한 재료를 정으로 쳐서는 안 된다.

㉣ 작업 시 시선은 정 끝을 주시하고, 절단 시 조각의 비산에 주의한다.

> **tip 장갑을 착용하지 않는 작업**
>
> 드릴 작업, 해머 작업, 선반 작업, 연삭 작업, 정밀기계 작업 등

(3) 운반 · 이동 작업 안전수칙

① 운반 작업 안전수칙

㉠ 필요한 규칙과 규정을 지키고 안전사고 예방에 가장 유의한다.

㉡ 무거운 물건을 이동할 때 체인블록이나 호이스트 등을 활용한다.

㉢ 어깨보다 높이 들어올리지 않는다.

㉣ 인력으로 운반 시 무리한 자세로 장시간 취급하지 않도록 한다.

㉤ 중량물 운반 시 어떤 경우라도 사람을 승차시켜 화물을 붙잡도록 할 수 없다.

㉥ 약하고 가벼운 것을 위에, 무거운 것을 밑에 쌓는다.

㉦ 긴 물건을 쌓을 때에는 끝을 표시한다.

㉧ 체인블록 사용 시 체인이 느슨한 상태에서 급격히 잡아당기지 않는다.

> **tip 인력으로 운반 작업을 할 때 유의사항**
>
> - LPG 봄베는 굴려서 운반하면 안 된다.
> - 공동운반에서는 서로 협조하여 작업한다.
> - 긴 물건은 앞쪽을 위로 올린다.
> - 무리한 몸가짐으로 물건을 들지 않는다.

② 이동식기계 운전자의 안전수칙

㉠ 항상 주변의 작업자나 장애물에 주의하여 안전 여부를 확인한다.

㉡ 급선회는 피한다.

㉢ 물체를 높이 올린 채 주행이나 선회하는 것을 피한다.

(4) 크레인 안전수칙

① 크레인 인양 작업 안전수칙

㉠ 신호자는 크레인 운전자가 잘 볼 수 있는 안전한 위치에서 행한다.

㉡ 신호자는 원칙적으로 1인이다.

㉢ 신호자는 신호에 따라 작업한다.

㉣ 2인 이상의 고리걸이 작업 시 상호 간에 소리를 내면서 행한다.

㉤ 화물이 훅에 잘 걸렸는지 확인 후 작업한다.

㉥ 달아 올릴 화물의 무게를 파악하여 제한하중 이하에서 작업한다.

㉦ 매달린 화물이 불안전하다고 생각될 때는 작업을 중지한다.

㉧ 크레인으로 인양 시 물체의 중심을 측정하여 인양해야 한다.

㉨ 원목처럼 긴 화물을 달아 올릴 때는 수직으로 달아 올린다.

② 크레인으로 물건을 운반할 때 안전수칙

㉠ 적재물이 떨어지지 않도록 한다.

㉡ 로프 등 안전 여부를 항상 점검한다.

㉢ 선회 작업 시 사람이 다치지 않도록 한다.

㉣ 규정 무게보다 초과하여 적재하지 않는다.

㉤ 화물이 흔들리지 않게 유의한다.

③ 훅(Hook)의 점검과 관리

㉠ 입구의 벌어짐이 5% 이상 된 것은 교환해야 한다.

㉡ 훅의 안전계수는 5 이상이다.

㉢ 훅은 마모, 균열 및 변형 등을 점검해야 한다.

㉣ 훅의 마모는 와이어로프가 걸리는 곳에 2mm 홈이 생기면 그라인딩한다.

㉤ 단면 지름의 감소가 원래 지름의 5% 이내이어야 한다.

㉦ 두부 및 만곡의 내측에 홈이 없는 것을 사용해야 한다.

㉧ 훅의 점검은 작업 개시 전에 실시해야 한다.

빈칸 채우기

크레인 훅의 안전계수는 (　　) 이상이어야 한다.

정답 | 5

TOPIC. 2 작업 안전

1. 작업 시 안전사항

(1) 전기 · 가스 안전사항

① 전기 작업 안전사항

㉠ 전기장치는 반드시 접지하여야 한다.

㉡ 전선의 연결부는 되도록 저항을 적게 해야 한다.

㉢ 퓨즈는 규정된 알맞은 것을 끼워야 한다.

㉣ 모든 계기 사용 시 최대 측정 범위를 초과하지 않도록 해야 한다.

㉤ 전선이나 코드의 접속부는 절연물로서 완전히 피복하여 두어야 한다.

㉥ 전기장치는 사용 후 스위치를 OFF해야 한다.

tip 전기누전(감전) 재해방지 조치사항

- 보호 접지설비
- 이중절연구조의 전동기계, 기구의 사용
- 비접지식 전로의 채용
- 감전 방지용 누전차단기 설치

② 전기용접 안전사항

㉠ 전기용접 시 몸이 땀, 물 등에 젖었을 경우 용접기에 감전될 수 있으니 중지한다.

㉡ 전기용접 시 아크를 볼 때에는 헬멧이나 실드를 사용해야 한다.

㉢ 전기용접 시 아크 빛이 직접 눈으로 들어오면 전광성안염 등의 눈병이 발생할 수 있다.

③ 가스용접 안전사항

㉠ 산소 및 아세틸렌 가스 누설 시험은 비눗물을 사용한다.

㉡ 토치 끝으로 용접물의 위치를 바꾸거나 재를 제거하면 안 된다.

㉢ 산소 봄베와 아세틸렌 보베 가까이에서 불꽃 조정을 피한다.

㉣ 용접 가스를 들이마시지 않도록 한다.

㉤ 토치에 점화할 때는 전용 점화기로 한다.

㉥ 반드시 소화기를 준비하고 작업한다.

tip 아세틸렌 가스 용접의 특징

- 이동성이 좋고 설비비가 저렴하다.
- 유해광선이 아크 용접보다 적게 발생한다.
- 불꽃의 온도와 열효율이 낮다.

(2) 화재안전

① 화재의 종류

㉠ 일반 화재(A급 화재) : 목재, 종이 섬유 등 일반 가연물에 의한 화재

㉡ 유류 및 가스 화재(B급 화재) : 제4류 위험물 · 준위험물에 의한 화재 또는 인화성 액체, 기체 등에 의한 화재

㉢ 전기 화재(C급 화재) : 전기를 이용하는 기구 및 기계, 전선 등에 의한 화재

㉣ 금속 화재(D급 화재) : 공기 중에 비산한 금속분진에 의한 화재

② 화재 종류에 따른 적용 소화기

구분	A급 화재	B급 화재	C급 화재	D급 화재
가연물질	목재, 섬유, 석탄 등	각종 유류 및 가스	기계, 전선 등	가연성 금속
소화효과	냉각 효과	질식 효과	질식 및 냉각 효과	질식 효과
적용 소화제	물, 산 · 알카리소화기, 강화액소화기 등	포말소화기, 분말소화기, CO_2소화기 등	유기성소화기, CO_2소화기, 분말소화기 등	건조사(건조된 모래), 팽창 진주암 등

tip 연소의 3요소

공기(산소), 점화원, 가연성 물질

tip 이산화탄소 소화기의 특징

- 전기 절연성이 크다.
- 저장에 따른 변질이 없다.
- 소화 시 부식성이 없다.

(3) 가공전선로와 지중전선로

① 가공전선로 부근 작업 시 안전사항

㉠ 건설기계를 이용하여 전선로 부근에서 작업할 때는 설비 관련 소유자나 관리자에게 미리 연락을 취해야 한다.

㉡ 고압선 밑에서 건설기계에 의한 작업 중 지표에서부터 고압선까지의 거리를 측정하고자 할 때는 관할 산전사업소에 협조하여 측정한다.

㉢ 고압 전력선 부근의 작업 장소에서 건설기계가 고압 전력선에 근접할 우려가 있을 때는 관할 시설물 관리자에게 연락을 취한 후 지시를 받는다.

㉣ 전선은 바람이 강할수록, 철탑 또는 전주에서 멀어질수록 많이 흔들린다.

㉤ 고압 충전 전선로에 근접 작업할 때 최소 이격 거리는 1.2m이다.

㉥ 이퍼(버킷)는 고압선으로부터 10m 이상 떨어뜨린 상태로 작업한다.

㉦ 건설기계에 의한 고압선 주변 작업 시 전압의 종류를 확인한 후 안전이격거리를 확보하여 그 이내로 접근하지 않도록 작업한다.

㉧ 가공전선로에서 건설기계 운전 · 작업 시 안전한 작업계획을 수립하고, 장비 사용을 위한 신호수와 가공선로에 대한 감전 방지 수단을 강구한다.

tip **건설기계와 전선로와의 이격 거리**

- 애자 수가 많을수록 멀어져야 한다.
- 전선이 굵을수록 멀어져야 한다.
- 전압이 높을수록 멀어져야 한다.

※ 애자 : 전선을 철탑의 완금에 기계적으로 고정시키고, 전기적으로 절연하기 위해서 사용하는 것으로 전압이 높을수록 애자의 사용 개수가 많아진다.

빈칸 채우기

고압 충전 전선로에 근접하여 작업할 때, 최소 이격 거리는 (   )m이다.

정답 | 1.2

② 지중전선로 부근의 작업 시 안전사항

㉠ 굴착 장비를 이용하여 도로 굴착 작업 중 '고압선 위험' 표지 시트가 발견되었을 경우 표지 시트의 바로 아래 전력 케이블이 묻혀 있다는 의미이다.

㉡ 파일 항타기를 이용한 파일 작업 중 지하에 매설된 전력케이블 외피가 손상되었을 때는 인근 한국전력 사업소에 연락하여 한전 직원이 조치하도록 한다.

㉢ 도로상 굴착작업 중에 매설된 전기설비의 접지선이 노출되어 일부가 손상되거나 단선되었을 경우에는 시설관리자에게 연락 후 그 지시를 따른다.

㉣ 전력케이블에 충격 또는 손상이 가해지면 즉각 전력 공급이 차단되거나 일정 시일 경과 후 부식 등으로 전력 공급이 중단될 수 있다.

㉤ 전력케이블이 입상 또는 입하하는 전주에는 건설기계장비가 절대 접촉 또는 근접하지 않도록 해야 한다.

㉥ 차도에서 전력 케이블은 지표면 아래 약 1.2~1.5m의 깊이에 매설되어 있다.

㉦ 차도 이외의 기타 장소에는 60cm 이상의 깊이로 매설된다.

tip **표지시트**

- 전력케이블이 매설되어 있음을 표시하기 위한 시트로, 차도에서 지표면 아래 30cm 깊이에 설치되어 있다.
- 굴착 도중 전력케이블 표지시트가 나왔을 경우는 즉시 굴착을 중지하고 해당 시설 관련 기관에 연락한다.

(4) 송전선로과 배전선로

① 송전선로 부근 작업 시 안전사항(154kV)

㉠ 철탑 부지에서 떨어진 위치에서 접지선이 노출되어 단선되었을 경우라도 시설 관리자에게 연락을 취한다.

㉡ 건설장비가 선로에 직접 접촉하지 않고 근접만 해도 사고가 발생될 수 있다.

㉢ 도로에서 굴착작업 중에 154kV 지중 송전케이블을 손상시켜 절연유가 흘러나오는(누유) 중이라면 신속히 시설 소유자 또는 관리자에게 연락하여 조치를 취한다.

㉣ 154kV의 송전선로에 대한 안전거리는 160cm 이상이다.

② 배전선로 부근 작업 시 안전사항(22.9kV)

㉠ 전력선이 활선인지 확인한 후 안전조치된 상태에서 작업한다.

㉡ 해당 시설관리자의 입회하에 안전조치된 상태에서 작업한다.

㉢ 임의로 작업하지 않고 안전관리자의 지시에 따른다.

tip 송전선로와 배전선로

- 송전선로 : 발전소 상호 간, 변전소 상호 간 또는 발전소와 변전소 간 설치된 전력 선로
- 배전선로 : 발전소, 변전소로부터 전력을 직접 소비 장소로 송전하는 전선로, 옥내 인입선 이외의 배선

(5) 도시가스 공사

① 도시가스 공사

㉠ 배관의 구분

구분	내용
본관	도시가스 제조사업소의 부지 경계에서 정압기까지 이르는 배관
공급관	정압기에서 가스 사용자가 구분하여 소유하거나 점유하는 건축물의 외벽에 설치하는 계량기의 전단 밸브까지 이르는 배관
내관	가스 사용자가 소유하거나 점유하고 있는 토지의 경계에서 연소기까지 이르는 배관

㉡ 액화천연가스(LPG)와 LP 가스

구분	내용
액화천연가스	• 주성분은 메탄이다. • 공기보다 가벼워 가스 누출 시 위로 올라간다. • 공기와 혼합되어 폭발범위에 이르면 점화원에 의해 폭발한다(가연성). • 기체 상태로 도시가스 배관을 통하여 각 가정에 공급되는 가스이다. • 원래 무색, 무취이나 부취제를 첨가한다.
LP 가스	• 주성분은 프로판과 부탄이다. • 액체상태일 때 피부에 닿으면 동사의 우려가 있다. • 누출 시 공기보다 무거워 바닥에 체류하기 쉽다. • 원래 무색, 무취이나 누출 시 쉽게 발견하도록 부취제를 첨가한다.

② 도시가스 압력

㉠ 도시가스 압력의 구분

구분	내용
고압	1MPa 이상(10kg/cm^2 이상)
중압	0.1MPa 이상 1MPa 미만(1kg/cm^2 이상 10kg/cm^2 미만)
저압	0.1MPa 미만(1kg/cm^2 미만)

빈칸 채우기

도시가스의 중압은 ( )MPa 이상 ( )MPa 미만이다.

정답 | 0.1, 1

㉡ 도시가스 시설의 압력 표시 색

지상배관	황색
매설배관	• 배관, 보호판, 보호포 등 • 저압 : 황색 • 중압 이상 : 적색

③ 도시가스 매설 심도

㉠ 가스배관 지하 매설 심도

- 폭 8m 이상의 도로에서는 1.2m 이상
- 폭 4m 이상 8m 미만인 도로에서는 1m 이상
- 공동주택 등의 부지 내에서는 0.6m 이상

㉡ 가스배관의 도로 매설

- 자동차 등의 하중의 영향이 적은 곳에 매설할 것
- 시가지의 도로 밑에 매설하는 경우에는 노면으로부터 배관의 외면까지의 깊이를 1.5m 이상으로 해야 한다.
- 시가지 외의 지역에서는 1.2m 이상으로 한다.

④ 도시가스배관의 표지

㉠ 보호판

- 가스 공급 압력이 중압 이상인 배관 상부에 사용하고 있다.
- 배관 직상부 30cm 상단에 매설되어 있다.
- 두께 4mm 이상의 철판으로 방식 코팅되어 있다.
- 철판으로 장비에 의한 배관 손상을 방지하기 위해 보호판을 설치한다.

OX 퀴즈

도시가스 보호판은 배관 직상부 40cm 상단에 매설되어야 한다. (○/×)

정답 | ×
해설 | 도시가스 보호판은 배관 직상부 30cm 상단에 매설되어야 한다.

㉡ 보호포

- 최고 사용압력이 저압인 배관 : 배관의 정상부로부터 60cm 이상 떨어진 곳에 설치할 것
- 최고 사용압력이 중압인 배관 : 보호판의 상부로부터 30cm 이상 떨어진 곳에 설치할 것
- 공동주택 등의 부지 내에 설치하는 배관 : 배관의 정상부로부터 40cm 이상 떨어진 곳에 설치할 것
- 폴리에틸렌 수지 · 폴리프로필렌 수지 등 잘 끊어지지 않는 재질로 두께가 0.2mm 이상이다.

㉢ 라인마크

- 도로 및 공동주택 등의 부지 내 도로에 도시가스배관 매설 시 설치한다.
- 직경이 9cm 정도인 원형으로 된 동합금이나 황동주물로 되어 있다.

- 도시가스라고 표기되어 있으며 화살표가 표시되어 있다.
- 분기점에는 T형 화살표가 표시되어 있고, 직선구간에는 배관 길이 50m마다 1개 이상 설치되어 있다.
- 주요 분기점 · 구부러진 지점 및 그 주위 50m 이내에 설치되어 있다.
- 도시가스배관 주위를 굴착한 후 되메우기 시 지하에 매몰하면 안 된다.

㉣ 보호관

- 도시가스배관을 보호하는 보호관이다.
- 지하구조물이 설치된 지역에서는 지면으로부터 0.3m 지점에 도시가스배관을 보호하기 위한 보호관을 두어야 한다.

tip 지상에 설치되어 있는 가스배관 외면에 반드시 기입해야 하는 사항

- 사용 가스명
- 가스 흐름 방향
- 최고 사용 압력

㉤ 가스배관의 표지판

- 설치 간격은 500m마다 1개 이상이다.
- 표지판의 크기는 가로 200mm, 세로 150mm 이상의 직사각형이다.
- 황색 바탕에 검정색 글씨로 도시가스 배관임을 알리고 연락처 등을 표시한다.

⑤ 도시가스시설 부근 작업 시 안전사항

㉠ 가스배관과의 수평거리 30cm 이내에서 파일박기는 금지이다.

㉡ 가스배관과의 수평거리 2m 이내에서 파일박기를 할 때, 도시가스사업자의 입회하에 시험굴착을 해야 한다.

㉢ 항타기는 부득이한 경우를 제외하고 가스배관과의 수평거리를 최소한 2m 이상 이격하여 설치해야 한다.

㉣ 가스배관 좌우 1m 이내에서는 장비 작업을 금하고 인력으로 작업해야 한다.

㉤ 가스배관의 주위에 매설물을 부설하고자 할 때는 최소한 가스배관과 30cm 이상 이격하여 설치해야 한다.

㉥ 굴착공사 전 가스배관의 매설 유무는 반드시 해당 도시가스사업자에게 조회해야 한다.

㉦ 굴착공사 전 위치 표시용 페인트와 표지판 및 황색 깃발 등을 준비해야 한다.

㉧ 굴착공사 중 도시가스 배관을 손상하였으나 다행히 가스는 누출되지 않고 피복만 벗겨졌더라도 해당 도시가스 회사 직원에게 그 사실을 알려 보수하도록 해야 한다.

tip 가스안전영향평가서

- 도시가스가 공급되는 지역에서 굴착공사를 하고자 하는 자는 공사 시행 전에 가스 사고 예방에 필요한 안전조치와 공사 계획에 대한 사항을 작성한다.
- 가스배관이 통과하는 지점에서 지하차도, 지하보도, 지하상가, 지하에 설치된 도시철도에서의 건설공사를 하고자 하는 자가 대상이다.
- 가스안전영향평가서는 시장 · 군수 또는 구청장에게 제출한다.

빈칸 채우기

가스배관의 표지판은 (   )m마다 1개 이상씩 설치한다.

정답 | 500

2. 기타 안전관련 사항

(1) 안전수칙

① 작업자의 올바른 안전 자세

㉠ 자신의 안전과 타인의 안전을 고려한다.

㉡ 작업장 환경 조성을 위해 노력한다.

㉢ 작업 안전 사항을 준수한다.

② 작업상의 안전수칙

㉠ 벨트 등의 회전 부위에 주의한다.

㉡ 대형 물건을 기중 작업할 때는 서로 신호에 의거한다.

㉢ 고장 중의 기기에는 표지를 한다.

㉣ 전기장치는 접지를 하고, 이동식 전기기구는 방호장치를 한다.

㉤ 엔진에서 배출되는 일산화탄소에 대비한 통풍 장치를 설치한다.

㉥ 주요 장비 등은 조작자를 지정하여 누구나 조작하지 않도록 한다.

㉦ 병 속에 들어있는 약품을 냄새로 알아보고자 할 때는 손바람을 이용하여 확인한다.

㉧ 회전 중인 물체를 정지시킬 때는 스스로 정지하도록 한다.

㉨ 추락 위험이 있는 장소에서 작업할 때는 안전띠 또는 로프를 사용한다.

㉩ 위험한 작업을 할 때는 미리 작업자에게 이를 알려주어야 한다.

③ 건설기계 작업 시 안전수칙

㉠ 운전 전 점검을 시행한다.

㉡ 엔진 가동 시 소화기를 비치한다.

㉢ 주행 시 작업 장치는 진행 방향으로 한다.

㉣ 주행 시 가능한 평탄한 지면으로 주행한다.

㉤ 작업 반경 내의 변화에 주의하면서 작업한다.

㉥ 운전석을 떠날 경우에는 기관을 정지시키고 브레이크를 확실히 건다.

㉦ 작업 종료 후 장비의 전원을 끈다.

㉧ 차를 받칠 때에는 안전 잭이나 고임목으로 고인다.

㉨ 버킷이나 하중을 달아 올린 채로 브레이크를 걸어 두어서는 안 된다.

㉩ 무거운 하중은 5~10cm 들어 올려 보아서 브레이크나 기계의 안전을 확인한 후 작업에 임하도록 한다.

㉪ 유압계통의 점검 시에는 작동유가 식은 다음에 점검한다.

㉫ 엔진 냉각계통의 점검 시에는 엔진을 정지시키고 냉각수가 식은 다음에 점검한다.

(2) 작업장 안전

① 작업장의 안전수칙

㉠ 공구는 제자리에 정리한다.
㉡ 항상 청결하게 유지한다.
㉢ 작업복과 안전 장구는 반드시 착용한다.
㉣ 각종 기계를 불필요하게 공회전시키지 않는다.
㉤ 기계의 청소나 손질은 운전을 정지시킨 후 실시한다.
㉥ 흡연은 정해진 장소에서만 한다.
㉦ 연소하기 쉬운 물질은 특히 주의를 요한다.
㉧ 작업대 사이 또는 기계 사이의 통로는 안전을 위한 일정한 너비가 필요하다.

② 작업복장

㉠ 작업복은 몸에 알맞고 동작이 편해야 한다.
㉡ 주머니가 적고 팔이나 발이 노출되지 않는 것이 좋다.
㉢ 옷소매 폭이 너무 넓지 않고 조여질 수 있는 것이 좋다.
㉣ 단추가 달린 것은 되도록 피한다.
㉤ 상의 옷자락이 밖으로 나오지 않도록 한다.
㉥ 기름이 묻은 작업복은 될 수 있는 한 입지 않는다.
㉦ 땀을 닦기 위한 수건 등을 허리나 목에 걸고 작업해서는 안 된다.
㉧ 물체 추락의 우려가 있는 작업장에서는 작업모를 착용해야 한다.
㉨ 옷에 모래나 쇳가루 등이 묻었을 때는 솔이나 털이개를 이용하여 털어낸다.
※ 작업복을 입은 채로 압축공기로 털어내면 안 된다.

tip 작업에 따른 복장
- 화기사용 작업 : 방염성, 불연성인 복장
- 강한 산성, 알카리 등의 액체 작업(배터리 전해액) : 고무로 만든 복장

③ 안전보호구

㉠ 작업자의 착용이 간단하여야 한다.
㉡ 작업자가 착용 후 작업하기가 용이하여야 한다.
㉢ 위험한 기구 · 요소로부터 작업자를 충분히 보호해야 한다.
㉣ 안전보호구의 품질이 양호하여야 한다.
㉤ 안전보호구의 외관과 디자인이 양호하여야 한다.
㉥ 안전보호구의 마무리가 양호하여야 한다.
㉦ 안전보호구의 종류

보안경	그라인딩 작업, 전기용접 및 가스용접 작업 등
안전벨트	높은 곳에서의 작업 등
공기 마스크	산소 결핍 장소에서의 작업 등

차광용 안경	용접 작업 등
절연용 보호구	• 절연모, 절연화, 절연장갑 등 • 감전의 위험이 있는 작업 등
보호구	낙하, 추락 또는 감전에 의한 머리를 보호하기 위한 작업 등

tip 보완경을 사용하는 이유
- 유해 광선으로부터 눈을 보호하기 위하여
- 유해 약물로부터 눈을 보호하기 위하여
- 칩의 비산(飛散)으로부터 눈을 보호하기 위하여

OX 퀴즈

그라인딩 작업을 할 때에는 보안경을 착용해야 한다. (○/×)

정답 | ○

④ 안전모

㉠ 안전모 착용으로 불안전한 상태를 제거한다.

㉡ 올바른 착용으로 안전도를 증가시킬 수 있다.

㉢ 안전모의 상태를 점검하고 착용한다.

⑤ 마스크

방진 마스크	분진이 많은 작업장에서 사용
방독 마스크	유해 가스가 있는 작업장에서 사용
송기 마스크	산소 결핍의 우려가 있는 장소에서 사용

(3) 안전표지

① 안전보건표지의 색채

분류	바탕	기본모형	관련 부호 및 그림
금지표지	흰색	빨간색	검은색
경고표지	노란색	검은색	검은색
지시표지	파란색	–	흰색
안내표지	흰색	녹색	녹색
	녹색	–	흰색
출입금지표지	흰색	• 흑색 • 단, 다음 글자는 적색 – ○○○제조/사용/보관 중 – 석면취급/해체 중 – 발암물	

※ 경고표지의 경우 인화성물질 경고, 산화성물질 경고, 폭발성물질 경고, 급성독성물질 경고, 부식성물질 경고 및 발암성 · 변이원성 · 생식독성 · 전신독성 · 호흡기과민성 물질 경고의 경우 바탕은 무색, 기본모형은 빨

간색(검은색도 가능)

② 안전보건표지의 종류와 형태

금지표지	출입금지	보행금지	차량통행 금지	사용금지	탑승금지	금연	화기금지	물체이동 금지
경고표지	인화성물질 경고	산화성물질 경고	폭발성물질 경고	급성독성물질 경고	부식성물질 경고	방사성물질 경고	고압전기 경고	매달린물체 경고
경고표지	낙하물 경고	고온 경고	저온 경고	몸균형 상실 경고	레이저광선 경고	발암성 · 변이원성 · 생식독성 · 전신독성 · 호흡기 과민성 물질 경고	위험장소 경고	

지시표시	보안경 착용	방독마스크 착용	방진마스크 착용	보안면 착용	안전모 착용	귀마개 착용	안전화 착용	안전장갑 착용	안전복 착용
안내표지	녹십자 표시	응급구호 표지	들것	세안장치	비상용 기구	비상구	좌측 비상구	우측 비상구	

구분	허가대상물질 작업장	석면취급/해제 작업장	금지대상물질의 취급 실험실 등
관계자외 출입금지	**관계자외 출입금지 (허가물질 명칭) 제조/사용/보관 중** 보호구/보호복 착용 흡연 및 음식물 섭취 금지	**관계자외 출입금지 석면 취급/해체 중** 보호구/보호복 착용 흡연 및 음식물 섭취 금지	**관계자외 출입금지 발암물질 취급 중** 보호구/보호복 착용 흡연 및 음식물 섭취 금지

③ 안전보건표지의 색채 및 용도

색상	용도	사용 예시
빨간색 (7.5R 4/14)	금지	정지신호, 소화설비 및 그 장소
	경고	화학물질 취급 장소에서의 유해 · 위험 경고
노란색 (5Y 8.5/12)	경고	화학물질 취급 장소에서의 유해 · 위험 경고 이외의 위험 경고, 주의표지 또는 기계방호물
파란색 (2.5PB 4/10)	지시	특정 행위의 지시 및 사실의 고지
녹색 (2.5G 4/10)	안내	비상구 및 피난소, 사람 또는 차량의 통행 표시
흰색 (N9.5)	–	파란색이나 녹색에 대한 보조색
검은색 (N0.5)	–	문자 및 빨간색 또는 노란색에 대한 보조색

빈칸 채우기

안전보건표지 중 노란색은 (   ) 용도일 때 사용한다.

정답 | 경고

단원 마무리 문제

01 작업복에 대한 설명으로 옳지 않은 것은?

① 재료 등을 보관하기 쉽도록 주머니가 많아야 한다.
② 착용자의 몸에 알맞고 움직일 때 동작이 편해야 한다.
③ 착용자의 연령이나 성별에 적절한 작업복을 골라야 한다.
④ 팔이나 다리 등의 신체 부위가 노출되지 않아야 한다.

해설 | 작업복은 주머니가 너무 많지 않고 소매가 단정하여야 한다.

02 바탕은 파란색, 관련 그림은 흰색으로 표시하는 안전보건표지는?

① 경고표지
② 안내표지
③ 출입금지표지
④ 지시표지

해설 | 지시표지는 바탕은 파란색이며 관련 그림은 흰색으로 나타낸다.

03 재해예방의 4원칙이 아닌 것은?

① 전원참가의 원칙
② 대책선청의 원칙
③ 손실우연의 원칙
④ 원인계기의 원칙

해설 | 전원참가의 원칙은 무재해운동의 3원칙에 해당한다.

재해예방의 4원칙
- 손실우연의 원칙
- 원인계기의 원칙
- 예방가능의 원칙
- 대책선정의 원칙

04 다음 중 고온 경고를 의미하는 표지는?

①

②

③

④

해설 | ② 인화성물질 경고
③ 산화성물질 경고
④ 저온 경고

05 산업현장에서 작업자를 보호하고 기계의 손실을 방지하기 위한 장치는?

① 안전장치
② 안전보호구
③ 격리형 방호장치
④ 안전표지

해설 | 안전장치는 작업자 보호 및 기계 손상 방지를 위해 만들거나 설치하는 장치 · 구조물이다.

06 안전모에 대한 설명으로 옳지 않은 것은?

① 안전모에 구멍을 뚫거나 충격을 주어서는 안 된다.
② 합성수지의 경우 스팀으로 확실히 세척한다.
③ 플라스틱의 경우 자외선에 의해 열화될 가능성이 높다.
④ 충격흡수성이 좋고 착용할 때 머리에 꼭 맞아야 한다.

해설 | 합성수지의 안전모는 뜨거운 물이나 스팀 등으로 세척하지 않아야 한다.

07 공구별 위험 요인 및 발생 원인으로 옳지 않은 것은?

① 스패너 : 부적당한 치수의 펜치 사용
② 렌치 : 조이는 부분의 이의 마모
③ 끌 : 끝이 지나치게 짧음
④ 렌치 : 끌어당기는 상태로 작업

해설 | 렌치나 플라이어 등은 밀지 말고 끌어당기는 상태로 작업해야 한다.

> **렌치 사용 시 위험요인**
> • 조정 나사의 망가짐
> • 부적당한 형상 또는 치수의 렌치를 사용
> • 파이프를 손잡이에 집어넣어 사용
> • 조이는 부분의 이가 마모 되거나 빠짐

08 관련법상 도로 굴착자가 가스배관 매설위치를 확인 할 때 인력 굴착을 실시해야 하는 범위는?

① 가스배관의 보호판이 육안으로 확인되었을 때
② 가스배관의 주위 0.5m 이내
③ 가스배관의 주위 1m 이내
④ 가스배관이 육안으로 확인될 때

해설 | 가스배관 좌우 1m 이내에서는 장비 작업을 금하고 인력으로 작업해야 한다.

09 도시가스가 공급되는 지역에서 지하차도 굴착공사를 하고자 하는 자가 가스안전영향평가서를 작성하여 제출해야 하는 곳은?

① 지하철공사
② 해당 도시가스 사업자
③ 한국가스공사
④ 시장 · 군수

해설 | 가스안전영향평가서는 시장 · 군수 또는 구청장에게 제출한다.

정답 01 ① 02 ④ 03 ① 04 ① 05 ① 06 ② 07 ④ 08 ③ 09 ④

10 **최고 사용압력이 저압인 도시가스 매설 배관의 경우, 보호포의 설치 위치는?**

① 보호판의 상부로부터 60cm 이상인 곳
② 배관 정상부로부터 60cm 이상인 곳
③ 지면으로부터 10cm 이상인 곳
④ 배관의 최하부로부터 30cm 이상인 곳

해설 | 도시가스의 최고 사용압력이 저압인 배관의 경우 배관의 정상부로부터 60cm 이상 위쪽에 설치해야 한다.

11 **해머를 사용하는 작업 시 주의사항으로 옳지 않은 것은?**

① 담금질한 재료는 천천히 타격을 가한다.
② 녹슨 재료를 손질할 때 보안경을 착용한다.
③ 작업자의 체중에 비례하여 해머를 선택한다.
④ 자루가 불안정한 해머는 사용하지 않는다.

해설 | 담금질한 재료는 해머로 두드리지 않는다.

12 **굴착장비를 이용하여 도로 굴착작업 중 '고압선 위험' 표지 시트가 발견되었을 때, 이는 무엇을 의미하는가?**

① 표지 시트 좌측에 전력케이블이 묻혀 있다.
② 표지 시트 우측에 전력케이블이 묻혀 있다.
③ 표지 시트 직하에 전력케이블이 묻혀 있다.
④ 표지 시트와 직각 방향에 전력케이블이 묻혀 있다.

해설 | '고압선 위험' 표지 시트가 발견되었을 경우 표지 시트의 바로 아래 전력 케이블이 묻혀 있다는 의미이다.

13 **다음 중 액화천연가스에 대한 설명으로 옳은 것은?**

① 주성분은 프로판이다.
② 액체 상태일 때 피부에 닿으면 동사의 우려가 있다.
③ 누출 시 공기보다 무거워 바닥에 체류하기 쉽다.
④ 가연성이 있으므로 공기와 혼합했을 때 폭발할 수 있다.

해설 | 액화천연가스의 주성분은 메탄이고, 공기보다 가벼워 가스 누출 시 위로 올라간다. 또한 가연성이 있으므로 공기와 혼합했을 때 폭발할 수 있다. ①~③은 LP 가스의 특징이다.

14 **크레인으로 인양 작업 시 주의할 사항으로 옳지 않은 것은?**

① 원목처럼 긴 화물을 달아 올릴 때는 수평으로 달아 올린다.
② 달아 올릴 화물의 무게를 파악하여 제한하중 이하에서 작업한다.
③ 2인 이상의 고리걸이 작업 시 상호간에 소리를 내면서 행한다.
④ 신호자는 크레인 운전자가 잘 볼 수 있는 안전한 위치에서 행한다.

해설 | 크레인으로 인양 작업 시 원목처럼 긴 화물을 달아 올릴 때는 수직으로 달아 올린다.

15 감전되거나 전기화상을 입을 위험이 있는 작업에서 작업자가 제일 먼저 구비해야 할 것은?

① 구급 용구 ② 신호기
③ 보호구 ④ 구명구

해설 | 감전의 위험이 있는 전기 작업을 하려면 절연용 보호구를 사용해야 한다.

16 작업현장에서 사용되는 안전표지 색으로 잘못 짝지어진 것은?

① 빨강색 – 방화표시
② 노란색 – 추락 주의 표시
③ 녹색 – 비상구 표시
④ 검은색 – 안전지도 표시

해설 | 검은색은 문자 및 빨간색 또는 노란색에 대한 보조색으로 사용된다.

17 건설기계의 점검 및 작업 시의 안전사항으로 가장 거리가 먼 것은?

① 엔진 등 중량물의 탈착 시에는 반드시 밑에서 잡아준다.
② 엔진 가동 시에는 소화기를 비치한다.
③ 유압계통 점검 시 작동유가 식은 후에 점검한다.
④ 엔진 냉각계통 점검 시 엔진을 정지시키고 냉각수가 식은 후 점검한다.

해설 | 무거운 중량물의 탈착 시 하물의 낙하 위험성이 크므로 밑에서 작업하면 안 된다.

18 지하구조물이 설치된 지역에 도시가스가 공급되는 곳에서 굴착공사 중 지면으로부터 0.3m 깊이에서 물체가 발견되었다. 이때 예측할 수 있는 것은?

① 가스 차단장치
② 도시가스 보호포
③ 도시가스 입상관
④ 도시가스 보호관

해설 | 지하구조물이 설치된 지역에서는 지면으로부터 0.3m 지점에 도시가스배관을 보호하기 위한 보호관을 두어야 한다.

19 산업안전보건표지에서 다음 그림이 표시하는 것은?

① 탑승금지
② 물체이동금지
③ 화기금지
④ 부식성 물질 경고

해설 | 탑승금지에 대한 표지이다.

물체이동금지	화기금지	부식성 물질 경고

정답 10 ② 11 ① 12 ③ 13 ④ 14 ① 15 ③ 16 ④ 17 ① 18 ④ 19 ①

20 **도시가스 매설배관 표지판의 설치기준으로 옳지 않은 것은?**

① 설치간격은 500m마다 1개 이상이다.
② 표지판의 크기는 가로 200mm, 세로 150mm 이상이다.
③ 공동주택 부지 내의 도로에 라인마크와 함께 설치한다.
④ 황색 바탕에 검정색 글씨로 도시가스 배관임을 알린다.

해설 |

> **가스배관의 표지판**
> - 설치간격은 500m마다 1개 이상이다.
> - 표지판의 크기는 가로 200mm, 세로 150mm 이상의 직사각형이다.
> - 황색 바탕에 검정색 글씨로 도시가스 배관임을 알리고 연락처 등을 표시한다.

21 **가스용접 시 안전사항으로 옳지 않은 것은?**

① 산소 및 아세틸렌 가스 누설 시험은 비눗물을 사용한다.
② 토치 끝으로 용접물의 위치를 바꾸며 사용한다.
③ 토치에 점화할 때는 전용 점화기로 한다.
④ 산소 봄베와 아세틸렌 봄베 가까이에서 불꽃 조정을 피한다.

해설 | 가스용접 시 토치 끝으로 용접물의 위치를 바꾸거나 재를 제거하면 안 된다.

22 **목재, 종이, 석탄 등 일반 가연물의 화재는 어떤 화재로 분류되는가?**

① A급 화재
② B급 화재
③ C급 화재
④ D급 화재

해설 | 목재, 섬유, 석탄 등의 가연물질은 A급 화재에 해당한다.
② B급 화재 : 각종 유류 및 가스
③ C급 화재 : 기계, 전선 등
④ D급 화재 : 가연성 금속

23 **도로 폭이 8m 이상인 큰 도로에서 장애물 등이 없을 경우 일반 도시가스배관의 최소 매설 깊이는?**

① 0.6m 이상
② 1.0m 이상
③ 1.2m 이상
④ 1.5m 이상

해설 | 폭 8m 이상의 도로에서는 도시가스배관을 최소 1.2m 이상의 깊이로 매설해야 한다.

24 **기계 또는 공구 작업 시 준수하여야 할 안전수칙으로 잘못된 것은?**

① 렌치 홈에 쐐기를 삽입하지 않는다.
② 절단공구를 사용할 땐 사용자 앞쪽으로 절단한다.
③ 가공 중에 드릴에서 이상음이 발생하면 즉시 교체한다.
④ 드라이버 홈의 폭과 길이가 같은 날 끝의 것을 사용한다.

해설 | 칼, 톱, 끌 등의 절단공구를 사용할 경우 사용자 앞쪽으로 절단하지 않도록 한다.

25 **다음 중 보호안경을 끼지 않고 작업해도 되는 경우는?**

① 산소용접 작업 시
② 그라인더 작업 시
③ 클러치 부착 작업 시
④ 건설기계 장비 일상점검 작업 시

해설 | 보안경은 산소용접, 클러치 탈·부착 작업, 그라인딩 작업, 전기용접 및 가스용접 작업 등을 할 때 필요하다.

26 **산업재해 부상 중 중경상에 대한 설명으로 옳은 것은?**

① 업무로 인해 목숨을 잃게 되는 경우
② 응급처치 이하의 부상으로 작업에 종사하면서 치료를 받는 경우
③ 부상으로 인하여 1일 이상, 7일 이하의 노동 손실이 있는 경우
④ 부상으로 인하여 8일 이상의 노동 손실이 있는 경우

해설 | ① 사망
② 무상해 사고
③ 경상해

27 **지상에 설치되어 있는 가스배관 외면에 반드시 표시해야 하는 사항이 아닌 것은?**

① 사용 가스명
② 가스 흐름 방향
③ 최고 사용 압력
④ 순간 최대 속도

해설 | 지상에 설치되어 있는 가스배관 외면에 반드시 기입해야 하는 사항은 사용 가스명, 가스 흐름 방향, 최고 사용 압력이다.

28 **도로에 매설된 도시가스배관의 색깔이 적색(중압)이었다. 이 배관이 손상되어 가스가 누출될 경우 가스의 압력은?**

① 1MPa 이상
② 0.1MPa 이상 1MPa 미만
③ 0.05MPa 이상 0.1MPa 미만
④ 0.01MPa 이상 0.05MPa 미만

해설 |

도시가스 압력 구분
- 고압 : 1MPa 이상(10kg/cm^2 이상)
- 중압 : 0.1MPa 이상 1MPa 미만(1kg/cm^2 이상 10kg/cm^2 미만)
- 저압 : 0.1MPa 미만(1kg/cm^2 미만)

29 **다음 중 렌치 및 스패너 작업 시 안전 수칙으로 옳지 않은 것은?**

① 렌치는 미끄러지지 않도록 입의 물림면을 조인 후 사용한다.
② 렌치는 끌어당기지 말고 미는 상태로 작업한다.
③ 너트에 스패너를 끼워서 앞으로 잡아당길 때 힘이 걸리게 한다.
④ 큰 힘을 얻기 위해 렌치에 파이프 등을 끼워 길이를 연장하거나 다른 공구로 두드리지 않는다.

해설 | 렌치는 밀지 않고 끌어당기는 상태로 작업한다.

정답 20 ③ 21 ② 22 ① 23 ③ 24 ② 25 ④ 26 ④ 27 ④ 28 ④ 29 ②

30 **안전보호구를 선택할 때 주의해야 할 사항으로 옳지 않은 것은?**

① 작업 시 사용 목적에 적합해야 한다.
② 품질이 양호하고 표면이 섬세하며 외관상 좋아야 한다.
③ 전문 지식을 가진 사람이 사용해야 하므로 사용 방법이 단순해서는 안 된다.
④ 위험 요소에 대해서 방호성능을 지녀야 한다.

해설 | 안전보호구는 사용 및 관리하기가 편해야 한다.

31 **고압 전선로 주변에서 작업 시 건설기계와 전선로와의 안전 이격 거리에 대한 설명 중 옳은 것은?**

① 애자 수가 많을수록 멀어져야 한다.
② 전압에는 관계없이 일정하다.
③ 전선이 얇을수록 멀어져야 한다.
④ 전압이 낮을수록 멀어져야 한다.

해설 |

건설기계와 전선로와의 이격 거리
- 애자수가 많을수록 멀어져야 한다.
- 전선이 굵을수록 멀어져야 한다.
- 전압이 높을수록 멀어져야 한다.

32 **도시가스배관을 지하에 매설할 경우 상수도관 등 다른 시설물과의 이격 거리는 얼마 이상 유지해야 하는가?**

① 30cm　② 50cm
③ 80cm　④ 100cm

해설 | 도시가스배관을 지하에 매설할 경우 다른 시설물과 30cm 이상 이격해야 한다.

33 **안전 보건표지의 종류와 형태에서 그림의 안전표지판이 뜻하는 것은?**

① 보안경착용
② 방진마스크착용
③ 안전모착용
④ 안전복착용

해설 | 해당 그림은 지시표지 중 안전모착용을 의미한다.

34 **전선로 부근에서 작업할 때 주의사항으로 옳지 않은 것은?**

① 건설장비가 선로에 직접 접촉하지 않고 근접하기만 해도 사고가 발생될 수 있다.
② 154kV의 송전선로에 대한 안전거리는 160cm 이상이다.
③ 철탑 부지에서 떨어진 위치에서 접지선이 노출되어 단선되어도 작업은 진행할 수 있다.
④ 도로에서 굴착작업 중에 154kV 지중 송전케이블을 손상시켜 누유 중이라면 신속히 시설 소유자 또는 관리자에게 연락하여 조치를 취한다.

해설 | 철탑 부지에서 떨어진 위치에서 접지선이 노출되어 단선되었을 경우에는 즉시 작업을 멈추고 시설 관리자에게 연락을 취해야 한다.

35 적색 원형으로 만들어지는 안전 표지판은?

① 경고표시 ② 안내표시
③ 금지표시 ④ 지시표시

해설 | ① 경고표시 : 노란 삼각형
② 안내표시 : 사각형 및 원형
④ 지시표시 : 파란 원형

정답 30 ③ 31 ① 32 ① 33 ③ 34 ③ 35 ③

Memo

P A R T

과년도 기출복원문제

Craftsman Excavating Machine Operator

제1회 과년도 기출복원문제

01 안전 · 보건표지의 종류와 형태에서 그림의 표지는?

① 출입금지
② 탑승금지
③ 물제이동금지
④ 차량통행금지

정답 | ④

해설 | 금지표지 중 차량통행금지 표지에 해당한다.

①

②

③

02 다음 중 전기 화재를 진압하기 위해 적합한 소화기가 아닌 것은?

① 분말소화기 ② 포말소화기
③ CO_2 소화기 ④ 할론 소화기

정답 | ②

해설 | 전기화재는 화재의 분류 중 C급 화재를 말하며, 이산화탄소 소화기가 가장 적합하고 포말소화기는 적합하지 않다.

03 드릴작업 시 안전수칙으로 옳지 않은 것은?

① 회전하고 있는 주축에 걸레를 대고 작업한다.
② 장갑을 끼고 작업하지 않는다.
③ 칩을 제거할 때는 회전을 중지시킨 상태에서 솔로 제거한다.
④ 일감은 견고하게 고정시키고 손으로 잡고 구멍을 뚫지 않는다.

정답 | ①

해설 | 회전하고 있는 주축이나 드릴에 손이나 걸레를 대거나 머리를 가까이 하지 말아야 한다.

04 타이어식 굴삭기와 무한궤도식 굴삭기의 운전 특성으로 옳지 않은 것은?

① 타이어식은 휠형이라고도 하며 변속 및 주행 속도가 빠르다.
② 타이어식은 장거리 이동이 쉬우며 기동성이 양호하다
③ 무한궤도식은 습지에서의 작업이 유리하다.
④ 무한궤도식은 기복이 심한 곳에서의 작업이 불리하다.

정답 | ④

해설 | 무한궤도식 굴삭기는 기복이 심한 곳, 습지, 사지, 연약지에서 작업이 유리하다는 특징이 있다.

05 추진축의 스플라인부가 마모되었다. 이때 두드러지게 발생하는 현상은?

① 미끄럼 현상
② 차동기어 물림의 불량 현상
③ 주행 중 소음 발생 및 추진축의 진동
④ 신축작용 시 추진축의 구부러짐

정답 | ③

해설 | 굴삭기 추진축의 스플라인부가 마모될 경우 주행 중 소음을 내고 추진축이 진동하는 현상이 발생한다.

06 전기 관련 단위로 옳지 않은 것은?

① 전류 – A　② 전력 – W
③ 저항 – Ω　④ 전압 – Hz

정답 | ④

해설 | 전압의 단위는 볼트[V]이다. 헤르츠[Hz]는 주파수의 단위이다.

07 일반적인 차량용 축전지는 몇 개의 셀이 직렬로 연결되어 있는가?

① 5개　② 6개
③ 7개　④ 8개

정답 | ②

해설 | 보통 차량용 축전지는 각 전압이 2.1~2.3V인 셀 6개가 직렬로 연결되어 있다.

08 다음 중 건설기계 작업 시 안전수칙으로 옳지 않은 것은?

① 엔진 가동 시 소화기를 비치한다.
② 운전석을 떠날 경우에는 기관을 정지시키고 브레이크를 확실히 건다.
③ 버킷이나 하중을 달아 올린 채로 브레이크를 걸어둔다.
④ 유압계통의 점검 시에는 작동유가 식은 다음에 점검한다.

정답 | ③

해설 | 버킷이나 하중을 달아 올린 채로 브레이크를 걸어 두어서는 안 된다.

09 다음 중 재해발생 시 조치 순서로 옳은 것은?

① 운전 정지 → 피해자 구조 → 응급처치 → 2차 재해방지
② 운전 정지 → 119 신고 → 피해자 구조 → 2차 재해방지
③ 운전 정지 → 피해자 구조 → 응급처치 → 119 신고
④ 운전 정지 → 2차 재해방지 → 피해자 구조 → 응급처치

정답 | ①

해설 |

재해발생 시 조치 순서
운전 정지 → 피해자 구조 → 응급처치 → 2차 재해방지

10 디젤기관에 대한 설명으로 옳지 않은 것은?

① 열효율이 높다.

② 마력당 무게가 무겁다.

③ 연료소비율이 높다.

④ 화재의 위험성이 낮다.

정답 | ③

해설 | 디젤기관은 열효율이 높고 화재의 위험성이 낮으며 연료소비율이 낮다는 장점이 있다. 반면 소음과 진동이 크고 마력당 무게가 무거우며 구조가 복잡하고 제작비가 비싼 것이 단점이다.

11 기관에서 행정은 무엇을 의미하는가?

① 피스톤의 길이

② 상사점과 하사점의 거리

③ 실린더의 내경

④ 기관 베드의 무게

정답 | ②

해설 | 기관에서 행정이란 피스톤의 상사점과 하사점의 거리를 말한다.

12 안전 · 보건표지에서 경고 표지의 바탕색은?

① 흰색 ② 녹색

③ 적색 ④ 노랑

정답 | ④

해설 | 안전표지 바탕색 중 녹색은 안내, 적색은 금지, 노랑은 경고 표지이다.

13 다음 중 재해예방의 원칙에 해당하지 않는 것은?

① 손실 우연의 원칙

② 예방 가능의 원칙

③ 안전 관리의 원칙

④ 대책 선정의 원칙

정답 | ③

해설 |

재해예방 4원칙

- 손실 우연의 원칙
- 예방 가능의 원칙
- 원인 계기의 원칙
- 대책 선정의 원칙

14 밀폐된 용기 내 액체 일부에 가해진 압력이 전달되는 방식은?

① 유체의 돌출 부분에서 압력이 더 세게 전달

② 유체 각 부분마다 다르게 전달

③ 유체의 압력이 홈 부분에서 더 세게 전달

④ 유체 각 부분에 동시에 같은 크기로 전달

정답 | ④

해설 | 파스칼의 원리가 적용되므로 밀폐된 용기 내 액체 일부에 가해진 압력은 유체 각 부분에 동시에 같은 크기로 전달된다.

15 **피스톤과 실린더 사이의 간극이 너무 작을 경우 나타날 수 있는 현상은?**

① 오일의 연소실 유입
② 마찰에 따른 마멸 증대
③ 피스톤 슬랩 현상 발생
④ 블로 바이에 의한 압축 압력 저하

정답 | ②

해설 | 피스톤의 간극의 작을 경우 마찰에 의해 마멸이 증대되거나, 마찰열에 의해 피스톤의 소결이 발생할 수 있다.

16 **직류발전기에서 전기를 발생시키는 부품은?**

① 실리콘 다이오드
② 전기자
③ 스테이터
④ 컷 아웃 릴레이

정답 | ②

해설 | 직류발전기에서 전기를 발생시키는 부품은 전기자이다. 교류발전기의 경우 스테이터가 그 역할을 한다.

17 **조향너클의 연장선이 뒤차축 중심선에서 만나고 선회 시 안쪽바퀴의 조향각이 더 큰 조향장치 원리는?**

① 애커먼 장토식 원리
② 애커먼식
③ 전차대식
④ 공기식

정답 | ①

해설 | 애커먼 장토식 원리는 애커먼식을 개량한 방식으로 현재 사용되고 있는 원리이다.

18 **전조등의 필라멘트가 끊어졌을 때 전조등 전체를 교환해야 하는 형식은?**

① 실드형　② 일체형
③ 세미 실드형　④ 모듈형

정답 | ①

해설 | 실드형은 렌즈와 반사경, 필라멘트가 일체로 되어 있어 필라멘트 손상 시 전조등 전체를 교환해야 한다.

19 **발전소와 변전소 간에 설치된 전선로는 무엇인가?**

① 발전선로　② 송전선로
③ 배전선로　④ 가공선론

정답 | ②

해설 | 송전선로는 발전소 상호 간, 변전소 상호 간 또는 발전소와 변전소 간의 설치된 전력 선로를 말한다.

20 **도로 굴착공사 전 주변 매설물 확인 방법으로 가장 적절한 것은?**

① 직접 매설물 탐지조사를 시행한다.
② 시공관리자 입회 작업 시 확인이 필요없다.
③ 도로 인근 주민에게 물어본다.
④ 매설물 관련 기관에 의견을 조회한다.

정답 | ④

해설 | 도로 굴착공사 시행 시 매설물 관련 기관에 의견을 조회하고, 해당 시설관리자의 입회하에 안전 조치된 상태에서 작업한다.

21 안쪽 날개가 편심된 회전축에 끼워져 회전하는 유압펌프는?

① 베인 펌프
② 사판 펌프
③ 트로코이드 펌프
④ 피스톤 펌프

정답 | ①

해설 | 베인 펌프는 케이싱에 접한 날개(베인)를 편심된 회전축에 끼워 회전시키는 방식으로 날개 사이로 흡입한 액체를 흡입 측에서 토출 측으로 밀어낸다.

22 건설기계의 임시운행 사유에 해당되지 않는 것은?

① 신규등록검사를 받기 위하여 건설기계를 검사장소로 운행하는 경우
② 정기검사를 받기 위하여 건설기계를 검사장소로 운행하는 경우
③ 신개발 건설기계를 연구할 목적으로 운행하는 경우
④ 판매를 위하여 건설기계를 일시적으로 운행하는 경우

정답 | ②

해설 | 정기검사를 받기 위하여 건설기계를 검사장소로 운행하는 경우는 임시운행 사유에 해당하지 않는다.

23 기관의 맥동적인 회전을 균일하게 하는 역할의 부품은?

① 밸브 리프터　② 커넥팅 로드
③ 거버너　④ 플라이휠

정답 | ④

해설 | 플라이휠은 크랭크축의 맥동적인 회전을 균일하게 하고 저속 회전을 가능케 하는 부품이다.

24 클러치의 구비 조건이 아닌 것은?

① 동력의 차단이 신속할 것
② 동력 차단 후에도 수동 부분에 회전 타성이 높을 것
③ 점검 및 취급이 용이할 것
④ 고속 회전 시 불균형이 발생하지 않을 것

정답 | ②

해설 | 클러치는 동력이 차단된 후에도 수동부분에 회전 타성이 적어야 한다.

25 유압펌프를 통해 송출된 에너지를 직선운동이나 회전운동을 통해 기계적 일을 하는 것은?

① 액추에이터
② 유량 제어 밸브
③ 쿠션기구
④ 드레인 플러그

정답 | ①

해설 | 액추에이터에 대한 설명으로 압력에너지를 기계적 에너지로 바꾸는 역할을 한다.

26 구조상 토크 컨버터가 유체 클러치와 다른 것은?

① 가이드 링
② 터빈
③ 스테이터
④ 펌프

정답 | ③

해설 | 토크 컨버터에는 유체 클러치와 달리 오일의 방향을 바꾸어주는 스테이터가 있다.
① 가이드 링 : 유체 클러치의 와류를 감소시킨다.

27 **밸브의 스템 끝과 로커암 사이의 간극을 무엇이라 하는가?**

① 스템 간극 ② 로커 간극
③ 밸브 간극 ④ 엔드 간극

정답 | ③

해설 | 밸브 간극 혹은 태핏 간극은 밸브 스템의 끝과 로커암 사이의 간극을 말한다.

28 **다음 중 기관에서 노킹이 발생하는 원인으로 적절하지 않은 것은?**

① 세탄가가 낮은 연료를 사용한 경우
② 연소실의 압축비가 높아진 경우
③ 냉각수의 온도가 너무 낮은 경우
④ 연료 분사 시기가 빠른 경우

정답 | ②

해설 | 실린더의 압축 압력이 불충분해 연소실의 압축비가 낮아진 경우 노킹이 발생할 수 있다.

29 **브레이크를 연속해 자주 사용해 브레이크 드럼이 과열되고, 마찰계수가 떨어져 브레이크가 잘 듣지 않는 현상은?**

① 페이드 현상
② 유체자극 현상
③ 하이드로플래닝 현상
④ 베이퍼록 현상

정답 | ①

해설 | 페이드 현상은 브레이크 드럼과 라이닝 사이에 과도한 마찰열이 발생하여 마찰계수가 떨어져 브레이크가 잘 듣지 않는 현상을 말한다.

30 **술에 취한 상태에서 건설기계를 조종하다가 사고로 사람을 죽게 하거나 다치게 한 경우 면허 취소 · 정지처분은?**

① 면허효력정지 45일
② 면허효력정지 120일
③ 면허효력정지 180일
④ 면허 취소

정답 | ④

해설 | 술에 취한 상태에서 건설기계를 조종하다가 사고로 사람을 죽게 하거나 다치게 한 경우 면허 취소의 처분을 받는다.

31 **건설기계 정기검사의 유효기간에 대한 설명으로 옳은 것은?**

① 신규등록 후 최초 유효기간의 산정은 구입일부터 기산한다.
② 타워크레인을 이동설치하는 경우에는 최초 검사만 받으면 된다.
③ 트럭지게차(타이어식)의 유효기간은 1년이다.
④ 기중기(트럭적재식)의 유효기간은 2년이다.

정답 | ③

해설 | ① 신규등록 후 최초 유효기간의 산정은 등록일부터 기산한다.
② 타워크레인을 이동설치하는 경우에는 이동설치할 때마다 정기검사를 받아야 한다.
④ 기중기(트럭적재식)의 유효기간은 1년이다.

32 **유압모터의 용량으로 옳은 것은?**

① 체적(cm^3)
② 입구압력(kgf/cm^2)당 토크
③ 유압작동부 압력(kgf/cm^2)당 토크
④ 주입된 동력(HP)

정답 | ②

해설 | 유압모터의 용량은 입구압력(kgf/cm^2)당 토크로 나타낸다.

33 **유압 실린더를 행정 최종 단계에서 실린더의 속도를 감속하여 서서히 정지시킬 때 사용하는 제어 밸브는?**

① 카운터 밸런스 밸브
② 스로틀 밸브
③ 압력 보상 유량제어 밸브
④ 디셀러레이션 밸브

정답 | ④

해설 | 디셀러레이션 밸브에 대한 설명으로 일반적으로 캠(cam)으로 조작된다.

34 **다음 중 축전지에서 양극판과 음극판의 단락을 방지하기 위한 부품은?**

① 플러그 ② 터미널
③ 격리판 ④ 케이스

정답 | ③

해설 | 격리판은 양극판과 음극판의 단락을 방지하기 위해 양극판과 음극판의 사이에 설치된 부품이다.

35 **기동전동기가 회전함에도 불구하고 엔진의 크랭킹이 되지 않을 경우 원인으로 가장 적절한 것은?**

① 플라이휠 링기어의 소손
② 발전기의 브러시 장력 과다
③ 축전지의 방전
④ 기동전동기의 브러시 손상

정답 | ①

해설 | 플라이휠 링기어가 파손될 경우 기동전동기의 피니언기어가 물리지 않게 되며, 따라서 크랭킹도 불가능하다.

36 **냉각장치에서 냉각수의 비등점을 올리는 부품은?**

① 라디에이터
② 라디에이터 캡
③ 물재킷
④ 헤드 개스킷

정답 | ②

해설 | 라디에이터의 캡(압력식)은 냉각장치 내의 압력을 낮추어 비등점을 112℃로 상승시킴으로써 냉각수가 오버히트되는 것을 방지한다.

37 **유압 실린더에서 피스톤 행정이 끝날 때의 충격을 흡수하는 장치는?**

① 실린더 보텀
② 실린더 헤드
③ 쿠션 기구
④ 피스톤

정답 | ③

해설 | 쿠션 기구는 피스톤 행정이 끝날 때 발생하는 충격을 흡수하기 위해 설치된다.

38 건설기계에서 사용하는 필터의 종류가 아닌 것은?

① 배출 필터
② 저압 필터
③ 흡입 필터
④ 고압 필터

정답 | ①

해설 | 건설기계에서는 주로 저압, 고압, 흡입 필터를 사용하고 있다.

39 건설기계소유자에게 등록번호표 제작명령을 할 수 있는 기관의 장은?

① 시 · 도지사
② 경찰청장
③ 국토교통부장관
④ 산업통상자원부장관

정답 | ①

해설 | 등록된 건설기계에는 국토교통부령이 정하는 바에 의하여 시 · 도지사의 등록번호표 봉인자 지정을 받은 자에게서 등록번호표의 제작, 부착과 등록번호를 새김한 후 봉인을 받아야 한다.

40 정기검사를 받으려는 건설기계조종사는 검사유효기간의 만료일 전후 각각 며칠의 기간 내에 신청서를 제출해야 하는가?

① 15일 ② 20일
③ 30일 ④ 31일

정답 | ④

해설 | 정기검사를 받으려는 자는 검사유효기간의 만료일 전후 각각 31일 이내의 기간에 정기검사신청서를 시 · 도지사에게 제출해야 한다.

41 유량 제어 밸브가 아닌 것은?

① 체크 밸브
② 급속배기 밸브
③ 교축 밸브
④ 니들 밸브

정답 | ①

해설 | 유량 제어 밸브에는 속도 베어, 교축, 급속배기, 니들 밸브 등이 있다. 체크 밸브는 방향제어 밸브에 해당한다.

42 도로에서 정차하는 방법은?

① 차도의 우측 가장 자리에 정차한다.
② 진행방향의 반대방향으로 정차한다.
③ 일방통행로에서 좌측 가장 자리에 정차한다.
④ 차체의 전단부를 도로 중앙을 향하도록 비스듬히 정차한다.

정답 | ①

해설 | 도로에서 정차를 하고자 할 때는 도로의 통행에 방해가 되지 않도록 차도의 우측 가장 자리에 진행방향과 평행하도록 정차한다.

43 디젤기관을 시동시킨 후 충분한 시간이 지났는데도 냉각수의 온도가 정상적으로 상승하지 않을 경우 그 원인으로 가장 적절한 것은?

① 정온기가 열린 채로 고장 날 경우
② 냉각장치의 팬 벨트 장력이 작을 경우
③ 라디에이터 코어가 막힌 경우
④ 헤드 개스킷이 파손된 경우

정답 | ①

해설 | 정온기가 열린 채로 고장이 날 경우 과랭의 원인이 되고, 닫힌 채 고장이 나면 과열의 원인이 된다.

44 **연삭작업 시 반드시 착용해야 하는 보호구는?**

① 보안경
② 방한복
③ 절연장갑
④ 공기 마스크

정답 | ①

해설 | 연삭작업 시 칩의 비산으로부터 눈을 보호하기 위하여 보안경을 착용한다.

45 **덤프트럭의 정기검사 유효기간은 얼마인가?**

① 6개월 ② 1년
③ 2년 ④ 3년

정답 | ②

해설 | 덤프트럭의 정기검사 유효기간은 1년이다.

46 **다음 중 일시정지해야 하는 장소로 옳지 않은 것은?**

① 교통정리를 하고 있지 않은 교차로
② 교통의 원활한 소통을 확보하기 위하여 지방경찰청장이 안전표지로 지정한 곳
③ 신호등이 없는 철길건널목 앞
④ 가파른 비탈길의 내리막

정답 | ④

해설 | 가파른 비탈길의 내리막은 일시정지가 아닌 서행해야 한다.

47 **베이퍼록의 발생원인으로 틀린 것은?**

① 드럼과 라이닝의 끌림에 의한 가열
② 오일에 수분 함유 부족
③ 불량 오일의 사용
④ 비등점 저하

정답 | ②

해설 |

베이퍼록의 발생원인
- 드럼과 라이닝의 끌림에 의한 가열
- 오일에 수분 함유 과다
- 불량 오일의 사용
- 오일의 변질에 의한 비등점 저하

48 **건설기계장비의 동력전달장치에 사용되는 차동기어장치에 대한 설명으로 옳지 않은 것은?**

① 선회할 때 좌 · 우 바퀴의 회전속도를 다르게 한다.
② 기관의 회전력을 높여 바퀴에 전달한다.
③ 회전저항이 발생하면 저항이 작은 바퀴쪽의 회전수가 증가한다.
④ 하부 추진체가 휠로 되어 있는 장비이다.

정답 | ②

해설 | 차동기어장치는 선회 시 좌 · 우 구동바퀴의 회전수를 조절함으로써 선회를 원활하게 하는 역할을 한다.

49 점도 지수가 큰 오일의 경우 온도에 따른 점도의 변화는?

① 크다.
② 작다.
③ 일정하다.
④ 온도에는 점도가 변하지 않는다.

정답 | ②

해설 | 점도 지수는 온도 변화에 따른 점도의 변화 비율을 수치로 나타낸 것으로, 값이 클수록 온도에 따른 점도의 변화가 작다.

50 유압유의 최고 허용 온도로 옳은 것은?

① 40℃　② 60℃
③ 70℃　④ 80℃

정답 | ④

해설 | 최고 허용 오일의 온도는 80℃, 최저 허용 오일의 온도는 40℃이다.

51 도시가스배관 주위에서 굴착작업을 할 때 준수사항은?

① 가스배관 주위 30cm 이내까지 중장비로 작업이 가능하다.
② 가스배관 주위 50cm 이내까지 관리자 입회하에 중장비로 작업이 가능하다.
③ 가스배관 주위 1m 이내에는 장비 작업을 금지하고 있다.
④ 가스배관 주위 3m 이내에는 장비 작업을 금지하고 있다.

정답 | ③

해설 | 가스배관 좌우 1m 이내에는 장비 작업을 금하고 인력으로 작업해야 한다.

52 폭 4m 이상 8m 미만인 도로에 일반 도시가스 배관을 매설 시 지면과 도시가스 배관 상부와의 최소 이격 거리는 얼마인가?

① 0.6m　② 0.8m
③ 1.0m　④ 1.2m

정답 | ③

해설 |

가스배관 지하매설 심도
- 폭 8m 이상의 도로에서는 1.2m 이상
- 폭 4m 이상 8m 미만인 도로에서는 1m 이상
- 공동주택 등의 부지 내에서는 0.6m 이상

53 굴삭기 붐의 작동이 느린 이유는?

① 기름의 압력 부족
② 기름의 압력 과다
③ 기름의 온도 상승
④ 기름의 온도 저하

정답 | ①

해설 | 유압이 낮아지면 굴삭기의 붐 작동이 늦어진다.

54 엔진오일의 교환 후 압력이 낮아진 경우 그 원인으로 가장 적절한 것은?

① 점도가 낮은 오일로 교환하였다.
② 오일에 연료유가 혼입되었다.
③ 오일회로 내에 누설이 발생하였다.
④ 기존에 사용하던 엔진오일이 혼입되었다.

정답 | ①

해설 | 나머지 조건이 동일할 경우, 오일의 점도가 낮으면 압력이 낮아질 수 있다.

55 타이어에 9,00-20-14PR로 표시된 경우 14가 의미하는 것은?

① 타이어의 내경
② 타이어의 높이
③ 플라이수
④ 타이어의 폭

정답 | ③

해설 | 일반적으로 저압 타이어는 '타이어의 폭-타이어의 내경-플라이수'로 표시되므로 14는 플라이수를 의미한다.

56 직접분사실 엔진의 장점으로 옳지 않은 것은?

① 냉각에 의한 열의 손실이 적다.
② 구조가 간단하여 열효율이 높다.
③ 실린더 헤드의 구조가 간단하다.
④ 연료의 분사 압력이 낮다.

정답 | ④

해설 | 직접분사실 엔진의 경우 연료의 분사 압력이 높아 펌프 및 노즐 등의 수명이 짧다.

57 배기가스의 색깔이 흰색을 띨 경우 그 원인으로 가장 적절한 것은?

① 소음기가 막혀 있다.
② 아무 고장 없는 정상 상태이다.
③ 실린더 벽이 마멸되었다.
④ 연료의 질이 좋지 않다.

정답 | ③

해설 | 배기가스의 색이 흰색을 띠는 것은 윤활유가 함께 연소되는 경우이다. 이는 피스톤이나 피스톤링, 실린더 등의 마멸이 주요한 원인이 된다.

58 앞바퀴 정렬에서 킹핀 경사각의 기능으로 거리가 가장 먼 것은?

① 시미 현상을 방지한다.
② 핸들의 복원력을 증대시킨다.
③ 핸들의 직진성을 증대시킨다.
④ 핸들의 조작력을 경감시킨다.

정답 | ③

해설 | 조향 핸들의 직진성은 킹핀 경사각이 아닌 캐스터와 관련이 있다.

59 다음 중 주차만 금지된 장소는?

① 교차로의 가장자리로부터 4m인 곳
② 안전지대의 사방으로부터 각각 5m인 곳
③ 옥내소화전설비로부터 4m인 곳
④ 도로공사구역의 양쪽 가장자리로부터 4m인 곳

정답 | ④

해설 | 도로공사를 하고 있는 경우 그 공사구역의 양쪽 가장자리로부터 5m 이내인 곳은 주차만 금지된 장소이다. 나머지는 주차 및 정차가 모두 금지된 장소이다.

60 다음 중 작업복의 조건으로 가장 알맞은 것은?

① 작업자의 편안함을 위해 자율적인 것이 좋다.

② 작업에 지장이 없는 한 팔이 노출되는 것은 편하고 좋다.

③ 작업 시 땀이 눈에 들어가는 것을 막기 위해 수건을 뒷목에 넣고 일하는 것이 좋다.

④ 상의 옷자락이 밖으로 나오지 않도록 하는 것이 좋다.

정답 | ④

해설 | ① 작업복은 작업자 동작의 편안함을 고려해야 하지만 자율적이지는 않다.
② 주머니가 적고 팔이나 발이 노출되지 않는 것이 좋다.
③ 땀을 닦기 위한 수건 등을 허리나 목 등에 걸고 작업해서는 안 된다.

제2회 과년도 기출복원문제

01 다음 중 흰색 바탕에 빨간 기본모형인 안전보건표지는?

① 출입금지표지
② 안내표지
③ 경고표지
④ 금지표지

정답 | ④

해설 | 금지표지는 흰색 바탕, 빨간색 기본모형, 검은색 관련 부호 및 그림으로 나타낸다.

02 산의 생성을 억제하면서 동시에 금속의 표면에 부식억제 피막을 형성하여 금속에 산화물질이 직접 접촉되는 것을 막는 첨가제는?

① 마모 방지제
② 산화 방지제
③ 점도지수 향상제
④ 소포제

정답 | ②

해설 | 산화 방지제에 대한 설명으로 유압유의 성능을 향상시키기 위해 첨가하는 물질이다.

03 도시가스배관을 지하에 매설 시 중압인 경우 배관의 표면 색상은?

① 적색 ② 백색
③ 청색 ④ 흑색

정답 | ①

해설 | 지하 매설배관이 저압일 때는 황색, 중압 이상일 때는 적색으로 표시한다.

04 건설기계 등록번호표에 대한 설명으로 옳은 것은?

① 등록번호표는 국토교통부장관의 봉인자지정을 받은 자에게서 제작, 부착과 등록번호를 새김한 후 봉인을 받아야 한다.
② 건설기계 등록이 말소된 경우 등록번호표의 봉인을 뗀 후 그 번호표를 30일 내에 반납해야 한다.
③ 영업용 등록번호표는 녹색판에 흰색 문자로 색칠한다.
④ 자가용 등록번호는 1001~4999까지 사용할 수 있다.

정답 | ④

해설 | ① 등록번호표는 시 · 도지사의 봉인자지정을 받은 자에게서 제작, 부착과 등록번호를 새김한 후 봉인을 받아야 한다.
② 건설기계 등록이 말소된 경우 등록번호표의 봉인을 뗀 후 그 번호표를 10일 내에 반납해야 한다.
③ 영업용 등록번호표는 주황색판에 흰색문자로 색칠한다.

05 다음 중 디젤기관을 구성하는 부품이 아닌 것은?

① 분사 펌프 ② 점화 플러그
③ 에어 클리너 ④ 커넥팅 로드

정답 | ②

해설 | 디젤기관은 공기를 압축하여 그 압축열을 이용해 점화하는 압축 착화 방식이므로 점화 플러그를 필요로 하지 않는다. 점화 플러그는 가솔린기관의 구성품이다.

06 오일의 무게를 옳게 계산한 식은?

① 부피(ℓ)에 다비중을 나누면 kgf가 된다.
② 부피(ℓ)에 다질량을 곱하면 kgf가 된다.
③ 부피(ℓ)에 다비중을 곱하면 kgf가 된다.
④ 부피(ℓ)에 다질량을 나누면 kgf가 된다.

정답 | ③

해설 | 오일의 무게는 부피(ℓ)에다 다비중을 곱하면 kgf가 된다.

07 도로에 눈이 20mm 이상 쌓인 경우 운행속도는?

① 최고속도의 50%를 줄인 속도
② 최고속도의 40%를 줄인 속도
③ 최고속도의 20%를 줄인 속도
④ 최고속도의 10%를 줄인 속도

정답 | ①

해설 | 도로에 눈이 20mm 이상 쌓인 경우 최고속도의 50%를 줄여 운행한다.

08 건설기계 등록을 말소해야 하는 경우로 옳지 않은 것은?

① 건설기계를 수출하는 경우
② 건설기계를 도난당한 경우
③ 건설기계를 교육 · 연구 목적으로 사용하는 경우
④ 건설기계등록증이 헐어 못쓰게 된 경우

정답 | ④

해설 | 건설기계등록증이 헐어 못쓰게 된 경우 국토교통부령으로 정하는 바에 따라 재발급을 신청해야 한다.

09 가스공급압력이 중압 이상인 배관의 상부에 사용되는 보호판에 대한 설명으로 적절하지 않은 것은?

① 보호판은 가스가 누출되는 것을 방지하기 위한 것이다.
② 가스공급 압력이 중압 이상의 배관 상부에 사용하고 있다.
③ 배관 직상부 30cm 상단에 매설되어 있다.
④ 두께가 4mm 이상의 철판으로 방식 코딩되어 있다.

정답 | ①

해설 | 보호판은 장비에 의한 배관 손상을 방지하기 위해 철판으로 되어 있다.

10 건설기계관리법상 면허 취소에 해당하는 경우가 아닌 것은?

① 거짓이나 그 밖의 부정한 방법으로 건설기계조종사면허를 받은 경우
② 건설기계조종사면허의 효력정지기간 중 건설기계를 조종한 경우
③ 술에 취한 상태(혈중알콜농도 0.03%)에서 건설기계를 조종한 경우
④ 고의로 중상을 입힌 경우

정답 | ③

해설 | 혈중알콜농도 0.03% 이상 0.08% 미만으로 술에 취한 경우 면허효력정지 60일의 처분을 받는다.

11 12[V] 배터리의 방전 종지 전압은?

① 4.5[V] ② 6.5[V]
③ 8.5[V] ④ 10.5[V]

정답 | ④

해설 | 12[V] 배터리의 셀당 방전 종지 전압이 1.75[V]이며, 6개의 셀이 직렬로 연결되어 있으므로 1.75×6=10.5[V]가 된다.

12 조향기어비와 핸들 조작과의 관계에 대한 설명으로 옳은 것은?

① 조향기어비가 크면 핸들조작은 가벼워진다.
② 조향기어비가 작으면 핸들조작은 무거워진다.
③ 조향기어비와 핸들조작은 큰 관계가 없다.
④ 조향기어비가 크면 신속한 핸들 조작이 쉽다.

정답 | ①

해설 | 조향기어비가 커지면 핸들 조작은 가벼워지지만 큰 각도로 회전해야 하므로 신속한 조작은 어려워진다.

13 산업안전보건표지에서 다음 그림이 안내하는 것은?

① 세안장치
② 들 것
③ 비상용기구
④ 방진마스크 착용

정답 | ②

해설 | 들 것을 나타내는 안내표지이다.

세안장치	비상용기구	방진마스크 착용
	비상용 기구	

14 변속 레버가 빠지는 원인으로 옳은 것은?

① 클러치의 조정이 원활하지 못할 때
② 기어가 충분히 물리지 못할 때
③ 클러치 연결이 분리될 때
④ 릴리스 베어링이 마모 · 파손될 때

정답 | ②

해설 | 기어가 충분히 물리지 않으면 변속 레버가 빠진다.
①, ③, ④는 동력의 전달 · 차단과 관련이 있다.

기어가 빠지는 원인
- 기어가 충분히 물리지 않은 경우
- 로크 스프링의 장력이 약한 경우
- 변속기 록 장치가 불량한 경우
- 기어의 마모가 심한 경우

15 디젤기관에서 주로 사용하는 방식으로, 냉각수가 라이너의 바깥 둘레에 직접 접촉하는 실린더 라이너는?

① 건식 라이너 ② 습식 라이너
③ 진공 라이너 ④ 유압 라이너

정답 | ②

해설 | 습식 라이너는 디젤기관에서 주로 사용하는 방식으로, 라이너의 교환이 쉽고 냉각 효과가 좋지만 크랭크 케이스에 냉각수가 유입될 수 있어 주의를 요한다.

16 **안전 · 보건 표지의 색채 및 용도에 대한 설명으로 옳은 것은?**

① 금지를 의미하는 표지는 노란색이다.
② 녹색의 표지는 비상구 및 차량의 통행을 표시한다.
③ 화학물질 위험 경고와 유해행위의 금지를 나타내는 표지의 색깔은 다르다.
④ 흰색은 특정 행위의 지시 및 사실을 고지하는 표지이다.

정답 | ②

해설 | ① 금지를 의미하는 표지는 빨간색이다.
③ 화학물질 위험 경고와 유해행위의 금지를 나타내는 표지는 모두 빨간색이다.
④ 특정 행위의 지시 및 사실을 고지하는 표지는 파란색이다.

17 **다음 중 엔진오일이 연소실로 유입되는 경우 원인으로 볼 수 있는 것은?**

① 메인 베어링의 마모
② 피스톤링의 마모
③ 연료 분사 밸브의 고장
④ 피스톤 핀의 마모

정답 | ②

해설 | 피스톤링이 마모될 경우 피스톤과 실린더 사이의 간극이 넓어져 엔진오일이 연소실로 유입된다.

18 **유니버설 조인트에서 변속 조인트의 종류에 해당하지 않는 것은?**

① 플렉시블
② 십자형
③ 벤딕스형
④ 트러니언형

정답 | ③

해설 | 벤딕스형은 등속 자재이음에 해당한다.

> **부등속 자재이음의 분류**
> • 십자형(훅형)
> • 플렉시블
> • 볼 엔드 트러니언

19 **건설기계관리법상 처벌의 수준이 다른 하나는?**

① 건설기계의 등록번호를 지워 없애거나 그 식별을 곤란하게 한 자
② 정기적성검사 또는 수시적성검사를 받지 않은 자
③ 폐기인수 사실을 증명하는 서류의 발급을 거부한 자
④ 매매용 건설기계를 운행하거나 사용한 자

정답 | ②

해설 | ②의 경우 300만원 이하의 과태료에 해당하는 위반 사항이고, 나머지는 1년 이하의 징역 또는 1천만원 이하의 벌금형에 처한다.

20 **휠 밸런스의 균형이 정확하지 않을 때 발생하며 특히 고속에서 핸들에 진동이 느껴지는 현상은?**

① 베이퍼록 현상
② 시미 현상
③ 페이드 현상
④ 사이클링 현상

정답 | ②

해설 | 시미(Shimmy) 현상은 휠 밸런스의 균형이 정확하지 않아 회전저항이 증가하며 어떤 속도에 이르면 핸들에 진동이 느껴지는 현상이다. 일반적으로 조향 장치 전체의 진동을 가리킨다.

21 다음 중 교류발전기의 부품이 아닌 것은?

① 다이오드
② 전류 조정기
③ 전압 조정기
④ 스테이터 코일

정답 | ②

해설 | 직류발전기와 달리 교류발전기에는 전류 조정기가 필요하지 않다.

22 산소 용기에서 산소의 누출 여부를 확인하는 방법으로 가장 적절한 것은?

① 냄새 ② 자외선
③ 비눗물 ④ 소리

정답 | ③

해설 | 산소 또는 아세틸렌용기의 누출 여부는 비눗물로 검사하는 것이 가장 쉽고 안전한 방법이다.

23 다음 중 차체에 용접 시 주의사항으로 옳지 않은 것은?

① 용접 부위 및 주위에 인화될 물질이 없어야 한다.
② 차체의 전원스위치를 끈 상태에서 작업한다.
③ 불똥으로 인한 흔적이 생기지 않도록 유리에 보호막을 씌운다.
④ 전기용접 작업의 경우 반드시 배터리 접지선을 연결한다.

정답 | ④

해설 | 전기용접 시 차체의 배터리 접지선을 반드시 제거해야 한다.

24 다음 중 특별 또는 경고표지 부착 대상 건설기계에 대한 설명으로 옳지 않은 것은?

① 길이가 17m인 건설기계는 특별표지 부착 대상이다.
② 너비가 2m인 건설기계는 특별표지 부착 대상이다.
③ 총중량 상태에서 축하중이 8톤인 건설기계는 특별표지 부착 대상이 아니다.
④ 높이가 3.5m인 건설기계는 특별표지 부착 대상이 아니다.

정답 | ②

해설 | 너비가 2.5m를 초과하는 건설기계가 특별표지 부착 대상이다.

25 4행정 디젤 기관에서 기관이 실제 동력을 발생시키는 행정은?

① 흡입행정 ② 압축행정
③ 폭발행정 ④ 배기행정

정답 | ③

해설 | 폭발행정은 고온 · 고압의 공기에 연료유가 분사되면서 폭발을 일으켜 그 압력으로 피스톤을 밀어내는 행정이다. 이때 기관은 실제 동력을 발생시킨다.

26 20℃에서 전해액의 비중이 1.186 이하일 경우 축전지의 충전 상태는?

① 완전 충전 ② 2/3 충전
③ 반 충전 ④ 완전 방전

정답 | ③

해설 | 20℃에서 전해액의 비중이 1.186 이하일 때는 반 충전 상태이다. 완전 충전 상태일 경우 비중은 1.280이 된다.

27 납축전지의 극판 수를 많게 할 경우 어떻게 되는가?

① 저항이 증가한다.
② 용량이 커진다.
③ 전압이 높아진다.
④ 전류가 줄어든다.

정답 | ②

해설 | 극판의 수가 늘어나면 극판이 전해액과 대항하는 면적이 증가하며, 이에 따라 납축전지의 용량이 증가한다.

28 교통안전에 필요한 주의 · 규제 · 지시 등을 표시하는 표지판이나 도로의 바닥에 표시하는 기호 · 문자 또는 선 등은 무엇인가?

① 차마　② 신호기
③ 안전표지　④ 안전지대

정답 | ③

해설 | ① 차마 : 차와 우마
② 신호기 : 도로교통에서 문자 · 기호 또는 등화를 사용하여 진행 · 정지 등의 신호를 전기로 표시하는 장치
④ 안전지대 : 도로를 횡단하는 보행자나 통행하는 차마의 안전을 위하여 안전표지나 이와 비슷한 인공구조물로 표시한 도로의 부분

29 앞바퀴 정렬에서 토인의 기능으로 거리가 가장 먼 것은?

① 바퀴의 벌어짐을 방지한다.
② 앞차축의 휨을 적게 한다.
③ 토아웃을 방지한다.
④ 타이어의 마멸을 방지한다.

정답 | ②

해설 | 앞차축의 휨을 적게 하는 것은 토인이 아닌 캠버와 관련이 있다.

30 다음 중 연소실의 압축가스 누설로 압축압력이 저하되는 원인으로 적절한 것은?

① 실린더 헤드 개스킷 불량
② 냉각수 부동액 부족
③ 크랭크축 결합 불량
④ 플라이휠 파손

정답 | ①

해설 | 실린더 헤드의 하단부에 설치된 개스킷이 불량하면 압축가스가 누설되어 압축압력이 저하될 수 있다.

31 건설기계관리법상 규정에 따라 과태료를 부과 · 징수할 수 없는 기관의 장은?

① 국토교통부장관
② 시장
③ 구청장
④ 경찰청장

정답 | ④

해설 | 건설기계관리법상 규정에 따라 과태료는 국토교통부장관, 시 · 도지사, 시장 · 군수 또는 구청장이 부과 · 징수한다.

32 기관의 연소실에서 발생한 힘을 크랭크축으로 전달하는 장치는?

① 커넥팅 로드
② 피스톤 링
③ 캠축
④ 메인 베어링

정정답 | ①

해설 | 커넥팅 로드는 피스톤과 연결되어 기관의 연소실에서 받은 힘을 크랭크축으로 전달하는 역할을 한다.

33 유압장치의 장단점으로 틀린 것은?

① 고압 사용으로 인한 위험성이 있다.
② 폐유에 의해 주변 환경이 오염될 수 있다.
③ 무단변속이 가능하다.
④ 섬세하고 정확한 위치제어가 어렵다.

정답 | ④

해설 | 유압장치는 정확한 위치제어가 가능하다는 장점이 있다.

34 브레이크 장치의 종류 중 분류가 다른 것은?

① 유압식 브레이크
② 배력식 브레이크
③ 공기식 브레이크
④ 휠식 브레이크

정답 | ④

해설 | 마찰 브레이크 중 풋 브레이크에는 기계식, 유압식, 배력식, 공기식 브레이크가 있다. 휠식 브레이크는 감속 브레이크의 종류에 해당한다.

35 굴착작업 중 황색 바탕의 위험표지시트가 발견되었을 경우 예상할 수 있는 매설물은?

① 전력케이블
② 지하차도
③ 지하철
④ 하수도관

정답 | ①

해설 | 굴착작업 중 고압선 위험표지시트가 발견되었다면 표지시트 직하에 전력케이블이 있다는 의미이다.

36 다음 중 기관에 노킹을 일으키는 원인으로 가장 적절한 것은?

① 착화지연시간이 짧을 경우
② 흡입공기의 온도가 높을 경우
③ 연료에 수분이 혼입되지 않을 경우
④ 연료유의 세탄가가 낮을 경우

정답 | ④

해설 | 세탄가는 연료유의 착화성을 수치화한 것으로, 세탄가가 낮은 연료를 사용할 경우 연료의 불완전연소로 인해 노킹이 발생할 수 있다.

37 건설기계관리법상 50만원 이하의 과태료에 해당하는 위반 사항은?

① 안전교육을 받지 않고 건설기계를 조종한 자
② 등록사항의 변경신고를 하지 않은 자
③ 등록번호를 새기지 않은 자
④ 건설기계사업자의 의무를 위반한 자

정답 | ②

해설 | ②의 경우 50만원 이하의 과태료에 해당하고, 나머지 경우는 모두 100만원 이하의 과태료에 해당하는 위반 사항이다.

38 기관의 시동모터 회전이 안 되거나 혹은 회전력이 약한 원인으로 옳지 않은 것은?

① 브러시가 정류자에 밀착된 경우
② 시동스위치의 접촉이 불량한 경우
③ 배터리의 전압이 낮은 경우
④ 배터리 단자와 터미널의 접촉이 불량한 경우

정답 | ①

해설 | 브러시가 정류자에 잘 밀착되면 전류의 전달이 잘 되어 시동모터의 회전이 정상적으로 이루어진다.

39 유압장치의 기본 구성 요소에 해당하지 않는 것은?

① 유압 순환 장치
② 유압 발생 장치
③ 유압 구동 장치
④ 유압 제어 장치

정답 | ①

해설 | 유압장치는 유압 발생 장치, 유압 제어 장치, 유압 구동 장치, 부속기구로 구성된다.

40 유압식 브레이크에서 브레이크 마스터 실린더에 잔압을 두는 이유로 거리가 먼 것은?

① 회로 내에 공기의 유입을 돕는다.
② 휠 실린더 내 오일 누출을 방지한다.
③ 베이퍼 록 현상을 예방한다.
④ 브레이크 작동 지연을 방지한다.

정답 | ①

해설 | 회로 내에 공기가 침입하는 것을 방지하기 위해 잔압을 둔다.

41 작동유의 구비조건으로 틀린 것은?

① 온도에 의한 점도 변화가 작을 것
② 밀도가 작고 비중이 적당할 것
③ 발화점이 높을 것
④ 압력에 대해 압축성을 가질 것

정답 | ④

해설 | 작동유는 압력에 대해 비압축성이어야 한다.

42 기관의 냉각팬이 회전할 때 공기가 불어가는 방향은?

① 상부 방향
② 하부 방향
③ 방열기 방향
④ 엔진 방향

정답 | ③

해설 | 기관의 냉각팬이 회전할 때 공기는 방열기 방향으로 불어간다.

43 다음 중 건설기계 기관에서 사용되는 윤활유의 주요 기능이 아닌 것은?

① 냉각 작용
② 마멸 방지 작용
③ 기밀 유지 작용
④ 응력 집중 작용

정답 | ④

해설 | 윤활유는 기관에서 발생하는 응력을 분산시키는 작용을 한다.

44 유압 펌프에서 발생된 유체 에너지를 기계적 에너지로 바꾸는 유압장치는?

① 유압 제어 밸브
② 유압 액추에이터
③ 유압 제어 밸브
④ 어큐뮬레이터

정답 | ②

해설 | 액추에이터란 압력, 속도의 유체 에너지를 회전 또는 직선운동의 기계적 에너지로 바꾸는 장치를 말한다.

45 유압 실린더의 작동 속도가 정상보다 느린 경우 그 원인으로 옳은 것은?

① 계통 내의 흐름 용량이 부족하다.
② 릴리프 밸브의 설정 압력이 높다.
③ 작동유의 점도 지수가 높다.
④ 작동유의 점도 지수가 비교적 낮다.

정답 | ①

해설 | 유압계통 내의 흐름 유량이 부족할 경우 액추에이터의 작동 속도가 느려지는 원인이 된다.

46 냉각수 순환용 물펌프에 고장이 발생할 경우 나타날 수 있는 현상은?

① 클러치 판 마멸
② 기관 과열
③ 연료유 내 수분 혼입
④ 윤활유 사용률 증가

정답 | ②

해설 | 냉각수 순환용 물펌프가 고장 날 경우 냉각수가 순환하지 않아 기관이 과열된다.

47 안전작업 측면에서 장갑을 착용해도 가장 무리 없는 작업은?

① 드릴 작업 시
② 해머 작업 시
③ 정밀기계 작업 시
④ 건설현장에서 청소 작업 시

정답 | ④

해설 | 장갑을 착용하면 안되는 작업은 연삭 작업, 해머 작업, 드릴 작업, 정밀기계 작업 등이 있으며, 이는 장갑의 사용으로 인해 사고의 위험성이 커지기 때문이다.

48 다음 중 윤활유가 구비해야 할 조건으로 옳지 않은 것은?

① 응고점이 낮을 것
② 카본 생성이 많을 것
③ 인화점이 높을 것
④ 산에 대해 안정성이 있을 것

정답 | ②

해설 | 윤활유는 카본 생성이 적어야 한다.

49 산업재해 중 중경상에 해당하는 경우는?

① 부상으로 인하여 1일 이상 7일 이하의 노동 상실을 가져온 상해 정도
② 응급처치 이하의 상처로 작업에 종사하면서 치료받는 정도
③ 업무로 인해 목숨을 잃게 되는 정도
④ 부상으로 인하여 8일 이상의 노동 상실을 가져온 상해 정도

정답 | ④

해설 | ① 경상해에 해당한다.
② 무상해 사고에 해당한다.
③ 사망에 해당한다.

50 다음 중 과급기의 효과가 아닌 것은?

① 엔진 출력이 약 35~45% 증가한다.
② 착화지연시간이 증가한다.
③ 엔진의 중량이 증가한다.
④ 연료의 소비율이 향상된다.

정답 | ②

해설 | 과급기는 착화지연시간을 단축시켜 준다.

51 건설기계의 냉방장치에서 고온 · 고압의 냉매를 냉각해 액체 냉매로 변환하는 장치는?

① 압축기 ② 응축기
③ 건조기 ④ 증발기

정답 | ②

해설 | 응축기는 고온 · 고압의 냉매를 냉각하여 냉매를 액체 상태로 변환하는 장치이다.

52 유체 클러치에 대한 설명으로 옳지 않은 것은?

① 터빈의 회전속도가 펌프의 회전속도와 같아졌을 때 최대 효율로 토크를 전달한다.
② 엔진이 작동하면 펌프도 회전하면서 중앙부의 오일을 날개로 방출한다.
③ 가이드 링을 중심부에 두어 오일 충돌이 감소되도록 한다.
④ 오일이 순환 운동을 하지 않으면 토크가 전달되지 않는다.

정답 | ②

해설 | 엔진이 작동하면 펌프도 함께 회전하면서 중앙부의 오일을 날개로 방출하는 구조는 토크 컨버터에 대한 설명이다.

53 화재의 분류에서 유류화재에 해당하는 것은?

① A급 화재 ② B급 화재
③ C급 화재 ④ D급 화재

정답 | ②

해설 | 유류(기름)화재는 B급 화재에 해당한다.
① A급 화재 : 목재, 종이 섬유 등 일반 가연물에 의한 화재
③ C급 화재 : 전기를 이용하는 기구 및 기계, 전선 등에 의한 화재
④ D급 화재 : 공기 중에 비산한 금속분진에 의한 화재

54 방향 제어 밸브를 동작시키는 방식으로 거리가 먼 것은?

① 수동 방식
② 유압 파일럿 방식
③ 스프링 방식
④ 전자 방식

정답 | ③

해설 |

방향 제어 밸브를 동작시키는 방식
수동 방식, 유압 파일럿 방식, 전자 방식

55 유압장치에서 작동 유압 에너지에 의해 연속적으로 회전운동을 하여 기계적인 일을 하는 것은?

① 유압탱크 ② 유압모터
③ 유압실린더 ④ 유압제어밸브

정답 | ②

해설 | 유압모터는 작동 유압 에너지에 의해 연속적으로 회전운동을 하여 기계적인 일을 하는 장치이다.

56 액추에이터에 대한 설명으로 옳지 않은 것은?

① 힘(압력에너지)을 일(기계적 에너지)로 바꾼다.
② 회전운동을 하는 유압모터, 직선 왕복 운동을 하는 유압실린더가 있다.
③ 리듀싱 밸브로 작동 방향을 변경한다.
④ 실린더, 피스톤, 피스톤 로드로 구성된다.

정답 | ③

해설 | 방향 제어 밸브로 액추에이터 작동 방향을 변경한다.

57 LNG를 사용하는 도시지역의 가스배관 공사 시 주의사항으로 틀린 것은?

① 점화원의 휴대를 금지한다.

② LNG는 공기보다 가볍고 가연성 물질이므로 주의해야 한다.

③ 가스배관 좌우 30cm 이상은 장비로 굴착한다.

④ 공사지역의 배관매설 여부는 해당 도시가스업자에게 의뢰한다.

정답 | ③

해설 | 가스배관 좌우 1m 이내는 인력으로 굴착해야 한다.

58 다음 재해의 원인 중 불안전한 상태에 해당하는 것은?

① 생산 공정의 결함

② 작업태도 불량

③ 작업방법 불량

④ 안전관리 조직 미편성

정답 | ①

해설 | 생산 공정의 결함은 불안전한 상태에 해당한다.
②, ③ 교육적 원인
④ 관리적 원인

59 건설기계 장비 운전 전에 확인해야 하는 점검사항이 아닌 것은?

① 정밀도 점검

② 급유상태 점검

③ 장비 점검

④ 일상 점검

정답 | ①

해설 |

운전 전 정비
- 엔진 오일 점검 및 보충
- 유압 오일 수준 점검
- 냉각수 및 연료 수준 점검, 보충
- 후크 블록 점검
- 조향 핸들, 배터리, 와이어 로프, 주차 브레이크, 점검

60 굴삭기의 기본 작업 사이클 과정은?

① 굴삭 → 붐 상승 → 스윙 → 적재 → 스윙 → 굴삭

② 굴삭 → 스윙 → 붐 상승 → 적재 → 스윙 → 굴삭

③ 굴삭 → 붐 상승 → 적재 → 스윙 → 굴삭

④ 굴삭 → 스윙 → 적재 → 스윙 → 붐 상승 → 굴삭

정답 | ①

해설 | 굴삭기는 굴삭 → 붐 상승 → 스윙 → 적재 → 스윙 → 굴삭 순으로 작업을 진행한다.

굴삭기의 기본 작업 순서
① 굴삭 : 버킷으로 흙을 퍼 담는 작업
② 스윙 : 작업위치로 선회
③ 적재 : 흙을 쏟는 작업
④ 스윙 : 작업위치로 선회
⑤ 굴삭 : 굴삭하려는 위치로 버킷을 내림

제3회 과년도 기출복원문제

01 안전작업에 대한 내용으로 적절하지 않은 것은?

① 회전 중인 물체를 정지시킬 때는 스스로 정지하도록 한다.
② 엔진에서 배출되는 일산화탄소에 대비한 통풍장치를 설치한다.
③ 담뱃불은 발화력이 약하므로 어느 곳에서나 흡연해도 무방하다.
④ 주요 장비 등은 조작자를 지정하여 아무나 조작하지 않도록 한다.

정답 | ③

해설 | 연소하기 쉬운 물질이 있을 수 있으므로 흡연은 정해진 장소에서만 해야 한다.

02 건설기계장비에서 조향 기어의 섹터축과 피트먼 암을 연결하는 것은?

① 너클 암
② 드래그 링크
③ 세레이션
④ 중심 링크

정답 | ③

해설 | 피트먼 암의 한쪽 끝은 세레이션(seration)으로 섹터축에 설치되고 다른 한쪽 끝은 드래그 링크와 연결하기 위해 볼이음이 설치되어 있다.

03 다음 중 기관이 과열되는 주요 원인이 아닌 것은?

① 라디에이터 코어의 막힘
② 냉각장치 내부의 스케일 과다
③ 냉각수의 과도한 공급
④ 엔진 오일량의 부족

정답 | ③

해설 | 냉각장치가 부족할 경우 기관이 과열될 수 있다.

04 피스톤의 간극이 클 경우 나타날 수 있는 현상으로 가장 적합한 것은?

① 오일의 소비 증가
② 엔진의 압축 압력 증가
③ 피스톤의 소결 발생
④ 마찰열에 따른 마멸 증대

정답 | ①

해설 | 피스톤의 간극이 클 경우 오일이 연소실로 유입되어 오일의 소비가 증대된다.

05 클러치가 연결된 기계장치에서 기어변속을 하고자 한다. 적절한 주행 방법은?

① 클러치의 연결을 끊고 변속한다.
② 브레이크 페달을 밟고 변속한다.
③ 일반적인 주행 방법과 동일하다.
④ 단계를 두고 연속적으로 변속한다.

정답 | ①

해설 | 기어에서 소음이 나거나 마모될 수 있으므로 클러치의 연결을 끊고 기어 변속을 해야 한다.

06 **도로의 땅속을 굴착하고자 할 때 도시가스 배관이 묻혀 있는지 확인하기 위해 가장 먼저 해야 할 일은?**

① 그 지역 동사무소에 물어본다.
② 해당 구청 토목과에 확인한다.
③ 굴착기로 땅속을 파 가스배관이 있는지 확인한다.
④ 그 지역의 도시가스 회사에 가스배관 유무를 확인한다.

정답 | ④
해설 | 도로의 땅속을 굴착하고자 할 때 그 지역의 도시가스 회사에 가스배관 유무를 확인해야 한다.

07 **도로 굴착자가 가스배관 매설 위치를 확인할 때 인력굴착을 실시하여야 하는 범위는?**

① 가스배관의 좌우 0.5m
② 가스배관의 좌우 0.8m
③ 가스배관의 좌우 1m
④ 가스배관의 보호판이 육안으로 확인되었을 때

정답 | ③
해설 | 가스배관 좌우 1m 이내에서는 장비 작업을 금하고 인력으로 작업해야 한다.

08 **앞바퀴 정렬의 기능으로 거리가 먼 것은?**

① 조향 핸들의 복원성을 감소시킨다.
② 작은 힘으로도 핸들을 쉽게 조정할 수 있다.
③ 타이어의 마모를 최소로 한다.
④ 핸들에 안전성을 높인다.

정답 | ①
해설 | 앞바퀴를 정렬하면 조향 핸들의 복원성을 향상시키며 직진성을 증가시킨다.

09 **다음 중 기관에서 노킹이 발생하는 원인으로 볼 수 없는 것은?**

① 연료의 세탄가가 너무 낮음
② 연료의 분사 압력이 낮음
③ 착화지연시간이 짧음
④ 기관이 과랭되어 있음

정답 | ③
해설 | 착화지연시간이 길 경우 노킹이 발생할 수 있으며, 따라서 노킹이 발생할 경우 착화지연시간을 짧게 하는 것이 해결 방법 중 하나이다.

10 **건설기계장비에서 유압 구성품을 분해하기 전 내부 압력을 제거하는 방법으로 옳은 것은?**

① 엔진을 정지시킨 후 조정 레버를 모든 방향으로 작동시킨다.
② 엔진을 정지시킨 후 개방한다.
③ 고정너트를 서서히 풀어 준다.
④ 압력밸브를 밀어 준다.

정답 | ①
해설 | 유압 구성품 분해 전 엔진을 정지한 후 조정 레버를 모든 방향으로 작동시켜 내부 압력을 제거한다.

11 **건설기계조종사면허를 받은 사람이 면허의 효력이 정지되었을 경우 언제까지 면허증을 반납해야 하는가?**

① 정지된 날부터 10일 이내
② 정지된 날부터 15일 이내
③ 정지된 날부터 20일 이내
④ 정지된 날부터 30일 이내

정답 | ①

해설 | 건설기계조종사면허를 받은 사람이 면허의 효력이 정지되었을 때는 그 사유가 발생한 날부터 10일 이내에 시장 · 군수 또는 구청장에게 그 면허증을 반납해야 한다.

12 **다음 중 LP 가스의 특성이 아닌 것은?**

① 주성분은 프로판과 메탄이다.
② 액체 상태일 때 피부에 닿으면 동사의 우려가 있다.
③ 누출 시 공기보다 무거워 바닥에 체류하기 쉽다.
④ 원래 무색, 무취이나 안전을 위해 부취제를 첨가한다.

정답 | ①

해설 | LP 가스의 주성분은 프로판과 부탄이다. 메탄은 LNG의 주성분이다.

13 **유압장치에서 기어펌프의 장점이 아닌 것은?**

① 가변 용량형 펌프로 적당하다.
② 흡입 능력이 우수하다.
③ 유압 작동유의 오염에 강하다.
④ 구조가 간단하고 고장이 적다

정답 | ①

해설 | 기어펌프는 정용량형 펌프에 해당한다.

14 **드럼식 브레이크에 대한 설명으로 틀린 것은?**

① 디스크 브레이크보다 냉각효과가 커 페이드 현상이 적게 발생한다.
② 브레이크 슈, 휠 실린더, 백 플레이트, 브레이크 드럼 등으로 이루어진다.
③ 효율이 높고 가격이 저렴하다.
④ 브레이크 드럼 안쪽에 브레이크 슈를 압착하여 제동한다.

정답 | ①

해설 | 드럼식 브레이크는 디스크 브레이크보다 냉각효과가 적기 때문에 페이드 현상이 발생하기 쉽다.

15 **건설기계관리법상 임시번호표를 붙이지 않고 운행한 자와 동일한 처벌을 받게 되는 사람은?**

① 수출의 이행 여부를 신고하지 않은 자
② 건설기계안전기준에 적합하지 않은 건설기계를 도로에서 운행한 자
③ 건설기계사업자의 의무를 위반한 자
④ 등록번호표를 반납하지 않은 자

정답 | ④

해설 | 임시번호표를 붙이지 않고 운행한 자와 등록번호표를 반납하지 않은 자는 모두 50만원 이하의 과태료를 내야 한다. 나머지 사람들은 100만원 이하의 과태료를 내야 한다.

16 실린더의 내경이 행정보다 작은 기관을 일컫는 말은?

① 정방행정 기관
② 단행정 기관
③ 장행정 기관
④ 스퀘어 기관

정답 | ③

해설 | 실린더 행정의 내경비는 피스톤 행정(L)을 실린더 내경(D)으로 나누어 구하는데, 이 비율에 따라 장행정 기관, 정방행정 기관, 단행정 기관으로 구분한다.

17 다음 중 전류의 단위로 옳은 것은?

① 암페어[A] ② 볼트[V]
③ 옴[Ω] ④ 헤르츠[Hz]

정답 | ①

해설 | 전류의 단위는 암페어[A]를 사용한다. 1A는 도선의 임의의 단면적을 1초 동안 1C(쿨롱)의 정전하가 통과할 때의 값이다.

18 다음 중 분진이 많은 작업장에서 사용해야 하는 지시표지는?

① 
② 
③ 
④ 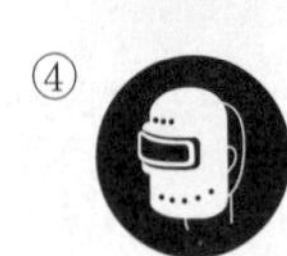

정답 | ③

해설 | 분진이 많은 작업장에서는 방진 마스크를 착용해야 하므로 이에 대한 지시표지는 ③이다.
① 방독마스크 착용
② 보안경 착용
④ 보안면 착용

19 유압장치의 취급 방법으로 틀린 것은?

① 유압장치에 이물질이나 물의 혼입이 없는지 점검한다.
② 작동 중 이상 소음이 나면 즉시 작업을 중단한다.
③ 고온 물체와의 직접 접촉이 없도록 주의해야 한다.
④ 오일량이 부족할 시 종류가 다른 오일로 보충할 수 있다.

정답 | ④

해설 | 종류가 다른 오일(작동유)을 섞어 사용할 경우 열화가 일어날 수 있다.

20 도로 굴착 시 황색의 도시가스 보호포가 나왔다면, 매설된 도시가스 배관의 압력은?

① 저압 ② 중압
③ 고압 ④ 초고압

정답 | ①

해설 | 배설된 가스 배관, 보호판, 보호포의 색상은 저압일 때 황색, 중압 이상일 때는 적색으로 표시한다. 다만 지상배관은 모두 황색으로 표시한다.

21 동력전달 계통에서 최종적으로 구동력을 증가시키는 것은?

① 스프로킷
② 종감속 기어
③ 파이널 드라이버 기어
④ 차동 기어

정답 | ②

해설 | 종감속 기어는 동력을 변속 기어에 의해 변속한 다음 구동력을 증가시키기 위해 최종적으로 감속시키는 기어로 최종 구동 기어라고도 한다.

22 **도로에서 굴착작업 중 154kV 지중 송전케이블을 손상시켜 누유 중이다. 조치사항으로 가장 적합한 것은?**

① 미세하게 누유되는 정도면 사고는 발생하지 않는다.
② 기름이 외부로 누출되지 않도록 신속하게 되메운다.
③ 튜브 등으로 감아서 누유되지 않도록 임시 조치 후 계속 작업한다.
④ 신속히 시설 관리자에게 연락하여 조치를 취하도록 한다.

정답 | ④

해설 | 도로에서 굴착작업 중에 매설된 시설을 손상시켰을 경우 신속히 시설 소유자 또는 관리자에게 연락하여 조치를 취한다.

23 **유압장치의 구성요소에 대한 설명으로 틀린 것은?**

① 유압 발생 장치는 오일탱크, 유압펌프, 유압모터 등으로 구성된다.
② 유체 에너지를 기계적 에너지로 변환시키는 장치에는 유압실린더, 요동모터 등이 있다.
③ 부속기구는 오일을 일의 방향과 속도에 맞춰 작동체로 보낸다.
④ 부속기구는 회로 구성의 안전성, 사용자의 편리함을 증가시킨다.

정답 | ③

해설 | 유압원으로부터 받은 오일을 일의 방향·속도·크기를 조절해 작동체로 보내주는 장치는 유압 제어 장치이다.

24 **12[V] 납축전지의 셀에 대한 설명으로 옳은 것은?**

① 6개의 셀이 병렬로 연결되어 있다.
② 6개의 셀이 직렬로 연결되어 있다.
③ 6개의 셀이 직렬과 병렬 혼용으로 연결되어 있다.
④ 6개의 셀이 연결 없이 별도로 작동한다.

정답 | ②

해설 | 각 전압이 2.1~2.3[V]인 6개의 셀이 직렬로 연결되어 있다.

25 **유압식 브레이크에서 휠 실린더에 대한 설명으로 틀린 것은?**

① 브레이크 슈를 드럼에 압착시킨다.
② 회로 내 침입한 공기를 제거하는 블리더 스크류가 있다.
③ 캐리어, 가이드 로드, 실린더 어셈블리 등으로 구성되어 있다.
④ 마스터 실린더에서 유압을 전달받는다.

정답 | ③

해설 | 캐리어, 가이드 로드, 실린더 어셈블리는 디스크 브레이크의 구성 요소이다. 휠 실린더는 피스톤 컵, 고무 부트, 피스톤 등으로 구성되어 있다.

26 **다음 중 디젤 기관에만 존재하는 회로는?**

① 시동 회로　② 충전 회로
③ 예열 회로　④ 등화 회로

정답 | ③

해설 | 일반적으로 가솔린 기관에는 예열 회로가 존재하지 않는다.

27 건설기계조종사면허를 받은 사람이 면허증의 재교부를 받은 후 잃어버린 면허증을 발견했을 경우 취해야 할 행동으로 옳은 것은?

① 잃어버린 면허증을 폐기한다.
② 7일 이내에 면허장으로 면허증을 반납한다.
③ 10일 이내에 구청장에게 면허증을 반납한다.
④ 15일 이내에 시청에 연락한 뒤 폐기한다.

정답 | ③

해설 | 건설기계조종사면허를 받은 사람은 면허증의 재교부를 받은 후 잃어버린 면허증을 발견한 때에는 그 사유가 발생한 날부터 10일 이내에 시장 · 군수 또는 구청장에게 그 면허증을 반납해야 한다.

28 건설기계조종사의 적성검사 기준으로 가장 거리가 먼 것은?

① 시각은 150° 이상이어야 한다.
② 언어분별력은 80% 이상이어야 한다.
③ 두 눈을 동시에 뜨고 잰 시력이 0.7 이상이어야 한다.
④ 보청기를 사용하는 사람은 55데시벨의 소리를 들을 수 있어야 한다.

정답 | ④

해설 | 일반적인 경우 55데시벨의 소리를 들을 수 있어야 한다. 다만, 보청기를 사용하는 사람은 40데시벨이 기준이다.

29 다음 중 플라이휠의 역할로 옳은 것은?

① 기관의 출력을 높인다.
② 기관의 회전을 균일하게 한다.
③ 실린더의 왕복운동을 회전운동으로 바꾼다.
④ 크랭크축을 지지한다.

정답 | ②

해설 | 플라이휠은 크랭크축의 회전력을 균일하게 함으로써 저속 회전을 가능케 하는 장치이다.

30 전기장치의 퓨즈가 끊어졌을 때의 조치로 옳은 것은?

① 용량이 더 작은 퓨즈로 교체한다.
② 동일한 용량의 퓨즈로 교체한다.
③ 용량이 더 큰 퓨즈로 교체한다.
④ 전기장치의 고장개소를 찾아 수리한다.

정답 | ②

해설 | 전기장치의 퓨즈가 끊어졌을 때는 같은 용량의 새 퓨즈로 교체하여야 한다.

31 디젤엔진의 연료의 구비조건으로 옳지 않은 것은?

① 발열량이 높을 것
② 카본의 발생이 적을 것
③ 응고점이 낮을 것
④ 기포 발생이 많을 것

정답 | ④

해설 | 연료유는 기포 발생이 적어야 한다.

32 디젤 엔진 작동 후 충분한 시간이 지난 후에도 냉각수의 온도가 상승하지 않을 경우 그 고장의 원인으로 볼 수 있는 것은?

① 수온조절기가 열린 채 고장 남
② 냉각수 펌프가 고장 남
③ 물 재킷이 스케일로 막힘
④ 라디에이터 코어가 파손됨

정답 | ①

해설 | 수온조절기(정온기)가 열린 채 고장 날 경우 엔진 과랭의 원인이 되며, 냉각수의 온도가 상승하지 않게 된다.

33 오일 필터의 눈이 너무 작을 때 발생하기 쉬운 현상으로 옳은 것은?

① 맥동 현상
② 캐비테이션 현상
③ 오일 누출 현상
④ 블로 바이 현상

정답 | ②

해설 | 캐비테이션 현상(공동 현상)은 필터의 여과 입도가 너무 작을 때 발생하기 쉽다.

34 방향 제어 밸브에서 내부의 누유에 영향을 주는 요소로 거리가 먼 것은?

① 관로의 유량
② 유압유의 점도
③ 밸브 간극의 크기
④ 밸브 양단의 압력차

정답 | ①

해설 | 관로의 유량은 방향 제어 밸브의 내부 누유와 직접적인 관련이 없다.

35 납축전지의 급속충전 시 주의사항으로 옳지 않은 것은?

① 통풍이 잘되는 곳에서 실시한다.
② 전해액의 온도가 45℃를 넘지 않도록 주의한다.
③ 충전 중인 축전지에 충격이 가해지지 않도록 한다.
④ 충전 시간은 길게 하고, 가능한 2주에 한 번씩 실시한다.

정답 | ④

해설 | 급속 충전 시 충전 시간은 가능한 짧게 하고, 긴급한 상황이 아니라면 급속 충전은 실시하지 않는 것이 좋다.

36 유압 액추에이터에서 유압 실린더와 유압 모터의 작동으로 맞는 것은?

① 실린더는 회전운동, 모터는 직선운동을 한다.
② 모두 직선운동을 한다.
③ 모두 회전운동을 한다.
④ 실린더는 직선운동, 모터는 회전운동을 한다.

정답 | ④

해설 | 액추에이터에는 회전운동을 하는 유압 모터와 직선운동을 하는 유압 실린더가 있다.

37 **건설기계관리법상 건설기계의 조종 중 조종자의 과실로 가스공급시설을 손괴하거나 가스공급시설의 기능에 장애를 입혀 가스의 공급을 방해한 경우 처해지는 면허 취소 · 정지처분은?**

① 면허효력정지 45일
② 면허효력정지 60일
③ 면허효력정지 180일
④ 면허 취소

정답 | ③

해설 | 건설기계의 조종 중 조종자의 과실로 가스공급시설을 손괴하거나 가스공급시설의 기능에 장애를 입혀 가스의 공급을 방해한 경우, 면허효력정지 180일의 처분을 받는다.

38 **전류계 지침이 정상에서 (−) 방향을 지시하고 있을 경우 그 원인으로 옳지 않은 것은?**

① 전조등 스위치가 점등 위치에 있다.
② 시동 스위치가 엔진 예열 장치를 동작시키고 있다.
③ 발전기에서 축전지로 충전이 이루어지고 있다.
④ 배선에서 누전이 발생하고 있다.

정답 | ③

해설 | 발전기에서 축전지로 충전이 이루어지고 있을 경우 전류계 지침은 정상에서 (+) 방향을 향한다.

39 **클러치의 차단이 불량한 원인으로 거리가 먼 것은?**

① 파일럿 베어링의 고착
② 클러치 디스크의 런아웃 과대
③ 클러치판의 비틀림
④ 클러치 페달의 유격 과소

정답 | ④

해설 | 클러치 페달의 유격이 너무 클 경우 클러치의 차단이 불량한 현상이 발생한다.

40 **재해 발생 원인으로 가장 높은 비율을 차지하는 것은?**

① 불안전한 작업환경
② 사회적 환경
③ 작업자의 성격적 결함
④ 작업자의 불안전한 행동

정답 | ④

해설 | 기계 · 설비 등에서 작업자의 불안전한 행동으로 인해 재해가 점점 늘어나고 있다.

41 **축압기의 기능으로 거리가 가장 먼 것은?**

① 비상용도는 보조유압원의 역할로 사용한다.
② 유압유의 압력 에너지를 저장한다.
③ 릴리프 밸브를 제어한다.
④ 유압 펌프의 맥동을 흡수한다.

정답 | ③

해설 | 축압기(어큐뮬레이터)는 체적 변화 보상, 압력 보상, 유압 회로 보호, 충격 압력 흡수, 일정 압력 유지, 보조 동력원으로의 사용, 유압에너지 축적 등의 기능을 한다.

42 다음 중 냉각장치의 부동액으로 사용할 수 없는 것은?

① 글리세린
② 에틸렌글리콜
③ 에피네프린
④ 메탄올

정답 | ③

해설 | 부동액은 글리세린, 메탄올, 에틸렌글리콜 등을 사용하며, 그중에서도 에틸렌글리콜을 주로 사용한다.

43 기관의 오일 여과기에 대한 설명으로 옳지 않은 것은?

① 여과기가 막히면 유압이 높아진다.
② 엘리먼트의 청소는 압축공기를 이용한다.
③ 여과 능력이 불량할 경우 부품의 마모를 촉진한다.
④ 작업 조건이 나쁠 경우 교환 시기를 앞당긴다.

정답 | ②

해설 | 엘리먼트는 물로 세척하여 사용한다.

44 항타기는 부득이한 경우를 제외하고 가스배관과의 수평거리를 최소한 몇 m 이상 이격하여 배치해야 하는가?

① 1m ② 2m
③ 3m ④ 5m

정답 | ②

해설 | 항타기는 부득이한 경우를 제외하고 가스배관과의 수평거리를 최소한 2m 이상 이격해야 한다.

45 건설기계의 임시운행에 대한 설명으로 옳은 것은?

① 수출하기 위해 건설기계를 선적지까지 운행하는 것은 임시운행 사유에 해당하지 않는다.
② 수리를 위해 건설기계를 정비업체로 운행하는 것은 임시운행 사유에 해당한다.
③ 임시운행기간은 2주 이내로 한다.
④ 신개발 건설기계를 시험할 목적으로 운행하는 경우에는 3년 이내로 한다.

정답 | ④

해설 | ① 수출하기 위해 건설기계를 선적지까지 운행하는 것은 임시운행 사유에 해당한다.
② 수리를 위해 건설기계를 정비업체로 운행하는 것은 임시운행 사유에 해당하지 않는다.
③ 임시운행기간은 15일 이내로 한다.

46 다음 중 엔진오일의 소비량이 늘어나는 이유로 보기 어려운 것은?

① 엔진의 압축 압력 과다
② 피스톤링의 마멸
③ 밸브 가이드의 마멸
④ 실린더 라이너의 마멸

정답 | ①

해설 | 엔진의 압축 압력과 엔진오일의 소비량 증가는 관련이 없다. 연소실을 이루는 부품들의 마멸 등으로 엔진오일이 연소실로 유입될 경우 엔진오일의 소비량이 증가하게 된다.

47 축전지의 자기방전에 대한 설명으로 적절하지 않은 것은?

① 전해액의 비중이 높을수록 자기방전량이 크다.
② 전해액의 온도가 낮을수록 자기방전량이 크다.
③ 충전 후 날짜가 지날수록 자기방전량이 많아진다.
④ 충전 후 시간의 경과에 따라 자기방전량은 점차 줄어든다.

정답 | ②

해설 | 전해액의 온도가 높을수록 자기방전량이 크다.

48 가스용접 시 주의할 점에 대한 내용으로 옳지 않은 것은?

① 토치 끝으로 용접물의 위치를 바꾸지 않는다.
② 아세틸렌 봄베 가까이에서는 불꽃 조정을 피한다.
③ 아세틸렌 가스 누설 시험은 비눗물을 사용한다.
④ 토치에 점화할 때는 종이나 목재류를 사용한다.

정답 | ④

해설 | 토치에 점화할 때는 종이나 목재류가 아닌 전용 점화기를 사용한다.

49 일반적으로 디젤기관에서 흡입공기를 압축했을 때 압축 온도는?

① 200~350℃
② 500~550℃
③ 600~750℃
④ 850~1,000℃

정답 | ②

해설 | 일반적으로 디젤기관의 흡입공기 압축 온도는 500~550℃이다.

50 토크 컨버터 오일의 구비 조건으로 옳은 것은?

① 다양한 오일을 혼합하여 사용한다.
② 착화점이 낮아야 한다.
③ 고무나 금속을 변질시키지 않아야 한다.
④ 온도에 따라 화학변화를 해야 한다.

정답 | ③

해설 | ① 지정된 하나의 오일을 사용하며 브레이크 오일과 같은 것은 쓴다.
② 착화점이 높아야 한다.
④ 화학변화를 잘 일으키지 않아야 한다.

51 오리피스가 설치된 아래의 그림에서 압력에 대한 설명으로 바른 것은?

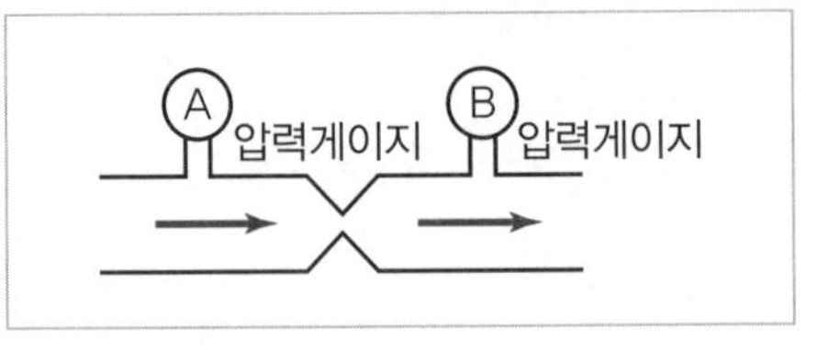

① A와 B는 무관하다.
② A<B
③ A=B
④ A>B

정답 | ④

해설 | 오리피스는 스로틀밸브로 오일의 관로를 줄여 오일량을 조절 및 제한하는 장치이다. 이때 A의 압력이 B의 압력보다 크다.

52 22.9kV 배선전로에 근접하여 굴삭기 작업 시 안전관리상 옳은 것은?

① 굴삭기 운전자가 알아서 작업한다.
② 해당 시설관리자는 입회하지 않아도 무관하다.
③ 전력선이 활선인지 확인 후 안전 조치된 상태에서 작업한다.
④ 전력선에 접촉되더라도 끊어지지 않으면 사고는 발생하지 않는다.

정답 | ③

해설 |

> **배전선로 부근 작업 시 안전사항(22.9kV)**
> - 전력선이 활선인지 확인 후 안전조치된 상태에서 작업한다.
> - 해당 시살관리자의 입회하에 안전 조치된 상태에서 작업한다.
> - 임의로 작업하지 않고 안전관리자의 지시에 따른다.

53 정기검사 연기의 불허통지를 받은 자는 검사신청 만료일 기준 며칠 이내에 검사신청을 해야 하는가?

① 3일 ② 5일
③ 7일 ④ 10일

정답 | ④

해설 | 검사연기 불허통지를 받은 자는 검사신청기간 만료일부터 10일 이내에 검사신청을 해야 한다.

54 내경이 작은 파이프에서 미세한 유량을 조정하는 밸브는?

① 니들 밸브 ② 분류 밸브
③ 교축 밸브 ④ 스풀 밸브

정답 | ①

해설 | 니들 밸브는 상대적으로 유량 조절을 정밀하게 할 때 사용한다.

55 건설기계의 주요 구조를 변경하기 위해 건설기계의 검사를 받으려는 자는 어디에 검사신청서를 제출하는가?

① 구청
② 시청
③ 도청
④ 국토교통부장관

정답 | ④

해설 | 건설기계의 검사를 받으려는 자는 국토교통부장관에게 검사신청서를 제출하고 해당 건설기계를 제시해야 한다.

56 건설기계 조종 시 자동차 제1종 대형 면허가 있어야 하는 기종은?

① 로더 ② 지게차
③ 기중기 ④ 덤프트럭

정답 | ④

해설 | 제1종 대형면허를 취득하면 운전할 수 있는 기종은 덤프트럭, 아스팔트살포기, 콘크리트믹서트럭, 천공기(트럭적재식) 등이다.

57 가스 배관의 표지판 설치에 대한 내용으로 옳은 것은?

① 설치 간격은 100m마다 1개 이상이다.
② 크기는 가로 250mm, 세로 200mm 이상의 직사각형이다.
③ 녹색 바탕에 흰 글씨로 작성한다.
④ 내용에는 도시가스 배관임을 알리고, 연락처 등을 작성한다.

정답 | ④

해설 | ① 설치 간격은 500m마다 1개 이상이다.
② 크기는 가로 200mm, 세로 150mm 이상의 직사각형이다.
③ 황색 바탕에 검은 글씨로 작성한다.

58 **해머작업 시 주의사항으로 옳지 않은 것은?**

① 난타하기 전에 주의를 확인한다.

② 해머작업 시 장갑을 사용해서는 안 된다.

③ 1~2회 정도는 가볍게 치고 나서 본격적으로 작업한다.

④ 해머의 정확성을 유지하기 위해 기름을 칠한다.

정답 | ④

해설 | 해머의 타격면에 기름을 바르면 미끄러질 수 있어 위험하다.

59 **무한궤도식 굴삭기의 하부 추진체 동력 전달 순서는?**

① 기관 → 유압펌프 → 컨트롤 밸브 → 센터조인트 → 주행모터 → 트랙

② 기관 → 컨트롤 밸브 → 센터조인트 → 유압펌프 → 주행모터 → 트랙

③ 기관 → 컨트롤 밸브 → 센터조인트 → 주행모터 → 유압펌프 → 트랙

④ 기관 →센터조인트 → 유압펌프 → 컨트롤 밸브 → 주행모터 → 트랙

정답 | ①

해설 | 무한궤도식에서 하부 추진체의 동력 전달은 기관 → 유압펌프 → 컨트롤 밸브 → 센터조인트 → 주행모터 → 트랙 순으로 진행된다.

60 **트랙 장치에서 트랙의 유격이 너무 커 느슨해졌을 때 발생하는 현상은?**

① 주행 속도가 매우 느려진다.

② 트랙이 벗겨지기가 쉽다.

③ 슈판의 마모가 급격히 진행된다.

④ 주행 속도가 매우 빨라진다.

정답 | ②

해설 | 트랙이 느슨해질 경우 트랙이 벗겨지기 쉽다.

제4회 과년도 기출복원문제

01 유압 탱크의 구성 부품이 아닌 것은?

① 스트레이너
② 복귀 파이프
③ 유면계
④ 유압계

정답 | ④

해설 | 유압 탱크는 주입구, 흡입 · 복귀 파이프, 유면계, 배플(격판), 스트레이너 등으로 구성되어 있다.

02 클러치의 기능으로 옳은 것은?

① 플라이 휠과 압력판 사이에서 회전력 전달
② 엔진과 변속기 사이에서 동력의 전달 및 차단
③ 액슬축과 차동장치 사이에서 마찰력 방지
④ 기어와 엔진의 회전수 차이 발생

정답 | ②

해설 | 클러치는 수동식변속기에 사용되며 변속기와 기관 사이에 설치된다. 동력의 차단 및 전달의 기능을 담당하고 있다.

03 시동장치에서 전류가 일정한 방향으로 흐르게 하는 부품은?

① 브러시 ② 정류자
③ 계철 ④ 피니언 기어

정답 | ②

해설 | 정류자(Commutator)는 전류가 일정한 방향으로 흐르게 하는 역할을 한다.

04 다음 중 연료를 분사한 후 공기를 압축, 고온 · 고압을 만들어 점화하는 방식의 엔진은?

① 가솔린 엔진 ② LGP 엔진
③ 터빈 ④ 디젤 엔진

정답 | ④

해설 | 디젤 엔진은 연료를 분사한 후 공기를 압축, 고온 · 고압을 만들어 점화하는 압축착화 방식의 엔진이다.
①, ② 전기점화 방식
③ 외연기관

05 스트레이너에 대한 설명으로 옳은 것은?

① 펌프의 흡입 측에 붙어 여과작용을 하는 것
② 유압장치 내 마모된 찌꺼기 등의 물질을 제거하는 것
③ 압력 에너지를 축적하는 것
④ 펌프와 밸브, 실린더를 연결하고 동력을 전달하는 것

정답 | ①

해설 | ② 여과기에 대한 설명이다.
③ 어큐뮬레이터에 대한 설명이다.
④ 배관에 대한 설명이다.

06 밸브의 간극이 클 때 나타날 수 있는 현상으로 적합하지 않은 것은?

① 실린더의 기밀 유지 불량
② 흡·배기 효율 저하
③ 스템 엔드부의 소음 발생
④ 정상 작동 온도에서의 밸브 불완전 개방

정답 | ①

해설 | 실린더의 기밀 유지 불량은 밸브 간극이 작을 때 나타날 수 있는 현상이다.

07 기관에서 피스톤 링의 역할로 옳지 않은 것은?

① 열 전도 작용
② 완전 연소 억제 작용
③ 연소실 기밀 유지 작용
④ 오일 제어 작용

정답 | ②

해설 | 피스톤 링은 기밀 유지, 오일 제어, 열 전도 등의 작용을 한다.

08 건설기계 출발 시 진동이 발생하였다. 원인으로 가장 거리가 먼 것은?

① 변속기 오일 과다 주입
② 라이닝의 경화
③ 릴리스 레버의 높이의 불균형
④ 플라이 휠의 변형

정답 | ①

해설 | 엔진 혹은 변속기에 오일을 너무 많이 주입하면 클러치 면에 오일이 묻을 수 있다. 진동의 발생과는 무관하다.

09 전기 기기에 의한 감전 사고 방지를 위해 가장 중요한 설비는?

① 접지 설비
② 대지 전위 상승 장치 설비
③ 고압계 설비
④ 방폭등 설비

정답 | ①

해설 | 접지 설비는 감전 사고를 방지하기 위한 가장 중요한 설비이다.

10 건설기계의 계기장치 중 엔진의 분당 회전수를 표시하는 것은?

① 속도계
② RPM 게이지
③ 전압계
④ 유압계

정답 | ②

해설 | RPM은 Revolution Per Minute의 약자로, 엔진의 분당 회전수를 나타낸다.

11 수동식변속기가 설치된 건설기계를 급가속시키자 기관 회전은 상승하고, 차속은 증속되지 않았다. 원인으로 가장 옳은 것은?

① 클러치 스프링의 장력 과소
② 릴리스 베어링의 마모
③ 클러치 페달의 유격 과소
④ 클러치 디스크 과대 마모

정답 | ④

해설 | 클러치 디스크가 마모될 경우 클러치의 미끄러짐이 발생한다. 따라서 차를 가속시켜도 차속이 증가하지 않는다.

12 기관의 출력을 저하시키는 직접적인 원인이 아닌 것은?

① 실린더 내 압축 압력 저하
② 휠 얼라인먼트 조정 불량
③ 기관 노킹 발생
④ 연료 분사 펌프 고장

정답 | ②

해설 | 휠 얼라인먼트는 건설기계장치의 조향 능력과 관계 있는 것으로, 기관의 출력을 저하시키는 원인은 아니다.

13 하나의 밸브 보디 외부에 여러 개의 홈이 파여 있는 밸브는?

① 감속 밸브 ② 셔틀 밸브
③ 니들 밸브 ④ 스풀 밸브

정답 | ④

해설 | 스풀 밸브에 대한 설명으로, 축 방향으로 이동하여 오일의 흐름을 변환한다.

14 유압모터에 대한 설명으로 옳지 않은 것은?

① 소형 경량으로 큰 출력을 낼 수 있다.
② 기계 에너지를 유압 에너지로 바꾸는 것이다.
③ 용량은 입구압력당 토크로 나타낸다.
④ 토크에 대한 관성모멘트가 작다.

정답 | ②

해설 | 기계 에너지를 유압 에너지로 바꾸는 것은 펌프이다. 유압모터는 유압 에너지를 회전운동으로 변화시킨다.

15 다음 그림의 안전표지판이 나타내는 것은?

① 안전제일
② 응급구호표지
③ 일시정지
④ 출입금지

정답 | ①

해설 | 그림은 안내표지 중 녹십자 표지이며, 안전제일을 나타낸다.

16 6기통 기관이 4기통 기관에 비해 갖는 장점이 아닌 것은?

① 구조가 간단하고 제작비가 저렴하다.
② 저속 회전이 용이하고 출력이 높다.
③ 가속이 원활하고 신속하게 이루어진다.
④ 기관의 진동이 적다.

정답 | ①

해설 | 기관의 실린더 수가 늘어날수록 구조가 복잡해지고 기관의 제작비가 높아진다.

17 다음 신호 중 가장 우선되는 신호는?

① 신호기의 신호
② 경찰관의 수신호
③ 안전표시의 지시
④ 신호등의 신호

정답 | ②

해설 | 신호 중 경찰공무원의 신호가 가장 우선된다.

18 기관의 실린더 벽이 마멸되었을 경우 나타나는 현상이 아닌 것은?

① 윤활유 소비량 증가
② 연소실 압축 압력 증가
③ 블로 바이 가스의 배출 증가
④ 연료 소비량 증가

정답 | ②

해설 | 실린더 벽이 마멸되었을 경우 그 틈으로 외부의 공기가 유입되어 연소실의 압축 압력이 저하된다.

19 도시가스 배관 매설 시 라인마크는 배관 길이의 최소 몇 m마다 설치해야 하는가?

① 20m ② 40m
③ 50m ④ 80m

정답 | ③

해설 | 직선구간에는 배관 길이 50m마다 1개 이상 설치해야 한다.

20 유압 실린더의 주요 구성품이 아닌 것은?

① 피스톤 로드
② 커넥팅 로드
③ 피스톤
④ 실린더

정답 | ②

해설 |

유압 실린더의 주요 구성품
실린더, 피스톤 로드, 피스톤

21 토크 컨버터가 가장 큰 출력을 얻는 상황은?

① 펌프의 속도와 터빈의 속도가 같을 때
② 터빈의 속도가 펌프의 속도에 비해 빠를 때
③ 펌프의 속도에 비해 터빈의 속도가 느릴 때
④ 엔진의 회전수와 펌프의 회전수가 같을 때

정답 | ③

해설 | 발진 시 또는 비탈길을 올라갈 때와 같이 펌프의 속도에 비해 터빈의 속도가 느리면 토크 컨버터는 가장 큰 출력을 얻는다.

22 방향 전환 밸브 포트의 구성요소가 아닌 것은?

① 유로의 연결 포트 수
② 작동 위치 수
③ 감압 위치 수
④ 작동 방향 수

정답 | ③

해설 |

방향 전환 밸브 포트의 구성요소
유로의 연결 포트 수, 작동 위치 수, 작동 방향 수

23 **앞바퀴의 정렬에서 캠버가 필요한 이유와 거리가 가장 먼 것은?**

① 토(Toe)와 관련성이 크다.
② 조향할 때 바퀴의 복원력이 발생한다.
③ 앞차축의 휨을 적게 한다.
④ 타이어의 이상 마멸을 방지한다.

정답 | ②

해설 | 바퀴의 복원력과 관련 있는 것은 캐스터이다.

24 **어큐뮬레이터에서 가스-오일 방식이 아닌 것은?**

① 스프링 하중 방식
② 블래더형
③ 다이어프램형
④ 피스톤형

정답 | ①

해설 | 피스톤형, 다이어프램형, 블래더형 방식이 가스-오일 방식의 어큐뮬레이터에 해당한다.

25 **유압 작동부에서 오일이 새고 있다. 이때 가장 먼저 점검해야 하는 것은?**

① 커플링(couplings)
② 밸브(valve)
③ 기어(gear)
④ 씰(seal)

정답 | ④

해설 | 유압 작동 부분에서 오일의 누유가 발생하면 가장 먼저 씰(seal)을 점검해야 한다.

26 **도시가스가 공급되는 지역에서 굴착공사를 하고자 하는 자는 공사시행 전에 가스 사고 예방에 필요한 안전조치와 공사계획에 대한 사항을 작성하여 어디에 제출해야 하는가?**

① 한국가스공사
② 구청장
③ 소방서장
④ 도시가스사업자

정답 | ②

해설 | 가스안전영향평가서는 시장 · 군수 또는 구청장에게 제출한다.

27 **철탑에 154,000V라는 표시판이 부착되어 있는 전선 근처에서의 작업 시 지켜야 할 사항으로 옳지 않은 것은?**

① 철탑 기초에서 충분히 이격하여 굴착한다.
② 철탑 기초 주변 흙이 무너지지 않도록 한다.
③ 전선과의 안전거리는 200cm 이상이므로 이를 준수하여 작업한다.
④ 전선이 바람에 흔들리는 것을 고려하여 접근금지 로프를 설치한다.

정답 | ③

해설 | 154,000V는 한국전력에서 송전선으로 사용하는 고압의 전력선으로 안전거리는 160cm 이상이다.

28 **목재, 종이, 석탄 등 일반 가연물의 화재는 어떤 화재로 분류되는가?**

① A급 화재　② B급 화재
③ C급 화재　④ D급 화재

정답 | ①

해설 | 목재, 섬유, 석탄 등의 가연물질은 A급 화재에 해당한다.
② B급 화재 : 각종 유류 및 가스
③ C급 화재 : 기계, 전선 등
④ D급 화재 : 가연성 금속

29 **다음 중 최고속도의 20%를 줄인 속도로 운행해야 하는 경우는?**

① 눈이 20mm 쌓인 경우
② 폭우로 가시거리가 90m인 경우
③ 비가 내려 노면이 젖은 경우
④ 안개로 가시거리가 80m인 경우

정답 | ③

해설 | 비가 내려 노면이 젖은 경우는 최고속도의 20%를 줄여 운행해야 한다. 나머지 경우에는 최고속도의 50%를 줄여 운행해야 한다.

30 **건설기계관리법령상 건설기계의 총 종수는?**

① 25종(24종 및 특수건설기계)
② 27종(26종 및 특수건설기계)
③ 30종(29종 및 특수건설기계)
④ 32종(31종 및 특수건설기계)

정답 | ②

해설 | 건설기계관리법상 건설기계는 총 27종(26종 및 특수건설기계)이다.

31 **조속기의 기능으로 옳은 것은?**

① 연료 분사량 조절
② 연료 분사 시기 조절
③ 연료 분사 압력 조절
④ 연료 분사 온도 조절

정답 | ①

해설 | 조속기는 엔진의 회전 속도나 부하 변동 등에 따라 연료의 분사량을 조절한다.

32 **소방용수시설 또는 비상소화장치가 설치된 곳으로부터 몇 m 이내에 주차 및 정차가 금지되는가?**

① 15m　② 10m
③ 5m　④ 3m

정답 | ③

해설 | 소방용수시설 또는 비상소화장치가 설치된 곳으로부터 5m 이내인 곳은 주차 및 정차가 금지된 장소이다.

33 **시 · 도지사의 지정을 받지 아니하고 등록번호표를 제작한 자에 대한 벌칙은?**

① 2년 이하의 징역 또는 2천만원 이하의 벌금
② 1년 이하의 징역 또는 1천만원 이하의 벌금
③ 200만원 이하의 벌금
④ 100만원 이하의 벌금

정답 | ①

해설 | 시 · 도지사의 지정을 받지 아니하고 등록번호표를 제작한 자는 2년 이하의 징역 또는 2천만원 이하의 벌금을 낸다.

34 냉각장치의 전동 팬에 대한 설명으로 옳지 않은 것은?

① 모터로 직접 구동된다.
② 냉각수가 일정 온도 이상일 경우 작동한다.
③ 엔진 시동과 동시에 회전을 시작한다.
④ 팬 벨트를 필요로 하지 않는다.

정답 | ③

해설 | 전동 팬은 엔진의 회전과 상관 없이 모터로 직접 구동되며, 냉각수가 일정 온도 이상일 경우 작동을 시작한다.

35 일반적인 축전지 터미널의 구분 방법으로 적절하지 않은 것은?

① 터미널의 요철로 구분한다.
② (+), (−) 표시로 구분한다.
③ 적색, 흑색 등 색으로 구분한다.
④ 굵고 가는 것으로 구분한다.

정답 | ①

해설 | 축전지 터미널은 (+), (−) 표시, P, N 표시, 적색, 흑색 등 색 표시 및 직경의 굵고 가늚 등으로 구분한다.

36 고압 전선로 주변에서 작업 시 건설기계와 전선로와의 안전 이격 거리에 대한 설명 중 옳은 것은?

① 애자수가 적을수록 멀어져야 한다.
② 전압에는 관계없이 일정하다.
③ 전선이 굵을수록 멀어져야 한다.
④ 전압이 낮을수록 멀어져야 한다.

정답 | ③

해설 |

건설기계와 전선로와의 이격 거리
- 애자수가 많을수록 멀어져야 한다.
- 전선이 굵을수록 멀어져야 한다.
- 전압이 높을수록 멀어져야 한다.

37 건설기계장비의 조향장치에서 드래그 링크에 대한 설명으로 거리가 먼 것은?

① 뒷바퀴의 상하운동으로 원호 운동을 한다.
② 너클 암과 피트먼 암을 연결하는 로드이다.
③ 볼 속에는 스프링이 들어 있어 노면의 충격을 흡수한다.
④ 피트먼 암의 회전을 스티어링 암으로 전환한다.

정답 | ①

해설 | 드래그 링크는 앞바퀴의 상하운동으로 피트먼 암을 중심으로 한 원호 운동을 하는 로드이다.

38 굴착장비를 이용하여 도로 굴착 작업 중 '고압선 위험' 표지 시트가 발견되었을 때, 이는 무엇을 의미하는가?

① 표지 시트 좌측에 전력케이블이 묻혀 있다.
② 표지 시트 우측에 전력케이블이 묻혀 있다.
③ 표지 시트 직하에 전력케이블이 묻혀 있다.
④ 표지 시트와 직각 방향에 전력케이블이 묻혀 있다.

정답 | ③

해설 | 굴착 장비를 이용하여 도로 굴착 작업 중 '고압선 위험' 표지 시트가 발견되었을 경우 표지 시트의 바로 아래 전력 케이블이 묻혀 있다는 의미이다.

39 **도로에 매설된 도시가스배관의 색깔이 황색이었다. 이 배관이 손상되어 가스가 누출될 경우 가스의 압력은?**

① 1MPa 이상

② 0.1MPa 이상 1MPa 미만

③ 0.01MPa 이상 0.1MPa 미만

④ 0.01MPa 미만

정답 | ④

해설 | 가스의 압력이 저압일 때 매설배관을 황색으로 표시하는데, 이 때 저압은 0.01 MPa 미만이다.

40 **다음 중 라디에이터에 대한 설명으로 옳지 않은 것은?**

① 공기 흐름 저항이 클수록 냉각 효율이 높다.

② 냉각수의 흐름 저항이 적어야 냉각 효율이 높다.

③ 단위면적당 발열량이 크다.

④ 알루미늄합금 등을 주 재료로 하여 만들어진다.

정답 | ①

해설 | 효율적인 냉각을 위해서는 새 공기가 라디에이터 내로 잘 흘러들어 와야 한다. 따라서 공기의 흐름 저항이 적어야 냉각 효율이 높다.

41 **다음 중 터보차저에 대한 설명으로 옳지 않은 것은?**

① 엔진의 출력을 35~45% 증가시킨다.

② 엔진의 중량이 10~15% 증가한다.

③ 연료의 소비율이 저하된다.

④ 흡기관과 배기관 사이에 설치된다.

정답 | ③

해설 | 터보차저는 엔진의 흡입 효율을 높이기 위한 장치로 과급기라고도 불린다. 엔진의 출력을 상승시키고, 연료의 소비율도 향상시키는 효과가 있다.

42 **다음 중 렌치 및 스패너 작업 시 안전 수칙으로 옳지 않은 것은?**

① 렌치는 미끄러지지 않도록 입의 물림면을 조인 후 사용한다.

② 렌치는 끌어당기지 말고 미는 상태로 작업한다.

③ 너트에 스패너를 끼워서 앞으로 잡아당길 때 힘이 걸리게 한다.

④ 큰 힘을 얻기 위해 렌치에 파이프 등을 끼워 길이를 연장하거나 다른 공구로 두드리지 않는다.

정답 | ②

해설 | 렌치는 밀지 않고 끌어당기는 상태로 작업한다.

43 **납축전지의 전해액을 통해 충전 상태를 확인하기 위해 사용하는 기기는?**

① 매거 테스터

② 비중계

③ 그로울러 테스터

④ 전압계

정답 | ②

해설 | 납축전지는 충전 상태에 따라 전해액의 비중이 변한다. 따라서 비중계를 사용해 전해액의 비중을 측정, 납축전지의 충전 상태를 확인할 수 있다.

44 해머 작업 시 안전수칙으로 옳지 않은 것은?

① 작업 시 열처리된 것은 기존보다 강하게 두드린다.
② 미끄러지지 않도록 장갑을 착용하지 않고 해머를 사용한다.
③ 쐐기를 박아 자루가 단단한 해머를 사용한다.
④ 작업 중 수시로 해머의 상태를 확인한다.

정답 | ①

해설 | 해머 작업 시 열처리된 것은 강하게 쳐서는 안 된다.

45 건설기계관리법령에서 건설기계의 주요 구조 변경 및 개조의 범위에 해당하지 않는 것은?

① 기종 변경
② 원동기의 형식 변경
③ 유압장치의 형식 변경
④ 동력전달장치의 형식 변경

정답 | ①

해설 | 건설기계의 기종 변경, 육상작업용 건설기계규격의 증가 또는 적재함의 용량 증가를 위한 구조 변경은 할 수 없다.

46 윤활방식 중 주요 윤활 부분에 오일펌프로 윤활유를 압송하는 방식은?

① 비산식 ② 분사식
③ 분무식 ④ 압송식

정답 | ④

해설 | 압송식은 주요 윤활 부분에 오일펌프로 윤활유를 압송하는 방식이다.

47 건설기계관리법에 의한 건설기계사업이 아닌 것은?

① 건설기계 대여업
② 건설기계 매매업
③ 건설기계 수입업
④ 건설기계 폐기업

정답 | ③

해설 | 건설기계사업은 대여업, 매매업, 폐기업, 정비업 등으로 구분된다.

48 기관의 연소 후 배출되는 배출가스 중 가장 인체에 해가 되지 않는 것은?

① HC ② NOx
③ CO_2 ④ CO

정답 | ③

해설 | CO_2, 즉 이산화탄소는 완전연소 시 발생하는 무색무취의 기체로, 기관의 배출가스 중 인체에 가장 해가 되지 않는 가스이다.

49 축전지의 충전 및 방전에 작용하는 전류의 작용은?

① 물리작용 ② 발열작용
③ 화학작용 ④ 자기작용

정답 | ③

해설 | 축전지는 화학작용을 통해 전기를 생산하고 방전한다.

50 건설기계에 사용되는 고압 타이어의 호칭 치수 표시에서 해당하지 않는 것은?

① 타이어의 폭
② 타이어의 내경
③ 타이어의 외경
④ 플라이 수

정답 | ②

해설 | 고압 타이어의 경우 '타이어의 외경-타이어의 폭 – 플라이 수'로 나타낸다.

51 클러치판의 마찰면 양쪽에 부착하여 마찰력을 증가시키는 것은?

① 임펠러
② 림
③ 터빈 런너
④ 페이싱

정답 | ④

해설 | 클러치판의 마찰면 양쪽에 페이싱을 부착하여 마찰력을 증가시킨다. 이때 클러치 페이싱은 0.3~0.5의 적절한 마찰계수를 가져야 한다.

52 장갑을 착용하고 작업할 때 위험한 작업은?

① 해머작업
② 오일교환작업
③ 선반작업
④ 건설기계운전작업

정답 | ③

해설 | 선반작업 시에는 장갑을 착용해서는 안 된다.

53 적색 원형으로 만들어지는 안전 표지판은?

① 경고표시 ② 안내표시
③ 금지표시 ④ 지시표시

정답 | ③

해설 | ① 경고표시 : 노란 삼각형
② 안내표시 : 사각형 및 원형
④ 지시표시 : 파란 원형

54 다음 그림에서 나타내는 조작 방식은?

① 레버 조작 방식
② 솔레노이드 조작 방식
③ 간접 조작 방식
④ 기계 조작 방식

정답 | ①

해설 | ②
③
④

55 다음 중 정용량 유압 펌프를 나타내는 기호는?

① 
② 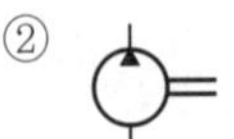
③ 
④ 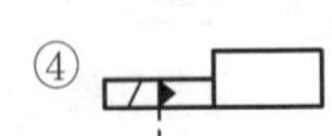

정답 | ②

해설 | ① 체크 밸브
③ 유압 동력원
④ 전자 · 유압 파일럿

56 **건설기계 변경신고 시 첨부해야 할 서류는?**

① 건설기계검사증
② 건설기계운행증
③ 건설기계면허증
④ 건설기계 변경사항

정답 | ①

해설 | 건설기계 변경신고 시 첨부해야 할 서류는 건설기계등록증, 건설기계검사증이 있다.

57 **자동차전용 편도 4차로 도로에서 굴삭기의 주행차로는?**

① 왼쪽 차로
② 1차로
③ 2차로
④ 오른쪽 차로

정답 | ④

해설 | 고속도로 외의 도로에서 건설기계는 오른쪽 차로로 주행해야 한다.

58 **안전한 퓨즈의 사용 방법으로 옳지 않은 것은?**

① 예비용 퓨즈가 없다면 임시로 철사를 감아 사용한다.
② 전류 용량에 맞는 퓨즈를 사용한다.
③ 산화된 퓨즈는 미리 교환한다.
④ 끊어진 퓨즈는 과열된 부분을 먼저 수리한다.

정답 | ①

해설 | 퓨즈 대용으로 철사를 감아 사용할 경우 화재의 위험이 있다.

59 **무한궤도식 굴삭기에서 제동에 대한 설명으로 틀린 것은?**

① 제동은 주차 제동 한 가지만을 사용한다.
② 주행모터 내부에 설치된 브레이크 밸브는 항상 잠겨 있다.
③ 주행모터의 주차 제동은 네거티브 방식이다.
④ 수동에 의한 제동은 불가하고 주행 신호에 의해 제동이 해제된다.

정답 | ②

해설 | 무한궤도식 굴삭기의 제동장치는 네거티브 형식이다. 따라서 주행신호에 의해 제동이 해제되고 주행모터 내부에 설치된 브레이크 밸브는 주행 시에 열린다.

60 **무한궤도식 건설기계에서 트랙 장력이 너무 팽팽하게 조정되었다. 이때 마모가 가속되는 부분이 아닌 것은?**

① 블레이드
② 부싱
③ 스프로킷
④ 트랙 핀

정답 | ①

해설 | 트랙의 장력이 너무 과대할 때에는 부싱, 스프로킷, 트랙 핀 등의 마모가 가속된다.

제5회 과년도 기출복원문제

01 작업별 안전보호구의 착용이 잘못 연결된 것은?

① 그라인딩 작업 – 보안경
② 15m 높이에서 작업 – 안전벨트
③ 감전의 위험이 있는 작업 – 차광용 안경
④ 추락의 위험이 있는 작업 – 안전모

정답 | ③

해설 | 감전의 위험이 있는 작업은 절연용 보호구와 안전모를 착용해야 한다.

02 도로 굴착공사로 인해 가스배관이 20cm 이상 노출되면 가스누출 경보기를 설치하도록 규정되어 있다. 이때 가스누출 경보기는 몇 m마다 설치하는가?

① 10 ② 15
③ 20 ④ 25

정답 | ③

해설 | 가스누출 경보기는 20m 마다 설치해야 한다.

03 다음 중 축전지에서 양극판과 음극판의 단락을 방지하기 위한 부품은?

① 터미널 ② 플러그
③ 격리판 ④ 커넥터

정답 | ③

해설 | 격리판은 양극판과 음극판의 단락을 방지하기 위해 양극판과 음극판의 사이에 설치된 부품이다.

04 베이퍼 록 현상이 발생할 가능성이 가장 큰 경우는?

① 긴 언덕을 풋 브레이크에 의존하여 주행할 때
② 조명장치가 잘 되어 있지 않은 곳을 주행할 때
③ 기관의 회전속도가 낮은 상태에서 주행할 때
④ 엔진브레이크를 장시간 사용할 때

정답 | ①

해설 | 베이퍼 록(Vapor lock) 현상은 긴 언덕을 마찰 브레이크에만 의존하여 내려갈 때 발생할 확률이 가장 높다. 따라서 긴 내리막길을 주행할 때는 엔진 브레이크를 사용하여 베이퍼 록 현상을 방지한다.

05 다음 중 액화천연가스에 대한 설명으로 옳은 것은?

① 주성분은 프로판이다.
② 액체 상태일 때 피부에 닿으면 동사의 우려가 있다.
③ 누출 시 공기보다 무거워 바닥에 체류하기 쉽다.
④ 가연성이 있으므로 공기와 혼합했을 때 폭발할 수 있다.

정답 | ④

해설 | 액화천연가스의 주성분은 메탄이고, 공기보다 가벼워 가스 누출 시 위로 올라간다. ①~③은 LP 가스의 특징이다.

06 산업안전보건표지에서 다음 그림이 표시하는 것은?

① 낙하물 경고
② 레이저광선 경고
③ 위험장소 경고
④ 고압전기 경고

정답 | ②

해설 | 경고표지 중 레이저광선 경고에 대한 그림이다.

①

③

④

07 수공구 보관 및 사용 방법으로 옳지 않은 것은?

① 해머 작업 시 몸의 자세를 안정되게 한다.
② 담금질한 것은 함부로 두들겨서는 안 된다.
③ 공구를 사용한 후에는 오일을 발라 보관한다.
④ 파손, 마모된 것은 사용하지 않는다.

정답 | ③

해설 | 공구를 사용한 후에는 면 걸레로 깨끗이 닦아서 지정된 장소에 보관한다. 오일을 바르진 않는다.

08 노란색 바탕에 검은색 모형이 그려진 표지는 무엇인가?

① 금지표지　　② 경고표지
③ 안내표지　　④ 지시표지

정답 | ②

해설 | ① 금지표지 : 흰색 바탕에 빨간색 모형
③ 안내표지 : 흰색 바탕에 녹색 모형, 녹색바탕
④ 지시표지 : 파란색 바탕

09 교류발전기의 회전자로서 전류가 흐르면 전자석이 되는 것은?

① 브러시　　② 계자 철심
② 카뮤레터　　④ 로터

정답 | ④

해설 | 로터는 전류가 흐를 때 전자석이 되는 부품으로, 직류발전기의 경우 계자 철심이 동일한 역할을 한다.

10 전력케이블이 매설되어 있음을 표시하기 위해 차도에서 지표면 아래 30cm 깊이에 설치되는 것은?

① 라인마크　　② 보호관
③ 보호판　　④ 표지시트

정답 | ④

해설 | 표지시트는 전력케이블이 매설되어 있음을 알리는 시트로, 만약 굴착 도중 전력케이블 표지시트가 나왔을 경우 즉시 굴착을 중단하고 해당 시설 관련 기관에 연락해야 한다.

11 **굴착공사 중 적색으로 된 도시가스 배관을 손상시켰으나 다행히 가스는 누출되지 않고 피복만 벗겨졌다. 이때의 조치사항으로 가장 적절한 것은?**

① 해당 도시가스 회사에 그 사실을 알려 보수하도록 한다.
② 가스가 누출되지 않았으므로 바로 되메우기를 한다.
③ 손상된 피복은 임시로 고무판을 감은 후 되메우기를 한다.
④ 벗겨진 피복은 부식 방지를 위해 아스팔트를 칠하고 되메우기를 한다.

정답 | ①

해설 | 도시가스 회사 직원이 안전 여부를 확인하고 피복을 보수한 후 굴착공사를 진행해야 한다.

12 **전기장치의 퓨즈가 교체 후에도 반복적으로 끊어질 경우 해야 할 조치로 옳은 것은?**

① 용량이 더 큰 퓨즈로 교체한다.
② 계속해서 퓨즈를 교체한다.
③ 전기장치의 고장개소를 찾아 수리한다.
④ 구리선이나 납선으로 교체한다.

정답 | ③

해설 | 퓨즈를 교체한 뒤에도 반복적으로 퓨즈가 끊어진다면 이상 부위가 있는 것이므로 고장개소를 찾아 수리해야 한다.

13 **다음 그림이 나타내는 유압펌프는?**

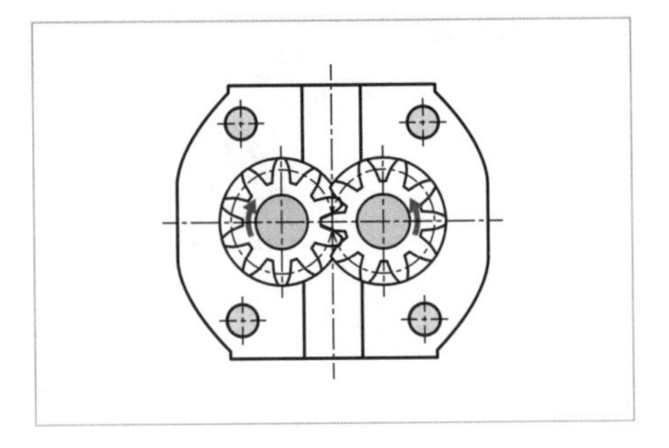

① 트로코이드 펌프
② 외접식 기어펌프
③ 내접식 기어펌프
④ 정토출형 베인펌프

정답 | ②

해설 | 외접식 기어펌프는 두 개의 기어가 서로 맞물리면서 오일을 흡입 또는 토출하는 방식이다.

14 **외접식 기어 펌프에서 토출된 유량 일부가 입구 쪽으로 귀환하여 축동력 증가 등의 원인을 유발하는 현상은?**

① 폐입현상
② 공동현상
③ 수막현상
④ 스탠딩웨이브현상

정답 | ①

해설 | 폐입현상에 대한 설명으로, 릴리프홈이 적용된 기어를 사용하여 방지한다.

15 다음 중 작업복의 조건으로 가장 알맞은 것은?

① 단추를 달아 작업복을 입고 벗기 편해야 한다.
② 옷소매 폭이 최대한 넓어야 한다.
③ 화기 사용 작업에서는 고무로 만든 작업복을 입어야 한다.
④ 주머니가 적고 팔이나 발이 노출되지 않아야 한다.

정답 | ④

해설 | ① 단추가 달린 것은 되도록 피한다.
② 옷소매 폭이 너무 넓지 않고 조여질 수 있는 것이 좋다.
③ 화기사용 작업에서는 방염성, 불연성인 작업복을 입어야 한다.

16 기관의 실린더 수가 많을 경우의 장점으로 옳지 않은 것은?

① 기관의 진동이 더 적다.
② 구조가 단순하고 제작비가 저렴해진다.
③ 저속 회전이 용이하다.
④ 기관의 출력이 더 높다.

정답 | ②

해설 | 실린더 수가 많아지면 그만큼 구조가 복잡해지고 제작비도 비싸진다.

17 다음 중 디젤 기관에만 있는 부품은?

① 워터펌프 ② 발전기
③ 분사펌프 ④ 오일펌프

정답 | ③

해설 | 분사펌프(인젝션펌프)는 디젤 기관에만 있는 부품이다.

18 디젤기관의 시동을 용이하게 하기 위한 방법으로 옳지 않은 것은?

① 압축비를 높인다.
② 흡기 온도를 상승시킨다.
③ 예열 플러그를 충분히 가열한다.
④ 냉각수 온도를 낮춘다.

정답 | ④

해설 | 디젤기관의 시동을 용이하게 하기 위해서는 압축비를 높이고 흡기 온도를 상승시켜야 한다. 또한 겨울철과 같이 기온이 낮은 상황에서는 예열 플러그를 충분히 가열하는 것이 좋다.

19 조향장치의 구비조건 중 옳지 않은 것은?

① 최소 회전 반경이 커야 한다.
② 휠의 회전과 바퀴의 회전수의 차이가 크지 않아야 한다.
③ 좁은 곳에서도 방향변환을 할 수 있어야 한다.
④ 주행 중 충격에 영향을 받지 않아야 한다.

정답 | ①

해설 | 조향장치는 최소 회전 반경이 작아야 한다.

20 스풀 밸브의 특징이 아닌 것은?

① 하나의 밸브 외부에 여러 개의 홈이 파여 있다.
② 스풀에 대한 측압이 평형을 이룬다.
③ 축 방향으로 이동하여 오일의 흐름을 변환한다.
④ 오리피스와 쵸크가 있다.

정답 | ④

해설 | 오리피스와 쵸크는 스로틀 밸브에 해당한다.

21 디젤 기관에서 감압장치의 기능은?

① 타이밍 기어를 원활하게 회전시킨다.
② 엔진오일의 연소실 유입을 방지한다.
③ 밸브를 열어 크랭크를 가볍게 회전시킨다.
④ 크랭크의 회전 시 발생하는 맥동을 제거한다.

정답 | ③

해설 | 감압장치는 크랭킹 시 내부의 높은 압력을 밸브를 열어 제거함으로써 크랭크를 가볍게 회전시키는 역할을 한다.

22 납축전지의 용량만 크게 하는 연결 방법은?

① 직렬연결　② 병렬연결
③ 직 · 병렬연결　④ 독립연결

정답 | ②

해설 | 납축전지를 병렬로 연결할 경우 축전지의 용량이 증가한다. 반면 직렬로 연결할 경우 전압이 증가한다.

23 지상에 설치되어 있는 가스배관 외면에 기입하지 않아도 되는 사항은?

① 사용 가스명
② 최고 사용 압력
③ 가스 흐름 방향
④ 가스 관리자명

정답 | ④

해설 | 지상에 설치되어 있는 가스배관 외면에 가스 관리자명은 기입하지 않아도 된다. ①~③은 반드시 기입해야 하는 사항이다.

24 해머작업 시 안전수칙으로 옳지 않은 것은?

① 열처리된 재료는 해머로 때리지 않도록 주의한다.
② 녹이 있는 재료를 작업할 때는 보호안경을 착용해야 한다.
③ 장갑을 끼고 시작은 약하게, 점점 강하게 타격한다.
④ 자루가 불안정한 것은 사용하지 않는다.

정답 | ③

해설 | 해머작업 시 미끄러움을 방지하기 위해 장갑은 착용하지 않는다.

25 도시가스배관 주위에서 굴착작업을 할 때의 준수사항으로 옳은 것은?

① 가스배관 주위 50cm 이내까지 중장비로 작업이 가능하다.
② 가스배관 좌우 80cm 이내까지 관리자 입회하에 중장비로 작업이 가능하다.
③ 가스배관 좌우 1m 이내에는 장비 작업을 금지하고 있다.
④ 가스배관 주위 2m 이내에는 장비 작업을 금지하고 있다.

정답 | ③

해설 | 가스배관 좌우 1m 이내에는 장비 작업을 금하고 인력으로 작업해야 한다.

26 건설기계 조종 시 자동차 제1종 대형 면허가 있어야 하는 기종은?

① 로더
② 지게차
③ 천공기(트럭 적재식)
④ 기중기

정답 | ③

해설 | 1종 대형면허가 필요한 건설기계는 덤프트럭, 아스팔트살포기, 노상안정기, 콘크리트믹서트럭, 콘크리트펌프, 천공기(트럭 적재식) 등이 있다.

27 편도 3차로인 고속도로에서 오른쪽 차로로 주행할 수 있는 차종이 아닌 것은?

① 승합자동차 ② 화물자동차
③ 특수자동차 ④ 건설기계

정답 | ①

해설 | 편도 3차로인 고속도로에서 오른쪽 차로로 주행할 수 있는 차종은 대형 승합자동차, 화물자동차, 특수자동차, 건설기계이다.

28 건설기계조종사면허를 받은 자가 면허의 효력이 정지되면 언제까지 그 면허증을 반납해야 하는가?

① 그 사유가 발생한 날부터 5일 이내
② 그 사유가 발생한 날부터 7일 이내
③ 그 사유가 발생한 날부터 10일 이내
④ 그 사유가 발생한 날부터 15일 이내

정답 | ③

해설 | 건설기계조종사면허를 받은 사람은 면허의 효력이 정지된 때에는 그 사유가 발생한 날부터 10일 이내에 시장·군수 또는 구청장에게 그 면허증을 반납해야 한다.

29 공동주택 등의 부지 내 일반 도시가스 배관을 매설 시 지면과 도시가스 배관 상부와의 최소 이격 거리는 얼마인가?

① 0.6m 이상 ② 1.0m 이상
③ 1.2m 이상 ④ 1.5m 이상

정답 | ①

해설 |

가스배관 지하매설 심도
- 폭 8m 이상의 도로에서는 1.2m 이상
- 폭 4m 이상 8m 미만인 도로에서는 1m 이상
- 공동주택 등의 부지 내에서는 0.6m 이상

30 긴급자동차에 해당하지 않는 것은?

① 소방차 ② 구급차
③ 노면전차 ④ 혈액 공급차량

정답 | ③

해설 |

긴급자동차의 종류
- 소방차
- 구급차
- 혈액 공급차량
- 그 밖에 대통령령으로 정하는 자동차

31 릴리스 베어링과 릴리스 레버가 분리되어 있는 경우로 옳은 것은?

① 클러치가 연결된 상태일 때
② 클러치가 분리된 상태일 때
③ 동력이 차단된 상태일 때
④ 엔진이 정지된 상태일 때

정답 | ①

해설 | 클러치에서 릴리스 베어링과 릴리스 레버가 분리되어 있으면 클러치 페달을 밟지 않은 상태이다. 즉, 클러치가 연결되어 있다.

32 펌프와 터빈의 속도비가 최대인 지점은?

① 스톨 포인트
② 클러치 포인트
③ 스테이터
④ 스톨 스피드

정답 | ①

해설 | 스톨 포인트에 대한 설명으로, 속도비가 0인 점을 말한다.

33 디젤엔진에서 실화(Miss fire)가 일어났을 경우 나타나는 현상은?

① 엔진 회전이 불량해짐
② 연료 소비가 적어짐
③ 엔진 출력이 증가함
④ 엔진이 과랭됨

정답 | ①

해설 | 디젤엔진에서 실화(Miss fire)가 발생할 경우 엔진의 회전이 불량해지는 원인이 된다.

34 다음 중 건식 공기청정기의 장점으로 옳지 않은 것은?

① 작은 입자의 불순물을 여과할 수 있다.
② 여과망을 물로 세척하여 사용할 수 있다.
③ 구조가 간단해 분해 · 조립이 쉽다.
④ 기관의 회전 속도 변화에도 안정된 공기 청정이 가능하다.

정답 | ②

해설 | 건식 공기청정기는 압축공기로 불순물을 털어내는 방식으로 청소한다. 참고로 습식 공기청정기의 경우 세척유를 사용한다.

35 드라이브 라인에 슬립이음이 사용되는 주 원인으로 옳은 것은?

① 선회를 원활하게 하기 위해
② 구동바퀴의 진동을 흡수하기 위해
③ 회전력을 직각으로 전달하기 위해
④ 추진축 길이의 변동을 흡수하기 위해

정답 | ④

해설 | 슬립이음은 추진축의 길이 방향에 변화를 줌으로써 주친축 길이의 변동을 흡수하는 것이 주요 목적이다.

36 베인형 모터에 대한 설명으로 옳지 않은 것은?

① 역전 또는 무단 변속기로서 가혹한 환경에서도 사용할 수 있다.
② 항상 베인을 캠 링 면에 압착시켜 둔다.
③ 회전의 방향이 자유롭다.
④ 무단변속기로 내구력이 크다.

정답 | ③

해설 | 정방향 또는 역방향의 회전이 자유로운 모터는 기어형 모터이다.

37 방향 전환 밸브인 4포트 3위치 밸브의 특징으로 틀린 것은?

① 스풀의 전환 위치가 3개이다.
② 중립 위치 1개, 변환 위치 2개를 갖는 직선형 스풀 밸브이다.
③ 밸브와 주배관이 접속하는 접속구는 2개이다.
④ 중립 위치를 제외한 양끝 위치에서 4포트 2위치 밸브와 같은 기능을 한다.

정답 | ③

해설 | 밸브와 주배관이 접속하는 접속구는 4개이다.

38 액추에이터의 속도를 서서히 감속시키며 캠으로 조작되는 유압 밸브는?

① 디셀러레이션 밸브
② 급속 배기 밸브
③ 카운터 밸런스 밸브
④ 셔틀 밸브

정답 | ①

해설 | 디셀러레이션 밸브는 액추에이터의 속도를 서서히 감속시킬 때, 행정 최종 단계에서 실린더의 속도를 감속하여 서서히 정지시키고자 할 때 사용한다.

39 기체 – 오일식 축압기에서 주로 사용되는 가스는?

① 질소
② 산소
③ 이산화탄소
④ 아세틸렌가스

정답 | ①

해설 | 가스형 축압기(어큐뮬레이터)에는 주로 질소를 주입한다.

40 타이어식 건설기계의 저압 타이어에서 바깥지름 30In, 안지름 20In, 폭 11In, 플라이수가 12인 경우 적절한 표시 방법은?

① 20.00–11–12PR
② 12.00–20–11PR
③ 11.00–20–12PR
④ 30.00–11–12PR

정답 | ③

해설 | 저압 타이어의 경우 '타이어의 폭–타이어의 내경–플라이수'로 나타낸다.

41 연료유의 세탄가와 관련이 있는 것은?

① 인화성 ② 열효율
③ 착화성 ④ 비중

정답 | ③

해설 | 세탄가는 연료의 착화성을 정량화한 수치이다.

42 냉각수 순환용 물 펌프가 고장 났을 경우 기관에 나타날 수 있는 현상으로 가장 적절한 것은?

① 기관 과열
② 발전기 수명 저하
③ 윤활유 점도 증가
④ 축전지 비중 저하

정답 | ①

해설 | 냉각수 펌프가 고장 날 경우 냉각수의 순환이 불량해지거나 순환이 이루어지지 않으며, 이는 기관 과열의 원인이 된다.

43 냉각장치의 전동 팬에 대한 설명으로 옳지 않은 것은?

① 팬 벨트는 필요하지 않다.
② 엔진이 시동되면 작동한다.
③ 일반적으로 85~100°C의 온도에서 작동한다.
④ 냉각수의 온도에 따라 작동한다.

정답 | ②

해설 | 냉각장치의 전동 팬은 모터로 구동되며, 엔진의 시동과는 상관 없이 냉각수의 온도에 따라 작동된다.

44 오일량이 정상인데도 오일의 압력이 규정치보다 높을 경우 조치할 사항으로 옳은 것은?

① 유압조절밸브를 조인다.

② 유압조절밸브를 푼다.

③ 오일을 배출한다.

④ 오일을 보충한다.

정답 | ②

해설 | 오일의 압력이 규정치보다 높을 경우 압력조절밸브를 풀어 유압을 낮추어야 한다.

45 기관의 오일여과기가 막힐 경우를 대비하여 설치되는 부품은?

① 바이패스 밸브

② 오일 디퍼

③ 스트레이너

④ 체크 밸브

정답 | ①

해설 | 바이패스 밸브는 오일여과기가 막혔을 때 오일을 오일여과기로 통과시키지 않고 각 윤활부에 윤활유를 공급하는 역할을 한다.

46 다음 중 납축전지 충전 시의 주의사항으로 옳지 않은 것은?

① 충전 시 주입구 마개를 모두 닫는다.

② 과충전이 되지 않도록 한다.

③ 전해액의 온도를 45℃ 이하로 유지한다.

④ 축전지 단락으로 불꽃이 발생하지 않도록 한다.

정답 | ①

해설 | 충전 시 주입구 마개(벤트플러그)를 모두 열어야 한다.

47 건설기계의 소유자가 건설기계를 신규로 등록할 때 (　　)이 실시하는 검사를 받아야 한다. 괄호 안에 들어갈 말은?

① 시 · 도지사

② 국토교통부장관

③ 검사대행자

④ 대통령

정답 | ②

해설 | 건설기계의 소유자는 건설기계를 신규로 등록할 때 국토교통부령으로 정하는 바에 따라 국토교통부장관이 실시하는 검사를 받아야 한다.

48 다음 중 도로교통법을 위반한 경우는?

① 밤에 교통이 빈번한 도로에서 전조등을 계속 하향했다.

② 낮에 어두운 터널 속을 통과할 때 전조등을 켰다.

③ 노면이 얼어붙은 곳에서 최고 속도의 20%를 줄인 속도로 운행하였다.

④ 소방용 방화물통으로부터 10m 지점에 주차하였다.

정답 | ③

해설 | 노면이 얼어붙은 곳에서는 최고 속도의 50%를 줄인 속도로 운행해야 한다.

49 도로교통법상 가장 우선되는 신호는?

① 운전자의 수신호

② 안전표지의 지시

③ 신호기의 신호

④ 경찰공무원의 수신호

정답 | ④

해설 | 교통안전시설이 표시하는 신호 또는 지시와 경찰공무원의 신호 또는 지시가 서로 다른 경우에는 경찰공무원의 신호 또는 지시에 따라야 한다.

50 건설기계관리법상 임시번호표를 붙이지 않고 운행한 건설기계 조종자가 받게 될 처벌은?

① 30만원 이하의 과태료
② 50만원 이하의 과태료
③ 100만원 이하의 과태료
④ 300만원 이하의 과태료

정답 | ②

해설 | 임시번호표를 붙이지 않고 운행한 건설기계 조종자는 50만원 이하의 과태료를 부과한다.

51 기관의 배기가 불량하여 배압이 높을 경우 나타날 수 있는 현상이 아닌 것은?

① 냉각수 온도 저하
② 기관의 과열
③ 피스톤 운동 불량
④ 기관 출력 저하

정답 | ①

해설 | 배기가스가 제대로 배출되지 않아 배압이 높아질 경우 기관이 과열되면서 냉각수의 온도가 상승한다.

52 작업 중 유압 펌프로부터 토출량이 필요하지 않게 되었을 때 토출유를 저압으로 탱크에 귀환시키는 것은?

① 조압 회로
② 어큐뮬레이터 회로
③ 시퀀스 회로
④ 언로드 회로

정답 | ④

해설 | 반복작업 중 압유를 필요로 하지 않을 때 펌프 송출량을 저압으로 탱크에 되돌리는 회로는 무부하(언로드) 회로이다.

53 씰(seal)에서 고정 부분에만 사용되는 밀봉장치는?

① O링 ② 개스킷
③ 로드 실 ④ 패킹

정답 | ②

해설 | 개스킷이란 고정 부분 또는 접합 부분에 사용되는 밀봉장치이다.

54 다음에서 설명하는 전조등의 유형으로 옳은 것은?

- 렌즈와 반사경은 일체형으로 되어 있으나 전구는 별도로 설치된다.
- 필라멘트의 소손 방지를 위해 전구 안에는 가스가 채워져 있다.
- 필라멘트 손상 시 전구만 갈아 끼울 수 있다는 장점이 있다.

① 실드빔식 ② 프로젝트식
③ 세미 실드빔식 ④ 반사식

정답 | ③

해설 | 세미 실드빔식은 전구와 반사경이 일체형인 실드빔식과 달리 필라멘트의 손상 시 전구만을 교환할 수 있다는 장점이 있다. 다만 공기의 유통이 있어 반사경이 흐려질 수 있는 것이 단점이다.

55 수동변속기에서 클러치판 댐퍼 스프링의 기능으로 옳은 것은?

① 클러치판을 장력으로 밀어낸다.
② 브레이크 역할을 한다.
③ 동력을 바퀴에 전달한다.
④ 클러치 접속 시 회전 충격을 흡수한다.

정답 | ④

해설 | 휠구동식 건설기계의 수동변속기에서 클러치판 댐퍼 스프링은 접속 시 회전 충격을 흡수하는 역할을 한다.

56 공기식 제동배력장치에 대한 설명으로 옳은 것은?

① 압축공기의 압력을 이용해 브레이크 슈를 드럼에 압착시킨다.
② 작은 제동력으로 인해 소형 차량에 적합하다.
③ 압축공기의 압력에 영향을 받지 않는다.
④ 브레이크 본체의 구조가 복잡하다.

정답 | ①

해설 | ② 큰 제동력을 얻을 수 있어 대형 차량에 적합하다.
③ 압축공기의 압력을 높이면 더 큰 제동력을 얻는다.
④ 브레이크 본체의 구조가 간단하다.

57 다음 중 감압 밸브를 나타내는 기호는?

①
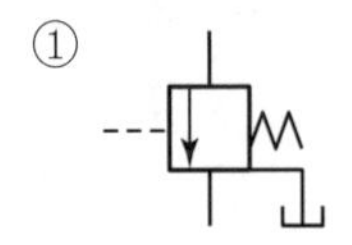

②
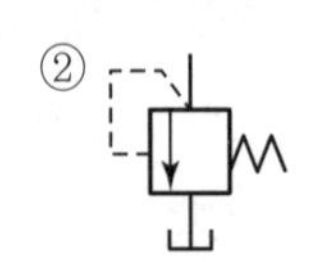

③
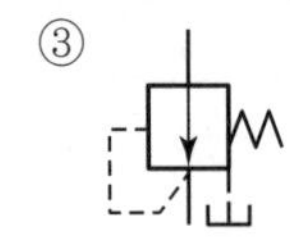

④
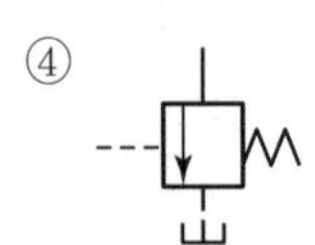

정답 | ③

해설 | ① 시퀀스 밸브
② 릴리프 밸브
④ 무부하 밸브

58 건설기계관리법상 건설기계조종사 면허증을 다른 사람에게 빌려준 경우 받게 될 처분은?

① 면허효력정지 45일
② 면허효력정지 60일
③ 면허효력정지 180일
④ 면허 취소

정답 | ④

해설 | 건설기계조종사면허증을 다른 사람에게 빌려준 경우 면허 취소의 처분을 받는다.

59 무한궤도식 건설기계에서 트랙이 자주 벗겨지는 원인으로 적절하지 않은 것은?

① 고속주행 중 급커브를 도는 경우
② 최종 구동기어가 마모된 경우
③ 유격이 규정보다 큰 경우
④ 트랙의 상 · 하부 롤러가 마모된 경우

정답 | ②

해설 |

트랙이 자주 벗겨지는 원인
- 고속주행 중 급커브를 도는 경우
- 트랙의 중심 정렬이 맞지 않은 경우
- 트랙 유격이 너무 이완되어 규정보다 큰 경우
- 전부 유동륜과 스프로킷의 중심이 맞지 않은 경우
- 전부 유동륜과 스프로킷이 마모된 경우
- 트랙의 상 · 하부 롤러가 마모된 경우

60 굴삭기의 작업 장치로 틀린 것은?

① 힌지 버킷
② 파일 드라이브
③ 크러셔
④ 브레이커

정답 | ①

해설 | 힌지 버킷은 지게차의 작업장치에 해당한다.

굴삭기의 작업장치 부분
백호, 버킷, 유압 셔블, 브레이커, 이젝터 버킷, 크램셸, 어스 오거, 파일 드라이브, 우드 그래플, 크러셔 등

P / A / R / T

CBT 기출복원문제

Craftsman Excavating Machine Operator

제1회 CBT 기출복원문제

01 도시가스 매설배관 표지판은 몇 m 간격으로 설치해야 하는가?

① 100m ② 200m
③ 300m ④ 500m

정답 | ④

해설 | 도시가스 매설배관 표지판의 설치 간격은 500m마다 1개 이상이다.

02 도로 폭 8m 이상의 큰 도로에서 장애물 등이 없을 경우 일반 도시가스 배관의 최소 매설 깊이는?

① 0.6m 이상 ② 1.0m 이상
③ 1.2m 이상 ④ 1.5m 이상

정답 | ③

해설 | 폭 8m 이상의 도로에서는 도시가스 배관을 최소 1.2m 이상의 깊이로 매설해야 한다.

03 다음 중 주차금지인 장소는?

① 도로가 구부러진 부근
② 다리 위
③ 비탈길의 고갯마루 부근
④ 가파른 비탈길의 내리막

정답 | ②

해설 | 다리 위는 주차금지 장소이다. 나머지는 서행 또는 일시정지해야 하는 장소이다.

04 다음 중 위치한 장소에서 정기검사를 받을 수 있는 건설기계는?

① 너비가 2m인 경우
② 자체중량이 35톤인 경우
③ 최고속도가 30km/h인 경우
④ 축중이 8톤인 경우

정답 | ③

해설 | 건설기계가 위치한 장소에서 검사를 받아야 하는 경우는 다음과 같다.
- 도서지역에 있는 경우
- 자체중량이 40톤을 초과하거나 축중이 10톤을 초과하는 경우
- 너비가 2.5m를 초과하는 경우
- 최고속도가 35km/h 미만인 경우

05 브레이크의 하이드로 백에 대한 설명으로 옳지 않은 것은?

① 브레이크를 밟았을 때 힘을 증폭시켜 제동력을 향상시킨다.
② 브레이크 계통에 설치한다.
③ 대기압과 흡기 다기관 부압과의 차를 이용한다.
④ 고장 날 경우 브레이크가 완전 정지된다.

정답 | ④

해설 | 하이드로 백이 고장 나면 브레이크가 전혀 작동되지 않는 것이 아니라 작동이 나빠질 수 있다. 하이드로 백에 고장이 발생해도 유압에 의한 브레이크는 어느 정도 작동한다.

06 축전지가 과충전되었을 때 나타나는 현상으로 옳지 않은 것은?

① 양극판의 격자가 산화된다.

② 전해액이 갈색을 띤다.

③ 양극 단자 쪽 셀커버가 부푼다.

④ 축전지에 물이 많이 생성된다.

정답 | ④

해설 | 축전지에 물이 생성되는 것은 축전지가 방전되었을 때 발생하는 현상이다. 축전지가 방전될 경우 전해액은 물이 되고 극판은 황산납이 된다.

07 다음의 유압 기호가 의미하는 것은?

① 마그넷 세퍼레이터

② 정용량형 펌프

③ 아날로그 변환기

④ 가변용량형 펌프

정답 | ②

해설 | 정용량형 펌프 · 모터를 의미한다.

08 다음 중 보호안경을 끼지 않고 작업해도 되는 경우는?

① 산소용접 작업 시

② 가스용접 작업 시

③ 클러치 부착 작업 시

④ 건설기계 타이어 교체 작업 시

정답 | ④

해설 | 보안경은 산소용접, 클러치 탈 · 부착 작업, 그라인딩 작업, 전기용접 및 가스용접 작업 등을 할 때 필요하다.

09 재해예방의 4원칙이 아닌 것은?

① 전원참가의 원칙

② 대책선청의 원칙

③ 손실우연의 원칙

④ 원인계기의 원칙

정답 | ①

해설 | 전원참가의 원칙은 무재해운동의 3원칙에 해당한다.

10 교통신호 또는 지시에 따라야 하는 운전자의 의무에 대한 설명으로 옳지 않은 것은?

① 도로를 통행하는 보행자는 교통정리를 하는 국가경찰공무원의 지시를 따라야 한다.

② 노면전차의 운전자는 자치경찰공무원을 보조하는 사람으로서 대통령령으로 정하는 사람의 지시를 따라야 한다.

③ 도로를 통행하는 보행자는 국가경찰공무원의 지시를 따라야 한다.

④ 차마의 운전자는 교통안전시설이 표시하는 신호와 교통정리를 하는 경찰공무원의 신호가 서로 다른 경우 교통안전시설이 표시하는 신호에 따라야 한다.

정답 | ④

해설 | 도로를 통행하는 보행자, 차마 또는 노면전차의 운전자는 교통안전시설이 표시하는 신호 또는 지시와 교통정리를 하는 국가경찰공무원 · 자치경찰공무원 또는 경찰보조자(이하 "경찰공무원등"이라 한다)의 신호 또는 지시가 서로 다른 경우에는 경찰공무원등의 신호 또는 지시에 따라야 한다.

11 다음의 유압 기호가 의미하는 것은?

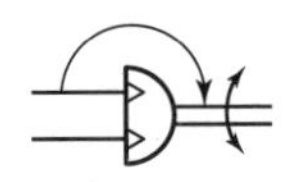

① 공기압 모터
② 유압 전도장치
③ 압력 보상 제어
④ 요동형 액추에이터

정답 | ④

해설 | 요동형 액추에이터를 의미하는 기호이다.

12 산업재해 부상 중 경상해에 대한 설명으로 옳은 것은?

① 업무로 인해 목숨을 잃게 되는 경우
② 응급처치 이하의 부상으로 작업에 종사하면서 치료를 받는 경우
③ 부상으로 인하여 1일 이상, 7일 이하의 노동 손실이 있는 경우
④ 부상으로 인하여 8일 이상의 노동 손실이 있는 경우

정답 | ③

해설 | ① 사망
② 무상해 사고
④ 중경상

13 특별고압 가공 배전선로에 관한 내용으로 옳은 것은?

① 높은 전압일수록 전주 상단에 설치하는 것을 원칙으로 한다.
② 낮은 전압일수록 전주 상단에 설치하는 것을 원칙으로 한다.
③ 배전선로는 전부 절연전선이다.
④ 전압에 관계없이 장소마다 다르다.

정답 | ①

해설 | 특별고압 가공 배전선로의 경우 높은 전압일수록 전주 상단에 설치해야 한다.

14 다음 중 기종별 정기검사의 유효기간으로 옳은 것은?

① 타이어식 굴착기 – 1년
② 1톤 이상 지게차 – 1년
③ 덤프트럭 – 2년
④ 타워크레인 – 1년

정답 | ①

해설 | ② 1톤 이상 지게차 – 2년
③ 덤프트럭 – 1년
④ 타워크레인 – 6개월

15 모든 차의 운전자가 서행해야 하는 장소가 아닌 것은?

① 편도 3차로 이상의 다리 위
② 도로가 구부러진 부근
③ 가파른 비탈길의 내리막
④ 비탈길의 고갯마루 부근

정답 | ①

해설 | 모든 차 또는 노면전차의 운전자가 서행해야 하는 장소는 다음과 같다.

- 교통정리를 하고 있지 않은 교차로
- 도로가 구부러진 부근
- 비탈길의 고갯마루 부근
- 가파른 비탈길의 내리막
- 지방경찰청장이 도로에서의 위험을 방지하고 교통의 안전과 원활한 소통을 확보하기 위하여 필요하다고 인정하여 안전표지로 지정한 곳

16 **해머를 사용하는 작업 시 주의사항으로 잘못된 것은?**

① 담금질한 재료는 천천히 타격을 가한다.
② 녹슨 재료를 손질할 때는 보안경을 착용한다.
③ 해머 작업 시 타격 면을 주시해야 한다.
④ 자루가 불안정한 해머는 사용하지 않는다.

정답 | ①
해설 | 담금질한 재료는 해머로 두드리지 않는다.

17 **유압회로에서의 서지압이란?**

① 정상적으로 발생하는 압력의 최솟값
② 과도하게 발생하는 이상 압력의 최솟값
③ 과도하게 발생하는 이상 압력의 최댓값
④ 정상적으로 발생하는 압력의 최댓값

정답 | ③
해설 | 서지압(Surge Pressure)이란 유압회로 내에서 과도하게 발생하는 이상 압력의 최댓값을 말한다.

18 **성능이 불량하거나 사고가 자주 발생하는 건설기계의 안전성 등을 점검하기 위하여 실시하는 검사는?**

① 신규 등록검사
② 구조변경검사
③ 수시검사
④ 정기검사

정답 | ③
해설 | ① 신규 등록검사 : 건설기계를 신규로 등록할 때 실시하는 검사
② 구조변경검사 : 건설기계의 주요 구조를 변경하거나 개조한 경우 실시하는 검사
④ 정기검사 : 건설공사용 건설기계로서 3년의 범위에서 국토교통부령으로 정하는 검사유효기간이 끝난 후에 계속하여 운행하려는 경우에 실시하는 검사 및 운행차의 정기검사

19 **다음 중 건설기계관리법상 처벌 기준이 다른 하나는?**

① 건설기계의 등록번호를 지워 없앤 경우
② 건설기계를 도로에 버려 둔 자
③ 건설기계조종면허를 거짓으로 받은 자
④ 정기적성검사를 받지 않은 자

정답 | ④
해설 | 정기적성검사를 받지 않은 자는 300만원 이하의 과태료를, 나머지는 1년 이하의 징역 또는 1천만원 이하의 벌금을 내야 한다.

20 **물건을 여러 사람이 공동으로 운반할 때 안전사항으로 거리가 먼 것은?**

① 앞쪽에 있는 사람이 부하를 적게 담당한다.
② 긴 화물은 같은 쪽의 어깨에 올려 운반한다.
③ 명령과 지시는 한 사람이 한다.
④ 최소한 한 손으로 물건을 받친다.

정답 | ①
해설 | 물건을 여러 사람이 공동으로 운반할 때는 힘의 균형을 유지하여 이동해야 한다.

21 다음 중 고압전기 경고 표지는?

①

②
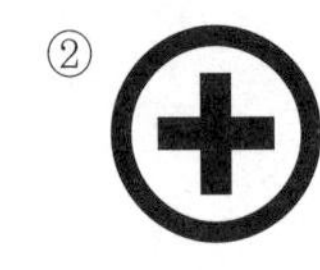
③

④

정답 | ④

해설 | ① 인화성물질 경고
② 녹십자 표시
③ 위험장소 경고

22 시동이 걸린 후에도 시동 키 스위치를 계속 누를 경우 나타날 수 있는 현상은?

① 피니언기어의 소손
② 배터리의 충전량 증가
③ 전기자의 소손
④ 메인 베어링의 소손

정답 | ①

해설 | 시동이 걸린 후에도 시동 키 스위치를 계속 누를 경우 피니언기어가 계속 작동하여 소손될 수 있다.

23 다음 중 디젤 기관에 대한 설명으로 옳지 않은 것은?

① 연료유는 경유를 사용한다.
② 연료유가 혼합된 가스에 전기적 불꽃을 일으켜 점화한다.
③ 가솔린 기관보다 압축비가 높다.
④ 흡입된 공기를 고온 · 고압으로 압축한다.

정답 | ②

해설 | 디젤 기관은 흡입한 공기를 고온 · 고압으로 압축한 후 연료를 분사하여 압축열로 점화한다. 전기적 불꽃으로 점화하는 것은 가솔린 기관이다.

24 불안전한 조명, 방호장치의 결함 등으로 인해 발생하는 산업재해의 요인은?

① 지적 요인 ② 물적 요인
③ 신체적 요인 ④ 정신적 요인

정답 | ②

해설 | 불안전한 조명, 방호장치의 결함, 불안전한 환경 등은 직접원인 중 물적 요인에 해당한다.

25 안전한 작업을 위해 보안경을 착용해야 하는 작업은?

① 엔진 오일 보충 작업
② 냉각수 점검 작업
③ 전기저항 측정 작업
④ 장비의 하체 점검 작업

정답 | ④

해설 | 장비의 하체 작업 시 오일이나 이물질 등이 떨어질 수 있으므로 보안경을 착용하여 눈을 보호해야 한다.

26 굴삭기 액슬허브의 오일을 교환하고자 배출시킬 때 옳은 방법은?

① 플러그를 6시 방향에 위치시킨다.
② 플러그를 3시 방향에 위치시킨다.
③ 플러그를 9시 방향에 위치시킨다.
④ 플러그를 1시 방향에 위치시킨다.

정답 | ①

해설 | 액스허브의 오일을 배출시킬 때에는 플러그를 6시 방향으로 위치시킨다.

27 건설기계장비에서 토인에 대한 설명으로 거리가 가장 먼 것은?

① 좌 · 우 앞바퀴의 간격이 앞보다 뒤가 넓다.
② 반드시 직진 상태일 때 토인을 측정해야 한다.
③ 타이어의 마멸을 증대시킨다.
④ 바퀴의 벌어짐을 방지하고 직진성을 좋게 한다.

정답 | ③

해설 | 토인은 타이어 마멸을 방지하며, 토인 조정이 잘못된 경우 타이어가 편마모된다.

28 다음 중 LP 가스의 특성이 아닌 것은?

① 주성분은 프로판과 부탄이다.
② 액체 상태일 때 피부에 닿으면 화상의 우려가 있다.
③ 누출 시 공기보다 무거워 바닥에 체류하기 쉽다.
④ 원래 무색, 무취이나 안전을 위해 부취제를 첨가한다.

정답 | ②

해설 | 액체 상태일 때 피부에 닿으면 동상의 우려가 있다.

29 무한궤도식 굴삭기의 하부 주행체를 구성하는 요소로 틀린 것은?

① 주행모터
② 스프로킷
③ 트랙 프레임
④ 선회고정 장치

정답 | ④

해설 | 선회고정 장치는 굴삭기가 트레일러에 의해 운반될 때 상부 회전체와 하부 주행체를 고정시켜 주는 장치이다.

30 기계 또는 공구 작업 시 준수하여야 할 안전수칙으로 잘못된 것은?

① 렌치 홈에 쐐기를 삽입하지 않는다.
② 절단공구를 사용할 땐 사용자 앞쪽으로 절단한다.
③ 가공 중에 드릴에서 이상음이 발생하면 즉시 교체한다.
④ 드라이버의 날 끝이 나사홈의 너비와 길이에 맞는 것을 사용한다.

정답 | ②

해설 | 칼, 톱, 끌 등의 절단공구를 사용할 경우 사용자 앞쪽으로 절단하지 않도록 한다.

31 굴삭기의 선회 동작이 원활하게 안 되는 원인으로 거리가 가장 먼 것은?

① 터닝 조인트 불량
② 릴리프 밸브 설정 압력 부족
③ 스윙 모터 내부 손상
④ 컨트롤 밸브 스풀 불량

정답 | ①

해설 | 굴삭기의 선회(스윙)는 유압으로 구동되는 모터로 작동된다. 따라서 선회 동작이 원활하지 않는 이유는 유압밸브 또는 모터의 이상과 관련이 있다.

스윙 동작이 원활하게 이루어지지 않는 이유
- 컨트롤 밸브 스풀 불량
- 릴리프 밸브 설정 압력 부족
- 스윙 모터 내부 손상

32 일반적으로 유압펌프 중 가장 고압이면서 고효율인 펌프는?

① 베인 펌프
② 피스톤 펌프
③ 2단 베인 펌프
④ 기어 펌프

정답 | ②

해설 | 피스톤 펌프(플런저 펌프)에 대한 설명으로, 최고 압력은 350kgf/cm^2 정도이다.

33 유압펌프의 작동유 유출 여부를 점검할 때 옳지 않은 것은?

① 하우징에 균열이 생기면 패킹을 교환해야 한다.
② 정상 작동온도로 난기 운전을 하여 점검한다.
③ 고정 볼트가 풀렸다면 추가 조임을 한다.
④ 운전자가 지속적으로 관심을 가지고 점검하여야 한다.

정답 | ①

해설 | 하우징에 균열이 발생하면 수리 또는 교환을 해야 한다.

34 4행정 사이클 기관에서 엔진의 회전수가 3,000rpm이라면, 캠축의 회전수는?

① 3,000rpm ② 2,000rpm
③ 1,500rpm ④ 1,000rpm

정답 | ③

해설 | 캠축은 엔진에 연결된 크랭크축이 2회전할 때 1회전한다. 따라서 엔진의 회전수가 3,000rpm이라면 캠축의 회전수는 그 절반인 1,500rpm이다.

35 실린더의 벽이 마멸되었을 때 나타날 수 있는 증상이 아닌 것은?

① 윤활유 소비량이 증가한다.
② 압축 효율이 저하된다.
③ 기관의 출력이 저하된다.
④ 냉각수 온도가 낮아진다.

정답 | ④

해설 | 실린더 벽이 마멸될 경우 윤활유 소비량의 증가(윤활유의 연소실 유입), 압축 효율 저하로 인한 기관 출력의 저하 등이 나타날 수 있다. 냉각수 온도와는 상관이 없다.

36 다음 중 피스톤링에 대한 설명으로 옳지 않은 것은?

① 피스톤 상부에는 오일링이 설치된다.
② 압축링은 피스톤과 실린더 사이의 기밀을 유지한다.
③ 오일링은 윤활유가 연소실로 들어가는 것을 방지한다.
④ 압축링은 피스톤의 열을 실린더 벽으로 전도하는 역할을 한다.

정답 | ①

해설 | 피스톤 상부에는 압축링이 2~4개 설치된다. 오일링은 실린더 하부에 1~2개가 설치된다.

37 다음 중 크랭크축의 구성품이 아닌 것은?

① 크랭크 저널
② 크랭크 암
③ 크랭크 핀
④ 크랭크 리프터

정답 | ④

해설 | 크랭크축은 크랭크 저널, 크랭크 핀, 크랭크 암 등으로 구성되어 있다.

38 기관의 연소실이 구비해야 할 조건으로 옳은 것은?

① 연소 시간은 가능한 길어야 한다.
② 와류를 일으킬 돌출부가 있어야 한다.
③ 연소실 표면적은 최소가 되어야 한다.
④ 화염이 전파되는 거리가 짧아야 한다.

정답 | ③

해설 |

> **연소실의 구비 조건**
> - 연소 시간은 가능한 짧을 것
> - 가열되기 쉬운 돌출부가 없을 것
> - 연소실 표면적은 최소가 될 것
> - 흡 · 배기 작용이 원활할 것
> - 압축행정 시 혼합기에 와류가 일어날 것

39 직류발전기의 특징으로 옳지 않은 것은?

① 브러시의 수명이 짧다.
② 공회전 시에도 충전이 가능하다.
③ 중량이 교류발전기 대비 더 무겁다.
④ 고속회전용으로는 부적합하다.

정답 | ②

해설 | 직류발전기는 공회전 시 충전이 불가능하다. 공회전 시에도 충전이 가능한 것은 교류발전기이다.

40 유압펌프에 대한 설명으로 틀린 것은?

① 기계적 에너지를 유압 에너지로 변환한다.
② 엔진의 플라이휠에 의해 구동된다.
③ 구조가 간단하고 가격이 저렴하며 고장이 적다.
④ 유압탱크의 오일을 컨트롤 밸브로 토출한다.

정답 | ③

해설 | ③은 기어펌프의 특징에 해당한다.

41 고속도로의 차종별 규정 속도로 옳은 것은?

① 편도 1차로인 경우 모든 차량의 최고속도는 80lm/h이다.
② 편도 2차로 이상인 경우 모든 고속도로에서 건설기계의 최저속도는 60km/h이다.
③ 편도 2차로 이상인 경우 모든 고속도로에서 특수자동차의 최고속도는 90km/h이다.
④ 편도 2차로 이상인 경우 적재중량 1.5톤을 초과하는 화물자동차의 최고속도는 100km/h이다.

정답 | ①

해설 | ② 편도 2차로 이상인 경우 모든 고속도로에서 건설기계의 최저속도는 50km/h이다.
③ 편도 2차로 이상인 경우 모든 고속도로에서 특수자동차의 최고속도는 80km/h이다.
④ 편도 2차로 이상인 경우 적재중량 1.5톤을 초과하는 화물자동차의 최고속도는 90km/h이다.

42 유압 펌프에서 GPM이 나타내는 것은?

① 단동 실린더의 치수
② 오일 흐림의 저항 수치
③ 분당 토출하는 작동유의 양을 리터로 표시
④ 분당 토출하는 작동유의 양을 갤런으로 표시

정답 | ④

해설 | 참고로 ③은 LPM에 대한 설명이다.

43 **다음 중 이상 기후 시의 운행속도로 옳지 않은 것은?**

① 비가 내려 노면이 젖는 경우 최고속도의 100분의 20을 줄인 속도로 운행한다.
② 눈이 20mm 이상 쌓이는 경우 최고 속도의 100분의 20을 줄인 속도로 운행한다.
③ 안개로 인해 가시거리가 100m 이내인 경우 최고 속도의 100분의 50을 줄인 속도로 운행한다.
④ 노면이 얼어붙은 경우 최고 속도의 100분의 50을 줄인 속도로 운행한다.

정답 | ②

해설 | 눈이 20mm 이상 쌓이는 경우 최고 속도의 100분의 50을 줄인 속도로 운행한다.

44 **기관의 연료 계통 내 공기 빼기 작업 순서로 옳은 것은?**

① 연료 공급 펌프 → 연료 여과기 → 분사 펌프
② 분사 펌프 → 연료 여과기 → 연료 공급 펌프
③ 분사 펌프 → 연료 공급 펌프 → 연료 여과기
④ 연료 여과기 → 연료 공급 펌프 → 분사 펌프

정답 | ①

해설 | 공기 빼기 작업은 '연료 공급 펌프 → 연료 여과기 → 분사 펌프' 순으로 실시한다. 공기 없이 연료만 배출되면 작업이 완료된 것이다.

45 **다음 중 전조등 회로를 구성하는 부품이 아닌 것은?**

① 전조등 릴레이
② 플래셔 스위치
③ 디머 스위치
④ 전조등 스위치

정답 | ②

해설 | 플래셔 스위치는 방향지시등을 구성하는 부품이다.

46 **플런저 펌프의 기능으로 적절한 것은?**

① 날개가 회전하면서 액체를 토출 측으로 밀어내는 펌프
② 실린더 내의 용적을 변화시켜 유체를 흡입 · 송출하는 펌프
③ 원동기의 기계적 에너지를 유압 에너지로 변환시키는 펌프
④ 케이싱 내 로터를 회전시켜 유체를 나사홈 사이로 밀어내는 펌프

정답 | ②

해설 | ① 베인 펌프의 기능이다.
③ 유압펌프의 기능이다.
④ 나사펌프의 기능이다.

47 **건설기계의 유압장치에 대한 설명으로 가장 옳은 것은?**

① 오일을 이용하여 회로 내의 진공을 방지하는 것
② 액체를 압축하여 기체로 전환시키는 것
③ 유압유를 이용하여 전기를 생산하는 것
④ 유압유의 압력 에너지를 이용하여 기계적인 일을 하도록 하는 것

정답 | ④

해설 | 유압장치란 오일의 유체 에너지를 이용하여 기계적인 일을 하도록 하는 것이다.

48 유압 구동 장치에 해당하지 않는 것은?

① 부속기구 ② 유압모터
③ 유압실린더 ④ 요동모터

정답 | ①

해설 | 부속기구란 회로 구성에서 안전성을 위해 설치한 장치를 말한다.

> **유압 구동 장치**
> 유체 에너지를 기계적 에너지로 전환시키는 장치

49 다음 중 가압식 라디에이터에 대한 설명으로 옳지 않은 것은?

① 라디에이터의 크기가 커진다.
② 냉각수의 손실이 적다.
③ 냉각수의 비등점을 높일 수 있다.
④ 냉각 장치의 효율을 높일 수 있다.

정답 | ①

해설 | 가압식 라디에이터는 라디에이터의 크기를 작게 할 수 있다는 장점이 있다.

50 기관에 사용되는 윤활유의 주요 기능이 아닌 것은?

① 방청 작용 ② 유화 작용
③ 기밀 작용 ④ 냉각 작용

정답 | ②

해설 | '유화'는 서로 섞이지 않는 두 액체를 계면활성제 등을 통해 서로 섞는 것을 말한다. 기관에 사용되는 윤활유의 기능과는 관계가 없다.

51 다음 중 냉각장치의 부동액으로 사용할 수 없는 것은?

① 글리세린
② 에틸렌글리콜
③ 묽은 황산
④ 메탄올

정답 | ③

해설 | 부동액은 글리세린 및 메탄올, 에틸렌글리콜 등을 사용하며 에틸렌글리콜을 가장 흔히 사용한다.

52 제동장치의 구비조건에 대한 설명으로 거리가 가장 먼 것은?

① 신뢰성이 뛰어나야 한다.
② 정비하기 쉬워야 한다.
③ 노면의 충격에 영향을 받지 않아야 한다.
④ 제동 효과가 우수해야 한다.

정답 | ③

해설 | 주행 시 노면의 충격에 영향을 받지 않아야 하는 것은 조향 장치가 갖추어야 할 조건에 해당한다.

53 다음 중 여름철에 사용하기에 가장 적절한 윤활유는?

① SAE 번호가 10번인 윤활유
② SAE 번호가 20번인 윤활유
③ SAE 번호가 30번인 윤활유
④ SAE 번호가 40번인 윤활유

정답 | ④

해설 | SAE 번호가 10~20인 경우 겨울철에, 30은 봄 · 가을철에, 40~50인 경우 여름철에 사용하기에 가장 적절한 윤활유이다.

54 기관에 압축 공기를 공급하여 출력을 증대시키는 장치는?

① 디컴프 ② 거버너
③ 과급기 ④ 머플러

정답 | ③

해설 | 과급기는 기관에 압축 공기를 공급하여 출력을 증대시키는 장치로, 슈퍼차저 또는 터보차저라고도 한다.

55 다음 중 격리판이 구비해야 할 조건으로 적절하지 않은 것은?

① 전해액에 부식되지 않을 것
② 전해액의 확산을 방지할 것
③ 기계적인 강도가 있을 것
④ 다공성일 것

정답 | ②

해설 | 격리판은 전해액의 확산이 잘되는 성격을 가지고 있어야 한다.

56 브레이크 회로의 잔압의 필요성으로 옳은 것은?

① 신속한 제동을 가능케 한다.
② 엔진과 변속기 사이에서 동력을 전달한다.
③ 리턴 스프링을 수축시킨다.
④ 유체의 흐름 방향을 전환한다.

정답 | ①

해설 | 브레이크 회로의 잔압은 마스터 실린더 내의 밸브 시트에 체크 밸브가 밀착되면서 회로에 남아 유지되는 압력을 말한다.
② 클러치의 기능이다.
③ 브레이크 슈의 기능이다.
④ 토크 컨버터의 기능이다.

57 다음 중 전류의 3대 작용이 아닌 것은?

① 발열작용 ② 화학작용
③ 자기작용 ④ 가압작용

정답 | ④

해설 | 전류의 3대 작용은 발열작용, 화학작용, 자기작용이다.

58 건설기계에서 저압 타이어의 호칭 치수가 표시되는 방법으로 옳은 것은?

① 플라이수 – 타이어의 폭 – 림의 지름
② 타이어의 폭 – 타이어의 내경 – 플라이수
③ 타이어의 폭 – 림의 지름
④ 타이어의 내경 – 타이어의 폭 – 플라이수

정답 | ②

해설 | 저압 타이어의 호칭 치수 표시는 '폭 – 내경 – 플라이수'이다.

59 건설기계에서 앞바퀴 정렬의 역할로 거리가 먼 것은?

① 타이어의 마모를 줄여준다.
② 브레이크의 수명을 증대시킨다.
③ 작은 힘으로도 핸들 조작을 할 수 있게 한다.
④ 방향의 안정성을 준다.

정답 | ②

해설 | 브레이크의 수명과 앞바퀴 정렬과는 큰 관련이 없다.

60 조향기어 비율을 크게 하였을 때의 특징으로 옳지 않은 것은?

① 조향핸들의 조작이 가벼워진다.
② 불균형 도로에서 조향핸들을 놓칠 가능성이 있다.
③ 조향기어의 마모를 줄여준다.
④ 복원성능이 떨어진다.

정답 | ③

해설 | 조향기어의 비율이 커지면 장치의 마모가 촉진될 수 있다.

제2회 CBT 기출복원문제

01 **인력으로 운반작업을 할 때 주의사항으로 옳지 않은 것은?**

① 드럼통과 LPG 봄베는 굴려서 운반한다.
② 공동운반에서는 서로 협조하여 작업한다.
③ 긴 물건은 앞쪽에서 위로 올린다.
④ 무리한 몸가짐으로 물건을 들지 않는다.

정답 | ①

해설 | LPG 봄베는 굴려서 운반하면 안 된다.

02 **기어펌프의 특징으로 틀린 것은?**

① 펌프의 발생 압력이 가장 높다.
② 펌프의 흡입 능력이 가장 크다.
③ 구조가 간단하여 다루기 쉽다.
④ 유압 작동유의 오염에 강한 편이다.

정답 | ①

해설 |

기어펌프의 특징
- 유압 작동유의 오염에 강함
- 피스톤 펌프에 비해 효율이 떨어짐
- 흡입 능력이 큼
- 소음이 큼

03 **굴착공사 현장 위치와 매설배관 위치를 공동으로 표시하기로 결정한 경우 굴착공사자와 도시가스사업자가 준수해야 할 사항으로 옳지 않은 것은?**

① 굴착공사자는 굴착공사 예정 지역의 위치를 흰색 페인트로 표시해야 한다.
② 굴착공사자는 황색 페인트로 표시 여부를 확인해야 한다.
③ 도시가스사업자는 굴착 예정 지역의 매설배관 위치를 굴착공사자에게 알려주어야 한다.
④ 대규모 굴착공사로 인해 매설배관 위치를 페인트로 표시하는 것이 곤란한 경우 표시 말뚝 · 깃발 등을 사용하여 표시할 수 있다.

정답 | ②

해설 | 도시가스사업자는 황색 페인트 표시, 표시 깃발 등에 따른 표시 여부를 확인해야 하며, 표시가 완료된 것이 확인되면 즉시 그 사실을 정보지원센터에 통지해야 한다.

04 **플런저 펌프의 단점으로 틀린 것은?**

① 구조가 복잡하다.
② 전압력범위가 낮다.
③ 흡입능력이 가장 낮다.
④ 베어링에 부하가 크다.

정답 | ②

해설 | 플런저 펌프는 다른 펌프에 비해 펌프효율에서 전압력범위가 높다.

05 산업재해의 분류 중 응급처치 이하의 부상으로 작업에 종사하면서 치료를 받는 경우는 무엇인가?

① 무상해 사고 ② 경상해
③ 중상해 ④ 사망

정답 | ①

해설 | ② 경상해 : 부상으로 인하여 1일 이상, 7일 이하의 노동 손실이 있는 경우
③ 중상해 : 부상으로 인하여 8일 이상의 노동 손실이 있는 경우
④ 사망 : 업무로 인해 목숨을 잃게 되는 경우

06 안전표지의 종류 중 안내표지에 속하지 않는 것은?

① 녹십자 표지
② 응급구호표지
③ 비상구
④ 출입금지

정답 | ④

해설 | 출입금지는 산업안전표지 중에서 금지표지에 해당한다.

07 안전작업은 복장의 착용 상태에 따라 달라진다. 다음 중 권장사항이 아닌 것은?

① 물체 추락의 위험이 있는 곳에서는 안전모를 착용한다.
② 작업에 지장이 없는 한 손발이 노출되는 것이 간편하고 좋다.
③ 단추가 달린 것은 되도록 피한다.
④ 땀을 닦기 위한 수건 등을 목에 걸고 작업해서는 안 된다.

정답 | ②

해설 | 손이나 발이 노출되지 않는 작업복이 좋다.

08 유압 장치 내 과부하 방지 및 유압기기의 보호를 위해 최고 압력을 규제하는 밸브는?

① 방향제어 밸브
② 온도제어 밸브
③ 유량제어 밸브
④ 압력제어 밸브

정답 | ④

해설 | 압력제어 밸브는 유압 회로 내에 필요한 압력을 유지하는 밸브이다.

09 튜브리스 타이어에 대한 설명으로 옳지 않은 것은?

① 타이어의 펑크 위험이 현저히 적다.
② 고속 주행 시에도 발열이 적다.
③ 공기압이 낮아도 성능이 저하되지 않는다.
④ 공기압의 유지가 짧다.

정답 | ④

해설 | 튜브리스 타이어란 공기를 넣는 주머니 대신에 타이어 스스로 공기 압력 등을 유지하게 만든 타이어로 공기압 유지가 좋다는 장점이 있다.

10 굴삭기에 사용되는 타이어의 분류 기준이 다른 것은?

① 보통 타이어
② 래디얼 타이어
③ 튜브 타이어
④ 스노 타이어

정답 | ③

해설 | 타이어의 형상에 따라 분류할 경우 보통, 편평, 래디얼, 스노 타이어 등으로 구분할 수 있다.
③ 튜브의 유무에 따라 튜브 타이어, 튜브리스 타이어로 구분한다.

11 2개 이상의 분기회로를 가지며 회로 내 작동 순서를 회로의 압력에 의해 제어하는 밸브는?

① 시퀀스 밸브 ② 서보 밸브
③ 무부하 밸브 ④ 체크 밸브

정답 | ①

해설 | 시퀀스 밸브는 유압회로의 압력 등에 의해 유압 액추에이터 작동 순서를 제어하는 밸브이다.

12 자동 배출식 드레인 배출기의 기호는?

① 

② 

③ 

④ 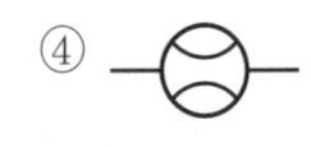

정답 | ③

해설 | ① 밀폐식 기름 탱크
② 차압계
④ 유량계

13 지하구조물이 설치된 지역에 도시가스가 공급되는 곳에서 굴삭기를 이용한 굴착 공사 중 지면으로부터 0.3m 깊이에서 물체가 발견되었다. 이때 예측할 수 있는 정체는?

① 가스 차단장치
② 도시가스 보호포
③ 도시가스 보호관
④ 도시가스 입상관

정답 | ③

해설 | 지하구조물이 설치된 지역에서는 지면으로부터 0.3m 지점에 도시가스 배관을 보호하기 위한 보호관을 두어야 한다.

14 안전보건표지의 종류 중 그림이 나타내는 것은?

① 출입금지
② 사용금지
③ 탑승금지
④ 안전장갑 착용

정답 | ②

해설 | ①  ③ 

④ 

15 직류발전기와 비교했을 때 교류발전기의 특징으로 옳지 않은 것은?

① 저속에서 충전 성능이 우수하다.
② 브러시의 수명이 길다.
③ 전류제한기만으로 발전량을 조정한다.
④ 소형 · 경량이며 출력이 크다.

정답 | ③

해설 | 교류발전기는 전압조정기만으로 발전량을 조정한다. 반면 직류발전기는 전압조정기와 전류제한기가 모두 필요하다.

16 축전지를 급속 충전할 때 축전지의 접지 케이블을 분리하는 이유로 가장 적절한 것은?

① 발전기 다이오드를 보호하기 위해
② 과충전을 방지하기 위해
③ 기동전동기를 보호하기 위해
④ 시동 스위치를 보호하기 위해

정답 | ①

해설 | 급속 충전 시 발전기의 다이오드를 보호하기 위해 축전지의 접지 케이블을 분리시킨다.

17 타이어에서 고무로 피복된 코드를 여러 겹으로 겹친 층은?

① 비드(Bead)
② 카커스(Carcass)
③ 트레드(Tread)
④ 브레이커(Breaker)

정답 | ②

해설 | 카커스에 대한 설명으로, 타이어의 구조 중 하나이다.

18 다음 중 연료가 연소되는 장소가 다른 엔진은?

① 터빈 엔진 ② LPG 엔진
③ 디젤 엔진 ④ 가솔린 엔진

정답 | ①

해설 | LPG 엔진, 디젤 엔진, 가솔린 엔진 등은 엔진의 실린더 내부에서 연료가 연소되는 내연기관에, 터빈 엔진은 외연기관에 해당한다.

19 4행정 디젤기관의 행정 순서로 옳은 것은?

① 흡입 → 폭발 → 배기 → 압축
② 흡입 → 압축 → 폭발 → 배기
③ 압축 → 폭발 → 흡입 → 배기
④ 압축 → 배기 → 흡입 → 폭발

정답 | ②

해설 | 4행정 기관의 행정 순서는 '흡입 → 압축 → 폭발(작동) → 배기'이다.

20 실린더 헤드의 구비조건으로 옳지 않은 것은?

① 고온에서 열 팽창이 커야 한다.
② 가열되기 쉬운 돌출부가 없어야 한다.
③ 열전도 특성이 좋아야 한다.
④ 폭발 압력에 견딜 수 있는 강도를 가져야 한다.

정답 | ①

해설 | 실린더 헤드는 고온에서의 열 팽창이 적어야 한다.

21 기관의 실린더 벽에서 마멸이 가장 크게 발생하는 부분은?

① 상사점 부근
② 상사점과 하사점의 중간 부근
③ 하사점 부근
④ 하사점 이하

정답 | ①

해설 | 상사점 부근은 실제 연소가스의 폭발이 일어나는 곳으로 마멸이 가장 크게 발생한다.

22 다음 중 플라이휠을 구성하는 부품이 아닌 것은?

① 피니언기어 ② 스타터 모터
③ 밸브 리프터 ④ 링기어

정답 | ③

해설 | 플라이휠은 스타터 모터, 피니언기어, 링기어, 마찰면 등으로 구성되어 있다.

23 예연소실식 연소실에 대한 설명으로 옳지 않은 것은?

① 연료의 성질 변화에 둔감하다.
② 예연소실과 주연소실의 분사 압력은 동일하다.
③ 예열플러그가 필요하다.
④ 착화지연이 짧아 노킹의 발생이 적다.

정답 | ②

해설 | 예연소실은 주연소실보다 분사 압력이 비교적 낮다.

24 타이어의 카커스에서 플라이수가 많을 때 특징으로 적절한 것은?

① 플라이수가 많을수록 마찰력이 감소한다.
② 플라이수가 많을수록 큰 하중을 견딘다.
③ 플라이수가 많을수록 드럼이 잘 냉각된다.
④ 플라이수가 많을수록 많은 열을 발산한다.

정답 | ②

해설 | 플라이수는 카커스를 구성하는 코드층의 수로, 많을수록 큰 하중을 견디는 데 용이하다.

25 가스공급압력이 중압 이상인 배관의 상부에 사용되는 보호판에 대한 설명으로 가장 거리가 먼 것은?

① 두께 4mm 이상의 철판으로 방식 코팅되어 있다.
② 보호판은 폴리에틸렌 수지 등 잘 끊어지지 않는 재질로 만들어졌다.
③ 배관 직상부 30cm 상단에 매설되어 있다.
④ 장비에 의한 배관 손상을 방지하기 위해 설치한 것이다.

정답 | ②

해설 | 폴리에틸렌 수지 등 잘 끊어지지 않는 재질로 만든 것은 보호포이다.

26 다음 중 장갑을 착용해야 하는 작업은?

① 드릴 작업 ② 해머 작업
③ 연삭 작업 ④ 운반 작업

정답 | ④

해설 | 드릴 작업, 해머 작업, 선반 작업, 연삭 작업, 정밀기계 작업 등은 장갑을 착용하지 않고 작업한다.

27 클러치 페달의 밟는 힘을 경감시키는 장치는?

① 클러치 부스터
② 어저스팅 암
③ 클러치 디스크
④ 릴리스 레버

정답 | ①

해설 | 클러치 부스터에 대한 설명이다.

28 타이어에서 트레드 패턴과 관련이 없는 것은?

① 편평율
② 구동력 및 견인력
③ 타이어 배수 성능
④ 조향성

정답 | ①

해설 |

> **트레드 패턴과 관련있는 요소**
> - 구동력 및 견인력
> - 조향성 및 안정성
> - 타이어 배수 성능
> - 제동력

29 토크 컨버터의 3대 구성 부품에 해당하지 않는 부품은?

① 스테이터 ② 터빈
③ 가이드링 ④ 펌프 임펠러

정답 | ③

해설 | 토크 컨버터는 스테이터, 터빈, 펌프 임펠러로 구성되어 있으며 전달 토크를 변환시키는 역할을 한다. 가이드링은 유체 클러치의 구성 부품에 해당한다.

30 다음 중 정온기의 종류가 아닌 것은?

① 바이메탈형 ② 왁스 펠릿형
③ 벨로즈형 ④ 트윈라인형

정답 | ④

해설 | 정온기는 바이메탈형, 벨로즈형, 왁스 펠릿형 등이 있으며 왁스 펠릿형이 가장 많이 사용된다.

31 전기를 이용하는 기구 및 기계에 의해 발생하는 화재는 무엇인가?

① A급 화재 ② B급 화재
③ C급 화재 ④ D급 화재

정답 | ③

해설 | ① 일반 화재(A급 화재) : 목재, 종이 섬유 등 일반 가연물에 의한 화재
② 유류 및 가스 화재(B급 화재) : 제4류 위험물 · 준위험물에 의한 화재 또는 인화성 액체, 기체 등에 의한 화재
④ 금속 화재(D급 화재) : 공기 중에 비산한 금속 분진에 의한 화재

32 디젤 엔진에서 연료 계통에 공기가 혼입되었을 경우 나타날 수 있는 현상으로 가장 적합한 것은?

① 연료의 분사 압력이 높아진다.
② 연료의 분사량이 많아진다.
③ 배기가스의 배압이 낮아진다.
④ 기관의 부조 현상이 나타난다.

정답 | ④

해설 | 연료 계통에 공기가 혼입될 경우 기관 부조 현상이 발생할 수 있다.

33 전류가 25[A], 전압이 50[V]일 때 저항은 얼마인가?

① 1[Ω] ② 2[Ω]
③ 3[Ω] ④ 4[Ω]

정답 | ②

해설 | 저항 $=\frac{\text{전압}}{\text{전류}}$이므로 $\frac{50}{25}=2$[Ω]이다.

34 굴삭기의 전부장치에서 좁은 장소 등의 작업에 적합하며 스윙 각도가 좌우 각 60°인 붐은?

① 오프셋 붐　　② 로터리 붐
③ 투피스 붐　　④ 원피스 붐

정답 | ①

해설 | 오프셋 붐은 상부 회전체의 회전 없이 붐을 회전시킬 수 있는 붐 스윙 장치가 있어 좁은 장소 등 특수조건의 작업에 적합하다.

35 셔블의 프론트 어태치먼트의 상부 선회체는 무엇으로 연결되어 있는가?

① 풋 핀　　② 마스터 핀
③ 로크 핀　　④ 암 핀

정답 | ①

해설 | 풋 핀(foot pin)은 셔블(shovel) 프론트 어태치먼트의 상부 회전체를 연결시키는 역할을 한다.

36 장비 점검 및 정비 작업에 대한 안전수칙과 가장 거리가 먼 것은?

① 알맞은 공구를 사용해야 한다.
② 평탄한 위치에서 한다.
③ 기관을 시동할 때 소화기를 비치해야 한다.
④ 차체 용접 시 배터리가 접지된 상태에서 한다.

정답 | ④

해설 | 전기용접 시 차체의 배터리 접지선을 반드시 제거해야 한다.

37 타이어식 굴착기의 경우 정기검사의 유효기간은 얼마인가?

① 6개월　　② 1년
③ 2년　　④ 3년

정답 | ②

해설 | 타이어식 굴착기의 경우 1년마다 정기검사를 해야 한다.

38 재해 발생 원인으로 가장 높은 비중을 차지하는 것은?

① 사회적 환경
② 불안전한 작업환경
③ 작업자의 성격적 결함
④ 작업자의 불안전한 행동

정답 | ④

해설 | 작업자의 불안전한 행동 및 본인의 실수 등의 직접적인 원인이 재해 발생의 원인 중 가장 높은 비중을 차지한다.

39 도로교통법상 편도 2차로 이상 모든 고속도로에서 건설기계의 최고속도는 얼마인가?

① 100km/h　　② 90km/h
③ 80km/h　　④ 60km/h

정답 | ③

해설 | 편도 2차로 이상 모든 고속도로에서 화물자동차(적재중량 1.5톤 초과), 특수자동차, 위험물운반자동차, 건설기계의 최고속도는 80km/h, 최저속도는 50km/h이다.

40 다음 중 운전자가 일시정지해야 하는 장소는?

① 도로가 구부러진 부근
② 좌우를 확인할 수 없는 교차로
③ 비탈길의 고갯마루 부근
④ 지방경찰청장이 필요하다고 인정하여 안전표지로 지정한 곳

정답 | ②

해설 | 교통정리를 하고 있지 않고 좌우를 확인할 수 없거나 교통이 빈번한 교차로에서 모든 차 또는 노면전차의 운전자는 일시정지를 해야 한다. 다만, 교통정리를 하고 있지 않은 교차로의 경우 서행할 수 있다. 나머지 장소들은 모두 서행해야 한다.

41 스패너 작업 시 유의할 사항으로 옳지 않은 것은?

① 스패너의 입이 너트의 치수에 맞는 것을 사용해야 한다.
② 스패너의 자루에 파이프를 이어서 사용해서는 안 된다.
③ 스패너와 너트 사이에는 쇄기를 넣고 사용해야 한다.
④ 너트에 스패너를 깊이 물리도록 하여 조금씩 앞으로 당기는 식으로 풀고 조인다.

정답 | ③

해설 | 스패너나 렌치는 볼트나 너트의 치수에 맞는 것으로 사용해야 하며, 쐐기를 넣어서는 안 된다.

42 운전 중 계기판에 충전 경고등이 점등될 경우 그 원인으로 옳은 것은?

① 축전지가 충전 중임을 나타낸다.
② 충전계통에 이상이 있음을 나타낸다.
③ 축전지가 방전 중임을 나타낸다.
④ 충전계통이 정상적으로 작동하고 있음을 나타낸다.

정답 | ②

해설 | 충전 경고등은 충전 계통에 이상이 있거나 충전이 제대로 이루어지지 않고 있을 경우 점등된다.

43 건설기계의 소유자가 건설기계등록증을 잃어버리거나 건설기계등록증이 헐어 못쓰게 된 경우 취해야 할 조치는?

① 대통령령으로 정하는 바에 따라 재발급을 신청해야 한다.
② 총리령으로 정하는 바에 따라 재발급을 신청해야 한다.
③ 고용노동부령으로 정하는 바에 따라 재발급을 신청해야 한다.
④ 국토교통부령으로 정하는 바에 따라 재발급을 신청해야 한다.

정답 | ④

해설 | 건설기계의 소유자는 건설기계등록증을 잃어버리거나 건설기계등록증이 헐어 못쓰게 된 경우에는 국토교통부령으로 정하는 바에 따라 재발급을 신청해야 한다.

44 **굴삭기 액슬허브의 오일을 교환하고자 주입할 때 플러그의 방향은?**

① 플러그 방향을 1시에 위치시킨다.
② 플러그 방향을 3시에 위치시킨다.
③ 플러그 방향을 6시에 위치시킨다.
④ 플러그 방향을 9시에 위치시킨다.

정답 | ④

해설 | 오일을 주입할 때는 플러그를 9시 방향에 위치시킨다.

45 **거짓이나 그 밖의 부정한 방법으로 건설기계조종사면허를 받아 취소된 경우, 몇 년이 지나야 면허 시험을 다시 치를 수 있는가?**

① 6개월　② 1년
③ 2년　④ 3년

정답 | ③

해설 | 건설기계조종사면허가 취소된 날부터 1년(거짓이나 그 밖의 부정한 방법으로 건설기계조종사면허를 받은 경우, 건설기계조종사면허의 효력정지기간 중 건설기계를 조종한 경우의 사유로 취소된 경우에는 2년)이 지나지 않았거나 건설기계조종사면허의 효력정지처분 기간 중에 있는 사람은 면허시험의 결격사유에 해당한다.

46 **납축전지 전해액의 온도가 올라갈 경우 비중은 어떻게 되는가?**

① 점차 올라간다.
② 점차 내려간다.
③ 올라갔다가 내려간다.
④ 변화가 없다.

정답 | ②

해설 | 납축전지 전해액의 온도가 올라갈수록 비중은 떨어진다.

47 **냉각팬의 벨트 유격이 너무 클 때 일어나는 현상으로 옳은 것은?**

① 엔진 점화 시기가 빨라진다.
② 베어링의 마모가 심해진다.
③ 기관 과열의 원인이 된다.
④ 강한 텐션으로 인해 벨트가 절단된다.

정답 | ③

해설 | 냉각팬의 벨트 유격이 크다는 것은 벨트가 느슨하다는 것이며, 벨트가 느슨할 경우 냉각효과가 떨어져 기관 과열의 원인이 된다.

48 **엔진오일 여과기가 막힐 경우를 대비하여 설치되는 것은?**

① 체크 밸브
② 오일 팬
③ 오일 디퍼
④ 바이패스 밸브

정답 | ④

해설 | 바이패스 밸브는 엔진오일 여과기 등이 막혔을 때 오일이 여과기를 통과하지 않고 직접 윤활부에 공급될 수 있도록 하는 역할을 한다.

49 **유압의 압력을 올바르게 나타낸 것은?**

① 압력 = 가해진 힘 / 면적
② 압력 = 가해진 힘 / 속도
③ 압력 = 면적 × 힘
④ 압력 = 면적 − 힘

정답 | ①

해설 | 압력은 단위 면적당 작용하는 힘의 세기로 '가해진 힘 / 단면적'으로 나타낸다.

50 압력 1atm(지구 대기압)과 같지 않은 압력은?

① 76cmHg
② 1,013hPa
③ 75kgf · m/s
④ 760mmHg

정답 | ③

해설 | kgf · m/s는 마력의 단위에 해당한다.

> **1기압**
> 1기압(atm)=76cmHg=760mmHg
> =1,013hPa

51 유압펌프의 분류 중 종류가 다른 것은?

① 트로코이드 펌프
② 가변 토출형 펌프
③ 외접식 기어펌프
④ 내접식 기어펌프

정답 | ②

해설 | 가변 토출형 펌프는 베인펌프에 해당하며 나머지는 기어펌프이다.

52 교통안전에 필요한 주의 · 규제 · 지시 등을 표시하는 표지판이나 도로의 바닥에 표시하는 기호 · 문자 또는 선 등을 무엇이라 하는가?

① 안전표지
② 안전지대
③ 신호기
④ 도로명판

정답 | ①

해설 | 안전표지의 종류에는 주의표지, 규제표지, 지시표지, 보조표지, 노면표시가 있다.

53 다음 중 1종 대형면허 취득 후 운전할 수 있는 차량으로 옳지 않은 것은?

① 덤프트럭
② 콘크리트믹서트럭
③ 대형 견인차
④ 도로보수트럭

정답 | ③

해설 | 대형 견인차는 특수면허 취득 후 운전할 수 있는 차량이다.

54 엔진의 작동 시 엔진오일에 가장 많이 포함되는 불순물은?

① 물
② 흡입 먼지
③ 카본
④ 금속 분말

정답 | ③

해설 | 엔진오일은 엔진 작동 시 엔진 내부를 통과하면서 먼지 혹은 카본 등의 찌꺼기를 제거하여 오일 팬 바닥에 침전시키는 기능을 하는데, 이 중 가장 비중이 높은 것은 연소 과정에서 형성되는 카본이다.

55 다음 중 소음기(머플러)에 관한 설명으로 옳지 않은 것은?

① 배기가스의 외부 방출 시 배압을 높이는 기능을 한다.
② 소음기에 카본이 많이 낄 경우 엔진 과열의 원인이 될 수 있다.
③ 구멍 등의 손상이 발생할 경우 배기음이 커진다.
④ 소음기에 카본이 많이 낄 경우 엔진 출력이 저하될 수 있다.

정답 | ①

해설 | 소음기(머플러)는 배기가스의 외부 방출 시 발생하는 소음 및 화재의 위험을 방지하고 배압을 적게 하는 기능을 한다.

56 **납축전지 2개를 직렬로 연결할 경우 일어나는 변화로 옳은 것은?**

① 전압이 2배로 증가한다.
② 전류가 2배로 증가한다.
③ 비중이 2배로 증가한다.
④ 전류가 반으로 줄어든다.

정답 | ①

해설 | 납축전지 2개를 직렬로 연결할 경우 전압이 2배로 증가한다.

57 **유압장치의 기호 회로도에 사용되는 유압 기호의 표시 방법으로 틀린 것은?**

① 작용 압력은 표시하지 않는다.
② 드레인 관로를 생략할 수 있다.
③ 정상 · 중립 상태를 표시한다.
④ 흐름의 방향과 속도를 표시한다.

정답 | ④

해설 | 각 기호에는 흐름의 방향을 표시해야 하나 속도는 표시하지 않는다.

58 **차동 회로를 설치한 유압장치에서 속도가 나지 않을 경우의 원인으로 옳은 것은?**

① 회로 내에 관로의 직경차가 있다.
② 회로 내에 압력 손실이 있다.
③ 회로 내 감압 밸브가 작동하지 않는다.
④ 회로 내에 공기와 믹서하는 장치가 있다.

정답 | ②

해설 | 차동 회로에서 속도가 나지 않는 원인은 회로 내에 압력 손실이 발생하기 때문이다.

> **차동 회로**
> 피스톤의 전진 속도를 높이는 회로

59 **운전자가 건설기계의 조종 중 과실로 중대한 사고를 일으킨 경우 피해금액 50만원마다 면허효력정지가 며칠씩 늘어나는가?**

① 1일 ② 3일
③ 5일 ④ 15일

정답 | ①

해설 | 운전자가 건설기계의 조종 중 과실로 중대한 사고를 일으킨 경우 피해금액 50만원마다 면허효력정지 1일(90일을 넘지 못한다)의 처분을 받는다.

60 **다음 중 건설기계소유자가 정기검사를 연장할 수 있는 사유로 옳지 않은 것은?**

① 건설기계의 도난
② 건설기계의 사고 발생
③ 건설기계의 수출
④ 건설기계의 압류

정답 | ③

해설 | 건설기계소유자는 천재지변, 건설기계의 도난, 사고 발생, 압류, 1월 이상에 걸친 정비 그 밖의 부득이한 사유로 검사신청기간 내에 검사를 신청할 수 없는 경우에는 검사신청기간 만료일까지 검사연기신청서에 연기사유를 증명할 수 있는 서류를 첨부하여 시 · 도지사에게 제출해야 한다. 다만, 검사대행자를 지정한 경우에는 검사대행자에게 제출해야 한다.

제3회 CBT 기출복원문제

01 다음 중 D급 화재를 진압하기 위한 소화기로 적절한 것은?

① 포말소화기
② 분말소화기
③ 유기성소화기
④ 건조사

정답 | ④

해설 | D급 화재는 공기 중에 비산한 금속 분진에 의한 화재이며, 질식효과가 있는 건조사(건조된 모래), 팽창 진주암 등의 소화기로 진압할 수 있다.

02 도시가스배관이 매설된 도로에서 굴착작업을 할 때 준수사항으로 옳지 않은 것은?

① 도시가스배관 굴착 후 도시가스사에 확인을 받아야 한다.
② 가스배관은 도로에 라인 마크를 하기 때문에 라인 마크가 없으면 직접 굴착해도 된다.
③ 어떤 지점을 굴착하고자 할 때는 라인마크, 표지판 등으로 가스배관의 유무를 확인하는 방법도 있다.
④ 가스배관의 매설 유무는 반드시 도시가스 회사에 유무를 확인해야 한다.

정답 | ①

해설 | 굴착작업 시 사전에 도시가스배관을 확인하고 굴착 전 도시가스사에 입회를 요청해야 한다.

03 건설기계장비에서 압력판의 역할로 옳은 것은?

① 변속기 입력축을 통해 기관의 동력을 전달하는 역할
② 회전 중인 릴리스 레버를 눌러 동력을 차단하는 역할
③ 엔진의 회전력을 전달하는 매체의 역할
④ 클러치판을 밀어서 플라이휠에 압착시키는 역할

정답 | ④

해설 | ① 클러치판에 대한 설명이다.
② 릴리스 베어링에 대한 설명이다.
③ 유체 클러치에 대한 설명이다.

04 발전소, 변전소로부터 전력을 직접 소비장소로 송전하는 전선로는 무엇인가?

① 송전선로 ② 배전선로
③ 가공전선로 ④ 지중전선로

정답 | ②

해설 | 배전선로는 다음을 연결하는 전선로와 이에 속하는 전기 설비를 말한다.
- 발전소와 전기 수용 설비
- 변전소와 전기 수용 설비
- 송전 선로와 전기 수용 설비
- 전기 수용 설비 상호 간

05 도시가스를 지하에 매설할 때 공동주택의 부지 내에서는 몇 m 이상의 깊이로 설치해야 하는가?

① 0.6m ② 0.8m
③ 1.0m ④ 1.2m

정답 | ①

해설 | 도시가스를 지하에 매설할 때 공동주택 등의 부지 내에서는 0.6m 이상의 깊이로 설치해야 한다.

06 22.9kV 배선전로에 근접하여 굴삭기 작업 시 안전관리상 옳은 것은?

① 굴삭기 운전자가 알아서 작업한다.
② 전력선이 활선인지 확인한 후 안전조치된 상태에서 작업한다.
③ 해당 시설관리자는 입회하지 않아도 무관하다.
④ 전력선에 접촉되더라도 끊어지지 않으면 사고는 발생하지 않는다.

정답 | ②

해설 |

배전선로 부근 작업 시 안전사항(22.9kV)
- 전력선이 활선인지 확인한 후 안전조치된 상태에서 작업한다.
- 해당 시설관리자의 입회하에 안전 조치된 상태에서 작업한다.
- 임의로 작업하지 않고 안전관리자의 지시에 따른다.

07 릴리프 밸브의 일반 기호로 옳은 것은?

①
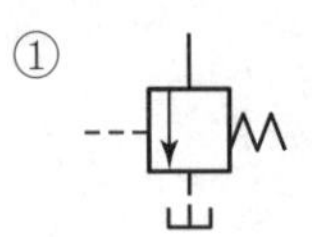
②
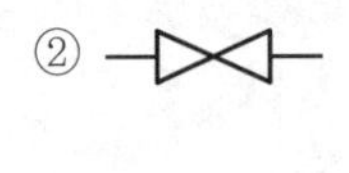
③
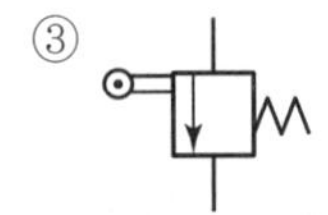
④
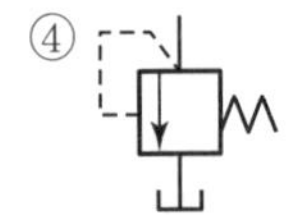

정답 | ④

해설 | ① 무부하 밸브
② 스톱 밸브
③ 감압밸브

08 유압회로에서 압력을 점검하는 위치는?

① 유압펌프와 컨트롤 밸브 사이
② 유압오일탱크 내
③ 실린더와 유압오일탱크 사이
④ 실린더 내

정답 | ①

해설 | 유압이 발생한 뒤에 유압이 측정되어야 하므로 유압 펌프와 컨트롤 밸브 사이에서 점검한다.

09 건설기계관리법상 정기적성검사 또는 수시적성검사를 받지 않은 자에 대한 처벌은?

① 50만원 이하의 과태료
② 100만원 이하의 과태료
③ 300만원 이하의 과태료
④ 1년 이하의 징역 또는 1천만원 이하의 벌금

정답 | ③

해설 | 정기적성검사 또는 수시적성검사를 받지 않은 자는 300만원 이하의 과태료를 내야 한다.

10 **다음 중 교통정리가 없는 교차로에서의 양보운전 방법으로 옳지 않은 것은?**

① 교차로에 들어가려고 하는 차의 운전자는 이미 교차로에 들어가 있는 다른 차가 있을 때에는 그 차에 진로를 양보해야 한다.

② 교차로에 들어가려고 하는 차의 운전자는 그 차가 통행하고 있는 도로의 폭보다 교차하는 도로의 폭이 좁은 경우에는 서행해야 한다.

③ 교차로에 동시에 들어가려고 하는 차의 운전자는 우측 도로의 차에 진로를 양보해야 한다.

④ 교차로에서 좌회전하려고 하는 차의 운전자는 그 교차로에서 직진하거나 우회전하려는 다른 차가 있을 때에는 그 차에 진로를 양보해야 한다.

정답 | ②

해설 | 교차로에 들어가려고 하는 차의 운전자는 그 차가 통행하고 있는 도로의 폭보다 교차하는 도로의 폭이 넓은 경우에는 서행해야 하며, 폭이 넓은 도로로부터 교차로에 들어가려고 하는 다른 차가 있을 때에는 그 차에 진로를 양보해야 한다.

11 **토크 컨버터에서 엔진과 직결되어 같은 회전수로 회전하는 구성 부품은?**

① 펌프 ② 터빈
③ 스테이터 ④ 가이드링

정답 | ①

해설 | 펌프는 엔진과 같은 회전수로 회전하는 토크 컨버터의 구성 부품으로 크랭크 샤프트에 연결되어 있다.

12 **디젤 기관의 착화 방식으로 옳은 것은?**

① 압축 착화 ② 전기 착화
③ 마찰 착화 ④ 마그넷 착화

정답 | ①

해설 | 디젤 기관은 압축된 공기에 연료유를 분사하여 점화하는 압축 착화 방식이다.

13 **가공전선로 주변에서 굴착작업 중 작업장 상부를 지나는 전선이 바켓 실린더에 의해 단선되었을 경우 조치사항으로 가장 적절한 것은? (단, 인명과 장비에는 피해가 없다.)**

① 가정용이므로 작업을 마친 다음 현장 전기공에 의해 복구시킨다.

② 발생 24시간 이내에 감독관에게 알린다.

③ 전주나 전주 위의 변압기에 이상이 없으면 무관하다.

④ 발생 즉시 인근 한국전력 사업소에 연락하여 복구하도록 한다.

정답 | ④

해설 | 전력케이블에 손상이 가해지면 전력공급이 차단되거나 중단될 수 있으므로 즉시 한국전력공사에 통보해야 한다.

14 **유압회로에서 유압유 온도를 알맞게 유지하기 위해 사용하는 것은?**

① 오일 쿨러
② 어큐뮬레이터
③ 감압 밸브
④ 요동모터

정답 | ①

해설 | 오일 쿨러에 대한 설명으로, 작동 원리는 라디에이터와 동일하다.

15 조작 방식에 대한 유압 도면 기호로 옳지 않은 것은?

① 당김 버튼	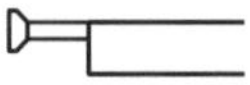
② 스프링	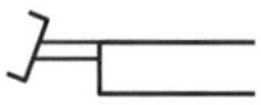
③ 페달	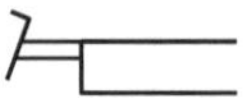
④ 플런저	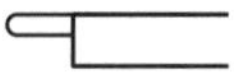

정답 | ②

해설 | 스프링 기호는 [기호] 이다. 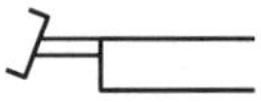
[기호] 는 2방향 페달을 의미한다.

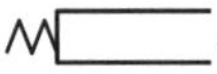

16 유압식 밸브 리프터의 장점으로 옳지 않은 것은?

① 밸브의 간극을 별도로 조정할 필요가 없다.
② 밸브 기구의 내구성이 좋다.
③ 밸브의 구조가 단순해 정비가 쉽다.
④ 밸브의 개폐 시기가 정확한다.

정답 | ③

해설 | 유압식 밸브 리프터는 구조가 복잡해 고장 시 정비가 상대적으로 어렵다는 단점이 있다.

17 피스톤 간극이 작을 경우 나타날 수 있는 현상으로 가장 적합한 것은?

① 마찰열로 피스톤의 소결이 발생한다.
② 피스톤 슬랩 현상이 발생한다.
③ 오일의 소비가 증대된다.
④ 오일이 연소실로 유입된다.

정답 | ①

해설 | ②, ③, ④는 피스톤의 간극이 클 경우 나타날 수 있는 현상이다.

18 도로교통법상 편도 3차로 이상인 고속도로에서 건설기계가 통행할 수 있는 차로는?

① 1차로 ② 왼쪽 차로
③ 오른쪽 차로 ④ 모든 차로

정답 | ③

해설 | 편도 3차로 이상인 고속도로에서 오른쪽 차로는 대형 승합자동차, 화물자동차, 특수자동차, 건설기계가 통행할 수 있다.

19 건설기계관리법상 건설기계조종사가 자신의 건설기계조종사면허증을 다른 사람에게 빌려 준 경우 받게 될 처분은?

① 면허 취소
② 면허효력정지 180일
③ 면허효력정지 60일
④ 면허효력정지 45일

정답 | ①

해설 | 건설기계관리법 제28조제6호에 의해 건설기계조종사면허증을 다른 사람에게 빌려 준 경우 면허 취소의 처분을 받게 된다.

20 도시가스 매설배관 중 황색으로 표시해야 하는 것은?

① 0.1MPa 미만 배관
② 0.1MPa 이상 0.5MPa 미만 배관
③ 0.5MPa 이상 1MPa 미만 배관
④ 1MPa 이상 배관

정답 | ①

해설 | 매설배관 중 저압인 도시가스는 황색으로 표시한다. 따라서 저압에 해당하는 0.1MPa 미만 배관은 황색으로 표시한다.

21 다음의 안전표지가 나타내는 내용은?

① 낙하물 경고
② 보행금지
③ 위험장소 경고
④ 사용금지

정답 | ③

해설 | ①  ② 

④ 

22 연삭 작업 시 반드시 착용해야 하는 보호구는?

① 보안경 ② 안전화
③ 안전장갑 ④ 방지마스크

정답 | ①

해설 | 연삭 작업 시 칩의 비산으로부터 눈을 보호하기 위하여 보안경을 착용해야 한다.

23 다음 중 엔진의 압축 압력 저하가 발생하는 원인으로 가장 적절한 것은?

① 배터리의 출력 저하
② 높은 세탄가의 연료 사용
③ 압축링의 마멸
④ 과급기의 사용

정답 | ③

해설 | 피스톤링, 특히 압축링의 마멸이 발생할 경우 연소실 내 가스가 누설되어 압축 압력 저하가 발생한다.

24 기관에서 밸브의 개폐를 돕는 부품은?

① 피트먼 암
② 로커 암
③ 크랭크 암
④ 스티어링 암

정답 | ②

해설 | 로커 암은 캠의 회전으로 작동하며, 밸브의 개폐를 돕는다.

25 다음 중 피스톤링의 작용이 아닌 것은?

① 열전도 작용
② 오일 제어 작용
③ 기밀 작용
④ 연소 억제 작용

정답 | ④

해설 | 피스톤링의 주요 작용은 기밀, 열전도, 오일 제어 작용 등이다.

26 기동전동기의 전기자 코일을 점검하는 데 사용되는 시험기는?

① 전압계 시험기
② 그로울러 시험기
③ 멀티 시험기
④ 저항 시험기

정답 | ②

해설 | 기동전동기 전기자 코일의 전기적 점검은 그로울러 테스터를 이용하여 실시한다.

27 **신개발 건설기계의 시험 및 연구의 목적으로 임시운행을 해야 하는 경우 임시운행기간은 얼마인가?**

① 15일 ② 30일
③ 1년 ④ 3년

정답 | ④

해설 | 임시운행기간은 15일 이내로 한다. 다만, 신개발 건설기계를 시험 · 연구의 목적으로 운행하는 경우에는 3년 이내로 한다.

28 **건설기계관리법상 건설기계의 등록번호를 지워 없애거나 그 식별을 곤란하게 한 자에 대한 처벌은?**

① 2년 이하의 징역 또는 2천만원 이하의 벌금
② 1년 이하의 징역 또는 1천만원 이하의 벌금
③ 300만원 이하의 과태료
④ 100만원 이하의 과태료

정답 | ②

해설 | 건설기계의 등록번호를 지워 없애거나 그 식별을 곤란하게 한 자는 1년 이하의 징역 또는 1천만원 이하의 벌금을 내야 한다.

29 **디젤 엔진의 연료장치에서 프라이밍 펌프의 역할로 옳은 것은?**

① 연료의 양을 조절한다.
② 연료 계통의 공기를 배출한다.
③ 연소실에 고압 공기를 공급한다.
④ 연료의 분사 압력을 조절한다.

정답 | ②

해설 | 프라이밍 펌프는 연료 계통의 공기 빼기 작업을 위한 펌프이다.

30 **실드빔식 전조등의 특징으로 옳지 않은 것은?**

① 렌즈와 반사경은 일체형이지만 전구는 별도로 설치한다.
② 구조상 물 혹은 먼지 등이 들어갈 수 없어 반사경이 흐려지지 않는다.
③ 광도의 변화가 적다.
④ 필라멘트가 손상될 경우 전조등 전체를 교환해야 한다.

정답 | ①

해설 | 실드빔식 전조등은 렌즈와 반사경, 필라멘트 등이 일체형으로 되어 있다.

31 **라디에이터 캡에 대한 설명으로 옳은 것은?**

① 냉각장치의 내부 압력이 높아지면 진공 밸브가 열린다.
② 냉각장치 내의 압력을 0.2~0.9kg/cm^2 정도로 유지한다.
③ 냉각수의 비등점을 100℃ 이하로 하강시킨다.
④ 냉각장치의 내부 압력이 낮아지면 냉각수를 보조탱크로 보낸다.

정답 | ②

해설 | 라디에이터 캡은 냉각장치 내의 압력을 0.2~0.9kg/cm^2 정도로 유지하여 비등점을 112℃로 상승시킨다.

32 **안전보건표지에서 안내표지의 바탕색은?**

① 백색 ② 흑색
③ 적색 ④ 녹색

정답 | ④

해설 | 안전표지 바탕색 중 녹색은 안내표지, 적색은 금지표지, 노란색은 경고표지이다.

33 **납축전지가 충전이 되지 않을 때의 원인으로 옳지 않은 것은?**

① 발전기 전압 조정기의 조정 전압이 너무 낮다.
② 배터리 내부에 불순물이 과다하게 축적되었다.
③ 충전회로에서 누전이 있다.
④ 전기의 사용량이 과다하다.

정답 | ②

해설 | 배터리 내부에 불순물이 과다하게 축적될 경우 배터리가 충전 직후 즉시 방전되는 현상의 원인이 된다.

34 **종감속장치에서 열이 발생하는 원인으로 옳지 않은 것은?**

① 하우징 볼트의 조임 상태가 과도하다.
② 윤활유가 부족하다.
③ 종감속기어의 접촉 상태가 좋지 않다.
④ 오일이 오염되었다.

정답 | ①

해설 |

> **종감속장치에서 열 발생의 원인**
> - 윤활유 부족
> - 종감속기어의 접촉 불량
> - 오일의 오염

35 **공기압력에 따라 타이어를 분류하였을 때 해당하지 않는 것은?**

① 고압 타이어
② 저압 타이어
③ 초고압 타이어
④ 초저압 타이어

정답 | ③

해설 | 공기압력에 따라 고압, 저압, 초저압 타이어로 구분된다.

36 **펌프량이 적거나 유압이 낮은 원인으로 거리가 가장 먼 것은?**

① 스트레이너가 막혀 있다.
② 탱크의 유면이 너무 낮다.
③ 오일탱크의 오일이 규정량 이하이다.
④ 펌프 회전 방향이 반대이다.

정답 | ③

해설 | 오일탱크에 오일이 규정량 이상 들어 있지 않을 경우 오일이 토출되지 않는다.

37 **드릴 작업의 안전수칙이 아닌 것은?**

① 장갑을 착용하지 않아야 한다.
② 사용 전에 점검하고 균열이 있는 것은 사용하지 않는다.
③ 드릴 회전 중 칩을 제거하는 행동은 하지 않는다.
④ 사용 후 축전지는 그대로 둔다.

정답 | ④

해설 | 드릴 작업이 끝나면 드릴을 척에서 빼 놓는다.

38 **유압장치의 수명 연장에 있어 가장 중요한 요소는?**

① 오일 필터의 점검과 교환
② 적정한 유압유의 양
③ 오일 탱크의 폭과 높이
④ 유압 펌프의 교환

정답 | ①

해설 | 오일 필터의 점검 및 교환은 유압장치의 수명 연장을 위해 가장 중요한 점검 요소이다.

39 다음 중 납축전지의 용량에 영향을 미치지 않는 것은?

① 극판의 크기 ② 극판의 수
③ 전해액의 양 ④ 셀의 수

정답 | ④

해설 | 납축전지의 용량은 극판의 크기(면적), 극판의 수, 전해액(묽은 황산)의 양에 따라 결정된다. 셀의 수는 전압에 영향을 미친다.

40 액슬 허브의 오일을 교환하려고 한다. 오일을 주입할 때와 배출시킬 때의 플러그 위치로 적절한 것은?

① 주입할 때 3시 방향, 배출시킬 때 6시 방향
② 주입할 때 1시 방향, 배출시킬 때 3시 방향
③ 주입할 때 9시 방향, 배출시킬 때 6시 방향
④ 주입할 때 6시 방향, 배출시킬 때 9시 방향

정답 | ③

해설 | 타이어식 건설기계의 액슬 허브 오일 교환 시 주입할 때는 9시 방향, 배출시킬 때는 6시 방향으로 플러그를 조정한다.

41 다음 중 특별표지 부착 대상 대형건설기계인 것은?

① 길이가 16m인 경우
② 너비가 2m인 경우
③ 총중량인 45톤인 경우
④ 최소 회전 반경이 10m인 경우

정답 | ③

해설 | 총중량인 40톤을 초과하는 건설기계에는 특별표지를 부착해야 한다.

42 건설기계의 정기검사를 받으려는 자는 검사유효기간의 만료일 전후 각각 며칠 이내로 신청서를 시 · 도지사에게 제출해야 하는가?

① 10일 ② 15일
③ 30일 ④ 31일

정답 | ④

해설 | 정기검사를 받으려는 자는 검사유효기간의 만료일 전후 각각 31일 이내의 기간에 정기검사신청서를 시 · 도지사에게 제출해야 한다.

43 LNG를 사용하는 도시 지역의 가스배관 공사 시 주의사항으로 틀린 것은?

① 점화원의 휴대를 금지한다.
② LNG는 공기보다 가볍고 가연성 물질이므로 주의해야 한다.
③ 가스배관 좌우 50cm 이상은 장비로 굴착한다.
④ 공사 지역의 배관 매설 여부는 해당 도시가스 업자에게 의뢰한다.

정답 | ③

해설 | 가스배관 좌우 1m 이내는 인력으로 굴착해야 한다.

44 납축전지 2개를 병렬로 연결할 경우 일어나는 변화로 옳은 것은?

① 저항이 상승한다.
② 전압이 상승한다.
③ 비중이 상승한다.
④ 전류가 상승한다.

정답 | ④

해설 | 납축전지 2개를 병렬로 연결할 경우 전류가 상승한다.

45 **건설기계관리법상 건설기계의 등록을 말소하는 경우로 옳지 않은 것은?**

① 건설기계를 도난당한 경우
② 건설기계의 차대(車臺)가 등록 시의 차대와 다른 경우
③ 건설기계를 판매하는 경우
④ 최고(催告)를 받고 지정된 기한까지 정기검사를 받지 않은 경우

정답 | ③

해설 | 시 · 도지사는 등록된 건설기계를 그 소유자의 신청이나 시 · 도지사의 직권으로 등록 말소할 수 있다. 하지만 건설기계를 판매하는 경우는 이에 해당하지 않는다.

46 **건설기계의 타이어에서 저압타이어의 바깥지름이 30In, 안지름 18In, 폭 12In, 플라이수가 16인 경우 올바른 표시 방법은?**

① 30.00-16-12PR
② 12.00-18-16PR
③ 18.00-10-16PR
④ 12.00-30-16PR

정답 | ②

해설 | 저압 타이어의 경우 '타이어의 폭-타이어의 내경-플라이수'로 표시한다. 따라서 12.00-18-16PR가 옳다.

47 **기관의 냉각수 온도를 측정하는 위치는?**

① 라디에이터 상부
② 수온조절기 내부
③ 실린더 물재킷부
④ 기관 베드 하부

정답 | ③

해설 | 기관의 냉각수 온도는 실린더 헤드의 물재킷부에서 측정한다.

48 **굴삭기 운전자가 전선로 주변에서 작업을 할 때 주의할 사항으로 옳지 않은 것은?**

① 디퍼(버킷)를 고압선으로부터 안전 이격 거리 이상 떨어뜨려 작업한다.
② 작업을 할 때 붐이 전선에 근접되지 않도록 주의한다.
③ 바람에 흔들거리는 정도를 고려하여 전선 이격 거리를 감소시켜 작업해야 한다.
④ 작업감시자를 배치한 후 전력선 인근에서는 작업감시자의 지시에 따른다.

정답 | ③

해설 | 바람에 흔들리는 정도를 고려하여 전선 이격 거리를 증가시켜 작업해야 한다.

49 **엔진오일의 교환 후 압력이 높아진 경우 그 원인으로 가장 적절한 것은?**

① 점도가 더 낮은 오일로 교환한 경우
② 엔진오일의 온도가 더 높아진 경우
③ 오일회로 내에 누설이 발생한 경우
④ 엔진오일에 냉각수가 혼입된 경우

정답 | ①

해설 | 엔진오일의 점도가 더 낮아진 경우 오일의 압력은 상승한다.

50 **유압펌프의 비교로 옳지 않은 것은?**

	베인 펌프	플런저 펌프
① 구조	간단	복잡
② 최고압력	350kgf/cm^2	175kgf/cm^2
③ 소음	적다	크다
④ 수명	중간 정도	길다

정답 | ②

해설 | 베인 펌프의 최고압력(kgf/cm^2)은 175kgf/cm^2 정도, 플런저 펌프는 350kgf/cm^2 정도이다.

PART 01 PART 02 PART 03 PART 04 PART 05

51 기어식 유압펌프에서 소음이 발생하였을 때 그 원인으로 거리가 가장 먼 것은?

① 오일의 역흐름
② 오일의 과부족
③ 펌프의 베어링 마모
④ 흡입 라인의 막힘

정답 | ①

해설 |

> **기어식 유압펌프에서 소음이 나는 원인**
> - 오일의 과부족
> - 펌프의 베어링 마모
> - 흡입 라인의 막힘

52 윤활유의 기능으로 옳지 않은 것은?

① 방청 작용
② 기밀 유지 작용
③ 응력 분산 작용
④ 마멸 유도 작용

정답 | ④

해설 | 윤활유는 작동부의 마찰을 감소시키고 마멸을 방지하는 기능이 있다.

53 다음 중 교류발전기에 대한 설명으로 틀린 것은?

① 여자 방식은 타여자 방식이다.
② 전기자를 통해 전기를 발생시킨다.
③ 정류 장치는 실리콘 다이오드를 사용한다.
④ 발전량은 전압조정기만으로 조정한다.

정답 | ②

해설 | 교류발전기는 스테이터(stator)를 통해 전기를 발생시킨다.

54 운전 중인 기관의 공기청정기가 막혔을 경우 나타나는 현상으로 옳은 것은?

① 배기가스의 색은 검고 출력이 저하된다.
② 배기가스의 색은 희고 출력이 증가한다.
③ 배기가스의 색은 청백색이고 출력은 정상이다.
④ 배기가스의 색은 무색이고 출력은 저하된다.

정답 | ①

해설 | 공기청정기가 막힐 경우 흡입공기의 부족으로 기관 내에서 불완전 연소가 발생하고, 이에 따라 배기가스의 색은 검은색이 되며 기관의 출력이 저하된다.

55 휠 베어링, 볼 조인트 등에 주입하기에 가장 적합한 윤활유는?

① 엔진오일 ② 절삭유
③ 타카오일 ④ 그리스

정답 | ④

해설 | 휠 베어링, 볼 조인트, 연결 부위 등에는 그리스를 사용한다.

56 대기압 상태에서 측정한 압력계의 압력은?

① 절대 압력
② 표준대기 압력
③ 진공 압력
④ 게이지 압력

정답 | ④

해설 | 게이지 압력은 대기압 상태에서 측정한 압력계의 압력을 말한다.

57 **무한 궤도식 굴삭기의 하부 주행체 동력 전달 순서는?**

① 유압펌프 → 센터조인트 → 제어밸브 → 주행모터

② 유압펌프 → 센터조인트 → 주행모터 → 제어밸브

③ 유압펌프 → 제어밸브 → 센터조인트 → 주행모터

④ 유압펌프 → 자재이음 → 제어밸브 → 주행모터

정답 | ③

해설 | 무한 궤도식 굴삭기에서 하부 주행체의 동력 전달은 '유압펌프 → 제어밸브 → 센터조인트 → 주행모터' 순으로 이루어진다.

58 **굴삭기 운전 시 작업안전 사항으로 틀린 것은?**

① 굴삭하면서 주행하지 않는다.

② 스윙하면서 버킷으로 암석을 파쇄한다.

③ 작업을 중지할 때는 파낸 모서리부터 장비를 이동시킨다.

④ 안전한 작업 반경 내에서 하중을 이동시킨다.

정답 | ②

해설 | 굴삭기 작업 시 스윙하면서 버킷으로 암석을 부딪쳐 파쇄하는 작업은 하지 않는다.

59 **유체의 압력에 영향을 주는 요소가 아닌 것은?**

① 유체 흐름량

② 유체 점도

③ 관로 직경 크기

④ 작동유 탱크 용량

정답 | ④

해설 | 작동유의 탱크 용량과 유체의 압력은 직접적인 관련이 없다.

60 **킹핀 경사각에 대한 설명으로 옳은 것은?**

① 킹핀의 축 중심과 노면에 대한 수직선이 이루는 각

② 킹핀의 중심선과 바퀴의 중심선이 이루는 각

③ 킹핀의 중심선에 대해 직각인 선과 바퀴의 기울기가 이루는 각

④ 킹핀 축 중심과 타이어 중심까지 이루는 각

정답 | ①

해설 | 킹핀 경사각이란 노면에 대한 수직선과 킹핀의 축 중심 사이의 각도를 말하며, 앞바퀴를 앞쪽에서 보았을 때 킹핀의 윗부분이 안쪽으로 경사지게 설치한다.

제4회 CBT 기출복원문제

01 굴착 장비를 이용하여 도로 굴착 작업 중 '고압선 위험' 표지 시트가 발견되었을 경우 작업자가 취해야 할 행동은?

① 시트 직하에 전력 케이블이 묻혀 있다는 의미이므로 주의해야 한다.
② 시트 직하에 가스 배관이 지나간다는 의미이므로 주의해야 한다.
③ 시트 우측 방향에 전력 케이블이 묻혀 있다는 의미이므로 주의해야 한다.
④ 시트 우측 방향에 가스 배관이 지나간다는 의미이므로 주의해야 한다.

정답 | ①

해설 | 굴착 장비를 이용하여 도로 굴착 작업 중 '고압선 위험' 표지 시트가 발견되었을 경우 표지 시트의 바로 아래 전력 케이블이 묻혀 있다는 의미이다.

02 지상에 설치되어 있는 가스배관 외면에 반드시 기입해야 하는 사항은?

① 설치자의 연락처
② 사용 가스명
③ 가스 흐름 방향
④ 최고 사용 압력

정답 | ①

해설 | 지상에 설치되어 있는 가스배관 외면에 반드시 기입해야 하는 사항
- 사용 가스명
- 가스 흐름 방향
- 최고 사용 압력

03 다음 중 건설기계조종면허를 취득할 수 있는 사람은?

① 18세인 자
② 건설기계조종면허가 취소된 날부터 2년이 된 자
③ 제1종 소형면허를 10년 이상 소지한 자
④ 거짓으로 면허를 받은 후, 면허의 효력정지기간 중 건설기계를 조종한 경우의 사유로 취소된 후 1년이 지난 자

정답 | ②

해설 | 건설기계조종사면허가 취소된 날부터 1년이 지나지 않은 사람은 취득할 수 없지만, 기간이 지난 사람은 취득할 수 있다.

04 압력의 단위로 틀린 것은?

① kpa ② kgf/cm^2
③ mmHg ④ N · m

정답 | ②

해설 |

압력의 단위
kpa, kgf/cm^2, mmHg, bar, psi, atm 등

05 유압장치의 단점으로 틀린 것은?

① 동력전달이 비교적 어렵다.
② 가연성으로 인한 화재의 위험이 있다.
③ 회로 구성이 어렵다.
④ 유온의 영향에 따라 정밀한 제어가 어렵다.

정답 | ①

해설 | 유압장치는 동력전달을 원활히 할 수 있다는 장점이 있다.

06 센터 조인트의 특징으로 틀린 것은?

① 오일을 주행 모터에 전달함
② 스위블 조인트라고도 함
③ 스윙모터를 회전시킴
④ 압력에서도 선회가 가능함

정답 | ③

해설 | 스윙모터의 회전은 센터 조인트 즉, 선회 이음의 기능에 해당하지 않는다.

07 동력조향장치에서 핸들이 무거워 조작하기 힘들어지는 원인으로 적절한 것은?

① 핸들의 유격이 매우 크다.
② 조향기어의 백래시가 크다.
③ 조향펌프의 오일이 부족하다.
④ 타이어가 습지에 있다.

정답 | ③

해설 | 동력조향장치는 조향펌프의 오일이 부족하면 압력이 낮아지기 때문에 핸들의 조작이 무거워진다.

08 부득이한 경우를 제외하고 항타기와 2m의 이격 거리를 유지하면서 설치해야 하는 것은?

① 가스배관
② 가스배관의 표지판
③ 전력케이블
④ 송전선로

정답 | ①

해설 | 항타기는 부득이한 경우를 제외하고 가스배관과의 수평거리를 최소한 2m 이상 이격하여 설치해야 한다.

09 정비 작업 시 작업복의 조건으로 옳지 않은 것은?

① 잠바형으로 상의 옷자락을 여밀 수 있을 것
② 작업용구 등을 넣기 위해 호주머니가 많을 것
③ 소매를 오므려 붙이도록 되어 있을 것
④ 단추로 여미는 방식이 아닐 것

정답 | ②

해설 | 작업복은 주머니가 적고 팔이나 발이 노출되지 않는 것이 좋다.

10 마찰열로 인해 브레이크 회로 내에 기포가 형성되어 브레이크 작용이 원활하지 않게 되는 현상은?

① 페이드(Fade)
② 베이퍼록(Vapor lock)
③ 스탠딩웨이브(Standing wave)
④ 언더스티어링(Under steering)

정답 | ②

해설 | 베이퍼록에 대한 설명으로, 풋 브레이크를 과도하게 사용할 때 발생한다.

11 유압펌프의 특징으로 옳은 것은?

① 유압 에너지를 기계적 에너지로 변환한다.
② 엔진이 회전하는 동안 작동을 멈춘다.
③ 작업 중 큰 부하가 걸려도 토출량의 변화가 적다.
④ 유압 토출 시 맥동이 큰 성능이 요구된다.

정답 | ③

해설 | ① 기계적 에너지를 유압 에너지로 변환시킨다.
② 엔진이 회전하는 동안에는 항상 회전한다.
④ 유압 토출 시 맥동이 적은 성능이 요구된다.

12 나사펌프에 대한 설명으로 옳은 것은?

① 싱글형과 더블형이 있다.
② 토크가 안정되어 소음이 적다.
③ 맥동이 커 토출량이 고르지 못하다.
④ 고속 회전이 가능하고 폐입현상이 없다.

정답 | ④

해설 | ①, ② 베인펌프에 대한 설명이다.
③ 나사펌프는 맥동이 없어 토출량이 고르다.

13 열에너지를 기계적 에너지로 변환하는 장치는?

① 모터 ② 엔진
③ 펌프 ④ 베어링

정답 | ②

해설 | 엔진은 연료유의 연소 시 발생하는 열에너지를 왕복 혹은 회전과 같은 기계적 에너지로 변환하는 장치이다. 참고로 모터는 전기에너지를 기계적 에너지로 변환하는 장치이다.

14 성능이 불량하거나 사고가 자주 발생하는 건설기계의 안전성 등을 점검하기 위하여 실시하는 검사는?

① 신규 등록검사
② 구조변경검사
③ 정기검사
④ 수시검사

정답 | ④

해설 | 수시검사는 성능이 불량하거나 사고가 자주 발생하는 건설기계의 안전성 등을 점검하기 위하여 수시로 실시하는 검사와 건설기계 소유자의 신청을 받아 실시하는 검사를 말한다.

15 건설기계 정기검사의 유효기간에 대한 설명으로 옳은 것은?

① 신규등록 후 최초 유효기간의 산정은 구입일부터 기산한다.
② 타워크레인을 이동 설치하는 경우에는 최초 검사만 받으면 된다.
③ 트럭지게차(타이어식)의 유효기간은 1년이다.
④ 기중기(트럭적재식)의 유효기간은 2년이다.

정답 | ③

해설 | ① 신규등록 후 최초 유효기간의 산정은 등록일부터 기산한다.
② 타워크레인을 이동 설치하는 경우에는 이동 설치할 때마다 정기검사를 받아야 한다.
④ 기중기(트럭적재식)의 유효기간은 1년이다.

16 건설기계 작업 시 안전수칙으로 옳은 것은?

① 주행 시 작업 장치는 진행 반대 방향으로 한다.
② 작업 종료 후 브레이크를 걸어 둔다.
③ 유압계통의 점검은 작동유가 미지근할 때 한다.
④ 하중을 달아 올린 채 브레이크를 걸어 두어서는 안 된다.

정답 | ④

해설 | ① 주행 시 작업 장치는 진행 방향으로 한다.
② 작업 종료 후 전원을 끈다.
③ 유압계통의 점검은 작동유가 식은 다음에 한다.

17 다음 중 굴삭기와 전선로와의 이격 거리에 대한 설명으로 옳지 않은 것은?

① 애자가 많을수록 멀어져야 한다.
② 전선이 얇을수록 멀어져야 한다.
③ 전압이 높을수록 멀어져야 한다.
④ 고압 충전 전선로에 근접 작업할 때 최소 이격 거리는 1.2m이다.

정답 | ②

해설 | 전선이 두꺼울수록 굴삭기와 전선로와의 이격 거리가 멀어져야 한다.

18 교류발전기에서 다이오드의 역할은?

① 전압을 조정한다.
② 발전량을 조정한다.
③ 교류를 정류하고 역류를 방지한다.
④ 여자 전류를 조정한다.

정답 | ③

해설 | 교류발전기에서 실리콘 다이오드는 교류를 정류하고 역류를 방지한다.

19 안전보건표지의 색에 대한 내용으로 옳은 것은?

① 금지표지 : 빨간색 바탕에 흰색 모형
② 경고표지 : 파란색 바탕에 검은색 모형
③ 지시표지 : 노란색 바탕
④ 안내표지 : 흰색 바탕에 녹색 모형

정답 | ④

해설 | ① 금지표지 : 흰색 바탕에 빨간색 모형
② 경고표지 : 노란색 바탕에 검은색 모형
③ 지시표지 : 파란색 바탕

20 굴삭기 상부 회전체에서 선회장치의 구성요소가 아닌 것은?

① 차동기어
② 피니언
③ 링기어
④ 스윙 볼 레이스

정답 | ①

해설 |

> **상부 회전체의 선회장치**
> 스윙모터, 피니언, 링기어, 스윙 볼 레이스 등

21 굴착자가 가스배관 매설 위치 확인 시 인력굴착을 실시해야 하는 범위로 맞는 것은?

① 가스배관의 보호판이 육안으로 확인되었을 때
② 가스배관의 주위 0.5m 이내
③ 가스배관의 주위 1m 이내
④ 가스배관이 육안으로 확인될 때

정답 | ③

해설 | 가스배관의 좌우 1m 이내의 부분은 반드시 인력으로 굴착해야 한다.

22 다음 중 인화성물질 경고표지는?

① 

② 

③  

④ 

정답 | ①

해설 | ② 화기금지
③ 고압전기 경고
④ 급성독성물질 경고

23 유성기어 장치의 주요 부품이 아닌 것은?

① 싱크로메시 기구
② 선기어
③ 유성캐리어
④ 링기어

정답 | ①

해설 |

유성기어 장치
선기어, 유성기어, 링기어, 유성캐리어

24 송전선로 부근 굴착작업 시 154kV의 송전선로에 대한 안전거리는 몇 cm 이상인가?

① 120cm ② 140cm
③ 160cm ④ 180cm

정답 | ③

해설 | 154kV의 송전선로에 대한 안전거리는 160cm 이상이다.

25 유압펌프에서 소음이 발생하였다. 그 원인으로 거리가 가장 먼 것은?

① 오일의 양이 적을 때
② 오일 내 공기가 흡입될 때
③ 여과입도수가 너무 낮을 때
④ 펌프 회전 속도가 너무 빠를 때

정답 | ③

해설 | 필터의 여과입도수가 너무 높을 때 유압 펌프의 소음이 발생한다.

26 오일 쿨러의 구비조건으로 거리가 가장 먼 것은?

① 촉매 작용이 없어야 한다.
② 오일 흐름의 저항이 커야 한다.
③ 정비 및 청소가 쉬워야 한다.
④ 온도 조정이 잘 되어야 한다.

정답 | ②

해설 | 오일 쿨러(오일 냉각기)는 오일 흐름의 저항이 작아야 한다.

27 건설기계 작업 중 오일 경고등이 점등되었을 경우 조치 사항으로 가장 적절한 것은?

① 즉시 시동을 끄고 오일 계통을 점검한다.
② 즉시 시동을 끄고 냉각수를 보충한다.
③ 엔진의 연료 분사 장치를 점검한다.
④ 엔진오일을 교환한 후에 운전한다.

정답 | ①

해설 | 오일 경고등이 점등되었을 경우 즉시 시동을 끄고 오일 계통을 점검해야 한다.

28 디젤 기관에서 연료를 고압으로 연소실에 분사하는 장치는?

① 인젝터
② 프라이밍 펌프
③ 거버너
④ 언로드 밸브

정답 | ①

해설 | 인젝터 혹은 분사노즐은 분사 펌프에서 이송된 고압의 연료를 연소실 내에 분사하는 장치이다.

29 디젤 기관에 연료가 공급되는 방식으로 옳은 것은?

① 액체 상태로 공급
② 기화기와 같은 기구를 사용하여 연료를 공급
③ 가솔린 엔진과 마찬가지로 연료 공급 펌프를 통해 공급
④ 분사노즐을 통해 안개와 같은 형태로 연료를 공급

정답 | ④

해설 | 디젤 기관은 분사노즐을 통해 연료를 안개와 같은 형태로 무화시켜 연소실 내로 공급한다.

30 흡 · 배기 밸브의 구비조건으로 옳지 않은 것은?

① 열전도율이 좋을 것
② 고온에 잘 견딜 것
③ 열팽창률이 낮을 것
④ 열저항력이 낮을 것

정답 | ④

해설 | 흡 · 배기 밸브는 고온 · 고압의 연소가스와 맞닿게 되므로 고온에 잘 견디고 열저항력이 높아야 한다.

31 유체 클러치에서 가이드링의 역할로 옳은 것은?

① 유체 클러치의 온도를 낮추는 역할
② 유체 클러치의 와류를 감소시키는 역할
③ 유체 클러치의 마찰을 증대시키는 역할
④ 유체 클러치의 유격을 조정하는 역할

정답 | ②

해설 | 유체 클러치는 가이드링, 펌프 임펠러, 터빈으로 구성되며, 가이드링은 와류를 감소시킨다.

32 유압식 제동장치에 제동 배력 장치를 설치하여 제동력을 크게 발생시키는 방식의 브레이크는?

① 배력식 브레이크
② 유압식 브레이크
③ 마찰 브레이크
④ 공기식 브레이크

정답 | ①

해설 | 배력식 브레이크에 대한 설명으로, 차량의 대형화에 따른 제동력 부족을 해결하기 위한 방식이다.

33 엔진에서 발생하는 회전력의 맥동을 관성력을 이용하여 상쇄시키고 균일한 회전으로 바꾸어 주는 장치는?

① 플라이휠
② 크랭크축
③ 실린더 라이너
④ 메인 베어링

정답 | ①

해설 | 플라이휠은 관성력을 이용, 엔진에서 발생하는 맥동적인 회전을 균일하게 만들어 주는 장치이다.

34 **건설기계관리법상 고의로 경상 1명의 인명피해를 입힌 건설기계조종사에 대한 면허의 취소 · 정지처분은?**

① 면허 취소
② 면허효력정지 90일
③ 면허효력정지 45일
④ 면허효력정지 30일

정답 | ①

해설 | 고의로 경상 1명의 인명피해를 입힌 건설기계조종사는 면허 취소의 처분을 받는다.

35 **정기검사신청을 받은 시 · 도지사는 신청을 받은 날부터 며칠 이내에 검사일시와 검사장소를 지정하여 신청인에게 통지해야 하는가?**

① 15일　② 10일
③ 7일　④ 5일

정답 | ④

해설 | 정기검사신청을 받은 시 · 도지사 또는 검사대행자는 신청을 받은 날부터 5일 이내에 검사일시와 검사장소를 지정하여 신청인에게 통지해야 한다.

36 **직접연소식 연소실에 대한 설명으로 옳지 않은 것은?**

① 분사 압력이 높아 분사 펌프의 수명이 짧다.
② 냉각에 의한 열손실이 적다.
③ 예열플러그가 필요하다.
④ 실린더 헤드의 구조가 간단하다.

정답 | ③

해설 | 예열플러그는 예연소실식 연소실에 필요한 장치이며, 직접분사식 연소실에는 보조연소실이 없으므로 예열플러그를 두지 않는다.

37 **굴삭기 건설기계운전자가 전선로 주변에서 작업할 때 주의할 점과 거리가 먼 것은?**

① 작업할 때 붐이 전선에 근접되지 않도록 주의한다.
② 디퍼(버켓)를 고압선으로부터 5m 이상 떨어뜨려 작업한다.
③ 작업감시자를 배치한 후 전력선 인근에서는 작업감시자의 지시에 따른다.
④ 바람에 흔들리는 정도를 고려하여 전선 이격 거리를 증가시켜 작업해야 한다.

정답 | ②

해설 | 굴삭기 건설기계운전자가 전선로 주변에서 작업할 때는 디퍼(버켓)를 고압선으로부터 10m 이상 떨어뜨려 작업한다.

38 **가스배관의 표지판 설치에 대한 설명으로 옳은 것은?**

① 설치 간격은 50m마다 1개 이상이다.
② 황색 바탕에 흰 글씨로 작성한다.
③ 표지판에는 개인정보인 연락처는 기입하지 않는다.
④ 표지판의 크기는 가로 200mm, 세로 150mm 이상의 직사각형이다.

정답 | ④

해설 | ① 설치 간격은 500m마다 1개 이상이다.
② 황색 바탕에 검은 글씨로 작성한다.
③ 표지판에는 연락처 등을 기입한다.

39 디젤 엔진의 연료유로 사용되는 경유의 중요 성질이 아닌 것은?

① 세탄가 ② 비중
③ 착화성 ④ 옥탄가

정답 | ④

해설 | 옥탄가(옥테인가)는 가솔린이 연소할 때 이상폭팔을 일으키는 정도를 나타내는 수치이다. 즉, 경유와는 무관한 성격이다.

40 축전지의 충전 시 주의사항으로 가장 거리가 먼 것은?

① 환기가 잘되는 곳에서 실시해야 한다.
② 전해액의 온도가 60℃ 이상으로 상승하지 않도록 한다.
③ 단자 케이블을 제거한 후 충전을 실시해야 한다.
④ 가스가 발생하므로 화기에 주의해야 한다.

정답 | ②

해설 | 납축전지의 충전 시 전해액의 온도가 45℃ 이상으로 상승하지 않도록 해야 한다.

41 다음 중 기동전동기의 원리와 관련 있는 것은?

① 앙페르의 오른손법칙
② 플레밍의 왼손법칙
③ 패러데이의 전자유도법칙
④ 키르히호프의 법칙

정답 | ②

해설 | 기동전동기는 플레밍의 왼손법칙을 응용한 장치이다.

42 건설기계에서 고압 타이어의 호칭 치수가 표시되는 순서로 옳은 것은?

① 타이어의 외경 – 타이어의 폭 – 플라이수
② 타이어의 폭 – 플라이수
③ 타이어의 폭 – 타이어의 외경 – 타이어의 높이
④ 타이어의 외경 – 플라이수 – 타이어의 높이

정답 | ①

해설 | 고압 타이어의 호칭 치수는 '외경–폭–플라이수'로 표시된다.

43 유압장치 중 내구성이 강해 움직임이 있는 장소에서 사용하기 적절한 호스는?

① 플렉시블 호스
② PVC 호스
③ 강 파이프
④ 구리 파이프

정답 | ①

해설 | 플렉시블 호스에 대한 설명으로, 작동이나 움직임이 있는 환경에서 작업하기 적합하다.

44 복동 솔레노이드의 기호는?

① 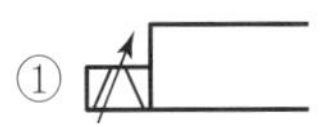
② 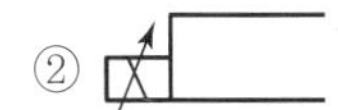
③ 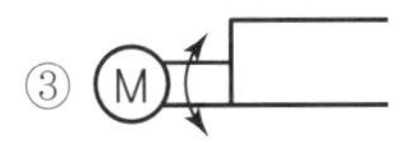

④ 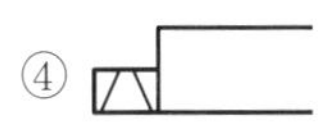

정답 | ④

해설 | ① 복동 가변식 전자 액추에이터
② 단동 가변식 전자 액추에이터
③ 회전형 전기 액추에이터

45 다음 중 기관 과열의 원인으로 볼 수 없는 것은?

① 냉각팬 벨트 유격 과다
② 크랭크축 타이밍기어 마모
③ 물펌프 고장
④ 방열기 코어의 규정 이상의 막힘

정답 | ②

해설 | 크랭크축 타이밍기어 마모는 기관의 과열과는 무관한 사항이다.

46 냉방장치의 냉매가 순환하는 과정(카르노 순환 과정)을 순서대로 나열한 것은?

① 압축 – 응축 – 팽창 – 증발
② 팽창 – 응축 – 압축 – 증발
③ 압축 – 팽창 – 증발 – 응축
④ 응축 – 증발 – 팽창 – 압축

정답 | ①

해설 | 냉방장치의 냉매 사이클은 압축 – 응축 – 팽창 – 증발을 반복한다.

47 엔진오일에 대한 설명으로 옳은 것은?

① 엔진오일은 거품(기포)가 많은 것이 좋다.
② 겨울에는 여름보다 점도가 낮은 오일을 사용하는 것이 좋다.
③ 엔진오일의 순환 상태는 오일 레벨 게이지를 통해 확인한다.
④ 오일의 양은 엔진 시동 직후에 점검한다.

정답 | ②

해설 | 겨울에는 점도가 낮은 것을, 여름에는 점도가 높은 것을 사용하는 것이 좋다.

48 다음 중 엔진오일이 과도하게 소모되는 원인으로 볼 수 없는 것은?

① 기관의 압축 압력이 높을 경우
② 피스톤링의 마멸이 심할 경우
③ 밸브가이드의 마멸이 심할 경우
④ 실린더의 마멸이 심할 경우

정답 | ①

해설 | 피스톤링, 실린더, 밸브가이드 등의 마멸이 심할 경우 엔진오일이 연소실로 유입되어 연소되므로 엔진오일의 소모량이 많아진다.

49 기관의 흡배기장치에서 과급기의 역할로 옳은 것은?

① 연소 가스 배출 시의 소음을 줄인다.
② 연소 가스를 빠르게 배출한다.
③ 기관에 외부 공기를 공급한다.
④ 실린더 내에 와류를 형성시킨다.

정답 | ③

해설 | 과급기는 연소실 내에 외기를 공급함으로써 기관의 출력을 증대시키는 장치이다.

50 건설기계장비에서 조향 핸들의 조작을 가볍게 하는 방법으로 적절하지 않은 것은?

① 적정 압으로 타이어 공기압을 설정한다.
② 바퀴의 정렬을 정확하게 한다.
③ 최종 구동 기어를 사용한다.
④ 동력조향을 알맞게 사용한다.

정답 | ③

해설 | 최종 구동 기어는 종감속 기어를 가리키며, 동력전달계통에서 최종 감속을 하는 장치이다.

51 다음 중 저항에 관한 설명으로 옳지 않은 것은?

① 도체의 길이에 비례한다.
② 전자의 흐름을 방해하는 요소이다.
③ 물체의 고유 저항에 비례한다.
④ 도체의 단면적에 비례한다.

정답 | ④

해설 | 저항은 물체의 고유 저항과 도체의 길이에 비례하고 도체의 단면적에는 반비례한다.

52 건설기계의 임시운행 사유에 해당되지 않는 것은?

① 신규등록검사를 받기 위하여 건설기계를 검사장소로 운행하는 경우
② 정기검사를 받기 위하여 건설기계를 검사장소로 운행하는 경우
③ 신개발 건설기계를 연구할 목적으로 운행하는 경우
④ 판매를 위하여 건설기계를 일시적으로 운행하는 경우

정답 | ②

해설 | 정기검사를 받기 위하여 건설기계를 검사장소로 운행하는 경우는 임시운행 사유에 해당하지 않는다.

53 술에 취한 상태에서 건설기계를 조종하다가 사고로 사람을 죽게 하거나 다치게 한 경우 면허 취소 · 정지처분은?

① 면허효력정지 45일
② 면허효력정지 120일
③ 면허효력정지 180일
④ 면허 취소

정답 | ④

해설 | 술에 취한 상태에서 건설기계를 조종하다가 사고로 사람을 죽게 하거나 다치게 한 경우 면허 취소의 처분을 받는다.

54 트랜지스터의 일반적인 특징으로 옳지 않은 것은?

① 수명이 길다.
② 소형 경량이다.
③ 고전압에 강하다.
④ 내부전압 강하가 적다.

정답 | ③

해설 | 트랜지스터는 내부전압 강하가 적고, 소형 경량이며, 수명이 길다는 특징이 있다.

55 캠버가 틀어졌을 때 발생하는 현상으로 옳지 않은 것은?

① 편제동 현상
② 직진성 저하
③ 타이어 트레드에 편마모 발생
④ 로어 암의 휨 현상

정답 | ④

해설 | 로어 암의 휨 발생은 캠버의 틀어짐과는 관련 있는 현상이 아니다.

캠버가 틀어졌을 때
- 핸들의 쏠림
- 타이어 트레드의 편마모
- 급제동 시 편제동 현상
- 운행 시 직진성 저하

56 파일 항타기를 이용한 파일 작업 중 지하에 매설된 전력케이블 외피가 손상되었을 때의 조치사항으로 옳은 것은?

① 해당 동사무소에 연락하여 동사무소 직원이 조치하도록 한다.
② 해당 구청에 연락하여 구청 직원이 조치하도록 한다.
③ 해당 한국전력 사업소에 연락하여 한전 직원이 조치하도록 한다.
④ 해당 작업장에 연락하여 직원이 조치하도록 한다.

정답 | ③

해설 | 파일 항타기를 이용한 파일 작업 중 지하에 매설된 전력케이블 외피가 손상되었을 때는 인근 한국전력 사업소에 연락하여 한전 직원이 조치하도록 한다.

57 유압 실린더의 지지 방식에 해당하지 않는 것은?

① 유니언형
② 트러니언형
③ 푸트형
④ 플랜지형

정답 | ①

해설 |

유압 실린더 지지 방식
플랜지형, 트러니언형, 클레비스형, 푸트형

58 유압회로의 점검과 관련된 설명으로 틀린 것은?

① 공동현상이 발생하면 압력을 일정하게 유지하게 하여야 한다.
② 차동회로 내에 압력손실이 있으면 속도가 나지 않는다.
③ 유압회로 내 오일 누설을 방지하려면 잔압을 설정해 둔다.
④ 일정한 압력 유지를 위해 유압조정 밸브가 고착되도록 한다.

정답 | ④

해설 | 유압조정 밸브가 고착되면 유압회로 내 압력이 비정상적으로 올라가는 원인이 된다.

59 다음 중 1년 이하의 징역 또는 1천만원 이하의 벌금을 내야 하는 자는?

① 등록을 하지 아니하고 건설기계사업을 한 자
② 건설기계의 등록번호 식별을 곤란하게 한 자
③ 등록번호표를 가리거나 훼손하여 알아보기 곤란하게 한 자
④ 건설기계안전기준에 적합하지 아니한 건설기계를 도로에서 운행한 자

정답 | ②

해설 | ① 2년 이하의 징역 또는 2천만원 이하의 벌금
③, ④ 100만원 이하의 과태료

60 **교통정리가 안 되어 있는 교차로에서 동시에 들어가려고 하는 차의 운전자들이 취해야 할 자세는?**

① 좌측 도로의 차에 진로를 양보한다.
② 우측 도로의 차에 진로를 양보한다.
③ 뒤에 차가 대기하고 있는 도로의 차에 진로를 양보한다.
④ 차량의 크기가 작은 차에 진로를 양보한다.

정답 | ②

해설 | 교차로에 동시에 들어가려고 하는 차의 운전자는 우측 도로의 차에 진로를 양보해야 한다.

제5회 CBT 기출복원문제

01 도시가스가 공급되는 지역에서 굴착공사를 하고자 하는 자가 공사 시행 전에 가스 사고 예방에 필요한 안전조치와 공사계획에 대한 사항을 작성하여 제출해야 하는 곳으로 옳지 않은 것은?

① 관리사무소장
② 시장
③ 구청장
④ 군수

정답 | ①

해설 | 가스안전영향평가서는 시장 · 군수 또는 구청장에게 제출한다.

02 캠버에 대한 설명으로 옳은 것은?

① 바퀴의 중심선과 노면에 대한 수직선이 이루는 각도
② 앞바퀴를 옆에서 보았을 때 수직선에 대해 조향축이 앞으로 기울여 설치된 것
③ 좌 · 우 앞바퀴의 간격이 앞보다 뒤가 좁은 것
④ 앞바퀴를 앞에서 보았을 때 킹핀 중심선이 수직선에 대하여 이루고 있는 각도

정답 | ①

해설 | ② 캐스터에 대한 설명이다.
③ 토아웃에 대한 설명이다.
④ 킹핀 경사각에 대한 설명이다.

03 건설기계장비의 축전지 및 발전기에 대한 설명으로 옳은 것은?

① 시동 전 전원은 발전기이다.
② 시동 후 전원은 배터리이다.
③ 발전이 불가능할 경우 운행이 불가능하다.
④ 시동 후에는 발전기가 배터리를 충전한다.

정답 | ④

해설 | 시동 전 전원은 배터리, 시동 후 전원은 발전기이며, 시동 후에는 발전기가 전원 공급과 배터리의 충전을 한다.

04 다음 중 정기검사를 검사소에서 받아야 하는 건설기계에 해당하지 않는 것은?

① 아스팔트살포기
② 콘크리트믹서트럭
③ 덤프트럭
④ 천공기(트럭적재식)

정답 | ④

해설 | 검사소에서 검사를 받아야 하는 건설기계는 다음과 같다.
- 덤프트럭
- 콘크리트믹서트럭
- 콘크리트펌프(트럭적재식)
- 아스팔트살포기
- 트럭지게차(국토교통부장관이 정하는 특수건설기계인 트럭지게차를 말한다)

05 신호등이 없는 철길건널목의 통과 방법으로 옳은 것은?

① 운전자는 철길건널목 앞에서 일시정지하여 안전한지 확인 후 통과한다.
② 운전자는 철길건널목을 빠른 속도로 통과한다.
③ 운전자는 철길건널목 부근에서 서행하며 통과한다.
④ 운전자는 철길건널목 앞에서 평소 주행 속도로 통과한다.

정답 | ①

해설 | 모든 차 또는 노면전차의 운전자는 철길건널목(이하 "건널목"이라 한다)을 통과하려는 경우에는 건널목 앞에서 일시정지하여 안전한지 확인한 후에 통과해야 한다. 다만, 신호기 등이 표시하는 신호에 따르는 경우에는 정지하지 않고 통과할 수 있다.

06 횡단보도로부터 몇 m 이내인 곳에서 주차 및 정차를 모두 할 수 없는가?

① 5m ② 10m
③ 15m ④ 20m

정답 | ②

해설 | 건널목의 가장자리 또는 횡단보도로부터 10m 이내인 곳은 주차 및 정차가 모두 금지된 장소이다.

07 고압 충전 전선로에 근접하여 굴착작업을 할 때, 최소 이격 거리는 얼마인가?

① 0.8m ② 1.0m
③ 1.2m ④ 1.4m

정답 | ③

해설 | 고압 충전 전선로에 근접 작업할 때 최소 이격 거리는 1.2m이다.

08 산업재해 중 중경상에 해당하는 경우는?

① 부상으로 인하여 1일 이상 7일 이하의 노동 상실을 가져온 상해 정도
② 부상으로 인하여 8일 이상의 노동 상실을 가져온 상해 정도
③ 업무로 인해 목숨을 잃게 되는 정도
④ 응급처치 이하의 상처로 작업에 종사하면서 치료받는 정도

정답 | ②

해설 | ① 경상해에 해당한다.
③ 사망에 해당한다.
④ 무상해 사고에 해당한다.

09 건설기계의 구조변경 범위에 해당되지 않는 것은?

① 원동기의 형식변경
② 조종장치의 형식변경
③ 건설기계의 길이 · 높이 변경
④ 육상작업용 건설기계 적재함의 용량 증가를 위한 구조변경

정답 | ④

해설 | 건설기계의 기종변경, 육상작업용 건설기계규격의 증가 또는 적재함의 용량 증가를 위한 구조변경은 할 수 없다.

10 4행정 디젤 엔진에서 1사이클을 완료할 때 크랭크축은 몇 번 회전하는가?

① 1회전 ② 2회전
③ 3회전 ④ 4회전

정답 | ②

해설 | 4행정 엔진이 '흡입 – 압축 – 폭발 – 배기'의 1사이클을 완료할 때 크랭크축은 2번 회전한다.

11 다음 그림에서 설명하는 오일펌프는?

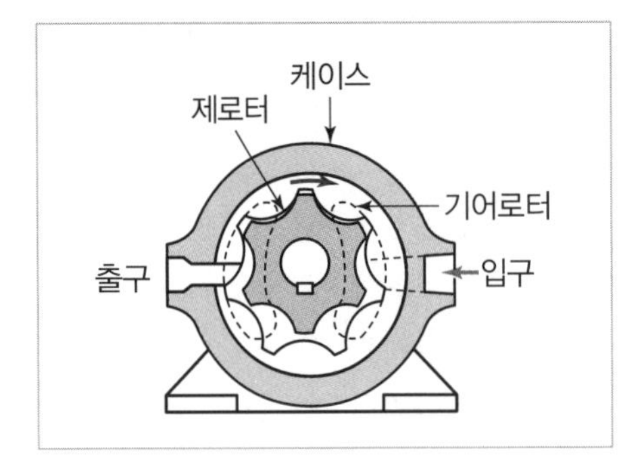

① 기어펌프
② 트로코이드펌프
③ 베인펌프
④ 플런저펌프

정답 | ②

해설 | 트로코이드 펌프는 안쪽은 내 · 외측 로터로, 바깥쪽은 하우징으로 구성되어 있다.

12 클러치에 대한 설명으로 옳지 않은 것은?

① 시동 시 기관을 무부하 상태로 만든다.
② 클러치 용량과 엔진 회전력은 동일해야 한다.
③ 클러치의 용량이 너무 작으면 클러치가 미끄러질 수 있다.
④ 클러치의 용량이 너무 크면 엔진이 정지할 수 있다.

정답 | ②

해설 | 엔진 회전력보다 클러치의 용량이 2~3배 정도 커야 한다.

13 토크 컨버터의 구성 부품에 대한 설명으로 옳지 않은 것은?

① 터빈은 변속기 입력축의 스플라인에 결합되어 있다.
② 스테이터는 오일의 방향을 바꾸어 회전력을 증가시킨다.
③ 펌프는 엔진과 같은 회전수로 회전한다.
④ 오버드라이브는 추친축의 회전수를 엔진의 회전수보다 빠르게 한다.

정답 | ④

해설 | 오버드라이브는 토크 컨버터의 구성 부품에 해당하지 않는다.

14 기관이 과열되었을 경우 발생할 수 있는 현상으로 가장 적절한 것은?

① 연료의 응결
② 밸브 개폐시기 변동
③ 실린더 헤드 변형
④ 냉각수 내 수분 혼입

정답 | ③

해설 | 기관이 과열되었을 경우 열과 압력으로 인해 실린더 헤드의 변형이 일어나거나 헤드 개스킷 등이 손상될 수 있다.

15 다음 중 실린더 블록에 설치되지 않는 부품은?

① 실린더
② 크랭크 케이스
③ 물재킷
④ 피스톤

정답 | ④

해설 | 실린더 블록에는 실린더와 크랭크 케이스, 물재킷, 크랭크축 지지부 등이 설치된다.

16 회전력이 크고 회전 속도의 변화가 커 건설기계에서 주로 사용하는 전동기 방식은?

① 분권식 전동기
② 복권식 전동기
③ 직권식 전동기
④ 전기자 섭동식 전동기

정답 | ③

해설 | 직권식은 전기자 코일과 계자 코일이 직렬로 연결된 것으로, 회전력이 크고 회전 속도의 변화가 커 건설기계에서 주로 사용한다.

17 단위 시간에 이동하는 유체의 체적은?

① 유량　　② 비중량
③ 압력　　④ 드레인

정답 | ①

해설 | 유량은 단위 시간에 이동하는 유체의 체적을 의미한다.

18 어큐뮬레이터에 대한 유압 기호로 틀린 것은?

① 일반기호	
② 기계식	
③ 중량식	
④ 보조 가스용기	

정답 | ④

해설 | ④는 공기 탱크를 의미한다.

19 다음 안전보건표지의 의미는?

① 사용금지
② 안전장갑 착용
③ 안전복 착용
④ 접촉금지

정답 | ②

해설 | ① 　③ 

20 다음 중 건설기계관리법상 면허 취소·정지처분이 다른 하나는?

① 거짓으로 건설기계조종면허를 받은 경우
② 혈중알콜농도 0.05퍼센트에서 건설기계를 조종한 경우
③ 술에 취한 상태에서 건설기계를 조종하다가 사고로 사람을 다치게 한 경우
④ 적성검사에 불합격한 경우

정답 | ②

해설 | ②의 경우 면허효력정지 60일을 받게 되고, 나머지 경우는 모두 면허 취소가 된다.

21 건설기계관리법상 건설기계의 정기적성 검사를 받지 않은 자에 대한 처벌은?

① 1년 이하의 징역 또는 1천만원 이하의 벌금
② 500만원 이하의 과태료
③ 300만원 이하의 과태료
④ 100만원 이하의 과태료

정답 | ③

해설 | 정기적성검사 또는 수시적성검사를 받지 않은 자는 300만원 이하의 과태료를 내야 한다.

22 다음 중 전조등 회로의 구성 요소가 아닌 것은?

① 퓨즈
② 디머 스위치
③ 토크 컨버터
④ 라이트 스위치

정답 | ③

해설 | 토크 컨버터는 전조등 회로가 아니라 동력 전달장치인 변속기를 구성하는 부품이다.

23 기관의 부하에 따라 자동적으로 분사 시기를 조정하여 기관의 안정적인 작동을 가능케 하는 것은?

① 거버너
② 타이머
③ 솔레노이드 스위치
④ 기화기

정답 | ②

해설 | 조속기(거버너)는 연료의 분사량을, 타이머는 연료의 분사 시기를 조정한다.

24 지하에 매설된 고압 도시가스에 대한 설명으로 옳은 것은?

① 압력 표시색은 황색이며, 1MPa 이상의 압력이다.
② 압력 표시색은 황색이며, 0.1MPa 이상 1MPa 미만의 압력이다.
③ 압력 표시색은 적색이며, 1MPa 이상의 압력이다.
④ 압력 표시색은 적색이며, 0.1MPa 이상 1MPa 미만의 압력이다.

정답 | ③

해설 | 도시가스의 고압은 1MPa 이상의 압력을 가지며, 지하에 매설되어 있는 고압은 적색으로 표시한다.

25 각각의 인젝터에서 분사되는 연료의 양이 다를 경우 나타나는 현상은?

① 기관에 진동이 발생한다.
② 기관이 정지한다.
③ 기관에 과랭이 발생한다.
④ 기관의 회전 속도가 급감한다.

정답 | ①

해설 | 인젝터에서 각 실린더로 분사되는 연료의 분사량이 다를 경우 실린더마다 폭발 및 연소 상태가 달라지며, 이로 인해 기관에 진동이 발생한다.

26 클러치의 장력이 작을 때와 관련 있는 현상으로 거리가 먼 것은?

① 용량 저하 ② 미끄럼 발생
③ 조작력 증대 ④ 라이닝 마모

정답 | ③

해설 |

클러치의 장력이 작을 때
용량 저하, 라이닝 마모, 미끄럼 발생

27 클러치판의 구성 부품에 대한 설명으로 옳지 않은 것은?

① 토션 스프링은 충격을 흡수한다.
② 허브는 변속기 입력축 스플라인으로 연결되어 있다.
③ 릴리스 레버는 압력판을 분리시킨다.
④ 쿠션 스프링은 클러치판의 변형을 방지한다.

정답 | ③

해설 | 클러치판은 토션 스프링, 쿠션 스프링, 페이싱, 허브 등으로 구성되며 릴리스 레버는 이에 해당하지 않는다.

28 안전보건표지의 색체에 대한 내용으로 옳은 것은?

① 안내표지는 흰색 바탕에 녹색 모형으로 나타낸다.
② 지시표지는 노란색 바탕에 검은색 모형으로 나타낸다.
③ 금지표지는 흰색 바탕에 검은색 모형으로 나타낸다.
④ 출입금지표지는 파란색 바탕에 나타낸다.

정답 | ①

해설 | ② 지시표지는 파란색 바탕에 나타낸다.
③ 금지표지는 흰색 바탕에 빨간색 모형으로 나타낸다.
④ 출입금지표지는 흰색 바탕에 검은색 모형으로 나타낸다.

29 다음 중 최고속도 80km/h로 주행할 수 있는 경우는?

① 주거지역 일반도로를 주행하는 경우
② 자동차전용도로를 주행하는 경우
③ 편도 3차로인 고속도로를 주행하는 위험물운반자동차
④ 지정된 구간의 편도 2차로인 고속도로를 주행하는 건설기계

정답 | ③

해설 | ① 주거지역 일반도로를 주행하는 경우 : 50km/h
② 자동차전용도로를 주행하는 경우 : 90km/h
④ 지정된 구간의 편도 2차로인 고속도로를 주행하는 건설기계 : 90km/h

30 도로주행 시 사각지대의 시야 확보 및 안전운전에 대한 설명으로 옳은 것은?

① 시야가 좁아지는 장소를 지날 때는 빨리 지나가야 한다.
② 십자로, 경사로 등의 장소를 지날 때는 속도를 높여 빠르게 지나간다.
③ 화물은 가능한 낮게 내리고 마스트를 뒤로 기울인 상태로 이동한다.
④ 경사면에서 운행할 때 화물에 가려서 전면 시야가 방해를 받는 경우에는 후진으로 운행한다.

정답 | ③

해설 | ① 출입구, 교차점, 시야가 좁아지는 그 밖의 장소를 지날 때는 속도를 늦추고 특별히 주의한다.
② 십자로, 커브, 경사로, 표면이 고르지 않거나 미끄러운 곳에서는 속도를 낮춘다.
④ 경사면에서 운행을 할 때는 화물을 경사면 위쪽으로 향하게 한다.

31 디젤기관의 시동 시 시동을 원활하게 하고 동시에 기동전동기에 무리가 가지 않도록 보조하는 장치는?

① 과급기　② 팬 벨트
③ 디콤프　④ 축전지

정답 | ③

해설 | 디콤프(De-comp)는 기관의 시동을 원활하게 하는 기동 보조 장치이다.

32 안전 · 보건 표지의 색채 및 용도에 대한 설명으로 옳은 것은?

① 금지를 의미하는 표지는 파란색이다.
② 녹색의 표지는 비상구 및 차량의 통행을 표시한다.
③ 화학물질 위험 경고와 유해행위의 금지를 나타내는 표지의 색깔은 다르다.
④ 노란색은 특정 행위의 지시 및 사실을 고지하는 표지이다.

정답 | ②

해설 | ① 금지를 의미하는 표지는 빨간색이다.
③ 화학물질 위험 경고와 유해행위의 금지를 나타내는 표지는 모두 빨간색이다.
④ 특정 행위의 지시 및 사실을 고지하는 표지는 파란색이다.

33 다음 중 기관의 냉각장치에 해당하지 않는 것은?

① 릴리프 밸브　② 라디에이터
③ 팬 벨트　④ 정온기

정답 | ①

해설 | 릴리프 밸브는 관 내의 압력을 조정하는 장치로 유압장치에 해당한다.

34 오일 씰의 구비 조건으로 틀린 것은?

① 피로 강도와 비중이 커야 한다.
② 압축 변형이 작아야 한다.
③ 내압성과 내열성이 커야 한다.
④ 설치하기가 용이해야 한다.

정답 | ①

해설 | 오일 씰은 피로 강도가 크고 비중이 작아야 한다.

35 디젤 기관의 연료장치를 구성하는 부품이 아닌 것은?

① 연료 공급 펌프
② 예열 플러그
③ 분사 노즐
④ 연료 여과기

정답 | ②

해설 | 디젤 기관의 연료장치는 연료 분사 펌프, 연료 필터, 연료 탱크, 분사 노즐, 연료 공급 펌프, 연료 여과기 등으로 이루어져 있다.

36 다음 중 화재의 분류가 옳게 된 것은?

① A급 화재 : 전기 화재
② B급 화재 : 목재 화재
③ C급 화재 : 유류 화재
④ D급 화재 : 금속 화재

정답 | ④

해설 | ① A급 화재 : 목재 화재
② B급 화재 : 유류 화재
③ C급 화재 : 전기 화재

37 수랭식 오일 쿨러에 대한 설명으로 틀린 것은?

① 소형이며 냉각 능력이 크다.
② 고장 시 오일 중에 물이 혼입될 가능성이 있다.
③ 냉각수 온도 이하의 냉각에 용이하다.
④ 유온을 적정 온도로 유지하기 위해 사용된다.

정답 | ③

해설 | 수랭식 오일 쿨러(냉각기)는 유온을 항상 적정 온도로 유지하기 위하여 사용되는 냉각기이다. 냉각 능력이 크지만 고장이 발생하면 물이 혼입될 우려가 있다.

38 기관 작동 중 라디에이터 캡 쪽으로 물이 상승하면서 연소가스가 누출될 경우 그 원인으로 가장 적절한 것은?

① 분사노즐의 와셔 불량
② 물 펌프 누설
③ 라디에이터 캡 불량
④ 실린더 헤드 불량

정답 | ④

해설 | 실린더 헤드에 균열이 생길 경우 라디에이터 캡 쪽으로 물이 상승하면서 연소가스가 누출될 수 있다.

39 다음 중 저항에 관한 설명으로 옳지 않은 것은?

① 전자의 흐름을 방해하는 요소이다.
② 도체의 길이에 비례한다.
③ 도체의 단면적에 비례한다.
④ 물체의 고유 저항에 비례한다.

정답 | ③

해설 | 저항은 물체의 고유 저항과 도체의 길이에 비례하고 도체의 단면적에는 반비례한다.

40 축전지의 테이블을 탈거할 때의 방법으로 옳은 것은?

① 접지를 가장 먼저 탈거한다.
② [+] 케이블을 먼저 탈거한다.
③ [−] 케이블을 먼저 탈거한다.
④ 아무 케이블이나 먼저 탈거해도 무방하다.

정답 | ①

해설 | 축전지의 케이블을 탈거할 때는 접지를 가장 먼저 탈거하고 [−] 케이블, [+] 케이블 순으로 탈거한다. 장착 시에는 반대로 한다.

41 휠의 종류로서 림과 허브를 강선으로 연결한 것은?

① 스포그 휠
② 경합금 휠
③ 디스크 휠
④ 알로이 휠

정답 | ①

해설 | 스포그 휠에 대한 설명으로, 중량이 가볍고 충격 흡수가 우수하다는 장점이 있다.

42 작업장에서 용접 작업의 유해광선으로 눈에 이상이 생겼을 때 적절한 조치로 맞는 것은?

① 손으로 비빈 후 과산화수소로 치료한다.
② 뜨거운 물로 씻는다.
③ 인공눈물을 눈에 넣고 기다려 본다.
④ 냉수로 씻어낸 냉수포를 얹는다.

정답 | ④

해설 | 작업장에서 용접 작업의 유해관선으로 눈에 이상이 생겼을 때는 냉수로 씻어낸 냉수포를 얹거나 병원에서 치료해야 한다.

43 베인 펌프의 특징으로 옳은 것은?

① 맥동이 크고 수명이 짧다.
② 캠 링 면과 회전자 부분에서 마모가 발생한다.
③ 토크가 안정되어 소음 발생이 적다.
④ 고속회전이 가능하고 운전이 조용하다.

정답 | ③

해설 | ① 맥동이 적고 수명이 길다.
② 마모가 일어나는 곳은 캠 링 면과 베인 선단 부분이다.
④ 나사 펌프에 대한 설명이다.

44 펌프의 공동현상에 대한 설명으로 옳은 것은?

① 기포가 발생하며 압력이 낮아진다.
② 오일 필터의 여과 입도가 너무 조밀할 때 발생한다.
③ 발생하던 소음과 진동이 멈춘다.
④ 양정과 효율이 급격히 상승한다.

정답 | ②

해설 | 공동현상은 필터의 여과 입도가 너무 조밀하면, 즉 필터의 눈이 작으면 오일 공급이 충분하지 않아 발생하는 현상이다.

45 사이프에 대한 설명으로 옳지 않은 것은?

① 트레드 표면의 미세한 홈을 말한다.
② 제동력 및 구동력을 높인다.
③ 거친 노면 주행 시 충격을 흡수하지 못한다는 단점이 있다.
④ 빙판 주행 시 엣지효과로 미끄러움을 방지한다.

정답 | ③

해설 | 사이프는 거친 노면을 운행할 때 흡입면에 충격이 균일하게 분포되도록 하며, 따라서 안정성을 높여준다.

46 굴삭기 하부 구동체의 구성요소가 아닌 것은?

① 트랙 플레임
② 붐 실린더
③ 롤러
④ 주행용 유압 모터

정답 | ②

해설 | 붐 실린더는 붐을 움직이는 실린더로 전부장치에 해당한다.

47 드릴작업 시 안전수칙에 대한 설명으로 옳지 않은 것은?

① 먼저 작은 구멍을 뚫은 후에 큰 구멍을 뚫는 순으로 한다.
② 장갑을 끼고 작업하지 않는다.
③ 전기드릴을 사용할 경우 접지하여야 한다.
④ 드릴이 움직일 때는 칩을 손으로 치운다.

정답 | ④

해설 | 드릴작업 중 칩을 제거하는 행동은 금지한다.

48 유압 장치의 장점으로 틀린 것은?

① 공기가 혼입하기 어렵다.
② 속도 제어가 용이하다.
③ 운동 방향을 쉽게 변경할 수 있다.
④ 윤활성과 방청성이 좋다.

정답 | ①

해설 | 유압 장치는 공기가 혼입하기 쉽다는 단점이 있다.

49 **안전한 작업을 하기 위해 작업 복장을 선정할 때의 유의사항으로 가장 거리가 먼 것은?**

① 화기 사용 작업에서는 방염성, 불연성의 것을 사용하도록 한다.
② 상의의 소매나 바지 자락 끝 부분이 잘 처리된 것을 선정한다.
③ 착용자의 취미, 기호 등에 중점을 두고 선정한다.
④ 강한 산성 액체 작업에서는 고무로 만든 복장의 것을 사용하도록 한다.

정답 | ③

해설 | 작업복은 작업자의 안전을 보호하는 것이 주목적이다.

50 **트로코이드 펌프에 대한 설명으로 거리가 가장 먼 것은?**

① 2개의 로터를 조립한 로터리 펌프이다.
② 바깥쪽은 하우징으로 구성되어 있다.
③ 안쪽은 내 · 외측 로터로 구성되어 있다.
④ 안쪽 로터가 회전하면 바깥쪽 로터은 반대 방향으로 회전한다.

정답 | ④

해설 | 안쪽 로터가 회전하면 바깥쪽 로터도 동시에 회전한다.

51 **윤활장치의 여과 방식 중 비여과유와 여과유를 모두 윤활부로 보내는 방식은?**

① 전류식 ② 샨트식
③ 분류식 ④ 자력식

정답 | ②

해설 | 샨트식은 비여과유와 여과유를 모두 윤활부로 보내는 방식이다.

52 **엔진오일이 흰 빛을 띌 경우의 원인으로 옳은 것은?**

① 냉각수가 유입되었다.
② 연료유가 유입되었다.
③ 심한 오염이 발생하였다.
④ 수분이 유입되었다.

정답 | ①

해설 | 엔진오일이 심하게 오염된 경우 검은색을, 연료유가 유입된 경우 붉은색을, 냉각수가 유입된 경우 흰색을 띤다.

53 **기관의 배기가스 색이 회백색일 경우 예측 가능한 원인으로 가장 적절한 것은?**

① 소음기가 막혀 있다.
② 노즐이 막혀 있다.
③ 피스톤링이 마모되었다.
④ 연료의 질이 불량하다.

정답 | ③

해설 | 배기가스가 흰색 혹은 회백색일 경우 윤활유가 연소되고 있는 것이다. 피스톤링이 마모될 경우 윤활유가 연소실 내로 유입되어 연료유와 함께 연소될 수 있다.

54 **트랙에서 스프로킷이 이상 마모되는 원인은?**

① 댐퍼스프링 장력의 약화
② 높은 유압
③ 유압유의 부족
④ 트랙의 이완

정답 | ④

해설 | 트랙의 이완으로 인해 스프로킷의 이상 마모가 발생한다.

55 부득이한 사유로 건설기계의 정기검사 연기 신청을 한 경우, 그 신청을 받은 시 · 도지사는 신청일로부터 며칠 이내에 연기 여부를 결정하여 통지해야 하는가?

① 3일 ② 5일
③ 7일 ④ 10일

정답 | ②

해설 | 검사 연기 신청을 받은 시 · 도지사 또는 검사대행자는 그 신청일부터 5일 이내에 검사 연기 여부를 결정하여 신청인에게 통지해야 한다.

56 배터리 용량의 50%로 충전하는 방법으로 보통 1시간 이내로 충전을 완료하는 방법은?

① 정전류 충전 ② 급속 충전
③ 정전압 충전 ④ 단기 충전

정답 | ②

해설 | 급속 충전은 비상시에만 실시하며, 충전시간도 가능한 짧게 해야 한다.

57 유체 클러치에서 오일의 맴돌이 흐름을 방지하는 역할을 하는 것은?

① 펌프 임펠러 ② 가이드 링
③ 터빈 ④ 펌프씰

정답 | ②

해설 | 가이드 링(Guide ring)은 오일의 와류를 방지하며, 유체 클러치의 구성 부품 중 하나이다.

58 링 기어의 회전 중심선과 이에 맞물린 구동 피니언의 회전 중심선을 오프렛 시켜 추진축을 낮출 수 있도록 한 종감속 기어의 종류는?

① 워엄
② 워엄기어
③ 베벨기어
④ 하이포이드 기어

정답 | ④

해설 | 하이포이드 기어에 대한 설명으로, 추진축이나 차실의 바닥을 낮춘다. 또한 물림률이 커 전달 효율이 좋다는 장점도 있다.

59 도시가스시설 부근 작업 시 안전사항에 대한 내용으로 옳은 것은?

① 가스배관과의 수평거리 50cm 이내에 파일박기는 금지이다.
② 굴착공사 전 위치 표시용 페인트와 표지판 및 노란색 깃발 등을 준비해야 한다.
③ 항타기는 부득이한 경우를 제외하고 가스배관과의 수평거리를 최소한 2m 이상 이격하여 설치해야 한다.
④ 가스배관 좌우 3m 이내에는 장비 작업을 금하고 인력으로 작업해야 한다.

정답 | ③

해설 | ① 가스배관과의 수평거리 30cm 이내에 파일박기는 금지이다.
② 굴착공사 전 위치 표시용 페인트와 표지판 및 황색 깃발 등을 준비해야 한다.
④ 가스배관 좌우 1m 이내에는 장비 작업을 금하고 인력으로 작업해야 한다.

60 **유류화재 시 소화 방법으로 가장 적절하지 않은 것은?**

① B급 화재 소화기를 사용한다.
② 다량의 물을 부어 진압한다.
③ 모래를 뿌린다.
④ ABC소화기를 사용한다.

정답 | ②
해설 | 유류화재 시 물을 뿌리면 더 위험해진다.

Memo

P / A / R / T 04

실전모의고사

Craftsman Excavating Machine Operator

제1회 실전모의고사

수험번호
수험자명

제한 시간 : 60분

글자 크기	⊕ Ⓜ ⊖	화면 배치		전체 문제 수 : 60

01 기관에서 크랭크축의 역할로 옳은 것은?

① 피스톤의 왕복운동을 회전운동으로 전환한다.
② 기관의 맥동적인 회전운동을 균일하게 한다.
③ 피스톤, 실린더와 함께 연소실을 형성한다.
④ 기관의 작동부와 회전부를 지탱한다.

02 4행정 디젤기관의 연소실에서 압축 행정 시 밸브의 상태는?

① 흡입밸브만 열린다.
② 배기밸브만 열린다.
③ 모두 닫혀 있다.
④ 모두 열려 있다.

03 피스톤의 운동 방향이 바뀔 때 측면으로 움직임이 발생하면서 피스톤의 스커트가 실린더 벽에 충격을 가하는 현상은?

① 피스톤 슬랩
② 피스톤 히트
③ 베이퍼 록
④ 블로 바이

04 좌수식 크랭크축이 설치된 4행정 6기통 기관의 폭발 순서는?

① 1-5-3-6-2-4
② 1-3-2-6-5-4
③ 1-2-6-5-3-4
④ 1-4-2-6-3-5

05 기관에서 실린더가 마멸되는 원인으로 적절하지 않은 것은?

① 연소 생성물에 의한 마멸
② 흡입공기 내의 이물질 등에 의한 마멸
③ 희박한 혼합기에 의한 마멸
④ 실린더 벽과 피스톤 등의 물리적 접촉에 의한 마멸

답안 표기란

01	①	②	③	④	⑤
02	①	②	③	④	⑤
03	①	②	③	④	⑤
04	①	②	③	④	⑤
05	①	②	③	④	⑤
06	①	②	③	④	⑤
07	①	②	③	④	⑤
08	①	②	③	④	⑤
09	①	②	③	④	⑤
10	①	②	③	④	⑤
11	①	②	③	④	⑤
12	①	②	③	④	⑤
13	①	②	③	④	⑤
14	①	②	③	④	⑤
15	①	②	③	④	⑤
16	①	②	③	④	⑤
17	①	②	③	④	⑤
18	①	②	③	④	⑤
19	①	②	③	④	⑤
20	①	②	③	④	⑤
21	①	②	③	④	⑤
22	①	②	③	④	⑤
23	①	②	③	④	⑤
24	①	②	③	④	⑤
25	①	②	③	④	⑤
26	①	②	③	④	⑤
27	①	②	③	④	⑤
28	①	②	③	④	⑤
29	①	②	③	④	⑤
30	①	②	③	④	⑤

제1회 실전모의고사

수험번호
수험자명

제한 시간 : 60분

글자 크기 | 화면 배치 | 전체 문제 수 : 60

06 엔진의 연소실을 형성하는 부분이 아닌 것은?

① 실린더
② 피스톤
③ 메인 베어링
④ 실린더 헤드

07 디젤기관의 연료장치에서 엔진의 회전 속도 혹은 부하 변동에 따라 분사 시기를 조절하는 장치는?

① 플런저
② 거버너
③ 딜리버리 밸브
④ 타이머

08 냉각장치의 수온조절기가 열리는 온도가 낮을 경우 나타날 수 있는 현상으로 가장 적합한 것은?

① 물펌프에 부하가 걸리기 쉽다.
② 엔진의 워밍업 시간이 길어질 수 있다.
③ 냉각수가 기화될 수 있다.
④ 엔진이 과열되기 쉽다.

09 기관의 윤활 방식 중 주요 윤활 부분에 오일펌프로 윤활유를 압송하는 방식은?

① 비산식
② 분무식
③ 분사식
④ 압송식

10 윤활장치에서 유체의 고형물을 제거하기 위한 여과 장치는?

① 스트레이너
② 오일 펌프
③ 오일 팬
④ 유압 조절 밸브

답안 표기란

01	①	②	③	④	⑤
02	①	②	③	④	⑤
03	①	②	③	④	⑤
04	①	②	③	④	⑤
05	①	②	③	④	⑤
06	①	②	③	④	⑤
07	①	②	③	④	⑤
08	①	②	③	④	⑤
09	①	②	③	④	⑤
10	①	②	③	④	⑤
11	①	②	③	④	⑤
12	①	②	③	④	⑤
13	①	②	③	④	⑤
14	①	②	③	④	⑤
15	①	②	③	④	⑤
16	①	②	③	④	⑤
17	①	②	③	④	⑤
18	①	②	③	④	⑤
19	①	②	③	④	⑤
20	①	②	③	④	⑤
21	①	②	③	④	⑤
22	①	②	③	④	⑤
23	①	②	③	④	⑤
24	①	②	③	④	⑤
25	①	②	③	④	⑤
26	①	②	③	④	⑤
27	①	②	③	④	⑤
28	①	②	③	④	⑤
29	①	②	③	④	⑤
30	①	②	③	④	⑤

제1회 실전모의고사

수험번호
수험자명

제한 시간 : 60분

글자 크기 | 화면 배치 | 전체 문제 수 : 60

11 냉각장치 라디에이터 코어를 교환해야 하는 시기로 옳은 것은?

① 막힘률이 규정값의 10% 이상일 경우
② 막힘률이 규정값의 20% 이상일 경우
③ 막힘률이 규정값의 30% 이상일 경우
④ 막힘률이 규정값의 50% 이상일 경우

12 기관 연소에 필요한 공기를 흡입할 때 먼지 등의 불순물을 여과하여 연소실의 마멸을 방지하는 역할을 하는 장치는?

① 냉각장치
② 딜리버리 밸브
③ 머플러
④ 에어클리너

13 다음 중 전자의 흐름을 방해하는 요소를 나타내는 것은?

① 전력 ② 전류
③ 전압 ④ 저항

14 다음 중 납축전지에 대한 설명으로 옳지 않은 것은?

① 차량의 시동 시 시동장치에 전원을 공급한다.
② 전해액은 묽은 인산을 이용한다.
③ 음극판은 과산화납을 이용한다.
④ 양극판은 해면상납을 이용한다.

답안 표기란

01	①	②	③	④	⑤
02	①	②	③	④	⑤
03	①	②	③	④	⑤
04	①	②	③	④	⑤
05	①	②	③	④	⑤
06	①	②	③	④	⑤
07	①	②	③	④	⑤
08	①	②	③	④	⑤
09	①	②	③	④	⑤
10	①	②	③	④	⑤
11	①	②	③	④	⑤
12	①	②	③	④	⑤
13	①	②	③	④	⑤
14	①	②	③	④	⑤
15	①	②	③	④	⑤
16	①	②	③	④	⑤
17	①	②	③	④	⑤
18	①	②	③	④	⑤
19	①	②	③	④	⑤
20	①	②	③	④	⑤
21	①	②	③	④	⑤
22	①	②	③	④	⑤
23	①	②	③	④	⑤
24	①	②	③	④	⑤
25	①	②	③	④	⑤
26	①	②	③	④	⑤
27	①	②	③	④	⑤
28	①	②	③	④	⑤
29	①	②	③	④	⑤
30	①	②	③	④	⑤

제1회 실전모의고사

수험번호
수험자명

제한 시간 : 60분

글자 크기 | 화면 배치 | 전체 문제 수 : 60

15 다음 중 축전지의 터미널 구분 방법으로 옳지 않은 것은?

① 양극단자가 음극단자보다 더 굵다.
② 양극단자는 흑색으로 칠해져 있다.
③ 음극단자는 회색으로 칠해져 있다.
④ 양극단자는 P자로 표시되어 있다.

16 기동전동기를 계자 코일과 전기자 코일의 연결 방식에 따라 구분한 것으로 옳지 않은 것은?

① 직권식 ② 전자식
③ 분권식 ④ 복권식

17 시동전동기가 회전하지 않을 경우 점검할 사항으로 옳지 않은 것은?

① 배선의 단선 여부
② 배터리 단자 접촉 불량 여부
③ 축전지의 방전 여부
④ 팬 벨트의 장력

18 교류발전기의 출력을 조정하기 위해 변화시켜야 하는 것은?

① 스테이터의 전류
② 발전기의 회전 속도
③ 로터의 전류
④ 축전지의 비중

답안 표기란

01	①	②	③	④	⑤
02	①	②	③	④	⑤
03	①	②	③	④	⑤
04	①	②	③	④	⑤
05	①	②	③	④	⑤
06	①	②	③	④	⑤
07	①	②	③	④	⑤
08	①	②	③	④	⑤
09	①	②	③	④	⑤
10	①	②	③	④	⑤
11	①	②	③	④	⑤
12	①	②	③	④	⑤
13	①	②	③	④	⑤
14	①	②	③	④	⑤
15	①	②	③	④	⑤
16	①	②	③	④	⑤
17	①	②	③	④	⑤
18	①	②	③	④	⑤
19	①	②	③	④	⑤
20	①	②	③	④	⑤
21	①	②	③	④	⑤
22	①	②	③	④	⑤
23	①	②	③	④	⑤
24	①	②	③	④	⑤
25	①	②	③	④	⑤
26	①	②	③	④	⑤
27	①	②	③	④	⑤
28	①	②	③	④	⑤
29	①	②	③	④	⑤
30	①	②	③	④	⑤

제1회 실전모의고사

수험번호
수험자명

제한 시간 : 60분

글자 크기 | 화면 배치 | 전체 문제 수 : 60

19 조향 핸들의 유격이 크게 되는 원인이 아닌 것은?

① 조향 기어의 백래시가 크다.
② 볼 이음부분이 마멸되었다.
③ 조향 너클의 베어링이 마모되었다.
④ 조향 링키지의 접속부가 맞물린다.

20 클러치 연결 시 진동이 생기는 원인으로 거리가 먼 것은?

① 클러치판의 런아웃이 작을 때
② 릴리스 레버의 높이가 불평형일 때
③ 클러치판의 허브가 마모되었을 때
④ 클러치 커버의 체결이 풀어졌을 때

21 저압 타이어의 호칭 표시 방법 요소에 해당하지 않는 것은?

① 타이어의 폭
② 타이어의 내경
③ 림의 지름
④ 플라이수

22 하이드로 백에 대한 설명으로 옳지 않은 것은?

① 큰 힘을 이용하여 브레이크를 작동시킨다.
② 하이드로 백이 고장나면 브레이크 작동이 불량해질 수 있다.
③ 브레이크 계통에 설치되어 있다.
④ 흡기다기관 부압과 대기압과의 차를 이용한다.

답안 표기란

01	①	②	③	④	⑤
02	①	②	③	④	⑤
03	①	②	③	④	⑤
04	①	②	③	④	⑤
05	①	②	③	④	⑤
06	①	②	③	④	⑤
07	①	②	③	④	⑤
08	①	②	③	④	⑤
09	①	②	③	④	⑤
10	①	②	③	④	⑤
11	①	②	③	④	⑤
12	①	②	③	④	⑤
13	①	②	③	④	⑤
14	①	②	③	④	⑤
15	①	②	③	④	⑤
16	①	②	③	④	⑤
17	①	②	③	④	⑤
18	①	②	③	④	⑤
19	①	②	③	④	⑤
20	①	②	③	④	⑤
21	①	②	③	④	⑤
22	①	②	③	④	⑤
23	①	②	③	④	⑤
24	①	②	③	④	⑤
25	①	②	③	④	⑤
26	①	②	③	④	⑤
27	①	②	③	④	⑤
28	①	②	③	④	⑤
29	①	②	③	④	⑤
30	①	②	③	④	⑤

제1회 실전모의고사

수험번호
수험자명

제한 시간 : 60분

글자 크기 | 화면 배치 | 전체 문제 수 : 60

23 수동변속기가 설치된 건설기계에서 클러치가 연결된 상태로 기어변속을 하였다. 이때 발생할 수 있는 현상은?

① 유성기어와 선기어가 작동을 멈춘다.
② 기어가 손상되거나 기어에서 소음이 난다.
③ 변속 레버가 심하게 마모된다.
④ 종감속기어가 손상된다.

24 유압브레이크에서 잔압을 유지하는 역할을 하는 것은?

① 브레이크 부스터
② 피스톤 핀
③ 체크 밸브
④ 휠 실린더

25 자재이음과 슬립이음의 주요 기능으로 옳은 것은?

① 자재이음 : 속도 변화 대응
② 슬립이음 : 길이 변화 대응
③ 자재이음 : 길이 변화 대응
④ 슬립이음 : 각도 변화 대응

26 건설기계장비에서 조향 핸들의 조작을 가볍게 하는 방법이 아닌 것은?

① 바퀴가 정확하게 정렬되어 있는지 확인한다.
② 동력조향을 사용한다.
③ 타이어의 공기압을 적절하게 설정한다.
④ 마스터 실린더의 리턴구멍이 막혔는지 확인한다.

답안 표기란

01	①	②	③	④	⑤
02	①	②	③	④	⑤
03	①	②	③	④	⑤
04	①	②	③	④	⑤
05	①	②	③	④	⑤
06	①	②	③	④	⑤
07	①	②	③	④	⑤
08	①	②	③	④	⑤
09	①	②	③	④	⑤
10	①	②	③	④	⑤
11	①	②	③	④	⑤
12	①	②	③	④	⑤
13	①	②	③	④	⑤
14	①	②	③	④	⑤
15	①	②	③	④	⑤
16	①	②	③	④	⑤
17	①	②	③	④	⑤
18	①	②	③	④	⑤
19	①	②	③	④	⑤
20	①	②	③	④	⑤
21	①	②	③	④	⑤
22	①	②	③	④	⑤
23	①	②	③	④	⑤
24	①	②	③	④	⑤
25	①	②	③	④	⑤
26	①	②	③	④	⑤
27	①	②	③	④	⑤
28	①	②	③	④	⑤
29	①	②	③	④	⑤
30	①	②	③	④	⑤

제1회 실전모의고사

수험번호
수험자명

제한 시간 : 60분

글자 크기 | 화면 배치 | 전체 문제 수 : 60

27 굴삭기의 작업장치에 해당하지 않는 것은?

① 버킷(bucket) ② 마스트(mast)
③ 붐(boom) ④ 암(arm)

28 굴삭기의 붐에서 자연 하강량이 많을 때 원인으로 거리가 먼 것은?

① 유압실린더 배관이 파손되었다.
② 유압실린더의 내부 누출이 있다.
③ 콘트롤 밸브의 스풀에서 누출이 많다.
④ 유압작동의 압력이 과도하게 높다.

29 유압기계의 장점으로 틀린 것은?

① 점검이 간단하다.
② 속도 제어가 용이하다.
③ 입력에 대한 출력의 응답이 빠르다.
④ 내마모성이 좋다.

30 유압기기의 작동속도를 높이기 위해 변화시켜야 하는 것은?

① 유압모터의 크기를 작게 한다.
② 유압모터의 압력을 높인다.
③ 유압펌프의 토출유량을 증가시킨다.
④ 유압펌프의 압력을 높인다.

답안 표기란

01	①	②	③	④	⑤
02	①	②	③	④	⑤
03	①	②	③	④	⑤
04	①	②	③	④	⑤
05	①	②	③	④	⑤
06	①	②	③	④	⑤
07	①	②	③	④	⑤
08	①	②	③	④	⑤
09	①	②	③	④	⑤
10	①	②	③	④	⑤
11	①	②	③	④	⑤
12	①	②	③	④	⑤
13	①	②	③	④	⑤
14	①	②	③	④	⑤
15	①	②	③	④	⑤
16	①	②	③	④	⑤
17	①	②	③	④	⑤
18	①	②	③	④	⑤
19	①	②	③	④	⑤
20	①	②	③	④	⑤
21	①	②	③	④	⑤
22	①	②	③	④	⑤
23	①	②	③	④	⑤
24	①	②	③	④	⑤
25	①	②	③	④	⑤
26	①	②	③	④	⑤
27	①	②	③	④	⑤
28	①	②	③	④	⑤
29	①	②	③	④	⑤
30	①	②	③	④	⑤

제1회 실전모의고사

수험번호
수험자명

제한 시간 : 60분

글자 크기 | 화면 배치 | 전체 문제 수 : 60

31 베인펌프의 일반적인 특징으로 옳지 않은 것은?

① 소형 · 경량이다.
② 수명이 비교적 짧다.
③ 맥동이 적다.
④ 소음이 적다.

32 유압펌프가 오일을 토출하지 않을 때 점검항목으로 옳지 않은 것은?

① 탱크에 오일이 규정량으로 들어 있는지 점검
② 토출 측 회로의 압력이 너무 낮은지 확인
③ 흡입 관로에서 공기의 혼입이 있는지 점검
④ 흡입 스트레이너의 막힘 여부 확인

33 플런저 펌프의 장점이 아닌 것은?

① 토출량의 변화 범위가 크다.
② 가변용량이 가능하다.
③ 고압 및 고효율이다.
④ 구조가 비교적 간단하다.

34 압력제어 밸브가 작동하는 위치는?

① 탱크와 펌프
② 실린더 내부
③ 실린더와 유압제어 밸브
④ 펌프와 방향전환 밸브

답안 표기란

31	①	②	③	④	⑤
32	①	②	③	④	⑤
33	①	②	③	④	⑤
34	①	②	③	④	⑤
35	①	②	③	④	⑤
36	①	②	③	④	⑤
37	①	②	③	④	⑤
38	①	②	③	④	⑤
39	①	②	③	④	⑤
40	①	②	③	④	⑤
41	①	②	③	④	⑤
42	①	②	③	④	⑤
43	①	②	③	④	⑤
44	①	②	③	④	⑤
45	①	②	③	④	⑤
46	①	②	③	④	⑤
47	①	②	③	④	⑤
48	①	②	③	④	⑤
49	①	②	③	④	⑤
50	①	②	③	④	⑤
51	①	②	③	④	⑤
52	①	②	③	④	⑤
53	①	②	③	④	⑤
54	①	②	③	④	⑤
55	①	②	③	④	⑤
56	①	②	③	④	⑤
57	①	②	③	④	⑤
58	①	②	③	④	⑤
59	①	②	③	④	⑤
60	①	②	③	④	⑤

제1회 실전모의고사

수험번호
수험자명

제한 시간 : 60분

글자 크기 | 화면 배치 | 전체 문제 수 : 60

35 크롤러 굴삭기가 경사면에서 주행 모터에 공급되는 유량에 상관없이 자중에 의해 빠르게 내려가는 현상을 방지해 주는 것은?

① 리듀싱 밸브
② 포트 릴리프 밸브
③ 카운터 밸런스 밸브
④ 피스톤 모터의 피스톤

36 스로틀 밸브 중 오리피스의 기능으로 옳은 것은?

① 오일의 관로를 줄여 오일량을 조절한다.
② 항상 일정한 유량을 보내도록 한다.
③ 저압측은 통제하고 고압측만 통과시킨다.
④ 유량을 제어하고 유량을 분배한다.

37 유압모터의 소음 및 진동 발생 원인이 아닌 것은?

① 각 내부 부품의 파손
② 작동유 속 공기의 혼입
③ 펌프의 최고 회전속도 저하
④ 체결 볼트의 이완

38 액추에이터 입구 측 관로에 설치한 유량제어 밸브로 흐름을 제어하여 속도를 조절하는 것은?

① 미터아웃 회로
② 시스템 회로
③ 블리드 오프 회로
④ 미터인 회로

답안 표기란

31	①	②	③	④	⑤
32	①	②	③	④	⑤
33	①	②	③	④	⑤
34	①	②	③	④	⑤
35	①	②	③	④	⑤
36	①	②	③	④	⑤
37	①	②	③	④	⑤
38	①	②	③	④	⑤
39	①	②	③	④	⑤
40	①	②	③	④	⑤
41	①	②	③	④	⑤
42	①	②	③	④	⑤
43	①	②	③	④	⑤
44	①	②	③	④	⑤
45	①	②	③	④	⑤
46	①	②	③	④	⑤
47	①	②	③	④	⑤
48	①	②	③	④	⑤
49	①	②	③	④	⑤
50	①	②	③	④	⑤
51	①	②	③	④	⑤
52	①	②	③	④	⑤
53	①	②	③	④	⑤
54	①	②	③	④	⑤
55	①	②	③	④	⑤
56	①	②	③	④	⑤
57	①	②	③	④	⑤
58	①	②	③	④	⑤
59	①	②	③	④	⑤
60	①	②	③	④	⑤

제1회 실전모의고사

수험번호
수험자명

제한 시간 : 60분

글자 크기 | 화면 배치 | 전체 문제 수 : 60

39 주차 및 정차가 금지되는 곳은 버스여객자동차의 정류지임을 표시하는 기둥으로부터 몇 m 이내인가?

① 20m
② 15m
③ 10m
④ 5m

40 건설기계의 주요 구조를 변경하기 위해 건설기계의 검사를 받으려는 자는 누구에게 검사신청서를 제출하는가?

① 구청장
② 시장
③ 도지사
④ 국토교통부장관

41 건설계 조종 시 자동차 제1종 대형면허가 있어야 하는 기종은?

① 로더
② 굴삭기
③ 기중기
④ 덤프트럭

42 관련법상 교차로의 가장자리 또는 도로의 모퉁이로부터 몇 m 이내의 장소에 정차 및 주차를 해서는 안 되는가?

① 3m
② 5m
③ 8m
④ 10m

43 도로교통법상에서 교통안전표지의 구분으로 옳은 것은?

① 주의표지, 규제표지, 지시표지, 보조표지, 노면표시
② 주의표지, 규제표지, 정기표지, 임시표지, 노면표시
③ 규제표지, 지시표지, 차선표지, 보조표지, 임시표지
④ 규제표지, 보조표지, 노면표시, 정기표지, 차선표지

답안 표기란

31	①	②	③	④	⑤
32	①	②	③	④	⑤
33	①	②	③	④	⑤
34	①	②	③	④	⑤
35	①	②	③	④	⑤
36	①	②	③	④	⑤
37	①	②	③	④	⑤
38	①	②	③	④	⑤
39	①	②	③	④	⑤
40	①	②	③	④	⑤
41	①	②	③	④	⑤
42	①	②	③	④	⑤
43	①	②	③	④	⑤
44	①	②	③	④	⑤
45	①	②	③	④	⑤
46	①	②	③	④	⑤
47	①	②	③	④	⑤
48	①	②	③	④	⑤
49	①	②	③	④	⑤
50	①	②	③	④	⑤
51	①	②	③	④	⑤
52	①	②	③	④	⑤
53	①	②	③	④	⑤
54	①	②	③	④	⑤
55	①	②	③	④	⑤
56	①	②	③	④	⑤
57	①	②	③	④	⑤
58	①	②	③	④	⑤
59	①	②	③	④	⑤
60	①	②	③	④	⑤

제1회 실전모의고사

수험번호
수험자명

제한 시간 : 60분

글자 크기 | 화면 배치 | 전체 문제 수 : 60

44 건설기계조종사면허를 받은 사람이 면허의 효력이 정지되었을 경우 언제까지 면허증을 반납해야 하는가?

① 정지된 날부터 10일 이내
② 정지된 날부터 15일 이내
③ 정지된 날부터 20일 이내
④ 정지된 날부터 30일 이내

45 건설기계사업자의 변경신고를 하지 아니하거나 거짓으로 신고한 자에게 주어지는 벌칙은?

① 50만원 이하의 과태료
② 100만원 이하의 과태료
③ 200만원 이하의 과태료
④ 300만원 이하의 과태료

46 건설기계관리법상 300만원 이하의 과태료에 해당하는 위반 사항이 아닌 것은?

① 건설기계임대차에 관한 계약서를 작성하지 않은 자
② 정기적성검사 또는 수시적성검사를 받지 않은 자
③ 등록번호표를 부착 및 봉인하지 않은 건설기계를 운행한 자
④ 시설 또는 업무에 관한 보고를 하지 않은 자

답안 표기란

31	①	②	③	④	⑤
32	①	②	③	④	⑤
33	①	②	③	④	⑤
34	①	②	③	④	⑤
35	①	②	③	④	⑤
36	①	②	③	④	⑤
37	①	②	③	④	⑤
38	①	②	③	④	⑤
39	①	②	③	④	⑤
40	①	②	③	④	⑤
41	①	②	③	④	⑤
42	①	②	③	④	⑤
43	①	②	③	④	⑤
44	①	②	③	④	⑤
45	①	②	③	④	⑤
46	①	②	③	④	⑤
47	①	②	③	④	⑤
48	①	②	③	④	⑤
49	①	②	③	④	⑤
50	①	②	③	④	⑤
51	①	②	③	④	⑤
52	①	②	③	④	⑤
53	①	②	③	④	⑤
54	①	②	③	④	⑤
55	①	②	③	④	⑤
56	①	②	③	④	⑤
57	①	②	③	④	⑤
58	①	②	③	④	⑤
59	①	②	③	④	⑤
60	①	②	③	④	⑤

제1회 실전모의고사

수험번호
수험자명

제한 시간 : 60분

글자 크기 | 화면 배치 | 전체 문제 수 : 60

47 건설기계의 임시운행에 대한 설명으로 옳은 것은?

① 수출하기 위해 건설기계를 선적지까지 운행하는 것은 임시운행 사유에 해당하지 않는다.
② 수리를 위해 건설기계를 정비업체로 운행하는 것은 임시운행 사유에 해당한다.
③ 임시운행기간은 2주 이내로 한다.
④ 신개발 건설기계를 시험할 목적으로 운행하는 경우에는 3년 이내로 한다.

48 도시가스배관을 지하에 매설할 경우 상수도관 등 다른 시설물과의 이격 거리는 얼마 이상 유지해야 하는가?

① 30cm
② 50cm
③ 80cm
④ 100cm

49 공장 내 작업 안전수칙으로 옳은 것은?

① 기름걸레나 인화물질은 철재 상자에 보관한다.
② 실내에서 장비의 시동을 걸어 미리 준비한다.
③ 더 많은 기계를 세우기 위해 기계 사이를 가능한 좁게 주차한다.
④ 각종 기계는 공회전인 상태에서 작업을 준비한다.

50 가스배관을 지상에 설치할 경우 외면에 기입하지 않아도 되는 것은?

① 가스 흐름 방향
② 사용 가스명
③ 가스 설치 일자
④ 최고 사용 압력

답안 표기란

31	①	②	③	④	⑤
32	①	②	③	④	⑤
33	①	②	③	④	⑤
34	①	②	③	④	⑤
35	①	②	③	④	⑤
36	①	②	③	④	⑤
37	①	②	③	④	⑤
38	①	②	③	④	⑤
39	①	②	③	④	⑤
40	①	②	③	④	⑤
41	①	②	③	④	⑤
42	①	②	③	④	⑤
43	①	②	③	④	⑤
44	①	②	③	④	⑤
45	①	②	③	④	⑤
46	①	②	③	④	⑤
47	①	②	③	④	⑤
48	①	②	③	④	⑤
49	①	②	③	④	⑤
50	①	②	③	④	⑤
51	①	②	③	④	⑤
52	①	②	③	④	⑤
53	①	②	③	④	⑤
54	①	②	③	④	⑤
55	①	②	③	④	⑤
56	①	②	③	④	⑤
57	①	②	③	④	⑤
58	①	②	③	④	⑤
59	①	②	③	④	⑤
60	①	②	③	④	⑤

제1회 실전모의고사

수험번호
수험자명

제한 시간 : 60분

글자 크기		화면 배치		전체 문제 수 : 60

51 다음 중 금지표지에 해당하는 것은?

①

②

③

④

52 다음 중 재해예방의 원칙에 해당하지 않는 것은?

① 손실 우연의 원칙
② 예방 가능의 원칙
③ 안전 관리의 원칙
④ 대책 선정의 원칙

53 다음 중 도시가스 배관의 보호포에 대한 설명으로 옳은 것은?

① 잘 끊어지지 않는 재질로 만들며, 두께는 0.5mm 이상이다.
② 직선 구간에는 배관 길이 50m 마다 1개 이상 설치되어 있다.
③ 최고 사용압력이 저압인 경우 배관의 정상부로부터 30cm 이상 떨어진 곳에 설치해야 한다.
④ 최고 사용압력이 중압인 경우 배관의 정상부로부터 60cm 이상 떨어진 곳에 설치해야 한다.

54 가스배관의 표지판 설치에 대한 내용으로 옳지 않은 것은?

① 설치간격은 500m마다 1개 이상이다.
② 흰색 바탕에 빨간색 글씨로 도시가스 배관임을 알린다.
③ 표지판에는 연락처 등을 표시한다.
④ 표지판의 크기는 가로 200mm, 세로 150mm 이상의 직사각형이다.

답안 표기란

31	①	②	③	④	⑤
32	①	②	③	④	⑤
33	①	②	③	④	⑤
34	①	②	③	④	⑤
35	①	②	③	④	⑤
36	①	②	③	④	⑤
37	①	②	③	④	⑤
38	①	②	③	④	⑤
39	①	②	③	④	⑤
40	①	②	③	④	⑤
41	①	②	③	④	⑤
42	①	②	③	④	⑤
43	①	②	③	④	⑤
44	①	②	③	④	⑤
45	①	②	③	④	⑤
46	①	②	③	④	⑤
47	①	②	③	④	⑤
48	①	②	③	④	⑤
49	①	②	③	④	⑤
50	①	②	③	④	⑤
51	①	②	③	④	⑤
52	①	②	③	④	⑤
53	①	②	③	④	⑤
54	①	②	③	④	⑤
55	①	②	③	④	⑤
56	①	②	③	④	⑤
57	①	②	③	④	⑤
58	①	②	③	④	⑤
59	①	②	③	④	⑤
60	①	②	③	④	⑤

제1회 실전모의고사

수험번호
수험자명

제한 시간 : 60분

글자 크기 | 화면 배치 | 전체 문제 수 : 60

55 건설기계 작업 시 안전수칙으로 옳은 것은?

① 주행 시 작업 장치는 진행 반대 방향으로 한다.
② 운전석을 떠날 경우 기어는 중립에 둔다.
③ 하중을 달아 올린 채로 브레이크를 걸어 두어서는 안 된다.
④ 엔진 냉각계통의 점검 시에는 엔진을 정지시키고 바로 점검한다.

56 그라인더 작업 시 반드시 착용해야 하는 보호구는?

① 보안경 ② 방한복
③ 절연장갑 ④ 공기 마스크

57 안전보건표지에서 색체와 용도가 다르게 짝지어진 것은?

① 파란색 : 지시
② 녹색 : 안내
③ 노란색 : 위험
④ 빨간색 : 금지

58 폭 4m 이상 8m 미만인 도로에 일반 도시가스 배관 매설 시 지면과 도시가스 배관 상부와의 최소 이격 거리는 얼마인가?

① 0.6m ② 0.8m
③ 1.0m ④ 1.2m

답안 표기란

31	①	②	③	④	⑤
32	①	②	③	④	⑤
33	①	②	③	④	⑤
34	①	②	③	④	⑤
35	①	②	③	④	⑤
36	①	②	③	④	⑤
37	①	②	③	④	⑤
38	①	②	③	④	⑤
39	①	②	③	④	⑤
40	①	②	③	④	⑤
41	①	②	③	④	⑤
42	①	②	③	④	⑤
43	①	②	③	④	⑤
44	①	②	③	④	⑤
45	①	②	③	④	⑤
46	①	②	③	④	⑤
47	①	②	③	④	⑤
48	①	②	③	④	⑤
49	①	②	③	④	⑤
50	①	②	③	④	⑤
51	①	②	③	④	⑤
52	①	②	③	④	⑤
53	①	②	③	④	⑤
54	①	②	③	④	⑤
55	①	②	③	④	⑤
56	①	②	③	④	⑤
57	①	②	③	④	⑤
58	①	②	③	④	⑤
59	①	②	③	④	⑤
60	①	②	③	④	⑤

제1회 실전모의고사

수험번호
수험자명

제한 시간 : 60분

글자 크기 | 화면 배치 | 전체 문제 수 : 60

59 액화천연가스에 대한 설명으로 옳지 않은 것은?

① 기체 상태는 공기보다 가볍다.
② 가연성으로 폭발의 위험성이 있다.
③ LNG라고 하며, 메탄이 주성분이다.
④ 액체 상태로 도시가스 배관을 통해 공급된다.

60 도로에서 굴착작업 중 154kV 지중 송전케이블을 손상시켜 누유 중이다. 조치사항으로 가장 적합한 것은?

① 미세하게 누유되는 정도면 사고는 발생하지 않는다.
② 기름이 외부로 누출되지 않도록 신속하게 되메운다.
③ 튜브 등으로 감아서 누유되지 않도록 임시 조치 후 계속 작업한다.
④ 신속히 시설 관리자에게 연락하여 조치를 취하도록 한다.

답안 표기란

31	①	②	③	④	⑤
32	①	②	③	④	⑤
33	①	②	③	④	⑤
34	①	②	③	④	⑤
35	①	②	③	④	⑤
36	①	②	③	④	⑤
37	①	②	③	④	⑤
38	①	②	③	④	⑤
39	①	②	③	④	⑤
40	①	②	③	④	⑤
41	①	②	③	④	⑤
42	①	②	③	④	⑤
43	①	②	③	④	⑤
44	①	②	③	④	⑤
45	①	②	③	④	⑤
46	①	②	③	④	⑤
47	①	②	③	④	⑤
48	①	②	③	④	⑤
49	①	②	③	④	⑤
50	①	②	③	④	⑤
51	①	②	③	④	⑤
52	①	②	③	④	⑤
53	①	②	③	④	⑤
54	①	②	③	④	⑤
55	①	②	③	④	⑤
56	①	②	③	④	⑤
57	①	②	③	④	⑤
58	①	②	③	④	⑤
59	①	②	③	④	⑤
60	①	②	③	④	⑤

제2회 실전모의고사

수험번호
수험자명

제한 시간 : 60분

글자 크기 | 화면 배치 | 전체 문제 수 : 60

01 다음 중 디젤기관에서 진동이 발생하는 원인으로 옳지 않은 것은?

① 연료 계통 내 공기의 혼입
② 라디에이터 코어의 막힘
③ 실린더별 연료 분사의 압력 차이
④ 4기통 엔진에서 1개의 분사 노즐이 막힘

02 실린더의 헤드 개스킷이 손상될 경우 나타날 수 있는 현상은?

① 엔진 출력이 증가한다.
② 엔진오일의 소비율이 하락한다.
③ 냉각수의 온도가 상승한다.
④ 압축 압력 및 폭발 압력이 저하된다.

03 크랭크축의 비틀림 진동에 대한 설명으로 옳지 않은 것은?

① 각 실린더의 회전력 반동이 클수록 크다.
② 크랭크축의 강성이 작을수록 크다.
③ 회전 부분의 질량이 클수록 크다.
④ 크랭크축의 길이가 짧을수록 크다.

04 다음 중 디젤기관을 정지시키는 방법으로 가장 적합한 것은?

① 축전지를 분리시킨다.
② 초크밸브를 닫는다.
③ 연료의 공급을 차단한다.
④ 기어를 넣어 기관을 정지한다.

답안 표기란

01	①	②	③	④	⑤
02	①	②	③	④	⑤
03	①	②	③	④	⑤
04	①	②	③	④	⑤
05	①	②	③	④	⑤
06	①	②	③	④	⑤
07	①	②	③	④	⑤
08	①	②	③	④	⑤
09	①	②	③	④	⑤
10	①	②	③	④	⑤
11	①	②	③	④	⑤
12	①	②	③	④	⑤
13	①	②	③	④	⑤
14	①	②	③	④	⑤
15	①	②	③	④	⑤
16	①	②	③	④	⑤
17	①	②	③	④	⑤
18	①	②	③	④	⑤
19	①	②	③	④	⑤
20	①	②	③	④	⑤
21	①	②	③	④	⑤
22	①	②	③	④	⑤
23	①	②	③	④	⑤
24	①	②	③	④	⑤
25	①	②	③	④	⑤
26	①	②	③	④	⑤
27	①	②	③	④	⑤
28	①	②	③	④	⑤
29	①	②	③	④	⑤
30	①	②	③	④	⑤

제2회 실전모의고사

수험번호
수험자명

제한 시간 : 60분

글자 크기 | 화면 배치 | 전체 문제 수 : 60

05 디젤기관의 노킹을 방지하기 위한 방법으로 옳지 않은 것은?

① 압축비를 높인다.
② 세탄가가 낮은 연료유를 사용한다.
③ 착화지연시간을 짧게 한다.
④ 연소실 내 와류가 일어나도록 한다.

06 기관 내 크랭크축 베어링의 구비조건이 아닌 것은?

① 내피로성이 작을 것
② 주종 유동성이 있을 것
③ 마찰계수가 작을 것
④ 매입성이 있을 것

07 디젤 엔진에서 엔진의 회전 속도나 부하 변동에 따라 연료의 분사량을 조절해 주는 장치는?

① 과급기
② 조속기
③ 타이머
④ 분사 노즐

08 디젤기관 냉각장치에서 냉각수의 비등점을 높이기 위해 설치된 부품은?

① 보조탱크
② 압력식 캡
③ 코어
④ 냉각핀

답안 표기란

01	①	②	③	④	⑤
02	①	②	③	④	⑤
03	①	②	③	④	⑤
04	①	②	③	④	⑤
05	①	②	③	④	⑤
06	①	②	③	④	⑤
07	①	②	③	④	⑤
08	①	②	③	④	⑤
09	①	②	③	④	⑤
10	①	②	③	④	⑤
11	①	②	③	④	⑤
12	①	②	③	④	⑤
13	①	②	③	④	⑤
14	①	②	③	④	⑤
15	①	②	③	④	⑤
16	①	②	③	④	⑤
17	①	②	③	④	⑤
18	①	②	③	④	⑤
19	①	②	③	④	⑤
20	①	②	③	④	⑤
21	①	②	③	④	⑤
22	①	②	③	④	⑤
23	①	②	③	④	⑤
24	①	②	③	④	⑤
25	①	②	③	④	⑤
26	①	②	③	④	⑤
27	①	②	③	④	⑤
28	①	②	③	④	⑤
29	①	②	③	④	⑤
30	①	②	③	④	⑤

제2회 실전모의고사

수험번호
수험자명

제한 시간 : 60분

글자 크기 | 화면 배치 | 전체 문제 수 : 60

09 방열기에 냉각수가 충분히 차 있는데도 기관이 과열되는 경우 그 원인으로 가장 적절한 것은?

① 팬 벨트의 장력 과다
② 라디에이터 팬의 고장
③ 부동액 부족
④ 정온기가 열린 채 고장

10 4행정 사이클 기관에서 가장 많이 사용되는 윤활 방식은?

① 비산식, 압송식, 비산압송식
② 혼합식, 비산식, 압송식
③ 혼합식, 분리윤활식, 샤트식
④ 압송식, 전류식, 비산압송식

11 윤활유의 점도에 대한 설명으로 옳지 않은 것은?

① 액체의 유동을 방해하려는 성질을 말한다.
② 점도 지수는 온도 변화에 따른 점도의 변화 비율을 수치로 나타낸 것이다.
③ 온도가 상승하면 점도도 함께 상승한다.
④ 점도 지수가 높을수록 온도에 따른 점도의 변화가 작다.

12 다음 중 배기가스 내 NO_x(질소산화물)이 발생 · 증가하는 원인으로 가장 밀접한 것은?

① 높은 연소 온도
② 흡입 공기의 부족
③ 기관의 과랭
④ 소염 경계층

답안 표기란

01	①	②	③	④	⑤
02	①	②	③	④	⑤
03	①	②	③	④	⑤
04	①	②	③	④	⑤
05	①	②	③	④	⑤
06	①	②	③	④	⑤
07	①	②	③	④	⑤
08	①	②	③	④	⑤
09	①	②	③	④	⑤
10	①	②	③	④	⑤
11	①	②	③	④	⑤
12	①	②	③	④	⑤
13	①	②	③	④	⑤
14	①	②	③	④	⑤
15	①	②	③	④	⑤
16	①	②	③	④	⑤
17	①	②	③	④	⑤
18	①	②	③	④	⑤
19	①	②	③	④	⑤
20	①	②	③	④	⑤
21	①	②	③	④	⑤
22	①	②	③	④	⑤
23	①	②	③	④	⑤
24	①	②	③	④	⑤
25	①	②	③	④	⑤
26	①	②	③	④	⑤
27	①	②	③	④	⑤
28	①	②	③	④	⑤
29	①	②	③	④	⑤
30	①	②	③	④	⑤

제2회 실전모의고사

수험번호
수험자명

제한 시간 : 60분

글자 크기 | 화면 배치 | 전체 문제 수 : 60

답안 표기란

01	①	②	③	④	⑤
02	①	②	③	④	⑤
03	①	②	③	④	⑤
04	①	②	③	④	⑤
05	①	②	③	④	⑤
06	①	②	③	④	⑤
07	①	②	③	④	⑤
08	①	②	③	④	⑤
09	①	②	③	④	⑤
10	①	②	③	④	⑤
11	①	②	③	④	⑤
12	①	②	③	④	⑤
13	①	②	③	④	⑤
14	①	②	③	④	⑤
15	①	②	③	④	⑤
16	①	②	③	④	⑤
17	①	②	③	④	⑤
18	①	②	③	④	⑤
19	①	②	③	④	⑤
20	①	②	③	④	⑤
21	①	②	③	④	⑤
22	①	②	③	④	⑤
23	①	②	③	④	⑤
24	①	②	③	④	⑤
25	①	②	③	④	⑤
26	①	②	③	④	⑤
27	①	②	③	④	⑤
28	①	②	③	④	⑤
29	①	②	③	④	⑤
30	①	②	③	④	⑤

13 유압 회로에서 압력에 영향을 주는 요소 중 가장 관련이 적은 것은?

① 관로의 좌우 방향
② 관로의 크기
③ 유체의 양
④ 유체의 점도

14 황산과 증류수를 이용해 전해액을 만들 때의 유의사항으로 적절하지 않은 것은?

① 질그릇을 이용한다.
② 온도가 45℃ 이상으로 올라가지 않도록 한다.
③ 비중을 측정하며 작업한다.
④ 황산에 물을 부어야 한다.

15 축전지 커버 케이스와 커버의 세척에 가장 적합한 것은?

① 글리세린과 물
② 가솔린과 물
③ 소다와 물
④ 소금과 물

16 기동전동기의 브러시를 교환해야 하는 시점으로 옳은 것은?

① 브러시가 1/4 이상 마모되었을 경우
② 브러시가 1/3 이상 마모되었을 경우
③ 브러시가 2/3 이상 마모되었을 경우
④ 브러시가 1/2 이상 마모되었을 경우

제2회 실전모의고사

수험번호
수험자명

제한 시간 : 60분

글자 크기 화면 배치 전체 문제 수 : 60

17 다음 중 직류발전기에 대한 설명으로 틀린 것은?

① 실리콘 다이오드로 역류를 방지한다.
② 전기자를 통해 전기를 발생시킨다.
③ 발전량 조정 장치로 전류제한기를 이용한다.
④ 여자 방식은 자여자 방식이다.

18 방향지시등의 점멸이 규정치보다 느릴 경우 원인으로 보기 어려운 것은?

① 전구의 접지 불량
② 축전지의 용량 저하
③ 플래셔 스위치부터 지시등 사이의 단선
④ 퓨즈 또는 배선의 접촉 불량

19 타이어식 건설기계의 고압타이어가 바깥지름 35In, 안지름 23In, 폭 14In, 플라이수 20인 경우 적절한 표시 방법은?

① 35.00-23-20PR
② 35.00-14-20PR
③ 20.00-35-14PR
④ 14.00-23-20PR

20 토크 컨버터에 대한 설명으로 옳은 것은?

① 2~3 : 1의 토크를 변환할 수 있다.
② 펌프와 터빈의 날개에는 각도가 없다.
③ 펌프와 터빈의 전달 토크가 대체로 같아진다.
④ 오일에 순환 운동할 만큼의 운동 에너지를 남겨두어야 한다.

답안 표기란

번호	①	②	③	④	⑤
01	①	②	③	④	⑤
02	①	②	③	④	⑤
03	①	②	③	④	⑤
04	①	②	③	④	⑤
05	①	②	③	④	⑤
06	①	②	③	④	⑤
07	①	②	③	④	⑤
08	①	②	③	④	⑤
09	①	②	③	④	⑤
10	①	②	③	④	⑤
11	①	②	③	④	⑤
12	①	②	③	④	⑤
13	①	②	③	④	⑤
14	①	②	③	④	⑤
15	①	②	③	④	⑤
16	①	②	③	④	⑤
17	①	②	③	④	⑤
18	①	②	③	④	⑤
19	①	②	③	④	⑤
20	①	②	③	④	⑤
21	①	②	③	④	⑤
22	①	②	③	④	⑤
23	①	②	③	④	⑤
24	①	②	③	④	⑤
25	①	②	③	④	⑤
26	①	②	③	④	⑤
27	①	②	③	④	⑤
28	①	②	③	④	⑤
29	①	②	③	④	⑤
30	①	②	③	④	⑤

제2회 실전모의고사

수험번호
수험자명

제한 시간 : 60분

글자 크기 | 화면 배치 | 전체 문제 수 : 60

21 변속기의 구비 조건으로 옳지 않은 것은?

① 변속 조작이 신속하고 정확하게 이루어질 것
② 고장이 적고 소음 및 진동이 없을 것
③ 소형 및 경량으로 취급이 쉬울 것
④ 단계가 있는 연속적인 변속이 가능할 것

22 굴삭기에 사용되는 브레이크 오일에 대한 설명으로 틀린 것은?

① 비등점이 높아야 한다.
② 성분은 피마자 기름에 동물성 오일을 혼합한 것이다.
③ 브레이크 부품 조립 시 세척하는 용도로 사용된다.
④ 다른 제조회사의 오일을 혼용하지 않는다.

23 토크 컨버터의 동력전달 매체는?

① 유체
② 클러치판
③ 벨트
④ 기어

24 종감속비에 대한 설명으로 옳지 않은 것은?

① 종감속비는 나누어서 떨어지지 않는 값으로 한다.
② 종감속비가 크면 고속 성능은 저하된다.
③ 링기어 잇수를 구동기어 잇수로 나눈 값이다.
④ 종감속비가 작으면 등판 능력이 향상된다.

답안 표기란

01	①	②	③	④	⑤
02	①	②	③	④	⑤
03	①	②	③	④	⑤
04	①	②	③	④	⑤
05	①	②	③	④	⑤
06	①	②	③	④	⑤
07	①	②	③	④	⑤
08	①	②	③	④	⑤
09	①	②	③	④	⑤
10	①	②	③	④	⑤
11	①	②	③	④	⑤
12	①	②	③	④	⑤
13	①	②	③	④	⑤
14	①	②	③	④	⑤
15	①	②	③	④	⑤
16	①	②	③	④	⑤
17	①	②	③	④	⑤
18	①	②	③	④	⑤
19	①	②	③	④	⑤
20	①	②	③	④	⑤
21	①	②	③	④	⑤
22	①	②	③	④	⑤
23	①	②	③	④	⑤
24	①	②	③	④	⑤
25	①	②	③	④	⑤
26	①	②	③	④	⑤
27	①	②	③	④	⑤
28	①	②	③	④	⑤
29	①	②	③	④	⑤
30	①	②	③	④	⑤

제2회 실전모의고사

수험번호
수험자명

제한 시간 : 60분

글자 크기 | 화면 배치 | 전체 문제 수 : 60

25 클러치의 한쪽 면에 오일이 묻었다. 그 원인으로 가장 거리가 먼 것은?

① 입력축 오일실의 불량
② 엔진 오일의 과다
③ 베어링의 그리스 누설
④ 비틀림 스프링의 쇠약

26 제동장치의 구비 조건으로 옳지 않은 것은?

① 점검과 조정이 용이해야 한다.
② 제동 효과가 확실하고 잘 되어야 한다.
③ 내구성이 뛰어나야 한다.
④ 마찰력이 남아야 한다.

27 트랙을 분리할 필요가 없는 경우는?

① 아이들러를 교환할 경우
② 트랙이 벗겨진 경우
③ 트랙을 교환하는 경우
④ 하부 롤러를 교환하는 경우

답안 표기란

01	①	②	③	④	⑤
02	①	②	③	④	⑤
03	①	②	③	④	⑤
04	①	②	③	④	⑤
05	①	②	③	④	⑤
06	①	②	③	④	⑤
07	①	②	③	④	⑤
08	①	②	③	④	⑤
09	①	②	③	④	⑤
10	①	②	③	④	⑤
11	①	②	③	④	⑤
12	①	②	③	④	⑤
13	①	②	③	④	⑤
14	①	②	③	④	⑤
15	①	②	③	④	⑤
16	①	②	③	④	⑤
17	①	②	③	④	⑤
18	①	②	③	④	⑤
19	①	②	③	④	⑤
20	①	②	③	④	⑤
21	①	②	③	④	⑤
22	①	②	③	④	⑤
23	①	②	③	④	⑤
24	①	②	③	④	⑤
25	①	②	③	④	⑤
26	①	②	③	④	⑤
27	①	②	③	④	⑤
28	①	②	③	④	⑤
29	①	②	③	④	⑤
30	①	②	③	④	⑤

제2회 실전모의고사

수험번호
수험자명

제한 시간 : 60분

글자 크기 | 화면 배치 | 전체 문제 수 : 60

답안 표기란

28 프론트 아이들러의 작용에 대한 설명으로 옳은 것은?

① 동력을 트랙으로 전달한다.
② 트랙의 장력을 조정하면서 주행 방향으로 트랙을 유도한다.
③ 파손을 방지하고 원활한 운전을 유도한다.
④ 트랙의 주행을 원활하게 한다.

29 유압기계의 단점으로 틀린 것은?

① 에너지 축적이 어렵다.
② 보수 관리가 어렵다.
③ 회로 구성이 어렵고 누설되는 경우가 있다.
④ 가연성으로 인해 화재의 위험이 있다.

30 유압 장치 내에서 작동체의 속도를 바꾸는 역할을 하는 밸브는?

① 체크 밸브
② 방향 제어 밸브
③ 압력 제어 밸브
④ 유량 제어 밸브

제2회 실전모의고사

수험번호
수험자명

제한 시간 : 60분

글자 크기 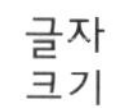     화면 배치 전체 문제 수 : 60

31 유압 회로 내에 잔압을 설정해 두는 이유로 옳은 것은?

① 오일 산화 방지
② 작동 지연 방지
③ 유로 파손 방지
④ 제동 해제 방지

32 차량용 축전지 내 각 셀의 전압은?

① 2.1~2.3V
② 2.5~2.8V
③ 3.1~3.3V
④ 3.8~4.0V

33 유압장치의 기호 회로도에 사용되는 유압 기호에서 표시하는 사항이 아닌 것은?

① 중립 상태
② 정상 상태
③ 작용 압력
④ 흐름의 방향

34 어큐뮬레이터를 나타내는 유압 기호는?

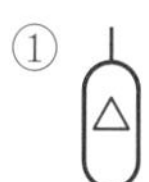

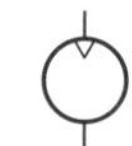

답안 표기란

31	①	②	③	④	⑤
32	①	②	③	④	⑤
33	①	②	③	④	⑤
34	①	②	③	④	⑤
35	①	②	③	④	⑤
36	①	②	③	④	⑤
37	①	②	③	④	⑤
38	①	②	③	④	⑤
39	①	②	③	④	⑤
40	①	②	③	④	⑤
41	①	②	③	④	⑤
42	①	②	③	④	⑤
43	①	②	③	④	⑤
44	①	②	③	④	⑤
45	①	②	③	④	⑤
46	①	②	③	④	⑤
47	①	②	③	④	⑤
48	①	②	③	④	⑤
49	①	②	③	④	⑤
50	①	②	③	④	⑤
51	①	②	③	④	⑤
52	①	②	③	④	⑤
53	①	②	③	④	⑤
54	①	②	③	④	⑤
55	①	②	③	④	⑤
56	①	②	③	④	⑤
57	①	②	③	④	⑤
58	①	②	③	④	⑤
59	①	②	③	④	⑤
60	①	②	③	④	⑤

제2회 실전모의고사

수험번호
수험자명

제한 시간 : 60분

글자 크기 | 화면 배치 | 전체 문제 수 : 60

35 건설기계에 사용되는 유압펌프의 종류에 해당하지 않는 것은?

① 기어 펌프
② 포막 펌프
③ 플런저 펌프
④ 나사 펌프

36 밀폐된 용기에서 액체의 일부에 힘을 가했을 때 옳은 것은?

① 모든 부분에 동일하게 작용한다.
② 홈 부분을 제외하고 같게 작용한다.
③ 돌출부에만 세게 작용한다.
④ 모든 부분에 다르게 작용한다.

37 건설기계의 유압펌프는 일반적으로 무엇에 의해 구동되는가?

① 캠축
② 에어컴프레셔
③ 번속기 P.T.O 장치
④ 엔진의 플라이휠

38 회로 내 압력을 일정하게 유지시키며 직동형과 평형피스톤형 등의 종류가 있는 밸브는?

① 시퀀스 밸브
② 니들 밸브
③ 언로드 밸브
④ 릴리프 밸브

답안 표기란

31	①	②	③	④	⑤
32	①	②	③	④	⑤
33	①	②	③	④	⑤
34	①	②	③	④	⑤
35	①	②	③	④	⑤
36	①	②	③	④	⑤
37	①	②	③	④	⑤
38	①	②	③	④	⑤
39	①	②	③	④	⑤
40	①	②	③	④	⑤
41	①	②	③	④	⑤
42	①	②	③	④	⑤
43	①	②	③	④	⑤
44	①	②	③	④	⑤
45	①	②	③	④	⑤
46	①	②	③	④	⑤
47	①	②	③	④	⑤
48	①	②	③	④	⑤
49	①	②	③	④	⑤
50	①	②	③	④	⑤
51	①	②	③	④	⑤
52	①	②	③	④	⑤
53	①	②	③	④	⑤
54	①	②	③	④	⑤
55	①	②	③	④	⑤
56	①	②	③	④	⑤
57	①	②	③	④	⑤
58	①	②	③	④	⑤
59	①	②	③	④	⑤
60	①	②	③	④	⑤

제2회 실전모의고사

수험번호
수험자명

제한 시간 : 60분

글자 크기 | 화면 배치 | 전체 문제 수 : 60

39 건설기계조종사의 적성검사 기준으로 가장 거리가 먼 것은?

① 시각은 150° 이상이어야 한다.
② 언어분별력이 80% 이상이어야 한다.
③ 두 눈을 동시에 뜨고 잰 시력이 0.7 이상이어야 한다.
④ 보청기를 사용하는 사람은 55데시벨의 소리를 들을 수 있어야 한다.

40 다음 중 2년 이하의 징역 또는 2천만원 이하의 벌금을 내야 하는 사람은?

① 등록이 말소된 건설기계를 운행한 자
② 건설기계의 등록번호를 지워 없앤 자
③ 형식승인을 받지 않고 건설기계를 제작한 자
④ 건설기계조종사면허가 취소된 이후에도 건설기계를 계속하여 조종한 자

41 시 · 도지사가 수시검사를 명령하고자 하는 때에는 수시검사를 받아야 할 날부터 며칠 이전에 건설기계소유자에게 명령서를 교부하여야 하는가?

① 7일 ② 10일
③ 15일 ④ 30일

42 도로교통법상 앞지르기의 금지 장소가 아닌 곳은?

① 가파른 비탈길의 내리막
② 도로의 구부러진 곳
③ 비탈길의 고갯마루 부근
④ 주차금지 구역

답안 표기란

31	①	②	③	④	⑤
32	①	②	③	④	⑤
33	①	②	③	④	⑤
34	①	②	③	④	⑤
35	①	②	③	④	⑤
36	①	②	③	④	⑤
37	①	②	③	④	⑤
38	①	②	③	④	⑤
39	①	②	③	④	⑤
40	①	②	③	④	⑤
41	①	②	③	④	⑤
42	①	②	③	④	⑤
43	①	②	③	④	⑤
44	①	②	③	④	⑤
45	①	②	③	④	⑤
46	①	②	③	④	⑤
47	①	②	③	④	⑤
48	①	②	③	④	⑤
49	①	②	③	④	⑤
50	①	②	③	④	⑤
51	①	②	③	④	⑤
52	①	②	③	④	⑤
53	①	②	③	④	⑤
54	①	②	③	④	⑤
55	①	②	③	④	⑤
56	①	②	③	④	⑤
57	①	②	③	④	⑤
58	①	②	③	④	⑤
59	①	②	③	④	⑤
60	①	②	③	④	⑤

제2회 실전모의고사

수험번호
수험자명

제한 시간 : 60분

글자 크기 | 화면 배치 | 전체 문제 수 : 60

43 건설기계관리법상 과태료를 부과 · 징수할 수 있는 권한을 가진 사람은?

① 총리
② 구청장
③ 소속 공무원
④ 경찰공무원

44 다음 중 주차 및 정차가 모두 금지된 곳은?

① 다리 위
② 건널목
③ 터널 안
④ 도로공사구역의 양쪽 가장자리로부터 5m 이내인 곳

45 건설기계조종사 면허증을 반납하지 않아도 되는 경우는?

① 면허가 취소된 경우
② 면허의 효력이 정지된 경우
③ 분실로 인하여 면허증의 재교부를 받은 후 분실된 면허증을 발견할 경우
④ 일시적인 부상으로 건설기계 조종을 할 수 없게 된 경우

46 도로교통법상 편도 3차로 이상인 고속도로에서 건설기계가 통행할 수 있는 차로는?

① 1차로
② 왼쪽 차로
③ 오른쪽 차로
④ 모든 차로

답안 표기란

31	①	②	③	④	⑤
32	①	②	③	④	⑤
33	①	②	③	④	⑤
34	①	②	③	④	⑤
35	①	②	③	④	⑤
36	①	②	③	④	⑤
37	①	②	③	④	⑤
38	①	②	③	④	⑤
39	①	②	③	④	⑤
40	①	②	③	④	⑤
41	①	②	③	④	⑤
42	①	②	③	④	⑤
43	①	②	③	④	⑤
44	①	②	③	④	⑤
45	①	②	③	④	⑤
46	①	②	③	④	⑤
47	①	②	③	④	⑤
48	①	②	③	④	⑤
49	①	②	③	④	⑤
50	①	②	③	④	⑤
51	①	②	③	④	⑤
52	①	②	③	④	⑤
53	①	②	③	④	⑤
54	①	②	③	④	⑤
55	①	②	③	④	⑤
56	①	②	③	④	⑤
57	①	②	③	④	⑤
58	①	②	③	④	⑤
59	①	②	③	④	⑤
60	①	②	③	④	⑤

제2회 실전모의고사

수험번호

수험자명

제한 시간 : 60분

글자 크기 | 화면 배치 | 전체 문제 수 : 60

47 건설기계 정기검사의 연기에 대한 설명으로 옳은 것은?

① 건설기계소유자는 검사신청기간 내에 검사를 신청할 수 없는 경우 만료일 7일 전까지 신청서를 제출해야 한다.
② 검사연기신청서에 연기 사유를 증명할 수 있는 서류를 첨부하여 국토교통부장관에게 제출하면 된다.
③ 검사를 연기하는 경우 그 연기기간을 3월 이내로 한다.
④ 검사연기 불허통지를 받은 자는 검사신청기간 만료일부터 10일 이내에 검사신청을 해야 한다.

48 작업복장의 조건으로 옳은 것은?

① 활용도가 높은 주머니가 많은 것이 좋다.
② 옷소매의 폭이 조여질 수 있는 것이 좋다.
③ 단추가 달린 것이 입고 벗기 편하다.
④ 팔이나 발이 노출되는 것이 좋다.

49 발전소 상호 간, 변전소 상호 간 또는 발전소와 변전소 간의 설치된 전력 선로는?

① 송전선로
② 배전선로
③ 가공전선로
④ 지중전선로

답안 표기란

31	①	②	③	④	⑤
32	①	②	③	④	⑤
33	①	②	③	④	⑤
34	①	②	③	④	⑤
35	①	②	③	④	⑤
36	①	②	③	④	⑤
37	①	②	③	④	⑤
38	①	②	③	④	⑤
39	①	②	③	④	⑤
40	①	②	③	④	⑤
41	①	②	③	④	⑤
42	①	②	③	④	⑤
43	①	②	③	④	⑤
44	①	②	③	④	⑤
45	①	②	③	④	⑤
46	①	②	③	④	⑤
47	①	②	③	④	⑤
48	①	②	③	④	⑤
49	①	②	③	④	⑤
50	①	②	③	④	⑤
51	①	②	③	④	⑤
52	①	②	③	④	⑤
53	①	②	③	④	⑤
54	①	②	③	④	⑤
55	①	②	③	④	⑤
56	①	②	③	④	⑤
57	①	②	③	④	⑤
58	①	②	③	④	⑤
59	①	②	③	④	⑤
60	①	②	③	④	⑤

제2회 실전모의고사

수험번호
수험자명

제한 시간 : 60분

글자 크기 | 화면 배치 | 전체 문제 수 : 60

50 전력케이블을 보호하기 위하여 설치하는 표시시설이 아닌 것은?

① 표지시트
② 지중선로 표시기
③ 보호판
④ 라인마크

51 전기화재에 사용되는 소화기로 가장 적절한 것은?

① 모래
② 포말소화기
③ 분말소화기
④ 이산화탄소 소화기

52 고압 전선로 주변에서 작업 시 건설기계와 전선로와의 안전 이격 거리에 대한 설명으로 옳은 것은?

① 애자수가 적을수록 멀어져야 한다.
② 전선의 굵기와는 관계없이 일정하다.
③ 전선이 얇을수록 멀어져야 한다.
④ 전압이 높을수록 멀어져야 한다.

53 다음 안전보건표지에 사용되는 색체는?

① 노란색 바탕에 검은색 모형
② 흰색 바탕에 녹색 모형
③ 흰색 바탕에 흑색 모형
④ 흰색 바탕에 빨간색 모형

답안 표기란

31	①	②	③	④	⑤
32	①	②	③	④	⑤
33	①	②	③	④	⑤
34	①	②	③	④	⑤
35	①	②	③	④	⑤
36	①	②	③	④	⑤
37	①	②	③	④	⑤
38	①	②	③	④	⑤
39	①	②	③	④	⑤
40	①	②	③	④	⑤
41	①	②	③	④	⑤
42	①	②	③	④	⑤
43	①	②	③	④	⑤
44	①	②	③	④	⑤
45	①	②	③	④	⑤
46	①	②	③	④	⑤
47	①	②	③	④	⑤
48	①	②	③	④	⑤
49	①	②	③	④	⑤
50	①	②	③	④	⑤
51	①	②	③	④	⑤
52	①	②	③	④	⑤
53	①	②	③	④	⑤
54	①	②	③	④	⑤
55	①	②	③	④	⑤
56	①	②	③	④	⑤
57	①	②	③	④	⑤
58	①	②	③	④	⑤
59	①	②	③	④	⑤
60	①	②	③	④	⑤

제2회 실전모의고사

수험번호
수험자명

제한 시간 : 60분

글자 크기 | 화면 배치 | 전체 문제 수 : 60

54 도시가스 보호판은 배관 직상부 몇 cm 상단에 매설되어 있는가?

① 10cm ② 20cm
③ 30cm ④ 40cm

55 산소 용기에서 산소의 누출 여부를 확인하는 방법으로 가장 적절한 것은?

① 냄새 ② 자외선
③ 맛 ④ 비눗물

56 고압 전선로 주변에서 굴착 시 안전작업 조치사항으로 가장 옳은 것은?

① 버킷과 붐의 길이는 무시해도 된다.
② 전선에 버킷이 근접하는 것은
③ 고압 전선에 장비가 직접 접촉하지 않으면 작업을 할 수 없다.
④ 고압 전선에 붐이 근접하지 않도록 한다.

57 작업자의 불안전한 행동에서 오는 산업재해의 요인은?

① 물적 원인 ② 인적 원인
③ 교육적 원인 ④ 기술적 원인

답안 표기란

31	①	②	③	④	⑤
32	①	②	③	④	⑤
33	①	②	③	④	⑤
34	①	②	③	④	⑤
35	①	②	③	④	⑤
36	①	②	③	④	⑤
37	①	②	③	④	⑤
38	①	②	③	④	⑤
39	①	②	③	④	⑤
40	①	②	③	④	⑤
41	①	②	③	④	⑤
42	①	②	③	④	⑤
43	①	②	③	④	⑤
44	①	②	③	④	⑤
45	①	②	③	④	⑤
46	①	②	③	④	⑤
47	①	②	③	④	⑤
48	①	②	③	④	⑤
49	①	②	③	④	⑤
50	①	②	③	④	⑤
51	①	②	③	④	⑤
52	①	②	③	④	⑤
53	①	②	③	④	⑤
54	①	②	③	④	⑤
55	①	②	③	④	⑤
56	①	②	③	④	⑤
57	①	②	③	④	⑤
58	①	②	③	④	⑤
59	①	②	③	④	⑤
60	①	②	③	④	⑤

제2회 실전모의고사

수험번호
수험자명

제한 시간 : 60분

글자 크기 | 화면 배치 | 전체 문제 수 : 60

58 금속 나트륨이나 금속칼륨에 의한 화재는 어떤 화재로 분류하는가?

① A급 화재
② B급 화재
③ C급 화재
④ D급 화재

59 항타기는 부득이한 경우를 제외하고 가스배관과의 수평거리를 최소한 몇 m 이상 이격하여 배치해야 하는가?

① 1m
② 2m
③ 3m
④ 5m

60 도시가스배관을 지하에 매설 시 중압인 경우 배관의 표면 색상은?

① 적색
② 백색
③ 청색
④ 녹색

답안 표기란

31	①	②	③	④	⑤
32	①	②	③	④	⑤
33	①	②	③	④	⑤
34	①	②	③	④	⑤
35	①	②	③	④	⑤
36	①	②	③	④	⑤
37	①	②	③	④	⑤
38	①	②	③	④	⑤
39	①	②	③	④	⑤
40	①	②	③	④	⑤
41	①	②	③	④	⑤
42	①	②	③	④	⑤
43	①	②	③	④	⑤
44	①	②	③	④	⑤
45	①	②	③	④	⑤
46	①	②	③	④	⑤
47	①	②	③	④	⑤
48	①	②	③	④	⑤
49	①	②	③	④	⑤
50	①	②	③	④	⑤
51	①	②	③	④	⑤
52	①	②	③	④	⑤
53	①	②	③	④	⑤
54	①	②	③	④	⑤
55	①	②	③	④	⑤
56	①	②	③	④	⑤
57	①	②	③	④	⑤
58	①	②	③	④	⑤
59	①	②	③	④	⑤
60	①	②	③	④	⑤

제3회 실전모의고사

수험번호
수험자명

제한 시간 : 60분

글자 크기 | 화면 배치 | 전체 문제 수 : 60

01 다음 중 내연기관이 구비해야 할 조건으로 옳지 않은 것은?

① 단위중량당 출력이 커야 한다.
② 저속에서 회전력이 작아야 한다.
③ 연료 소비율은 낮고 열효율은 높아야 한다.
④ 진동과 소음이 적어야 한다.

02 다음 중 피스토링에 대한 설명으로 옳지 않은 것은?

① 피스톤과 실린더 사이너 사이의 기밀을 유지한다.
② 압축 링과 오일 링으로 구성된다.
③ 실린더 헤드 쪽에 있는 것이 오일 링이다.
④ 피스톤의 열을 실린더 벽으로 방출한다.

03 기관의 밸브 간극이 너무 클 경우 발생할 수 있는 현상으로 옳은 것은?

① 밸브 스프링의 장력이 약화됨
② 푸시로드에 변형이 일어남
③ 정상 온도에서 밸브가 완전히 닫히지 않음
④ 정상 온도에서 밸브가 완전히 열리지 않음

04 디젤 기관에서 노킹을 방지하기 위한 방법으로 옳지 않은 것은?

① 실린더 벽의 온도를 낮춘다.
② 흡입 공기의 압력을 높인다.
③ 세탄가가 높은 연료를 사용한다.
④ 기관의 압축비를 높인다.

답안 표기란

01	①	②	③	④	⑤
02	①	②	③	④	⑤
03	①	②	③	④	⑤
04	①	②	③	④	⑤
05	①	②	③	④	⑤
06	①	②	③	④	⑤
07	①	②	③	④	⑤
08	①	②	③	④	⑤
09	①	②	③	④	⑤
10	①	②	③	④	⑤
11	①	②	③	④	⑤
12	①	②	③	④	⑤
13	①	②	③	④	⑤
14	①	②	③	④	⑤
15	①	②	③	④	⑤
16	①	②	③	④	⑤
17	①	②	③	④	⑤
18	①	②	③	④	⑤
19	①	②	③	④	⑤
20	①	②	③	④	⑤
21	①	②	③	④	⑤
22	①	②	③	④	⑤
23	①	②	③	④	⑤
24	①	②	③	④	⑤
25	①	②	③	④	⑤
26	①	②	③	④	⑤
27	①	②	③	④	⑤
28	①	②	③	④	⑤
29	①	②	③	④	⑤
30	①	②	③	④	⑤

제3회 실전모의고사

수험번호
수험자명

제한 시간 : 60분

글자 크기 | 화면 배치 | 전체 문제 수 : 60

05 기관의 엔진오일이 연소실 내로 유입되는 원인으로 옳지 않은 것은?

① 실린더 라이너 마멸
② 피스톤링 마멸
③ 피스톤 마멸
④ 배기 밸브의 마멸

06 유압식 밸브 리프터의 특징으로 옳지 않은 것은?

① 밸브의 개폐 시기가 정확하게 조절된다.
② 구조가 다소 복잡하다.
③ 밸브 간극의 조정이 불필요하다.
④ 밸브 기구의 내구성이 떨어진다.

07 다음 중 디젤기관에서 연료가 정상적으로 공급되지 않아 시동이 꺼진 경우 그 원인으로 보기 어려운 것은?

① 프라이밍 펌프 고장
② 연료 파이프 손상
③ 연료 필터 막힘
④ 연료 탱크 내 오물 과다

08 냉각장치의 팬 벨트 장력 점검 시, 벨트를 10kg의 힘으로 눌렀을 때 처짐의 정상 범위로 옳은 것은?

① 7~13mm
② 13~20mm
③ 20~28mm
④ 25~33mm

답안 표기란

01	①	②	③	④	⑤
02	①	②	③	④	⑤
03	①	②	③	④	⑤
04	①	②	③	④	⑤
05	①	②	③	④	⑤
06	①	②	③	④	⑤
07	①	②	③	④	⑤
08	①	②	③	④	⑤
09	①	②	③	④	⑤
10	①	②	③	④	⑤
11	①	②	③	④	⑤
12	①	②	③	④	⑤
13	①	②	③	④	⑤
14	①	②	③	④	⑤
15	①	②	③	④	⑤
16	①	②	③	④	⑤
17	①	②	③	④	⑤
18	①	②	③	④	⑤
19	①	②	③	④	⑤
20	①	②	③	④	⑤
21	①	②	③	④	⑤
22	①	②	③	④	⑤
23	①	②	③	④	⑤
24	①	②	③	④	⑤
25	①	②	③	④	⑤
26	①	②	③	④	⑤
27	①	②	③	④	⑤
28	①	②	③	④	⑤
29	①	②	③	④	⑤
30	①	②	③	④	⑤

제3회 실전모의고사

수험번호
수험자명

제한 시간 : 60분

글자 크기 | 화면 배치 | 전체 문제 수 : 60

09 냉각장치에 사용되는 부동액이 갖추어야 할 조건으로 옳지 않은 것은?

① 침전물이 발생하지 않아야 한다.
② 휘발성이 없어야 한다.
③ 팽창계수가 커야 한다.
④ 비점이 높아야 한다.

10 윤활유 점검 시 윤활유에 연료유가 유입될 경우 윤활유의 색은?

① 붉은색에 가까움
② 흰색에 가까움
③ 청색에 가까움
④ 검정색에 가까움

11 다음 중 윤활유의 여과 방식이 아닌 것은?

① 전류식
② 비산식
③ 샨트식
④ 분류식

12 디젤기관에 과급기를 설치하는 주된 목적은?

① 기관의 마멸 방지
② 기관의 출력 증대
③ 기관의 냉각 효율 증대
④ 기관의 소음 감소

답안 표기란

01	①	②	③	④	⑤
02	①	②	③	④	⑤
03	①	②	③	④	⑤
04	①	②	③	④	⑤
05	①	②	③	④	⑤
06	①	②	③	④	⑤
07	①	②	③	④	⑤
08	①	②	③	④	⑤
09	①	②	③	④	⑤
10	①	②	③	④	⑤
11	①	②	③	④	⑤
12	①	②	③	④	⑤
13	①	②	③	④	⑤
14	①	②	③	④	⑤
15	①	②	③	④	⑤
16	①	②	③	④	⑤
17	①	②	③	④	⑤
18	①	②	③	④	⑤
19	①	②	③	④	⑤
20	①	②	③	④	⑤
21	①	②	③	④	⑤
22	①	②	③	④	⑤
23	①	②	③	④	⑤
24	①	②	③	④	⑤
25	①	②	③	④	⑤
26	①	②	③	④	⑤
27	①	②	③	④	⑤
28	①	②	③	④	⑤
29	①	②	③	④	⑤
30	①	②	③	④	⑤

제3회 실전모의고사

수험번호
수험자명

제한 시간 : 60분

글자 크기	⊕ Ⓜ ⊖	화면 배치		전체 문제 수 : 60

13 납축전지의 전해액이 감소되었을 때 이를 보충하기 위해 넣어야 하는 것은?

① 글리세린
② 묽은 염산
③ 묽은 황산
④ 진한 인산

14 12V 배터리의 셀당 방전 종지 전압은?

① 1.25[V]
② 1.50[V]
③ 1.75[V]
④ 1.85[V]

15 축전지 터미널의 음극단자를 구분하는 방법으로 옳지 않은 것은?

① 두 개의 단자 중 더 작은 단자를 찾는다.
② 적갈색으로 칠해진 단자를 찾는다.
③ N자로 표시된 단자를 찾는다.
④ 회색으로 칠해진 단자를 찾는다.

16 국내에서는 축전지의 완충 시 전해액의 표준 비중을 몇으로 하는가? (단, 20℃ 기준)

① 1.160
② 1.280
③ 1.320
④ 1.470

답안 표기란

01	①	②	③	④	⑤
02	①	②	③	④	⑤
03	①	②	③	④	⑤
04	①	②	③	④	⑤
05	①	②	③	④	⑤
06	①	②	③	④	⑤
07	①	②	③	④	⑤
08	①	②	③	④	⑤
09	①	②	③	④	⑤
10	①	②	③	④	⑤
11	①	②	③	④	⑤
12	①	②	③	④	⑤
13	①	②	③	④	⑤
14	①	②	③	④	⑤
15	①	②	③	④	⑤
16	①	②	③	④	⑤
17	①	②	③	④	⑤
18	①	②	③	④	⑤
19	①	②	③	④	⑤
20	①	②	③	④	⑤
21	①	②	③	④	⑤
22	①	②	③	④	⑤
23	①	②	③	④	⑤
24	①	②	③	④	⑤
25	①	②	③	④	⑤
26	①	②	③	④	⑤
27	①	②	③	④	⑤
28	①	②	③	④	⑤
29	①	②	③	④	⑤
30	①	②	③	④	⑤

제3회 실전모의고사

수험번호
수험자명

제한 시간 : 60분

글자 크기 | 화면 배치 | 전체 문제 수 : 60

17 다음 중 교류발전기의 특징으로 옳지 않은 것은?

① 공회전 시에도 충전이 가능하다.
② 브러시의 수명이 길다.
③ 정류자를 사용해 정류 특성이 좋다.
④ 속도 변화에 따른 적용 범위가 넓다.

18 운전 중 엔진오일 경고등이 점등되었을 때의 원인으로 옳지 않은 것은?

① 윤활 계통이 막혀 있다.
② 드레인 플러그가 열려 있다.
③ 연료 필터가 막혀 있다.
④ 오일 필터가 막혀 있다.

19 공기식 브레이크에서 브레이크 밸브의 구성 부품이 아닌 것은?

① 플런저
② 배출 밸브
③ 릴리프 밸브
④ 압력포트

20 유니버설 조인트 중 변속 조인트의 설치 각도로 가장 옳은 것은?

① 30° 이하
② 15° 이하
③ 10° 이하
④ 3° 이하

답안 표기란

01	①	②	③	④	⑤
02	①	②	③	④	⑤
03	①	②	③	④	⑤
04	①	②	③	④	⑤
05	①	②	③	④	⑤
06	①	②	③	④	⑤
07	①	②	③	④	⑤
08	①	②	③	④	⑤
09	①	②	③	④	⑤
10	①	②	③	④	⑤
11	①	②	③	④	⑤
12	①	②	③	④	⑤
13	①	②	③	④	⑤
14	①	②	③	④	⑤
15	①	②	③	④	⑤
16	①	②	③	④	⑤
17	①	②	③	④	⑤
18	①	②	③	④	⑤
19	①	②	③	④	⑤
20	①	②	③	④	⑤
21	①	②	③	④	⑤
22	①	②	③	④	⑤
23	①	②	③	④	⑤
24	①	②	③	④	⑤
25	①	②	③	④	⑤
26	①	②	③	④	⑤
27	①	②	③	④	⑤
28	①	②	③	④	⑤
29	①	②	③	④	⑤
30	①	②	③	④	⑤

제3회 실전모의고사

수험번호
수험자명

제한 시간 : 60분

글자 크기 | 화면 배치 | 전체 문제 수 : 60

21 앞바퀴를 옆에서 보았을 때 수직선에 대해 조향축이 앞으로 기울여 설치되어 있는 것은?

① 토아웃　　② 캠버
③ 킹핀 경사각　　④ 캐스터

22 진공식 제동배력장치가 고장났을 때 브레이크의 작동으로 옳은 것은?

① 릴레이 밸브 피스톤 컵이 파손되어도 브레이크는 어느 정도 작동된다.
② 진공 밸브가 새면 브레이크가 듣지 않는다.
③ 다이어프램이 파손되면 브레이크가 전혀 듣지 않는다.
④ 릴레이 밸브 피스톤 컵이 파손되면 브레이크는 완전 정지한다.

23 변속기어의 소음 원인으로 가장 거리가 먼 것은?

① 변속기 기어의 마모
② 변속기 오일 부족
③ 조작기구의 치합 불량
④ 기어의 백래시 과소

24 조향 안전축의 종류가 아닌 것은?

① 메시식　　② 볼식
③ 벨로우즈식　　④ 엘리옷식

답안 표기란

01	①	②	③	④	⑤
02	①	②	③	④	⑤
03	①	②	③	④	⑤
04	①	②	③	④	⑤
05	①	②	③	④	⑤
06	①	②	③	④	⑤
07	①	②	③	④	⑤
08	①	②	③	④	⑤
09	①	②	③	④	⑤
10	①	②	③	④	⑤
11	①	②	③	④	⑤
12	①	②	③	④	⑤
13	①	②	③	④	⑤
14	①	②	③	④	⑤
15	①	②	③	④	⑤
16	①	②	③	④	⑤
17	①	②	③	④	⑤
18	①	②	③	④	⑤
19	①	②	③	④	⑤
20	①	②	③	④	⑤
21	①	②	③	④	⑤
22	①	②	③	④	⑤
23	①	②	③	④	⑤
24	①	②	③	④	⑤
25	①	②	③	④	⑤
26	①	②	③	④	⑤
27	①	②	③	④	⑤
28	①	②	③	④	⑤
29	①	②	③	④	⑤
30	①	②	③	④	⑤

제3회 실전모의고사

수험번호
수험자명

제한 시간 : 60분

글자 크기 | 화면 배치 | 전체 문제 수 : 60

25 클러치 스프링을 점검할 때 확인해야 하는 요소가 아닌 것은?

① 장력
② 직각도
③ 회전력
④ 자유도

26 조향 기어가 마모되었을 때 백래시와 핸들 유격에 대한 설명으로 옳은 것은?

① 조향 기어의 마모와 백래시는 관련 없다.
② 핸들 유격이 줄어든다.
③ 백래시가 커진다.
④ 백래시가 줄어든다.

27 무한궤도식에서 상부롤러와 하부롤러의 설치 목적으로 옳은 것은?

	상부롤러	하부롤러
①	트랙의 무게 지지	기동륜 지지
②	트랙 지지	트랙터 무게 지지
③	전부 유동륜 고정	트랙 지지
④	트랙 지지	리코일 스프링 지지

답안 표기란

01	①	②	③	④	⑤
02	①	②	③	④	⑤
03	①	②	③	④	⑤
04	①	②	③	④	⑤
05	①	②	③	④	⑤
06	①	②	③	④	⑤
07	①	②	③	④	⑤
08	①	②	③	④	⑤
09	①	②	③	④	⑤
10	①	②	③	④	⑤
11	①	②	③	④	⑤
12	①	②	③	④	⑤
13	①	②	③	④	⑤
14	①	②	③	④	⑤
15	①	②	③	④	⑤
16	①	②	③	④	⑤
17	①	②	③	④	⑤
18	①	②	③	④	⑤
19	①	②	③	④	⑤
20	①	②	③	④	⑤
21	①	②	③	④	⑤
22	①	②	③	④	⑤
23	①	②	③	④	⑤
24	①	②	③	④	⑤
25	①	②	③	④	⑤
26	①	②	③	④	⑤
27	①	②	③	④	⑤
28	①	②	③	④	⑤
29	①	②	③	④	⑤
30	①	②	③	④	⑤

제3회 실전모의고사

수험번호
수험자명

제한 시간 : 60분

글자 크기	⊕ Ⓜ ⊖	화면 배치		전체 문제 수 : 60

28 상부 선회체의 중심부에 설치되어 회전해도 호스 등이 꼬이지 않고 오일을 하부주행체로 공급해 주는 것은?

① 유니버셜 조인트
② 등속 조인트
③ 트위스트 조인트
④ 센터 조인트

29 분기 회로에 사용되는 밸브로 옳은 것은?

① 카운터 밸런스 밸브
② 리듀싱 밸브
③ 언로더 밸브
④ 체크 밸브

30 유압실린더에서 실린더의 자연 낙하 현상이 발생하는 원인에 해당하지 않는 것은?

① 실린더 내의 피스톤 실이 마모되었을 때
② 실린더 내부가 마모되었을 때
③ 작동압력이 높을 때
④ 릴리프 밸브가 불량할 때

답안 표기란

01	①	②	③	④	⑤
02	①	②	③	④	⑤
03	①	②	③	④	⑤
04	①	②	③	④	⑤
05	①	②	③	④	⑤
06	①	②	③	④	⑤
07	①	②	③	④	⑤
08	①	②	③	④	⑤
09	①	②	③	④	⑤
10	①	②	③	④	⑤
11	①	②	③	④	⑤
12	①	②	③	④	⑤
13	①	②	③	④	⑤
14	①	②	③	④	⑤
15	①	②	③	④	⑤
16	①	②	③	④	⑤
17	①	②	③	④	⑤
18	①	②	③	④	⑤
19	①	②	③	④	⑤
20	①	②	③	④	⑤
21	①	②	③	④	⑤
22	①	②	③	④	⑤
23	①	②	③	④	⑤
24	①	②	③	④	⑤
25	①	②	③	④	⑤
26	①	②	③	④	⑤
27	①	②	③	④	⑤
28	①	②	③	④	⑤
29	①	②	③	④	⑤
30	①	②	③	④	⑤

제3회 실전모의고사

수험번호
수험자명

제한 시간 : 60분

글자 크기 | 화면 배치 | 전체 문제 수 : 60

31 기호 회로도에 사용되는 유압 기호의 연결이 틀린 것은?

① 필터

② 드레인 배출기 

③ 압력계 

④ 유면계 

32 유압기기에 대한 단점으로 틀린 것은?

① 오일의 온도에 따라 기계의 속도가 변한다.
② 공기가 혼입하기 쉽다.
③ 유온의 영향에 따른 정밀한 속도제어가 어렵다.
④ 회로의 구성이 간단하여 누설되는 경우가 있다.

33 유압 펌프의 기능에 대한 설명으로 옳은 것은?

① 기계적 에너지를 유압에너지로 변환한다.
② 회로 전체의 압력을 제어한다.
③ 유압에너지를 회전운동으로 변화시킨다.
④ 오일을 회로 내에 공급하거나 되돌아오는 오일을 저장한다.

34 유압펌프에서 작동유 유출 여부의 점검사항으로 옳지 않은 것은?

① 하우징에 균열이 발견되면 수리를 한다.
② 평소보다 높은 온도에서 난기 운전을 실시한다.
③ 고정 볼트가 풀렸다면 추가 조임을 한다.
④ 운전자가 지속적인 관심을 가지고 점검한다.

답안 표기란

31	①	②	③	④	⑤
32	①	②	③	④	⑤
33	①	②	③	④	⑤
34	①	②	③	④	⑤
35	①	②	③	④	⑤
36	①	②	③	④	⑤
37	①	②	③	④	⑤
38	①	②	③	④	⑤
39	①	②	③	④	⑤
40	①	②	③	④	⑤
41	①	②	③	④	⑤
42	①	②	③	④	⑤
43	①	②	③	④	⑤
44	①	②	③	④	⑤
45	①	②	③	④	⑤
46	①	②	③	④	⑤
47	①	②	③	④	⑤
48	①	②	③	④	⑤
49	①	②	③	④	⑤
50	①	②	③	④	⑤
51	①	②	③	④	⑤
52	①	②	③	④	⑤
53	①	②	③	④	⑤
54	①	②	③	④	⑤
55	①	②	③	④	⑤
56	①	②	③	④	⑤
57	①	②	③	④	⑤
58	①	②	③	④	⑤
59	①	②	③	④	⑤
60	①	②	③	④	⑤

제3회 실전모의고사

수험번호
수험자명

제한 시간 : 60분

글자 크기 | 화면 배치 | 전체 문제 수 : 60

35 유압펌프 중 가장 고압이면서 고효율인 것은?

① 외접형 기어펌프
② 싱글형 베인 펌프
③ 플런저 펌프
④ 내접형 기어펌프

36 회전수가 동일할 때 토출량이 변하는 유압펌프는?

① 정용량형 베인 펌프
② 가변 용량형 피스톤 펌프
③ 외접형 기어 펌프
④ 프로펠러 펌프

37 건설기계에서 고압 호스가 자주 파열이 된다면 그 원인으로 옳은 것은?

① 유압모터가 고속 회전한다.
② 유압펌프가 고속 회전한다.
③ 릴리프 밸브의 설정 압력이 불량하다.
④ 오일의 점도가 저하한다.

38 릴리프 밸브에서 볼(ball)이 밸브의 시트를 때려 소음이 발생하는 현상은?

① 베이퍼록 현상
② 페이드 현상
③ 노킹 현상
④ 채터링 현상

답안 표기란

31	①	②	③	④	⑤
32	①	②	③	④	⑤
33	①	②	③	④	⑤
34	①	②	③	④	⑤
35	①	②	③	④	⑤
36	①	②	③	④	⑤
37	①	②	③	④	⑤
38	①	②	③	④	⑤
39	①	②	③	④	⑤
40	①	②	③	④	⑤
41	①	②	③	④	⑤
42	①	②	③	④	⑤
43	①	②	③	④	⑤
44	①	②	③	④	⑤
45	①	②	③	④	⑤
46	①	②	③	④	⑤
47	①	②	③	④	⑤
48	①	②	③	④	⑤
49	①	②	③	④	⑤
50	①	②	③	④	⑤
51	①	②	③	④	⑤
52	①	②	③	④	⑤
53	①	②	③	④	⑤
54	①	②	③	④	⑤
55	①	②	③	④	⑤
56	①	②	③	④	⑤
57	①	②	③	④	⑤
58	①	②	③	④	⑤
59	①	②	③	④	⑤
60	①	②	③	④	⑤

제3회 실전모의고사

수험번호
수험자명

제한 시간 : 60분

글자 크기 | 화면 배치 | 전체 문제 수 : 60

39 다음 중 정차 및 주차가 금지되어 있지 않은 장소는?

① 횡단보도
② 경사로의 정상부근
③ 교차로
④ 건널목

40 다음 중 특별표지 부착 대상 대형건설기계인 것은?

① 길이가 16m인 경우
② 너비가 2m인 경우
③ 총중량이 45톤인 경우
④ 최소 회전 반경이 10m인 경우

41 운전자가 건설기계의 조종 중 과실로 중대한 사고를 일으킨 경우 피해금액 50만원마다 면허효력정지가 며칠씩 늘어나는가?

① 1일 ② 3일
③ 5일 ④ 15일

42 건설기계조종사가 혈중알콜농도 0.05퍼센트의 상태로 건설기계를 조종한 경우 받게 될 처분은?

① 면허효력정지 15일
② 면허효력정지 30일
③ 면허효력정지 45일
④ 면허효력정지 60일

답안 표기란					
31	①	②	③	④	⑤
32	①	②	③	④	⑤
33	①	②	③	④	⑤
34	①	②	③	④	⑤
35	①	②	③	④	⑤
36	①	②	③	④	⑤
37	①	②	③	④	⑤
38	①	②	③	④	⑤
39	①	②	③	④	⑤
40	①	②	③	④	⑤
41	①	②	③	④	⑤
42	①	②	③	④	⑤
43	①	②	③	④	⑤
44	①	②	③	④	⑤
45	①	②	③	④	⑤
46	①	②	③	④	⑤
47	①	②	③	④	⑤
48	①	②	③	④	⑤
49	①	②	③	④	⑤
50	①	②	③	④	⑤
51	①	②	③	④	⑤
52	①	②	③	④	⑤
53	①	②	③	④	⑤
54	①	②	③	④	⑤
55	①	②	③	④	⑤
56	①	②	③	④	⑤
57	①	②	③	④	⑤
58	①	②	③	④	⑤
59	①	②	③	④	⑤
60	①	②	③	④	⑤

제3회 실전모의고사

수험번호
수험자명

제한 시간 : 60분

글자 크기 | 화면 배치 | 전체 문제 수 : 60

43 건설기계의 정기검사를 받으려는 자는 검사유효기간의 만료일 전후 각각 며칠 이내로 신청서를 시 · 도지사에게 제출해야 하는가?

① 10일　　② 15일
③ 30일　　④ 31일

44 건설기계관리법상 정기적성검사 또는 수시적성검사를 받지 않은 자에 대한 처벌은?

① 50만원 이하의 과태료
② 100만원 이하의 과태료
③ 300만원 이하의 과태료
④ 1년 이하의 징역 또는 1천만원 이하의 벌금

45 다음 중 일시정지해야 하는 장소로 옳은 것은?

① 교통이 빈번한 교차로
② 도로가 구부러진 부근
③ 가파른 비탈길의 내리막
④ 비탈길의 고갯마루 부근

46 다음 중 건설기계소유자가 정기검사를 연장할 수 있는 사유로 옳지 않은 것은?

① 건설기계의 도난
② 건설기계의 사고 발생
③ 건설기계의 수출
④ 건설기계의 압류

답안 표기란

31	①	②	③	④	⑤
32	①	②	③	④	⑤
33	①	②	③	④	⑤
34	①	②	③	④	⑤
35	①	②	③	④	⑤
36	①	②	③	④	⑤
37	①	②	③	④	⑤
38	①	②	③	④	⑤
39	①	②	③	④	⑤
40	①	②	③	④	⑤
41	①	②	③	④	⑤
42	①	②	③	④	⑤
43	①	②	③	④	⑤
44	①	②	③	④	⑤
45	①	②	③	④	⑤
46	①	②	③	④	⑤
47	①	②	③	④	⑤
48	①	②	③	④	⑤
49	①	②	③	④	⑤
50	①	②	③	④	⑤
51	①	②	③	④	⑤
52	①	②	③	④	⑤
53	①	②	③	④	⑤
54	①	②	③	④	⑤
55	①	②	③	④	⑤
56	①	②	③	④	⑤
57	①	②	③	④	⑤
58	①	②	③	④	⑤
59	①	②	③	④	⑤
60	①	②	③	④	⑤

제3회 실전모의고사

수험번호
수험자명

제한 시간 : 60분

글자 크기 | 화면 배치 | 전체 문제 수 : 60

47 도로교통법상 비가 내려 노면이 젖었을 때 최고속도의 감속기준으로 옳은 것은?

① 20%
② 50%
③ 60%
④ 80%

48 안전표지의 종류 중 안내표지에 해당하지 않는 것은?

① 녹십자 표지
② 응급구호 표지
③ 출입금지
④ 비상구

49 용접작업 시 주의사항이 아닌 것은?

① 담금질한 재료는 정으로 쳐야 한다.
② 기름을 깨끗이 닦은 후 사용한다.
③ 정 머리가 벗겨져 있으면 사용하지 않는다.
④ 작업 시 시선은 정 끝을 주시해야 한다.

50 납산배터리의 액체를 취급하는 작업장에서 가장 적절한 작업복은?

① 가죽으로 된 작업복
② 면으로 된 작업복
③ 비닐로 된 작업복
④ 고무로 된 작업복

답안 표기란

31	①	②	③	④	⑤
32	①	②	③	④	⑤
33	①	②	③	④	⑤
34	①	②	③	④	⑤
35	①	②	③	④	⑤
36	①	②	③	④	⑤
37	①	②	③	④	⑤
38	①	②	③	④	⑤
39	①	②	③	④	⑤
40	①	②	③	④	⑤
41	①	②	③	④	⑤
42	①	②	③	④	⑤
43	①	②	③	④	⑤
44	①	②	③	④	⑤
45	①	②	③	④	⑤
46	①	②	③	④	⑤
47	①	②	③	④	⑤
48	①	②	③	④	⑤
49	①	②	③	④	⑤
50	①	②	③	④	⑤
51	①	②	③	④	⑤
52	①	②	③	④	⑤
53	①	②	③	④	⑤
54	①	②	③	④	⑤
55	①	②	③	④	⑤
56	①	②	③	④	⑤
57	①	②	③	④	⑤
58	①	②	③	④	⑤
59	①	②	③	④	⑤
60	①	②	③	④	⑤

제3회 실전모의고사

수험번호
수험자명

제한 시간 : 60분

글자 크기 | 화면 배치 | 전체 문제 수 : 60

51 아파트 단지의 땅속을 굴착하고자 할 때, 도시가스배관이 묻혀있는지 확인하기 위해 가장 먼저 해야 할 일은?

① 굴삭기로 2m 간격으로 땅속을 굴착하면서 건설기계운전자가 직접 확인한다.
② 인력을 이용해 1m 간격으로 땅속을 파면서 건설기계운전자가 직접 확인한다.
③ 해당 구청 토목과에 문의하여 확인한다.
④ 해당 도시가스 회사에 문의하여 확인한다.

52 인력으로 운반작업을 할 때 유의사항으로 옳은 것은?

① LPG 봄베는 굴려서 운반한다.
② 긴 물건은 뒤쪽을 위로 올린다.
③ 공동운반 시 앞에 선 사람에게 물체의 중심이 쏠려야 한다.
④ 무리하지 않는 선에서 운반작업을 한다.

53 굴삭기 건설기계운전자가 전선로 주변에서 작업을 할 때 주의사항과 거리가 먼 것은?

① 바람에 흔들리는 정도를 파악해 전선 이격 거리를 감소하여 작업해야 한다.
② 디퍼를 고압선으로부터 10m 이상 떨어져서 작업한다.
③ 작업 시 붐이 전선에 근접되지 않도록 주의해야 한다.
④ 철탑 부근에서 작업 시 한국전력에서 철탑에 대한 안전 여부 검토 후 작업을 해야 한다.

답안 표기란

31	①	②	③	④	⑤
32	①	②	③	④	⑤
33	①	②	③	④	⑤
34	①	②	③	④	⑤
35	①	②	③	④	⑤
36	①	②	③	④	⑤
37	①	②	③	④	⑤
38	①	②	③	④	⑤
39	①	②	③	④	⑤
40	①	②	③	④	⑤
41	①	②	③	④	⑤
42	①	②	③	④	⑤
43	①	②	③	④	⑤
44	①	②	③	④	⑤
45	①	②	③	④	⑤
46	①	②	③	④	⑤
47	①	②	③	④	⑤
48	①	②	③	④	⑤
49	①	②	③	④	⑤
50	①	②	③	④	⑤
51	①	②	③	④	⑤
52	①	②	③	④	⑤
53	①	②	③	④	⑤
54	①	②	③	④	⑤
55	①	②	③	④	⑤
56	①	②	③	④	⑤
57	①	②	③	④	⑤
58	①	②	③	④	⑤
59	①	②	③	④	⑤
60	①	②	③	④	⑤

제3회 실전모의고사

수험번호
수험자명

제한 시간 : 60분

글자 크기 | 화면 배치 | 전체 문제 수 : 60

54 안전 보건표지의 종류와 형태에서 그림의 안전표지판이 뜻하는 것은?

① 보안경 착용 ② 방진마스크 착용
③ 안전모 착용 ④ 안전복 착용

55 지하구조물이 설치된 지역에 도시가스가 공급되는 곳에서 굴삭기를 이용하여 굴착공사 중 지면에서 0.3m 깊이에서 물체가 발견되었다. 이때 예측할 수 있는 것은?

① 가스 차단장치 ② 도시가스 보호포
③ 도시가스 입상관 ④ 도시가스 보호관

56 산업현장에서 작업자를 보호하고 기계의 손실을 방지하기 위한 장치는?

① 안전장치 ② 안전보호구
③ 격리형 방호장치 ④ 안전표지

57 한전에서 고압 이상의 전선로에 대하여 안전거리를 규정하고 있다. 154kV의 송전선로에 대한 안전거리는 얼마인가?

① 100m 이상 ② 120m 이상
③ 160m 이상 ④ 200m 이상

답안 표기란

31	①	②	③	④	⑤
32	①	②	③	④	⑤
33	①	②	③	④	⑤
34	①	②	③	④	⑤
35	①	②	③	④	⑤
36	①	②	③	④	⑤
37	①	②	③	④	⑤
38	①	②	③	④	⑤
39	①	②	③	④	⑤
40	①	②	③	④	⑤
41	①	②	③	④	⑤
42	①	②	③	④	⑤
43	①	②	③	④	⑤
44	①	②	③	④	⑤
45	①	②	③	④	⑤
46	①	②	③	④	⑤
47	①	②	③	④	⑤
48	①	②	③	④	⑤
49	①	②	③	④	⑤
50	①	②	③	④	⑤
51	①	②	③	④	⑤
52	①	②	③	④	⑤
53	①	②	③	④	⑤
54	①	②	③	④	⑤
55	①	②	③	④	⑤
56	①	②	③	④	⑤
57	①	②	③	④	⑤
58	①	②	③	④	⑤
59	①	②	③	④	⑤
60	①	②	③	④	⑤

제3회 실전모의고사

수험번호
수험자명

제한 시간 : 60분

글자 크기 | 화면 배치 | 전체 문제 수 : 60

58 **굴착공사 현장위치와 매설배관 위치를 공동으로 표시하기로 결정한 경우 굴착공사자와 도시가스사업자가 준수해야 할 사항으로 옳지 않은 것은?**

① 굴착공사자는 황색 페인트로 표시 여부를 확인해야 한다.
② 굴착공사자는 굴착공사 예정지역의 위치를 흰색 페인트로 표시해야 한다.
③ 도시가스사업자는 굴착예정지역의 매설배관 위치를 굴착공사자에게 알려주어야 한다.
④ 대규모굴착공사로 인해 매설배관 위치를 페인트로 표시하는 것이 곤란한 경우 표시 말뚝 · 깃발 등을 사용하여 표시할 수 있다.

59 **굴착장비를 이용하여 도로 굴착작업 중 '고압선 위험' 표지 시트가 발견되었을 때, 이는 무엇을 의미하는가?**

① 표지 시트 좌측에 전력케이블이 묻혀 있다.
② 표지 시트 우측에 전력케이블이 묻혀 있다.
③ 표지 시트 직하에 전력케이블이 묻혀 있다.
④ 표지 시트와 직각 방향에 전력케이블이 묻혀 있다.

60 **도로 굴착자가 가스배관 매설위치를 확인 시 인력굴착을 실시하여야 하는 범위는?**

① 가스배관의 좌우 0.5m
② 가스배관의 좌우 0.8m
③ 가스배관의 좌우 1m
④ 가스배관의 보호판이 육안으로 확인되었을 때

답안 표기란

31	①	②	③	④	⑤
32	①	②	③	④	⑤
33	①	②	③	④	⑤
34	①	②	③	④	⑤
35	①	②	③	④	⑤
36	①	②	③	④	⑤
37	①	②	③	④	⑤
38	①	②	③	④	⑤
39	①	②	③	④	⑤
40	①	②	③	④	⑤
41	①	②	③	④	⑤
42	①	②	③	④	⑤
43	①	②	③	④	⑤
44	①	②	③	④	⑤
45	①	②	③	④	⑤
46	①	②	③	④	⑤
47	①	②	③	④	⑤
48	①	②	③	④	⑤
49	①	②	③	④	⑤
50	①	②	③	④	⑤
51	①	②	③	④	⑤
52	①	②	③	④	⑤
53	①	②	③	④	⑤
54	①	②	③	④	⑤
55	①	②	③	④	⑤
56	①	②	③	④	⑤
57	①	②	③	④	⑤
58	①	②	③	④	⑤
59	①	②	③	④	⑤
60	①	②	③	④	⑤

제4회 실전모의고사

수험번호
수험자명

제한 시간 : 60분

글자 크기 | 화면 배치 | 전체 문제 수 : 60

01 기관에서 피스톤의 행정이란 무엇을 말하는가?

① 피스톤의 외경
② 피스톤의 상사점과 하사점 간의 거리
③ 실린더의 길이
④ 실린더의 내경

02 기관에서 크랭크축의 역할은?

① 기관의 회전운동을 직선운동으로 변환한다.
② 기관의 직선운동을 원운동으로 변환한다.
③ 기관의 원운동을 왕복운동으로 변환한다.
④ 기관의 왕복운동을 회전운동으로 변환한다.

03 실린더가 마멸되었을 경우 나타날 수 있는 현상으로 가장 적절한 것은?

① 플라이휠의 파손
② 연료 공급 펌프 작동 불량
③ 압축 압력 저하
④ 열효율 증대

04 작업 중 기관의 온도가 급상승할 경우 가장 먼저 점검할 사항은?

① 냉각수의 양 점검
② 배터리 전해액 양 점검
③ 흡·배기 밸브 개폐 시기 점검
④ 윤활유의 점도 점검

답안 표기란

01	①	②	③	④	⑤
02	①	②	③	④	⑤
03	①	②	③	④	⑤
04	①	②	③	④	⑤
05	①	②	③	④	⑤
06	①	②	③	④	⑤
07	①	②	③	④	⑤
08	①	②	③	④	⑤
09	①	②	③	④	⑤
10	①	②	③	④	⑤
11	①	②	③	④	⑤
12	①	②	③	④	⑤
13	①	②	③	④	⑤
14	①	②	③	④	⑤
15	①	②	③	④	⑤
16	①	②	③	④	⑤
17	①	②	③	④	⑤
18	①	②	③	④	⑤
19	①	②	③	④	⑤
20	①	②	③	④	⑤
21	①	②	③	④	⑤
22	①	②	③	④	⑤
23	①	②	③	④	⑤
24	①	②	③	④	⑤
25	①	②	③	④	⑤
26	①	②	③	④	⑤
27	①	②	③	④	⑤
28	①	②	③	④	⑤
29	①	②	③	④	⑤
30	①	②	③	④	⑤

제4회 실전모의고사

수험번호
수험자명

제한 시간 : 60분

글자 크기 | 화면 배치 | 전체 문제 수 : 60

05 다음 중 기관 예열 플러그의 오염 원인으로 가장 적절한 것은?

① 엔진 과열
② 냉각수 과다
③ 플러그 용량 과다
④ 불완전연소

06 다음 중 엔진의 피스톤이 고착되는 원인으로 보기 어려운 것은?

① 엔진오일의 부족
② 압축 압력 과다
③ 냉각수 공급 부족
④ 엔진 과열

07 디젤엔진의 시동이 잘 되지 않거나 시동 후에 출력이 약한 경우의 원인으로 가장 적절한 것은?

① 플라이휠이 마멸되었을 경우
② 연료분사펌프에 고장이 있을 경우
③ 실린더 벽이 마멸되었을 경우
④ 냉각수 펌프가 고장 난 경우

08 라디에이터 캡의 스프링이 파손될 경우 가장 먼저 나타나는 증상은?

① 냉각수의 순환이 불량해진다.
② 냉각수가 누수된다.
③ 냉각수의 비등점이 낮아진다.
④ 냉각수의 온도가 낮아진다.

답안 표기란

01	①	②	③	④	⑤
02	①	②	③	④	⑤
03	①	②	③	④	⑤
04	①	②	③	④	⑤
05	①	②	③	④	⑤
06	①	②	③	④	⑤
07	①	②	③	④	⑤
08	①	②	③	④	⑤
09	①	②	③	④	⑤
10	①	②	③	④	⑤
11	①	②	③	④	⑤
12	①	②	③	④	⑤
13	①	②	③	④	⑤
14	①	②	③	④	⑤
15	①	②	③	④	⑤
16	①	②	③	④	⑤
17	①	②	③	④	⑤
18	①	②	③	④	⑤
19	①	②	③	④	⑤
20	①	②	③	④	⑤
21	①	②	③	④	⑤
22	①	②	③	④	⑤
23	①	②	③	④	⑤
24	①	②	③	④	⑤
25	①	②	③	④	⑤
26	①	②	③	④	⑤
27	①	②	③	④	⑤
28	①	②	③	④	⑤
29	①	②	③	④	⑤
30	①	②	③	④	⑤

제4회 실전모의고사

수험번호
수험자명

제한 시간 : 60분

글자 크기 | 화면 배치 | 전체 문제 수 : 60

09 기관의 냉각장치에 관한 설명으로 옳지 않은 것은?

① 전동팬은 냉각수의 온도가 일정 온도가 되면 작동한다.
② 유체 커플링식 냉각팬은 냉각수의 온도에 따라 작동된다.
③ 전동팬의 작동과 무관하게 물 펌프는 항상 작동한다.
④ 전동팬이 작동되지 않을 때는 물 펌프도 작동하지 않는다.

10 다음 중 오일 압력이 높은 경우의 원인으로 볼 수 없는 것은?

① 윤활유의 점도 과대
② 윤활유 필터 막힘
③ 릴리프 밸브가 열린 채로 고착
④ 윤활유 밸브의 간극 과소

11 다음 중 엔진의 윤활유 소비량이 과다해지는 원인으로 가장 적절한 것은?

① 피스톤링의 마멸
② 오일 여과지 필터 막힘
③ 기관의 과랭
④ 냉각펌프의 손상

12 엔진에 공기청정기를 설치하는 이유는?

① 공기의 여과 및 엔진의 소음 방지
② 엔진 흡입 공기의 가압
③ 연료유의 여과 및 가압
④ 냉각수의 여과 및 압력 조절

답안 표기란

01	①	②	③	④	⑤
02	①	②	③	④	⑤
03	①	②	③	④	⑤
04	①	②	③	④	⑤
05	①	②	③	④	⑤
06	①	②	③	④	⑤
07	①	②	③	④	⑤
08	①	②	③	④	⑤
09	①	②	③	④	⑤
10	①	②	③	④	⑤
11	①	②	③	④	⑤
12	①	②	③	④	⑤
13	①	②	③	④	⑤
14	①	②	③	④	⑤
15	①	②	③	④	⑤
16	①	②	③	④	⑤
17	①	②	③	④	⑤
18	①	②	③	④	⑤
19	①	②	③	④	⑤
20	①	②	③	④	⑤
21	①	②	③	④	⑤
22	①	②	③	④	⑤
23	①	②	③	④	⑤
24	①	②	③	④	⑤
25	①	②	③	④	⑤
26	①	②	③	④	⑤
27	①	②	③	④	⑤
28	①	②	③	④	⑤
29	①	②	③	④	⑤
30	①	②	③	④	⑤

제4회 실전모의고사

수험번호
수험자명

제한 시간 : 60분

글자 크기	⊕ Ⓜ ⊖	화면 배치		전체 문제 수 : 60

13 전류가 10A, 저항이 5Ω일 때 전압은 얼마인가?

① 15[V]
② 30[V]
③ 50[V]
④ 150[V]

14 다음 중 저항의 병렬 연결에 대한 설명으로 옳은 것은?

① 여러 개의 저항을 나누어 연결하는 방법으로 전체 저항은 증가한다.
② 여러 개의 저항을 나누어 연결하는 방법으로 전체 저항은 감소한다.
③ 여러 개의 저항을 한 줄로 연결하는 방법으로 전체 저항은 증가한다.
④ 여러 개의 저항을 한 줄로 연결하는 방법으로 전체 저항은 감소한다.

15 배터리 용량의 50%를 보통 1시간 이내로 충전을 완료하는 방법은?

① 정전류 충전
② 급속 충전
③ 정전압 충전
④ 단기 충전

답안 표기란

01	①	②	③	④	⑤
02	①	②	③	④	⑤
03	①	②	③	④	⑤
04	①	②	③	④	⑤
05	①	②	③	④	⑤
06	①	②	③	④	⑤
07	①	②	③	④	⑤
08	①	②	③	④	⑤
09	①	②	③	④	⑤
10	①	②	③	④	⑤
11	①	②	③	④	⑤
12	①	②	③	④	⑤
13	①	②	③	④	⑤
14	①	②	③	④	⑤
15	①	②	③	④	⑤
16	①	②	③	④	⑤
17	①	②	③	④	⑤
18	①	②	③	④	⑤
19	①	②	③	④	⑤
20	①	②	③	④	⑤
21	①	②	③	④	⑤
22	①	②	③	④	⑤
23	①	②	③	④	⑤
24	①	②	③	④	⑤
25	①	②	③	④	⑤
26	①	②	③	④	⑤
27	①	②	③	④	⑤
28	①	②	③	④	⑤
29	①	②	③	④	⑤
30	①	②	③	④	⑤

제4회 실전모의고사

수험번호
수험자명

제한 시간 : 60분

글자 크기 화면 배치 전체 문제 수 : 60

16 기동전동기를 동력 전달 방식에 따라 구분한 것으로 옳지 않은 것은?

① 벤딕스식
② 전기자 섭동식
③ 직권식
④ 피니언 섭동식

17 다음 중 발전기의 원리와 관련이 있는 것은?

① 플레밍의 오른손법칙
② 패러데이의 전자유도법칙
③ 앙페르의 오른손법칙
④ 렌츠의 법칙

18 건설기계 운전 중 다음 그림과 같은 등이 점등될 경우 그 원인으로 옳은 것은?

− +

① 충전 계통이 정상적으로 작동하고 있다.
② 축전지의 충전이 진행되고 있다.
③ 축전지의 충전이 정상적으로 완료되었다.
④ 축전지의 충전이 제대로 이루어지지 않고 있다.

답안 표기란

01	①	②	③	④	⑤
02	①	②	③	④	⑤
03	①	②	③	④	⑤
04	①	②	③	④	⑤
05	①	②	③	④	⑤
06	①	②	③	④	⑤
07	①	②	③	④	⑤
08	①	②	③	④	⑤
09	①	②	③	④	⑤
10	①	②	③	④	⑤
11	①	②	③	④	⑤
12	①	②	③	④	⑤
13	①	②	③	④	⑤
14	①	②	③	④	⑤
15	①	②	③	④	⑤
16	①	②	③	④	⑤
17	①	②	③	④	⑤
18	①	②	③	④	⑤
19	①	②	③	④	⑤
20	①	②	③	④	⑤
21	①	②	③	④	⑤
22	①	②	③	④	⑤
23	①	②	③	④	⑤
24	①	②	③	④	⑤
25	①	②	③	④	⑤
26	①	②	③	④	⑤
27	①	②	③	④	⑤
28	①	②	③	④	⑤
29	①	②	③	④	⑤
30	①	②	③	④	⑤

제4회 실전모의고사

수험번호
수험자명

제한 시간 : 60분

글자 크기 | 화면 배치 | 전체 문제 수 : 60

19 클러치 용량은 기관 회전력의 몇 배가 되어야 하는가?

① 8배 이상
② 3.5~4.5배
③ 2~3배
④ 1.5~2.5배

20 페이드 현상이 일어났을 때 올바른 운전 방법은?

① 풋 브레이크를 짧게 여러 번 작동시킨다.
② 엔진을 정지하고 열을 식힌다.
③ 긴 내리막길에서 엔진 브레이크를 사용한다.
④ 타이어의 공기압을 점검한다.

21 마찰열로 브레이크 오일이 비등하여 송유 압력의 전달 작용이 불가능한 현상은?

① 페이드
② 수막
③ 베이퍼록
④ 스탠딩웨이브

22 공기 브레이크에서 탱크 내에 일정 압력이 되면 공기를 대기로 방출시키는 안전 역할을 하는 것은?

① 브레이크 밸브
② 공기 압축탱크
③ 부스터
④ 피스톤 핀

답안 표기란

01	①	②	③	④	⑤
02	①	②	③	④	⑤
03	①	②	③	④	⑤
04	①	②	③	④	⑤
05	①	②	③	④	⑤
06	①	②	③	④	⑤
07	①	②	③	④	⑤
08	①	②	③	④	⑤
09	①	②	③	④	⑤
10	①	②	③	④	⑤
11	①	②	③	④	⑤
12	①	②	③	④	⑤
13	①	②	③	④	⑤
14	①	②	③	④	⑤
15	①	②	③	④	⑤
16	①	②	③	④	⑤
17	①	②	③	④	⑤
18	①	②	③	④	⑤
19	①	②	③	④	⑤
20	①	②	③	④	⑤
21	①	②	③	④	⑤
22	①	②	③	④	⑤
23	①	②	③	④	⑤
24	①	②	③	④	⑤
25	①	②	③	④	⑤
26	①	②	③	④	⑤
27	①	②	③	④	⑤
28	①	②	③	④	⑤
29	①	②	③	④	⑤
30	①	②	③	④	⑤

제4회 실전모의고사

수험번호
수험자명

제한 시간 : 60분

글자 크기 | 화면 배치 | 전체 문제 수 : 60

23 토크 컨버터의 터빈과 장비 부하와의 관계로 옳은 것은?

① 장비에 부하가 걸리면 터빈 속도는 빨라진다.
② 장비의 부하와 터빈은 관계가 없다.
③ 장비에 부하가 걸리면 터빈 속도는 느려진다.
④ 장비에 부하가 걸리면 터빈은 작동하지 않는다.

24 십자축 자재이음이 추진축의 앞 · 뒤에 설치된 원인으로 가장 적절한 것은?

① 엔진의 진동 방지
② 추진축의 길이 변화의 유동성
③ 회전 속도의 변화 상쇄
④ 추진축의 굽음 방지

25 조향장치의 구비 조건으로 가장 거리가 먼 것은?

① 조향 작용 시에 차체에 무리한 힘이 작용되지 않아야 한다.
② 고속 주행 시에도 핸들이 안정되어야 한다.
③ 조작 및 취급이 용이하여야 한다.
④ 수명이 짧으면서 다루기 쉬워야 한다.

26 휠구동식 건설기계의 수동변속기 중 클러치판 댐퍼 스프링이 하는 역할로 옳은 것은?

① 클러치 접속 시 회전 충격 흡수
② 클러치 브레이크 역할
③ 클러치판에 압력 제공
④ 클러치 분리를 용이하게 함

답안 표기란

01	①	②	③	④	⑤
02	①	②	③	④	⑤
03	①	②	③	④	⑤
04	①	②	③	④	⑤
05	①	②	③	④	⑤
06	①	②	③	④	⑤
07	①	②	③	④	⑤
08	①	②	③	④	⑤
09	①	②	③	④	⑤
10	①	②	③	④	⑤
11	①	②	③	④	⑤
12	①	②	③	④	⑤
13	①	②	③	④	⑤
14	①	②	③	④	⑤
15	①	②	③	④	⑤
16	①	②	③	④	⑤
17	①	②	③	④	⑤
18	①	②	③	④	⑤
19	①	②	③	④	⑤
20	①	②	③	④	⑤
21	①	②	③	④	⑤
22	①	②	③	④	⑤
23	①	②	③	④	⑤
24	①	②	③	④	⑤
25	①	②	③	④	⑤
26	①	②	③	④	⑤
27	①	②	③	④	⑤
28	①	②	③	④	⑤
29	①	②	③	④	⑤
30	①	②	③	④	⑤

제4회 실전모의고사

수험번호
수험자명

제한 시간 : 60분

글자 크기 | 화면 배치 | 전체 문제 수 : 60

27 굴삭기를 주행할 때 주의해야 할 사항이 아닌 것은?

① 버킷, 암, 붐 실린더는 오므리고 하부주행체 프레임에 올려둔다.
② 가능한 평탄지면으로 주행하고 엔진은 중속범위로 설정하는 것이 적합하다.
③ 상부 회전체를 선회로크장치로 고정시킨다.
④ 암반 및 부정지 등에서는 트랙을 느슨하게 조정한 다음 고속으로 주행한다.

28 무한궤도식 굴삭기에서 콘크리트관을 매설한 후 그 관 위를 주행하는 방법은?

① 콘크리트관 매설 시 10일 이내에 주행하면 안 된다.
② 콘크리트관 위로 토사를 쌓아 관이 파손되지 않게 한 후 서행한다.
③ 버킷을 지면에 댄 후 주행한다.
④ 매설된 콘크리트관이 파손되면 새로 교체하면 되므로 특별히 주의하지 않는다.

29 유압회로에서 입구 압력을 감압해 유압실린더 출구 설정 압력 유압으로 유지하는 것은?

① 카운터 밸런스 밸브　② 시퀀스 밸브
③ 언로드 밸브　④ 리듀싱 밸브

30 회로 내에서 유체의 방향을 조절하는 데 사용되는 밸브는?

① 압력 제어 밸브　② 유압 액추에이터
③ 방향 제어 밸브　④ 유량 제어 밸브

답안 표기란

01	①	②	③	④	⑤
02	①	②	③	④	⑤
03	①	②	③	④	⑤
04	①	②	③	④	⑤
05	①	②	③	④	⑤
06	①	②	③	④	⑤
07	①	②	③	④	⑤
08	①	②	③	④	⑤
09	①	②	③	④	⑤
10	①	②	③	④	⑤
11	①	②	③	④	⑤
12	①	②	③	④	⑤
13	①	②	③	④	⑤
14	①	②	③	④	⑤
15	①	②	③	④	⑤
16	①	②	③	④	⑤
17	①	②	③	④	⑤
18	①	②	③	④	⑤
19	①	②	③	④	⑤
20	①	②	③	④	⑤
21	①	②	③	④	⑤
22	①	②	③	④	⑤
23	①	②	③	④	⑤
24	①	②	③	④	⑤
25	①	②	③	④	⑤
26	①	②	③	④	⑤
27	①	②	③	④	⑤
28	①	②	③	④	⑤
29	①	②	③	④	⑤
30	①	②	③	④	⑤

제4회 실전모의고사

수험번호
수험자명

제한 시간 : 60분

글자 크기 | 화면 배치 | 전체 문제 수 : 60

31 유압장치의 기호 회로도에서 체크 밸브를 나타내는 기호는?

① 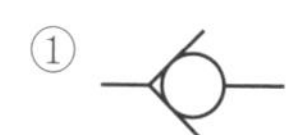

② 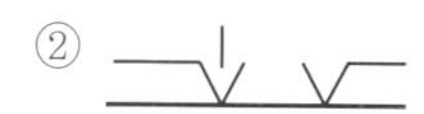

③ 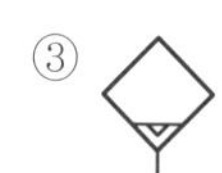

④ 

32 다음 그림이 나타내는 유압기호에 해당하는 밸브는?

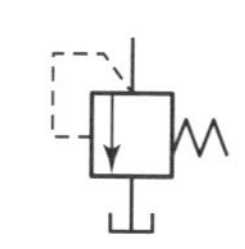

① 릴리프 밸브
② 시퀀스 밸브
③ 리듀싱 밸브
④ 스톱 밸브

33 유압실린더에 숨돌리기 현상이 발생할 때 일어나는 현상이 아닌 것은?

① 서지압 발생
② 오일 공급의 과대
③ 피스톤의 불안정한 작동
④ 작동지연 현상

답안 표기란

31	①	②	③	④	⑤
32	①	②	③	④	⑤
33	①	②	③	④	⑤
34	①	②	③	④	⑤
35	①	②	③	④	⑤
36	①	②	③	④	⑤
37	①	②	③	④	⑤
38	①	②	③	④	⑤
39	①	②	③	④	⑤
40	①	②	③	④	⑤
41	①	②	③	④	⑤
42	①	②	③	④	⑤
43	①	②	③	④	⑤
44	①	②	③	④	⑤
45	①	②	③	④	⑤
46	①	②	③	④	⑤
47	①	②	③	④	⑤
48	①	②	③	④	⑤
49	①	②	③	④	⑤
50	①	②	③	④	⑤
51	①	②	③	④	⑤
52	①	②	③	④	⑤
53	①	②	③	④	⑤
54	①	②	③	④	⑤
55	①	②	③	④	⑤
56	①	②	③	④	⑤
57	①	②	③	④	⑤
58	①	②	③	④	⑤
59	①	②	③	④	⑤
60	①	②	③	④	⑤

제4회 실전모의고사

수험번호
수험자명

제한 시간 : 60분

글자 크기 | 화면 배치 | 전체 문제 수 : 60

34 유압 실린더는 유압 펌프에서 공급되는 유압을 어떤 운동으로 변환시키는가?

① 회전 운동
② 비틀림 운동
③ 직선 왕복 운동
④ 곡선 운동

35 오일탱크 내에 있는 오일을 전부 배출시키는 역할을 하는 것은?

① 배플
② 드레인 플러그
③ 리턴 라인
④ 주입구 캡

36 오일 탱크에 수분이 혼입되었을 때의 영향으로 틀린 것은?

① 에어레이션 현상 발생
② 작동유의 열화 촉진
③ 캐비테이션 현상 발생
④ 유압 기기의 마모 촉진

37 어큐뮬레이터의 용도로 틀린 것은?

① 유량을 분배 및 제어한다.
② 유압 에너지를 저장한다.
③ 일정 압력을 유지한다.
④ 압력을 점진적으로 증대시킨다.

답안 표기란

31	①	②	③	④	⑤
32	①	②	③	④	⑤
33	①	②	③	④	⑤
34	①	②	③	④	⑤
35	①	②	③	④	⑤
36	①	②	③	④	⑤
37	①	②	③	④	⑤
38	①	②	③	④	⑤
39	①	②	③	④	⑤
40	①	②	③	④	⑤
41	①	②	③	④	⑤
42	①	②	③	④	⑤
43	①	②	③	④	⑤
44	①	②	③	④	⑤
45	①	②	③	④	⑤
46	①	②	③	④	⑤
47	①	②	③	④	⑤
48	①	②	③	④	⑤
49	①	②	③	④	⑤
50	①	②	③	④	⑤
51	①	②	③	④	⑤
52	①	②	③	④	⑤
53	①	②	③	④	⑤
54	①	②	③	④	⑤
55	①	②	③	④	⑤
56	①	②	③	④	⑤
57	①	②	③	④	⑤
58	①	②	③	④	⑤
59	①	②	③	④	⑤
60	①	②	③	④	⑤

제4회 실전모의고사

수험번호
수험자명

제한 시간 : 60분

글자 크기 | 화면 배치 | 전체 문제 수 : 60

38 유압기기 장치에 사용되며 가장 큰 압력에 견딜 수 있는 유압 호스는?

① 직물 브레이드
② 와이어 레스 고무 브레이드
③ 나선 와이어 브레이드
④ 단일 와이어 브레이드

39 다음 중 건설기계관리법상 처벌 기준이 다른 하나는?

① 건설기계의 등록번호를 지워 없앤 경우
② 건설기계를 도로에 버려둔 자
③ 건설기계조종면허를 거짓으로 받은 자
④ 정기적성검사를 받지 않은 자

40 모든 차의 운전자가 서행해야 하는 장소가 아닌 것은?

① 편도 3차로 이상의 다리 위
② 도로가 구부러진 부근
③ 가파른 비탈길의 내리막
④ 비탈길의 고갯마루 부근

41 건설기계관리법상 건설기계의 등록을 말소하는 경우로 옳지 않은 것은?

① 건설기계를 도난당한 경우
② 건설기계의 차대(車臺)가 등록 시의 차대와 다른 경우
③ 건설기계를 판매하는 경우
④ 최고(催告)를 받고 지정된 기한까지 정기검사를 받지 않은 경우

답안 표기란

31	①	②	③	④	⑤
32	①	②	③	④	⑤
33	①	②	③	④	⑤
34	①	②	③	④	⑤
35	①	②	③	④	⑤
36	①	②	③	④	⑤
37	①	②	③	④	⑤
38	①	②	③	④	⑤
39	①	②	③	④	⑤
40	①	②	③	④	⑤
41	①	②	③	④	⑤
42	①	②	③	④	⑤
43	①	②	③	④	⑤
44	①	②	③	④	⑤
45	①	②	③	④	⑤
46	①	②	③	④	⑤
47	①	②	③	④	⑤
48	①	②	③	④	⑤
49	①	②	③	④	⑤
50	①	②	③	④	⑤
51	①	②	③	④	⑤
52	①	②	③	④	⑤
53	①	②	③	④	⑤
54	①	②	③	④	⑤
55	①	②	③	④	⑤
56	①	②	③	④	⑤
57	①	②	③	④	⑤
58	①	②	③	④	⑤
59	①	②	③	④	⑤
60	①	②	③	④	⑤

제4회 실전모의고사

수험번호
수험자명

제한 시간 : 60분

글자 크기 | 화면 배치 | 전체 문제 수 : 60

42 건설기계의 주요 구조를 변경하거나 개조한 경우 실시하는 검사는?

① 신규 등록검사
② 구조변경검사
③ 수시검사
④ 정기검사

43 건설기계가 최고(催告)를 받고 지정된 기한까지 정기검사를 받지 않는 경우 누구의 직권으로 등록을 말소할 수 있는가?

① 대통령
② 국토교통부장관
③ 시 · 도지사
④ 경찰공무원

44 도로교통법상 도로에 해당하지 않는 것은?

① 유로도로법에 의한 유료도로
② 도로법에 의한 도로
③ 해양 항로법에 의한 항로
④ 농어촌도로 정비법에 따른 농어촌도로

45 다음 중 통행의 우선순위에 대한 설명으로 옳지 않은 것은?

① 긴급자동차의 경우 가장 먼저 우선 통행된다.
② 긴급자동차 외의 자동차 간의 통행 우선 순위는 차선에 따른다.
③ 비탈진 좁은 도로의 경우 내려가는 차가 우선 통행된다.
④ 좁은 도로에서 화물적재차량이나 승객이 탑승한 차가 우선 통행된다.

답안 표기란

31	①	②	③	④	⑤
32	①	②	③	④	⑤
33	①	②	③	④	⑤
34	①	②	③	④	⑤
35	①	②	③	④	⑤
36	①	②	③	④	⑤
37	①	②	③	④	⑤
38	①	②	③	④	⑤
39	①	②	③	④	⑤
40	①	②	③	④	⑤
41	①	②	③	④	⑤
42	①	②	③	④	⑤
43	①	②	③	④	⑤
44	①	②	③	④	⑤
45	①	②	③	④	⑤
46	①	②	③	④	⑤
47	①	②	③	④	⑤
48	①	②	③	④	⑤
49	①	②	③	④	⑤
50	①	②	③	④	⑤
51	①	②	③	④	⑤
52	①	②	③	④	⑤
53	①	②	③	④	⑤
54	①	②	③	④	⑤
55	①	②	③	④	⑤
56	①	②	③	④	⑤
57	①	②	③	④	⑤
58	①	②	③	④	⑤
59	①	②	③	④	⑤
60	①	②	③	④	⑤

제4회 실전모의고사

수험번호
수험자명

제한 시간 : 60분

글자 크기 | 화면 배치 | 전체 문제 수 : 60

46 교통정리가 안 되어 있는 교차로에서 동시에 들어가려고 하는 차의 운전자들이 취해야 할 자세는?

① 좌측도로의 차에게 진로를 양보한다.
② 우측도로의 차에게 진로를 양보한다.
③ 뒤에 차가 대기하고 있는 도로의 차에게 진로를 양보한다.
④ 차량의 크기가 작은 차에게 진로를 양보한다.

47 다음 중 건설기계등록번호표에 대한 설명으로 옳은 것은?

① 영업용 등록번호표는 녹색 판에 흰색 문자로 한다.
② 관용 등록번호표의 등록번호는 9001~9999까지 사용할 수 있다.
③ 대통령의 등록번호표 봉인자 지정을 받은 자에게 등록번호표의 제작, 부착 등을 받아야 한다.
④ 건설기계 등록이 말소된 경우 등록번호표를 7일 이내에 시 · 도지사에게 반납해야 한다.

48 다음 중 보호안경을 끼지 않고 작업해도 되는 경우는?

① 산소용접 작업 시
② 그라인더 작업 시
③ 클러치 부착 작업 시
④ 건설기계 장비 일상점검 작업 시

답안 표기란

31	①	②	③	④	⑤
32	①	②	③	④	⑤
33	①	②	③	④	⑤
34	①	②	③	④	⑤
35	①	②	③	④	⑤
36	①	②	③	④	⑤
37	①	②	③	④	⑤
38	①	②	③	④	⑤
39	①	②	③	④	⑤
40	①	②	③	④	⑤
41	①	②	③	④	⑤
42	①	②	③	④	⑤
43	①	②	③	④	⑤
44	①	②	③	④	⑤
45	①	②	③	④	⑤
46	①	②	③	④	⑤
47	①	②	③	④	⑤
48	①	②	③	④	⑤
49	①	②	③	④	⑤
50	①	②	③	④	⑤
51	①	②	③	④	⑤
52	①	②	③	④	⑤
53	①	②	③	④	⑤
54	①	②	③	④	⑤
55	①	②	③	④	⑤
56	①	②	③	④	⑤
57	①	②	③	④	⑤
58	①	②	③	④	⑤
59	①	②	③	④	⑤
60	①	②	③	④	⑤

제4회 실전모의고사

수험번호
수험자명

제한 시간 : 60분

글자 크기 | 화면 배치 | 전체 문제 수 : 60

49 다음 중 렌치 및 스패너 작업 시 안전수칙으로 옳지 않은 것은?

① 렌치는 미끄러지지 않도록 입의 물림면을 조인 후 사용한다.
② 렌치는 끌어당기지 말고 미는 상태로 작업한다.
③ 너트에 스패너를 끼워서 앞으로 잡아당길 때 힘이 걸리게 한다.
④ 큰 힘을 얻기 위해 렌치에 파이프 등을 끼워 길이를 연장하거나 다른 공구로 두드리지 않는다.

50 작업상의 안전수칙에 대한 내용으로 옳은 것은?

① 작업 종료 후 브레이크를 걸어둔다.
② 주행 시 작업 장치는 진행방향으로 한다.
③ 유압계통 점검 시 작동유가 식은 다음에 점검한다.
④ 엔진 냉각계통의 점검 시에는 엔진을 정지시키고 냉각수가 식은 다음에 점검한다.

51 작업복장에 대한 주의사항으로 옳은 것은?

① 땀이 흘러 사고가 발생할 수 있으므로 작은 수건은 목에 걸고 작업한다.
② 옷에 쇳가루가 묻었을 경우 손으로 털어낸다.
③ 상의의 옷자락이 밖으로 나오지 않도록 한다.
④ 기름이 묻은 작업복은 수건으로 닦고 입는다.

답안 표기란

31	①	②	③	④	⑤
32	①	②	③	④	⑤
33	①	②	③	④	⑤
34	①	②	③	④	⑤
35	①	②	③	④	⑤
36	①	②	③	④	⑤
37	①	②	③	④	⑤
38	①	②	③	④	⑤
39	①	②	③	④	⑤
40	①	②	③	④	⑤
41	①	②	③	④	⑤
42	①	②	③	④	⑤
43	①	②	③	④	⑤
44	①	②	③	④	⑤
45	①	②	③	④	⑤
46	①	②	③	④	⑤
47	①	②	③	④	⑤
48	①	②	③	④	⑤
49	①	②	③	④	⑤
50	①	②	③	④	⑤
51	①	②	③	④	⑤
52	①	②	③	④	⑤
53	①	②	③	④	⑤
54	①	②	③	④	⑤
55	①	②	③	④	⑤
56	①	②	③	④	⑤
57	①	②	③	④	⑤
58	①	②	③	④	⑤
59	①	②	③	④	⑤
60	①	②	③	④	⑤

제4회 실전모의고사

수험번호
수험자명

제한 시간 : 60분

글자 크기 화면 배치 전체 문제 수 : 60

52 가스공급 압력이 중압 이상의 배관 상부에는 보호판을 사용하고 있다. 이 보호판에 대한 설명으로 옳지 않은 것은?

① 보호판에는 도시가스라고 표기되어 있으며 화살표가 표시되어 있다.
② 두께가 4mm 이상의 철판으로 방식 코팅되어 있다.
③ 배관 직상부 30cm 상단에 매설되어 있다.
④ 장비에 의한 배관 손상을 방지하기 위해 설치한다.

53 다음 안전보건표지가 의미하는 것은?

① 녹십자 표시
② 응급구호 표지
③ 위험장소 경고
④ 출입금지

54 운반작업 시 안전수칙이 아닌 것은?

① 어깨보다 높이 들어올리지 않는다.
② 긴 물건을 쌓을 때에는 끝을 표시한다.
③ 약하고 가벼운 것을 위에, 무거운 것을 밑에 쌓는다.
④ 중량물 운반 시 사람을 승차시켜 화물을 붙잡도록 한다.

답안 표기란

31	①	②	③	④	⑤
32	①	②	③	④	⑤
33	①	②	③	④	⑤
34	①	②	③	④	⑤
35	①	②	③	④	⑤
36	①	②	③	④	⑤
37	①	②	③	④	⑤
38	①	②	③	④	⑤
39	①	②	③	④	⑤
40	①	②	③	④	⑤
41	①	②	③	④	⑤
42	①	②	③	④	⑤
43	①	②	③	④	⑤
44	①	②	③	④	⑤
45	①	②	③	④	⑤
46	①	②	③	④	⑤
47	①	②	③	④	⑤
48	①	②	③	④	⑤
49	①	②	③	④	⑤
50	①	②	③	④	⑤
51	①	②	③	④	⑤
52	①	②	③	④	⑤
53	①	②	③	④	⑤
54	①	②	③	④	⑤
55	①	②	③	④	⑤
56	①	②	③	④	⑤
57	①	②	③	④	⑤
58	①	②	③	④	⑤
59	①	②	③	④	⑤
60	①	②	③	④	⑤

제4회 실전모의고사

수험번호
수험자명

제한 시간 : 60분

글자 크기 | 화면 배치 | 전체 문제 수 : 60

55 파일 항타기를 이용한 파일 작업 중 지하에 매설된 전력케이블 외피가 손상되었을 때, 작업자가 취해야 할 행동은?

① 손상된 외피가 밖으로 드러나지 않도록 묻는다.
② 손상된 외피에 천을 감아 조치를 취한다.
③ 인근 한전 사업소에 연락하여 조치하도록 한다.
④ 그대로 둔다.

56 다음 중 액화천연가스에 대한 설명으로 옳은 것은?

① 주성분은 프로판이다.
② 액체상태일 때 피부에 닿으면 동사의 우려가 있다.
③ 누출 시 공기보다 무거워 바닥에 체류하기 쉽다.
④ 가연성이 있으므로 공기와 혼합했을 때 폭발할 수 있다.

57 안전보건표지 중 지시표지의 바탕색은?

① 노란색
② 흰색
③ 녹색
④ 파란색

58 도시가스 매설배관 표지판의 설치기준으로 옳지 않은 것은?

① 설치간격은 500m마다 1개 이상이다.
② 표지판의 크기는 가로 200mm, 세로 150mm 이상이다.
③ 공동주택 부지 내의 도로에 라인마크와 함께 설치한다.
④ 황색 바탕에 검정색 글씨로 도시가스 배관임을 알린다.

답안 표기란

31	①	②	③	④	⑤
32	①	②	③	④	⑤
33	①	②	③	④	⑤
34	①	②	③	④	⑤
35	①	②	③	④	⑤
36	①	②	③	④	⑤
37	①	②	③	④	⑤
38	①	②	③	④	⑤
39	①	②	③	④	⑤
40	①	②	③	④	⑤
41	①	②	③	④	⑤
42	①	②	③	④	⑤
43	①	②	③	④	⑤
44	①	②	③	④	⑤
45	①	②	③	④	⑤
46	①	②	③	④	⑤
47	①	②	③	④	⑤
48	①	②	③	④	⑤
49	①	②	③	④	⑤
50	①	②	③	④	⑤
51	①	②	③	④	⑤
52	①	②	③	④	⑤
53	①	②	③	④	⑤
54	①	②	③	④	⑤
55	①	②	③	④	⑤
56	①	②	③	④	⑤
57	①	②	③	④	⑤
58	①	②	③	④	⑤
59	①	②	③	④	⑤
60	①	②	③	④	⑤

제4회 실전모의고사

수험번호
수험자명

제한 시간 : 60분

글자 크기	⊕ Ⓜ ⊖	화면 배치		전체 문제 수 : 60

59 최고 사용압력이 저압인 도시가스 매설배관의 경우, 보호포의 설치 위치는?

① 보호판의 상부로부터 60cm 이상인 곳
② 배관 정상부로부터 60cm 이상인 곳
③ 지면으로부터 10cm 이상인 곳
④ 배관의 최하부로부터 30cm 이상인 곳

60 공구별 위험 요인 및 발생 원인으로 옳지 않은 것은?

① 스패너 : 부적당한 치수의 펜치 사용
② 렌치 : 조이는 부분의 이의 마모
③ 끌 : 끝이 지나치게 짧음
④ 렌치 : 끌어당기는 상태로 작업

답안 표기란

31	①	②	③	④	⑤
32	①	②	③	④	⑤
33	①	②	③	④	⑤
34	①	②	③	④	⑤
35	①	②	③	④	⑤
36	①	②	③	④	⑤
37	①	②	③	④	⑤
38	①	②	③	④	⑤
39	①	②	③	④	⑤
40	①	②	③	④	⑤
41	①	②	③	④	⑤
42	①	②	③	④	⑤
43	①	②	③	④	⑤
44	①	②	③	④	⑤
45	①	②	③	④	⑤
46	①	②	③	④	⑤
47	①	②	③	④	⑤
48	①	②	③	④	⑤
49	①	②	③	④	⑤
50	①	②	③	④	⑤
51	①	②	③	④	⑤
52	①	②	③	④	⑤
53	①	②	③	④	⑤
54	①	②	③	④	⑤
55	①	②	③	④	⑤
56	①	②	③	④	⑤
57	①	②	③	④	⑤
58	①	②	③	④	⑤
59	①	②	③	④	⑤
60	①	②	③	④	⑤

제5회 실전모의고사

수험번호
수험자명

제한 시간 : 60분

글자 크기		화면 배치		전체 문제 수 : 60

01 기관에서 엔진오일이 연소실로 유입되는 원인으로 볼 수 없는 것은?

① 커넥팅 로드의 마멸
② 피스톤링의 마멸
③ 피스톤의 마멸
④ 실린더 라이너의 마멸

02 실린더 벽이 과도하게 마멸되었을 때 나타날 수 있는 현상은?

① 실린더의 압축압력 증가
② 엔진오일 소모량 증가
③ 엔진 온도 저하
④ 연소실로의 냉각수 유입

03 다음 중 피스톤의 간극이 클 때 나타나는 현상이 아닌 것은?

① 오일이 연소실로 유입된다.
② 피스톤의 소결 현상이 발생한다.
③ 연료유의 소비가 증대된다.
④ 블로 바이 현상으로 압축압력이 저하된다.

04 다음 중 디젤기관의 압축압력이 규정치보다 저하되는 원인으로 가장 적절한 것은?

① 실린더 라이너의 마멸
② 냉각수 부족
③ 점화 시기 지연
④ 엔진 오일량 과다

답안 표기란

01	①	②	③	④	⑤
02	①	②	③	④	⑤
03	①	②	③	④	⑤
04	①	②	③	④	⑤
05	①	②	③	④	⑤
06	①	②	③	④	⑤
07	①	②	③	④	⑤
08	①	②	③	④	⑤
09	①	②	③	④	⑤
10	①	②	③	④	⑤
11	①	②	③	④	⑤
12	①	②	③	④	⑤
13	①	②	③	④	⑤
14	①	②	③	④	⑤
15	①	②	③	④	⑤
16	①	②	③	④	⑤
17	①	②	③	④	⑤
18	①	②	③	④	⑤
19	①	②	③	④	⑤
20	①	②	③	④	⑤
21	①	②	③	④	⑤
22	①	②	③	④	⑤
23	①	②	③	④	⑤
24	①	②	③	④	⑤
25	①	②	③	④	⑤
26	①	②	③	④	⑤
27	①	②	③	④	⑤
28	①	②	③	④	⑤
29	①	②	③	④	⑤
30	①	②	③	④	⑤

제5회 실전모의고사

수험번호
수험자명

제한 시간 : 60분

글자 크기 | 화면 배치 | 전체 문제 수 : 60

05 기관에서 윤활유가 연소실로 유입되는 것을 막고, 연소실의 연소 가스가 연소실 밖으로 유출되는 것을 막아주는 부품은?

① 플라이휠 ② 피스톤링
③ 배기밸브 ④ 피스톤핀

06 다음 중 가압식 라디에이터의 장점으로 옳지 않은 것은?

① 냉각수의 비등점을 높일 수 있다.
② 냉각수의 손실이 적다.
③ 방열기를 작게 할 수 있다.
④ 냉각수의 순환 속도가 빠르다.

07 다음 중 연료 분사의 요소가 아닌 것은?

① 무화 ② 관통
③ 발화 ④ 분포

08 다음 중 연료장치를 구성하는 부품이 아닌 것은?

① 연료 필터 ② 오버플로우 밸브
③ 공급 펌프 ④ 정온기

09 디젤엔진의 연료계통에 설치된 오버플로우 밸브의 역할이 아닌 것은?

① 연료공급펌프의 소음 발생을 방지한다.
② 연료 계통의 공기를 배출한다.
③ 연료 필터의 엘레멘트를 보호한다.
④ 인젝터의 연료 분사 시기 제어

답안 표기란

01	①	②	③	④	⑤
02	①	②	③	④	⑤
03	①	②	③	④	⑤
04	①	②	③	④	⑤
05	①	②	③	④	⑤
06	①	②	③	④	⑤
07	①	②	③	④	⑤
08	①	②	③	④	⑤
09	①	②	③	④	⑤
10	①	②	③	④	⑤
11	①	②	③	④	⑤
12	①	②	③	④	⑤
13	①	②	③	④	⑤
14	①	②	③	④	⑤
15	①	②	③	④	⑤
16	①	②	③	④	⑤
17	①	②	③	④	⑤
18	①	②	③	④	⑤
19	①	②	③	④	⑤
20	①	②	③	④	⑤
21	①	②	③	④	⑤
22	①	②	③	④	⑤
23	①	②	③	④	⑤
24	①	②	③	④	⑤
25	①	②	③	④	⑤
26	①	②	③	④	⑤
27	①	②	③	④	⑤
28	①	②	③	④	⑤
29	①	②	③	④	⑤
30	①	②	③	④	⑤

제5회 실전모의고사

수험번호
수험자명

제한 시간 : 60분

글자 크기 | 화면 배치 | 전체 문제 수 : 60

답안 표기란

01	①	②	③	④	⑤
02	①	②	③	④	⑤
03	①	②	③	④	⑤
04	①	②	③	④	⑤
05	①	②	③	④	⑤
06	①	②	③	④	⑤
07	①	②	③	④	⑤
08	①	②	③	④	⑤
09	①	②	③	④	⑤
10	①	②	③	④	⑤
11	①	②	③	④	⑤
12	①	②	③	④	⑤
13	①	②	③	④	⑤
14	①	②	③	④	⑤
15	①	②	③	④	⑤
16	①	②	③	④	⑤
17	①	②	③	④	⑤
18	①	②	③	④	⑤
19	①	②	③	④	⑤
20	①	②	③	④	⑤
21	①	②	③	④	⑤
22	①	②	③	④	⑤
23	①	②	③	④	⑤
24	①	②	③	④	⑤
25	①	②	③	④	⑤
26	①	②	③	④	⑤
27	①	②	③	④	⑤
28	①	②	③	④	⑤
29	①	②	③	④	⑤
30	①	②	③	④	⑤

10 다음 중 엔진오일의 구비 조건으로 옳지 않은 것은?

① 비중은 낮고 점도는 높을 것
② 인화점과 발화점이 높을 것
③ 기포 및 카본 발생에 대한 저항력이 클 것
④ 응고점이 높을 것

11 기관의 오일 레벨 게이지에 대한 설명으로 옳지 않은 것은?

① 윤활유의 레벨을 점검할 때 사용한다.
② 윤활유의 점도도 확인할 수 있다.
③ 기관의 오일 팬에 있는 오일을 점검한다.
④ 기관을 가동시킨 상태에서 점검한다.

12 다음 중 기관의 출력을 저하시키는 원인으로 보기 어려운 것은?

① 연료 분사량의 감소
② 실린더 내 압축압력의 저하
③ 노킹의 발생
④ 기관 오일의 교환

13 기동 전동기의 전압이 25[V]이고 전력이 1[kW]일 경우 전류는 얼마인가?

① 25[A]　　② 40[A]
③ 125[A]　　④ 400[A]

제5회 실전모의고사

수험번호
수험자명

제한 시간 : 60분

글자 크기 | 화면 배치 | 전체 문제 수 : 60

14 납축전지를 미사용 상태로 장기간 보관할 경우 보충 충전을 해 주어야 하는 적정 주기는?

① 7일
② 10일
③ 15일
④ 30일

15 축전지 충전 방법 중 가장 일반적으로 사용되는 방법은?

① 정전압 충전
② 정전류 충전
③ 단별전류 충전
④ 급속 충전

16 축전지 터미널에 부식이 발생할 경우 나타나는 현상이 아닌 것은?

① 시동 스위치가 손상된다.
② 전압이 강하한다.
③ 기동전동기의 회전력이 저하된다.
④ 엔진의 크랭킹이 잘 되지 않는다.

17 전기 회로에 과도한 전류가 흐를 경우 이를 자동적으로 차단해 주는 장치는?

① 퓨즈
② 스위치
③ 다이오드
④ 트랜지스터

답안 표기란

01	①	②	③	④	⑤
02	①	②	③	④	⑤
03	①	②	③	④	⑤
04	①	②	③	④	⑤
05	①	②	③	④	⑤
06	①	②	③	④	⑤
07	①	②	③	④	⑤
08	①	②	③	④	⑤
09	①	②	③	④	⑤
10	①	②	③	④	⑤
11	①	②	③	④	⑤
12	①	②	③	④	⑤
13	①	②	③	④	⑤
14	①	②	③	④	⑤
15	①	②	③	④	⑤
16	①	②	③	④	⑤
17	①	②	③	④	⑤
18	①	②	③	④	⑤
19	①	②	③	④	⑤
20	①	②	③	④	⑤
21	①	②	③	④	⑤
22	①	②	③	④	⑤
23	①	②	③	④	⑤
24	①	②	③	④	⑤
25	①	②	③	④	⑤
26	①	②	③	④	⑤
27	①	②	③	④	⑤
28	①	②	③	④	⑤
29	①	②	③	④	⑤
30	①	②	③	④	⑤

제5회 실전모의고사

수험번호
수험자명

제한 시간 : 60분

글자 크기 | 화면 배치 | 전체 문제 수 : 60

18 전조등의 좌 · 우 램프 간 회로의 연결 방식으로 옳은 것은?

① 직렬로 연결된다.
② 직렬 또는 병렬로 연결된다.
③ 직 · 병렬로 연결된다.
④ 병렬로 연결된다.

19 유압식 브레이크의 부품 구조가 아닌 것은?

① 마스터 실린더
② 휠 실린더
③ 브레이크 파이프 라인
④ 센터링크

20 토크 컨버터에서 터빈의 속도와 회전력의 관계로 옳은 것은?

① 터빈 속도가 올라가면 회전력은 감소한다.
② 터빈 속도가 올라가면 회전력은 증가한다.
③ 터빈 속도의 제곱은 회전력과 비례한다.
④ 터빈 속도와 회전력은 관련이 없다.

21 독립차축 방식 조향기구의 구성 부품으로 옳지 않은 것은?

① 타이로드
② 아이들러 암
③ 드래그 링크
④ 센터 링크

답안 표기란

01	①	②	③	④	⑤
02	①	②	③	④	⑤
03	①	②	③	④	⑤
04	①	②	③	④	⑤
05	①	②	③	④	⑤
06	①	②	③	④	⑤
07	①	②	③	④	⑤
08	①	②	③	④	⑤
09	①	②	③	④	⑤
10	①	②	③	④	⑤
11	①	②	③	④	⑤
12	①	②	③	④	⑤
13	①	②	③	④	⑤
14	①	②	③	④	⑤
15	①	②	③	④	⑤
16	①	②	③	④	⑤
17	①	②	③	④	⑤
18	①	②	③	④	⑤
19	①	②	③	④	⑤
20	①	②	③	④	⑤
21	①	②	③	④	⑤
22	①	②	③	④	⑤
23	①	②	③	④	⑤
24	①	②	③	④	⑤
25	①	②	③	④	⑤
26	①	②	③	④	⑤
27	①	②	③	④	⑤
28	①	②	③	④	⑤
29	①	②	③	④	⑤
30	①	②	③	④	⑤

제5회 실전모의고사

수험번호
수험자명

제한 시간 : 60분

글자 크기 화면 배치 전체 문제 수 : 60

22 변속기에서 추진축의 회전 시 진동 방지를 위해 설치하는 것은?

① 허브
② 밸런스웨이트
③ 싱크로나이저 스프링
④ 시프트 밸브

23 스테이터의 주요 기능으로 옳은 것은?

① 오일 흐름 방향을 펌프의 회전 방향과 같게 한다.
② 클러치 미끄럼을 방지하여 동력을 원활하게 전달한다.
③ 클러치의 끌리는 소음을 최소화한다.
④ 펌프의 방향와 터빈의 방향이 서로 반대로 회전하게 한다.

24 페이드 현상에 대한 설명으로 틀린 것은?

① 마찰열이 축적되어 라이닝의 마찰계수가 급격히 저하된다.
② 제동력이 감소되고 브레이크가 잘 듣지 않는다.
③ 마찰열로 인해 휠 실린더의 오일이 기화된다.
④ 브레이크 라이닝과 드럼의 온도가 상승한다.

25 디스크식 브레이크에 대한 설명으로 틀린 것은?

① 페이드 현상 발생률이 적다.
② 강도 높은 패드 재질을 필요로 한다.
③ 자기배력작용이 있어 작은 조작력으로도 충분하다.
④ 패드의 마찰 면적이 작다.

답안 표기란

01	①	②	③	④	⑤
02	①	②	③	④	⑤
03	①	②	③	④	⑤
04	①	②	③	④	⑤
05	①	②	③	④	⑤
06	①	②	③	④	⑤
07	①	②	③	④	⑤
08	①	②	③	④	⑤
09	①	②	③	④	⑤
10	①	②	③	④	⑤
11	①	②	③	④	⑤
12	①	②	③	④	⑤
13	①	②	③	④	⑤
14	①	②	③	④	⑤
15	①	②	③	④	⑤
16	①	②	③	④	⑤
17	①	②	③	④	⑤
18	①	②	③	④	⑤
19	①	②	③	④	⑤
20	①	②	③	④	⑤
21	①	②	③	④	⑤
22	①	②	③	④	⑤
23	①	②	③	④	⑤
24	①	②	③	④	⑤
25	①	②	③	④	⑤
26	①	②	③	④	⑤
27	①	②	③	④	⑤
28	①	②	③	④	⑤
29	①	②	③	④	⑤
30	①	②	③	④	⑤

제5회 실전모의고사

수험번호
수험자명

제한 시간 : 60분

글자 크기 | 화면 배치 | 전체 문제 수 : 60

26 타이로드의 길이로 조정이 가능한 것은?

① 휠의 방향 ② 토인 교정
③ 핸들의 방향 ④ 기어의 정지

27 운전 시 작업자가 안전을 위해 준수해야 하는 사항으로 틀린 것은?

① 시동된 장비에서 잠시 내릴 때 변속기 선택레버는 주행으로 둔다.
② 엔진을 가동시킨 상태로 장비에서 내리지 않는다.
③ 작업 중 운전자 한 사람만 승차하도록 한다.
④ 건물 내부에서 장비를 가동할 때는 적절한 환기조치를 한다.

28 토사 굴토 작업, 도랑 파기 작업, 토사 상차 작업 등에 적합한 작업장치는?

① 쇠스랑(scarifier) ② 리퍼(ripper)
③ 버킷(bucket) ④ 블레이드(blade)

29 유압회로에서 오일의 역류를 방지하며 회로 내의 잔류압력을 유지하는 것은?

① 스풀 밸브 ② 체크 밸브
③ 감속 밸브 ④ 셔틀 밸브

30 유압펌프의 흡입관에 설치되어 불순물을 제거하는 여과장치는?

① 어큐뮬레이터 ② 스트레이너
③ 부스터 ④ 유압 쿨러

답안 표기란

01	①	②	③	④	⑤
02	①	②	③	④	⑤
03	①	②	③	④	⑤
04	①	②	③	④	⑤
05	①	②	③	④	⑤
06	①	②	③	④	⑤
07	①	②	③	④	⑤
08	①	②	③	④	⑤
09	①	②	③	④	⑤
10	①	②	③	④	⑤
11	①	②	③	④	⑤
12	①	②	③	④	⑤
13	①	②	③	④	⑤
14	①	②	③	④	⑤
15	①	②	③	④	⑤
16	①	②	③	④	⑤
17	①	②	③	④	⑤
18	①	②	③	④	⑤
19	①	②	③	④	⑤
20	①	②	③	④	⑤
21	①	②	③	④	⑤
22	①	②	③	④	⑤
23	①	②	③	④	⑤
24	①	②	③	④	⑤
25	①	②	③	④	⑤
26	①	②	③	④	⑤
27	①	②	③	④	⑤
28	①	②	③	④	⑤
29	①	②	③	④	⑤
30	①	②	③	④	⑤

제5회 실전모의고사

수험번호
수험자명

제한 시간 : 60분

글자 크기 | 화면 배치 | 전체 문제 수 : 60

31 유압작동유가 갖추어야 할 조건으로 틀린 것은?

① 체적탄성계수가 작을 것
② 압력에 대해 비압축성일 것
③ 강인한 유막을 형성할 것
④ 열팽창계수가 작을 것

32 유압오일의 온도가 상승하였다. 이때 나타나는 결과로 틀린 것은?

① 펌프 효율의 저하
② 밸브류의 기능 저하
③ 점도의 저하
④ 오일 누설의 저하

33 유압유가 과열되는 원인으로 거리가 가장 먼 것은?

① 유압유량이 규정량보다 많다.
② 유압유가 부족하다.
③ 릴리프 밸브가 닫힌 상태에서 고장이 났다.
④ 오일냉각기의 냉각핀이 오손되었다.

34 작동유에 수분이 혼입되면 일어나는 현상으로 옳지 않은 것은?

① 유압기기의 마모 촉진
② 작동유의 열화
③ 공동 현상
④ 오일탱크의 오버플로

답안 표기란

31	①	②	③	④	⑤
32	①	②	③	④	⑤
33	①	②	③	④	⑤
34	①	②	③	④	⑤
35	①	②	③	④	⑤
36	①	②	③	④	⑤
37	①	②	③	④	⑤
38	①	②	③	④	⑤
39	①	②	③	④	⑤
40	①	②	③	④	⑤
41	①	②	③	④	⑤
42	①	②	③	④	⑤
43	①	②	③	④	⑤
44	①	②	③	④	⑤
45	①	②	③	④	⑤
46	①	②	③	④	⑤
47	①	②	③	④	⑤
48	①	②	③	④	⑤
49	①	②	③	④	⑤
50	①	②	③	④	⑤
51	①	②	③	④	⑤
52	①	②	③	④	⑤
53	①	②	③	④	⑤
54	①	②	③	④	⑤
55	①	②	③	④	⑤
56	①	②	③	④	⑤
57	①	②	③	④	⑤
58	①	②	③	④	⑤
59	①	②	③	④	⑤
60	①	②	③	④	⑤

제5회 실전모의고사

수험번호
수험자명

제한 시간 : 60분

글자 크기 | 화면 배치 | 전체 문제 수 : 60

35 **플러싱 후 처리방법으로 옳지 않은 것은?**

① 잔류 플러싱 오일은 반드시 제거한다.
② 라인필터 엘리먼트를 교환한다.
③ 24시간 경과 후 작동유를 보충하는 것이 좋다.
④ 플러싱 후 작동유 탱크 내부를 청소한다.

36 **유압장치의 일상 점검사항이 아닌 것은?**

① 오일의 양 확인
② 탱크 내부 점검
③ 오일의 누유 여부
④ 변질상태 확인

37 **유압장치의 취급에 대한 설명으로 틀린 것은?**

① 가동 중 이상 소음이 발생하면 장치 내 공기를 혼입한다.
② 워밍업 후 작업하는 것이 좋다.
③ 날씨가 추운 경우 충분한 준비 운전 후에 작업한다.
④ 오일량이 부족하지 않은지 점검 · 보충한다.

38 **오일의 압력이 낮아지는 원인으로 가장 관련이 있는 것은?**

① 오일 개스킷이 파손되었을 때
② 릴리프 밸브가 고장났을 때
③ 오일의 점도가 낮아졌을 때
④ 오일의 점도가 높아졌을 때

답안 표기란

31	①	②	③	④	⑤
32	①	②	③	④	⑤
33	①	②	③	④	⑤
34	①	②	③	④	⑤
35	①	②	③	④	⑤
36	①	②	③	④	⑤
37	①	②	③	④	⑤
38	①	②	③	④	⑤
39	①	②	③	④	⑤
40	①	②	③	④	⑤
41	①	②	③	④	⑤
42	①	②	③	④	⑤
43	①	②	③	④	⑤
44	①	②	③	④	⑤
45	①	②	③	④	⑤
46	①	②	③	④	⑤
47	①	②	③	④	⑤
48	①	②	③	④	⑤
49	①	②	③	④	⑤
50	①	②	③	④	⑤
51	①	②	③	④	⑤
52	①	②	③	④	⑤
53	①	②	③	④	⑤
54	①	②	③	④	⑤
55	①	②	③	④	⑤
56	①	②	③	④	⑤
57	①	②	③	④	⑤
58	①	②	③	④	⑤
59	①	②	③	④	⑤
60	①	②	③	④	⑤

제5회 실전모의고사

수험번호
수험자명

제한 시간 : 60분

글자 크기 | 화면 배치 | 전체 문제 수 : 60

39 도로교통의 안전을 위하여 각종 제한 · 금지 등을 도로사용자에게 알리는 표지는?

① 주의표지
② 규제표지
③ 보조표지
④ 노면표시

40 폐기요청을 받은 건설기계를 폐기하지 않거나 등록번호표를 폐기하지 않은 자에 대한 벌칙은?

① 2년 이하의 징역 또는 2천만원 이하의 벌금
② 1년 이하의 징역 또는 1천만원 이하의 벌금
③ 300만원 이하의 벌금
④ 100만원 이하의 벌금

41 건설기계의 구조변경 및 범위에 해당되지 않는 것은?

① 원동기의 형식 변경
② 조종장치의 형식 변경
③ 건설기계의 길이 · 높이 변경
④ 육상작업용 건설기계 적재함의 용량 증가를 위한 구조변경

42 신호등이 없는 철길건널목의 통과방법으로 옳은 것은?

① 운전자는 철길건널목 앞에서 일시정지하여 안전한지 확인 후 통과한다.
② 운전자는 철길건널목을 빠른 속도로 통과한다.
③ 운전자는 철길건널목 부근에서 서행하며 통과한다.
④ 운전자는 철길건널목 앞에서 평소 주행 속도로 통과한다.

답안 표기란

31	①	②	③	④	⑤
32	①	②	③	④	⑤
33	①	②	③	④	⑤
34	①	②	③	④	⑤
35	①	②	③	④	⑤
36	①	②	③	④	⑤
37	①	②	③	④	⑤
38	①	②	③	④	⑤
39	①	②	③	④	⑤
40	①	②	③	④	⑤
41	①	②	③	④	⑤
42	①	②	③	④	⑤
43	①	②	③	④	⑤
44	①	②	③	④	⑤
45	①	②	③	④	⑤
46	①	②	③	④	⑤
47	①	②	③	④	⑤
48	①	②	③	④	⑤
49	①	②	③	④	⑤
50	①	②	③	④	⑤
51	①	②	③	④	⑤
52	①	②	③	④	⑤
53	①	②	③	④	⑤
54	①	②	③	④	⑤
55	①	②	③	④	⑤
56	①	②	③	④	⑤
57	①	②	③	④	⑤
58	①	②	③	④	⑤
59	①	②	③	④	⑤
60	①	②	③	④	⑤

제5회 실전모의고사

수험번호
수험자명

제한 시간 : 60분

글자 크기 | 화면 배치 | 전체 문제 수 : 60

43 다음 중 특별표지를 부착하지 않아도 되는 대형건설기계는?

① 최소 회전 반경이 10m인 건설기계
② 높이가 5m인 건설기계
③ 길이가 17m인 건설기계
④ 너비가 4m인 건설기계

44 술에 취한 상태의 기준은 혈중알코올농도가 최소 몇 % 이상인 경우인가?

① 0.01
② 0.03
③ 0.05
④ 0.08

45 다음 중 최고속도의 50%를 줄인 속도로 운행하는 경우가 아닌 것은?

① 비가 내려 노면이 젖은 상태
② 눈이 20mm 쌓인 상태
③ 안개로 인해 가시거리가 50m인 상태
④ 폭설로 인해 노면이 얼어붙은 상태

답안 표기란

31	①	②	③	④	⑤
32	①	②	③	④	⑤
33	①	②	③	④	⑤
34	①	②	③	④	⑤
35	①	②	③	④	⑤
36	①	②	③	④	⑤
37	①	②	③	④	⑤
38	①	②	③	④	⑤
39	①	②	③	④	⑤
40	①	②	③	④	⑤
41	①	②	③	④	⑤
42	①	②	③	④	⑤
43	①	②	③	④	⑤
44	①	②	③	④	⑤
45	①	②	③	④	⑤
46	①	②	③	④	⑤
47	①	②	③	④	⑤
48	①	②	③	④	⑤
49	①	②	③	④	⑤
50	①	②	③	④	⑤
51	①	②	③	④	⑤
52	①	②	③	④	⑤
53	①	②	③	④	⑤
54	①	②	③	④	⑤
55	①	②	③	④	⑤
56	①	②	③	④	⑤
57	①	②	③	④	⑤
58	①	②	③	④	⑤
59	①	②	③	④	⑤
60	①	②	③	④	⑤

제5회 실전모의고사

수험번호
수험자명

제한 시간 : 60분

글자 크기 | 화면 배치 | 전체 문제 수 : 60

46 교통정리가 없는 교차로에서의 양보운전방법으로 옳지 않은 것은?

① 교차로에서 좌회전하려고 하는 차의 운전자는 그 교차로에서 직진하려는 다른 차가 있을 때 그 차에 진로를 양보해야 한다.

② 이미 교차로에 들어가 있는 차의 운전자는 교차로에 들어오려고 하는 다른 차가 있을 때에 그 차에 진로를 양보해야 한다.

③ 교차로에 동시에 들어가려고 하는 차의 운전자는 우측도로의 차에 진로를 양보해야 한다.

④ 교차로에 들어가려고 하는 차의 운전자는 그 차가 통행하고 있는 도로의 폭보다 교차하는 도로의 폭이 넓은 경우에는 서행해야 하며, 폭이 넓은 도로로부터 교차로에 들어가려고 하는 다른 차가 있을 때에는 그 차에 진로를 양보해야 한다.

47 대형건설기계에 적용해야 될 내용으로 적절하지 않은 것은?

① 당해 건설기계의 식별이 쉽도록 전후 범퍼에 특별도색을 하여야 한다.

② 운전석 내부의 보기 쉬운 곳에 경고 표지판을 부착하여야 한다.

③ 최고속도가 45km/h 미만인 경우에는 전후 범퍼에 특별도색을 해야 된다.

④ 총중량 30톤 미만인 건설기계는 특별표지판 부착대상이 아니다.

답안 표기란

번호	①	②	③	④	⑤
31	①	②	③	④	⑤
32	①	②	③	④	⑤
33	①	②	③	④	⑤
34	①	②	③	④	⑤
35	①	②	③	④	⑤
36	①	②	③	④	⑤
37	①	②	③	④	⑤
38	①	②	③	④	⑤
39	①	②	③	④	⑤
40	①	②	③	④	⑤
41	①	②	③	④	⑤
42	①	②	③	④	⑤
43	①	②	③	④	⑤
44	①	②	③	④	⑤
45	①	②	③	④	⑤
46	①	②	③	④	⑤
47	①	②	③	④	⑤
48	①	②	③	④	⑤
49	①	②	③	④	⑤
50	①	②	③	④	⑤
51	①	②	③	④	⑤
52	①	②	③	④	⑤
53	①	②	③	④	⑤
54	①	②	③	④	⑤
55	①	②	③	④	⑤
56	①	②	③	④	⑤
57	①	②	③	④	⑤
58	①	②	③	④	⑤
59	①	②	③	④	⑤
60	①	②	③	④	⑤

제5회 실전모의고사

수험번호
수험자명

제한 시간 : 60분

글자 크기 | 화면 배치 | 전체 문제 수 : 60

48 전력케이블이 매설되어 있음을 표시하기 위해 차도에서 지표면 아래 30cm 깊이에 설치되는 것은?

① 표지시트
② 보호관
③ 보호판
④ 라인마크

49 도로 굴착자가 가스배관 매설위치를 확인 시 인력굴착을 실시하여야 하는 범위는?

① 가스배관의 좌우 0.5m
② 가스배관의 좌우 0.8m
③ 가스배관의 좌우 1m
④ 가스배관의 보호판이 육안으로 확인되었을 때

50 가스용접 시 주의할 점에 대한 내용으로 옳지 않은 것은?

① 토치 끝으로 용접물의 위치를 바꾸지 않는다.
② 아세틸렌 봄베 가까이에서 불꽃 조정을 피한다.
③ 아세틸렌 가스 누설 시험은 비눗물을 사용한다.
④ 토치에 점화할 때는 종이나 목재류를 사용한다.

51 건설기계의 점검 및 작업 시 안전사항으로 가장 거리가 먼 것은?

① 엔진 등 중량물을 탈착 시에는 반드시 밑에서 잡아준다.
② 엔진 가동 시에는 소화기를 비치한다.
③ 유압계통 점검 시 작용유가 식은 후에 점검한다.
④ 엔진 냉각계통 점검 시 엔진을 정지시키고 냉각수가 식은 후 점검한다.

답안 표기란

31	①	②	③	④	⑤
32	①	②	③	④	⑤
33	①	②	③	④	⑤
34	①	②	③	④	⑤
35	①	②	③	④	⑤
36	①	②	③	④	⑤
37	①	②	③	④	⑤
38	①	②	③	④	⑤
39	①	②	③	④	⑤
40	①	②	③	④	⑤
41	①	②	③	④	⑤
42	①	②	③	④	⑤
43	①	②	③	④	⑤
44	①	②	③	④	⑤
45	①	②	③	④	⑤
46	①	②	③	④	⑤
47	①	②	③	④	⑤
48	①	②	③	④	⑤
49	①	②	③	④	⑤
50	①	②	③	④	⑤
51	①	②	③	④	⑤
52	①	②	③	④	⑤
53	①	②	③	④	⑤
54	①	②	③	④	⑤
55	①	②	③	④	⑤
56	①	②	③	④	⑤
57	①	②	③	④	⑤
58	①	②	③	④	⑤
59	①	②	③	④	⑤
60	①	②	③	④	⑤

제5회 실전모의고사

수험번호
수험자명

제한 시간 : 60분

글자 크기 화면 배치 전체 문제 수 : 60

52 안전한 퓨즈의 사용방법으로 옳지 않은 것은?

① 임시로 철사를 감아 사용한다.
② 전류 용량에 맞는 퓨즈를 사용한다.
③ 산화된 퓨즈는 미리 교환한다.
④ 끊어진 퓨즈는 과열된 부분을 먼저 수리한다.

53 해머 작업 시 안전수칙으로 옳지 않은 것은?

① 작업 시 열처리된 것은 기존보다 강하게 두드린다.
② 장갑을 착용하지 않고 해머를 사용한다.
③ 쐐기를 박아 자루가 단단한 해머를 사용한다.
④ 작업 중 수시로 해머의 상태를 확인한다.

54 노랑 삼각형으로 만들어지는 안전 표지판은?

① 경고표시
② 안내표시
③ 금지표시
④ 지시표시

55 도로 폭이 8m 이상인 큰 도로에서 장애물 등이 없을 경우 일반 도시가스배관의 최소 매설 깊이는?

① 0.6m 이상
② 1.0m 이상
③ 1.2m 이상
④ 1.5m 이상

답안 표기란

31	①	②	③	④	⑤
32	①	②	③	④	⑤
33	①	②	③	④	⑤
34	①	②	③	④	⑤
35	①	②	③	④	⑤
36	①	②	③	④	⑤
37	①	②	③	④	⑤
38	①	②	③	④	⑤
39	①	②	③	④	⑤
40	①	②	③	④	⑤
41	①	②	③	④	⑤
42	①	②	③	④	⑤
43	①	②	③	④	⑤
44	①	②	③	④	⑤
45	①	②	③	④	⑤
46	①	②	③	④	⑤
47	①	②	③	④	⑤
48	①	②	③	④	⑤
49	①	②	③	④	⑤
50	①	②	③	④	⑤
51	①	②	③	④	⑤
52	①	②	③	④	⑤
53	①	②	③	④	⑤
54	①	②	③	④	⑤
55	①	②	③	④	⑤
56	①	②	③	④	⑤
57	①	②	③	④	⑤
58	①	②	③	④	⑤
59	①	②	③	④	⑤
60	①	②	③	④	⑤

제5회 실전모의고사

수험번호
수험자명

제한 시간 : 60분

글자 크기	⊕ Ⓜ ⊖	화면 배치		전체 문제 수 : 60

56 철탑에 154,000V라는 표시판이 부착되어 있는 전선 근처에서의 작업으로 옳지 않은 것은?

① 철탑 기초에서 충분히 이격하여 굴착한다.
② 철탑 기초 주변 흙이 무너지지 않도록 한다.
③ 전력선으로 부터 안전거리는 200cm 이상이다.
④ 전선이 바람에 흔들리는 것을 고려하여 접근금지 로프를 설치한다.

57 도로에 매설된 도시가스배관의 색깔이 황색이었다. 이 배관이 손상되어 가스가 누출될 경우 가스의 압력은?

① 1MPa 이상
② 0.1MPa 이상 1MPa 미만
③ 0.01MPa 이상 0.1MPa 미만
④ 0.01MPa 미만

58 22.9kV 배선전로에 근접하여 굴삭기 작업 시 안전관리상 옳은 것은?

① 굴삭기 운전자가 알아서 작업한다.
② 전력선에 접촉되더라도 끊어지지 않으면 사고는 발생하지 않는다.
③ 전력선이 활선인지 확인 후 안전 조치된 상태에서 작업한다.
④ 해당 시설관리자는 입회하지 않아도 무관하다.

답안 표기란

31	①	②	③	④	⑤
32	①	②	③	④	⑤
33	①	②	③	④	⑤
34	①	②	③	④	⑤
35	①	②	③	④	⑤
36	①	②	③	④	⑤
37	①	②	③	④	⑤
38	①	②	③	④	⑤
39	①	②	③	④	⑤
40	①	②	③	④	⑤
41	①	②	③	④	⑤
42	①	②	③	④	⑤
43	①	②	③	④	⑤
44	①	②	③	④	⑤
45	①	②	③	④	⑤
46	①	②	③	④	⑤
47	①	②	③	④	⑤
48	①	②	③	④	⑤
49	①	②	③	④	⑤
50	①	②	③	④	⑤
51	①	②	③	④	⑤
52	①	②	③	④	⑤
53	①	②	③	④	⑤
54	①	②	③	④	⑤
55	①	②	③	④	⑤
56	①	②	③	④	⑤
57	①	②	③	④	⑤
58	①	②	③	④	⑤
59	①	②	③	④	⑤
60	①	②	③	④	⑤

제5회 실전모의고사

수험번호
수험자명

제한 시간 : 60분

글자 크기 | 화면 배치 | 전체 문제 수 : 60

59 도시가스가 공급되는 지역에서 굴착공사를 하고자 하는 자는 공사시행 전에 가스 사고 예방에 필요한 안전조치와 공사계획에 대한 사항을 작성하여 어디에 제출해야 하는가?

① 한국가스공사
② 구청장
③ 소방서장
④ 도시가스사업자

60 도시가스 배관매설 시 직선구간에서 라인마크는 배관 길이의 최소 몇 m마다 설치해야 하는가?

① 20m
② 40m
③ 50m
④ 80m

답안 표기란

31	①	②	③	④	⑤
32	①	②	③	④	⑤
33	①	②	③	④	⑤
34	①	②	③	④	⑤
35	①	②	③	④	⑤
36	①	②	③	④	⑤
37	①	②	③	④	⑤
38	①	②	③	④	⑤
39	①	②	③	④	⑤
40	①	②	③	④	⑤
41	①	②	③	④	⑤
42	①	②	③	④	⑤
43	①	②	③	④	⑤
44	①	②	③	④	⑤
45	①	②	③	④	⑤
46	①	②	③	④	⑤
47	①	②	③	④	⑤
48	①	②	③	④	⑤
49	①	②	③	④	⑤
50	①	②	③	④	⑤
51	①	②	③	④	⑤
52	①	②	③	④	⑤
53	①	②	③	④	⑤
54	①	②	③	④	⑤
55	①	②	③	④	⑤
56	①	②	③	④	⑤
57	①	②	③	④	⑤
58	①	②	③	④	⑤
59	①	②	③	④	⑤
60	①	②	③	④	⑤

Memo

P / A / R / T 05

실전모의고사 정답 및 해설

Craftsman Excavating Machine Operator

제1회 실전모의고사 정답 및 해설

01	02	03	04	05	06	07	08	09	10
①	③	①	④	③	③	④	②	④	①
11	12	13	14	15	16	17	18	19	20
②	④	④	②	②	②	④	③	④	①
21	22	23	24	25	26	27	28	29	30
③	①	②	③	②	④	②	④	①	③
31	32	33	34	35	36	37	38	39	40
②	②	④	④	③	①	③	④	③	④
41	42	43	44	45	46	47	48	49	50
④	②	①	①	①	③	④	①	①	③
51	52	53	54	55	56	57	58	59	60
①	③	②	②	③	①	③	③	④	④

01

정답 ①

크랭크축은 기관 연소실에서 발생한 폭발력을 전달받아 이를 회전운동으로 전환하는 부품이다.

02

정답 ③

4행정 디젤기관의 작동 중 압축, 폭발 2개의 행정에서는 밸브가 모두 닫혀 있다. 흡입 행정에는 흡입밸브만 열리고 배기 행정에서는 배기밸브만 열린다.

03

정답 ①

피스톤 슬랩 혹은 사이드 노크는 피스톤의 측면 방향 요동 현상으로 피스톤의 스커트가 실린더 벽을 때리는 현상이다. 피스톤의 간극이 너무 클 경우 발생한다.

04

정답 ④

좌수식의 폭발 순서는 1 – 4 – 2 – 6 – 3 – 5, 우수식은 1 – 5 – 3 – 6 – 2 – 4이다.

05

정답 ③

실린더는 실린더 벽과 피스톤 등의 물리적 접촉이나 흡입공기 내의 이물질, 연소 생성물(카본) 등에 의해 마멸된다.

06

정답 ③

실린더와 피스톤, 실린더 헤드는 연소실을 형성하는 장치이다.

07

정답 ④

타이머는 엔진의 회전 속도나 부하 변동에 따라 연료의 분사 시기를 조절해 주는 장치이다.

08

정답 ②

냉각장치의 수온조절기가 열리는 온도가 낮을 경우 엔진이 과랭될 수 있으며, 따라서 엔진의 워밍업 시간이 길어질 수 있다.

09

정답 ④

압송식은 주요 윤활 부분에 오일펌프로 윤활유를 압송하는 방식이다.

10

정답 ①

스트레이너는 유체의 고형물을 제거하기 위한 장치로 펌프로 들어가는 쪽에 여과망이 설치된다.

11

정답 ②

라디에이터의 막힘률이 규정값의 20% 이상일 경우 라디에이터 코어를 신품으로 교체해야 한다.

12

정답 ④

에어클리너, 즉 공기청정기는 엔진에 흡입되는 공기 중 먼지 등의 불순물을 제거하여 엔진의 수명을 연장시키고 흡기 계통에서 발생하는 소음을 줄여 준다.

13 정답 ④

저항은 전자의 흐름을 방해하는 요소로 단위는 옴(Ohm)을 사용한다.

14 정답 ②

납축전지의 전해액은 물에 황산을 섞은 묽은 황산을 이용한다.

15 정답 ②

양극단자는 적갈색으로, 음극단자는 회색으로 칠해져 있다.

16 정답 ②

기동전동기를 계자 코일과 전기자 코일의 연결 방식에 따라 구분하면 직권식(직렬), 분권식(병렬), 복권식(직·병렬 혼합)으로 구분할 수 있다.

17 정답 ④

시동전동기의 구동이 되지 않을 경우 축전지의 전원 공급 상황, 즉 방전 여부, 단자 접촉 불량 여부, 배선 단선 여부 등을 확인해야 한다.

18 정답 ③

로터는 브러시를 통해 들어온 전류에 의해 전자석이 되는 부분으로, 교류발전기의 출력은 로터의 전류를 변화시켜 조정한다.

19 정답 ④

조향 링키지의 접속부가 헐거울 경우 조향 핸들의 유격이 커진다.

20 정답 ①

클러치판의 런아웃이 과다할 경우에 진동이 발생한다.

21 정답 ③

저압 타이어의 경우 '타이어의 폭–타이어의 내경–플라이수'의 방법으로 표시한다.

22 정답 ①

하이드로 백은 유압식 브레이크에 진동식 배력 장치를 병용하기 때문에 작은 힘으로도 브레이크를 작동시킬 수 있다.

23 정답 ②

클러치가 연결된 상태에서 기어를 변속하면 기어에서 소음이 나거나 손상될 가능성이 있다. 따라서 클러치의 연결을 끊고 기어변속을 해야 한다.

24 정답 ③

체크 밸브는 잔압을 유지하는 역할을 하며, 일정 잔압을 유지하면 휠 실린더의 오일 누설과 베이퍼록 현상을 방지할 수 있다.

25 정답 ②

슬립이음은 추진축의 길이 방향에 변화를 주기 위해 사용된다.

①, ③ 자재이음은 각도 변화에 유연성을 주기 위해 사용된다.

26 정답 ④

마스터 실린더는 브레이크의 조작과 관련이 있다.

27 정답 ②

마스트(mast)는 지게차의 작업장치에 해당한다.

28 정답 ④

오일 계통의 누설 또는 고장 등으로 유압이 낮아질 경우 굴삭기 붐의 자연 하강량이 많아지는 현상이 발생한다.

29 정답 ①

유압기계는 보수 관리가 어렵고 점검이 복잡한 것이 단점이다.

30 정답 ③

유압기기의 작동 속도를 높이기 위해서는 유압펌프의 토출량을 증가시켜야 한다.

31 정답 ②

베인펌프는 소형 · 경량이며 구조가 간단하고 성능이 좋다. 또한 수명이 길다는 장점이 있다.

32 정답 ②

유압펌프가 오일을 토출하지 않을 시의 점검사항
- 오일탱크에 오일이 규정량으로 들어있는가
- 흡입 스트레이너가 막혀있지 않은가
- 흡입 관로에서 공기를 빨아들이지 않는가

33 정답 ④

플런저 펌프는 피스톤 펌프라고도 하며, 구조가 복잡하고 비싸다는 단점이 있다.

34 정답 ④

압력제어 밸브는 펌프와 방향전환 밸브 사이에 설치된 밸브로, 유압회로 내의 필요한 압력을 유지한다.

35 정답 ③

카운터 밸런스 밸브에 대한 설명으로 크롤러 굴삭기가 제어속도 이상으로 낙하하는 것을 방지하는 압력제어 밸브의 종류이다.

36 정답 ①

② 압력 보상 유량제어 밸브의 기능이다.
③ 셔틀 밸브의 기능이다.
④ 분류 밸브의 기능이다.

37 정답 ③

유압모터에서 소음 및 진동이 발생할 때의 원인
- 체결 볼트의 이완
- 작동유 내 공기의 흡입
- 내부 부품의 파손

38 정답 ④

미터인 회로에 대한 설명으로, 유량제어 밸브로 흐름과 속도를 제어하는 회로이다.
① 미터아웃 회로 : 액추에이터 출구 측 관로에 설치한 회로
③ 블리드 오프 회로 : 실린더 입구 측의 불필요한 압유를 배출시켜 작동 효율을 증진시키는 회로

39 정답 ③

버스여객자동차의 정류지임을 표시하는 기둥이나 표지판 또는 선이 설치된 곳으로부터 10m 이내인 곳은 주차 및 정차가 모두 금지된 장소이다.

40 정답 ④

건설기계의 검사를 받으려는 자는 국토교통부장관에게 검사신청서를 제출하고 해당 건설기계를 제시해야 한다.

41 정답 ④

제1종 대형면허를 취득하면 운전할 수 있는 기종은 덤프트럭, 아스팔트살포기, 콘크리트믹서트럭, 천공기(트럭적재식) 등이다.

42 정답 ②

도로교통법상 교차로 가장자리나 도로 모퉁이로부터 5m 이내는 주 · 정차 금지 장소이다.

43 정답 ①

안전표지는 교통안전에 필요한 주의 · 규제 · 지시 등을 표시하는 표지판이나 도로의 바닥에 표시하는 기호 · 문자 또는 선 등을 말한다. 그 종류에는 주의표지, 규제표지, 지시표지, 보조표지, 노면표시가 있다.

44 정답 ①

건설기계조종사면허를 받은 사람이 면허의 효력이 정지되었을 때는 그 사유가 발생한 날부터 10일 이내에 시장 · 군수 또는 구청장에게 그 면허증을 반납해야 한다.

45 정답 ①

건설기계사업자의 변경신고를 하지 아니하거나 거짓으로 신고한 자는 50만원 이하의 과태료를 내야 한다.

46
정답 ③

③의 경우 100만원 이하의 과태료에 해당하는 위반 사항이다.

47
정답 ④

① 수출하기 위해 건설기계를 선적지까지 운행하는 것은 임시운행 사유에 해당한다.
② 수리를 위해 건설기계를 정비업체로 운행하는 것은 임시운행 사유에 해당하지 않는다.
③ 임시운행기간은 15일 이내로 한다.

48
정답 ①

도시가스배관은 지하에 매설할 경우 다른 시설물과 30cm 이상 이격해야 한다.

49
정답 ①

② 밀폐된 실내에서는 장비의 시동을 걸지 않는다.
③ 기계 사이의 통로는 안전을 위한 일정한 너비가 필요하다.
④ 각종 기계는 불필요하게 공회전시키지 않는다.

50
정답 ③

지상에 설치되어 있는 가스배관 외면에 반드시 기입해야 하는 사항
- 사용 가스명
- 가스 흐름 방향
- 최고 사용 압력

51
정답 ①

①은 금지표지 중 차량통제금지에 해당한다.
② 경고표지 중 고압전기 경고에 해당한다.
③ 지시표지 중 안전모 착용에 해당한다.
④ 경고표지 중 인화성물질 경고에 해당한다.

52
정답 ③

재해예방 4원칙
- 손실 우연의 원칙
- 예방 가능의 원칙
- 원인 계기의 원칙
- 대책 선정의 원칙

53
정답 ②

① 잘 끊어지지 않는 재질로 만들며, 두께는 0.2mm 이상이다.
③ 최고 사용압력이 저압인 경우 배관의 정상부로부터 60cm 이상 떨어진 곳에 설치해야 한다.
④ 최고 사용압력이 중압인 경우 배관의 정상부로부터 30cm 이상 떨어진 곳에 설치해야 한다.

54
정답 ②

황색 바탕에 검정색 글씨로 도시가스 배관임을 알린다.

55
정답 ③

① 주행 시 작업 장치는 진행 방향으로 한다.
② 운전석을 떠날 경우 기관을 정지시키고 브레이크를 확실히 건다.
④ 엔진 냉각계통의 점검 시에는 엔진을 정지시키고 냉각수가 식은 후 점검한다.

56
정답 ①

그라인더 작업 시 칩의 비산으로부터 눈을 보호하기 위하여 보안경을 착용해야 한다.

57
정답 ③

노란색은 경고를 의미한다.

58
정답 ③

가스배관 지하매설 심도
- 폭 8m 이상의 도로에서는 1.2m 이상
- 폭 4m 이상 8m 미만인 도로에서는 1m 이상
- 공동주택 등의 부지 내에서는 0.6m 이상

59
정답 ④

액화천연가스는 기체 상태로 도시가스 배관을 통해 각 가정에 공급되는 가스이다.

60
정답 ④

도로에서 굴착작업 중에 154kV 지중 송전케이블을 손상시켜 누유 중이라면 신속히 시설 소유자 또는 관리자에게 연락하여 조치를 취한다.

제2회 실전모의고사 정답 및 해설

01	02	03	04	05	06	07	08	09	10
②	④	④	④	②	①	②	②	②	①
11	12	13	14	15	16	17	18	19	20
③	①	①	④	③	②	①	③	①	①
21	22	23	24	25	26	27	28	29	30
④	②	①	④	④	④	④	②	①	④
31	32	33	34	35	36	37	38	39	40
②	①	③	③	②	①	④	④	④	①
41	42	43	44	45	46	47	48	49	50
②	④	②	②	④	③	④	②	①	④
51	52	53	54	55	56	57	58	59	60
④	④	④	③	④	④	②	④	②	①

01 정답 ②

라디에이터 코어가 막힌 경우 기관이 과열되는 원인이 된다.

02 정답 ④

실린더의 헤드 개스킷은 실린더 헤드와 블록 사이에서 연소실의 기밀을 유지하는 역할을 한다. 따라서 헤드 개스킷이 손상될 경우 연소실 내 압축 압력 및 폭발 압력이 저하되고, 엔진오일이 유출된다.

03 정답 ④

크랭크축의 길이가 길수록, 실린더의 회전력이 클수록, 크랭크축의 강성이 작을수록, 회전 부분의 질량이 클수록 비틀림 진동이 크다.

04 정답 ④

디젤기관은 분사된 연료의 폭발 압력을 이용해 작동하므로 연료의 공급을 차단할 경우 정지하게 된다.

05 정답 ②

디젤기관의 노킹을 방지하기 위해서는 세탄가가 높은 연료유를 사용하여야 한다.

06 정답 ①

크랭크축 베어링은 내피로성이 커야 한다.

07 정답 ②

조속기(거버너)는 연료의 분사량을 조절하여 엔진의 회전 속도를 조절해 주는 역할을 한다.

08 정답 ②

압력식 캡은 냉각장치 내의 압력을 0.2~0.9kg/cm² 정도로 유지하여 비등점을 112℃로 상승시키는 역할을 한다.

09 정답 ②

라디에이터의 팬이 고장 날 경우 방열기에 냉각수가 가득 차 있어도 그 냉각수를 식혀 주지 못해 기관이 과열될 수 있다.

10 정답 ①

4행정 사이클 기관에서는 비산식, 압송식, 비산압송식 윤활 방식이 가장 많이 사용된다. 2행정 사이클 기관의 경우 혼기혼합식과 분리윤활식이 가장 많이 사용된다.

11 정답 ③

온도가 상승하면 점도는 낮아지고, 반대로 온도가 낮아지면 점도는 높아진다.

12 정답 ①

NO_x은 연소 시 온도가 높을 경우 발생하는 가스이므로 높은 연소 온도가 그 발생 · 증가의 원인이 된다.

13 정답 ①

유압 라인 내 압력에 영향을 주는 요소에는 유체의 흐름량, 유체의 점도, 관로 직경의 크기 등이 있다. 관로의 좌우 방향은 압력과 큰 관련이 없다.

14
정답 ④

물보다 비중이 큰 황산을 조금씩 물에 부어 가며 혼합해야 한다. 반대로 할 경우 폭발의 위험이 있다.

15
정답 ③

축전지의 전해액이 묽은 황산이므로 세척 시 소다를 이용해 이를 중화시키고 물로 씻어주는 것이 가장 적절하다.

16
정답 ②

기동전동기의 브러시는 본래의 길이에서 1/3 정도가 마모되면 새것으로 교환해야 한다.

17
정답 ①

직류발전기는 컷 아웃 릴레이 장치를 사용하여 역류를 방지한다.

18
정답 ③

플래셔 스위치부터 지시등 사이에서 단선이 일어날 경우 한쪽 지시등이 작동하지 않게 된다.

19
정답 ①

고압타이어의 표시 방법은 '타이어의 외경–타이어의 내경–플라이수'로 나타낸다.

20
정답 ①

토크 컨버터의 토크 변환 비율은 2~3 : 1이다.
②, ③, ④는 유체 클러치에 대한 설명이다.

21
정답 ④

변속기는 단계 없이 연속적인 변속이 가능하여야 한다.

22
정답 ②

브레이크 오일(액)의 성분은 피마자 기름에 알콜 등의 용제를 혼합한 식물성 오일이다.
③ 브레이크 부품 및 마스터 실린더 조립 시 브레이크 오일로 세척해야 한다.

23
정답 ①

토크 컨버터는 유체, 즉 오일을 동력전달 매체로 한다.

24
정답 ④

종감속비가 크면 등판 능력과 가속 성능이 향상된다.

25
정답 ④

비틀림 스프링의 쇠약은 기관 출발 시 진동이 발생하는 원인과 관련이 있다.

26
정답 ④

제동장치의 구비조건
- 장치의 점검 및 조정이 용이해야 함
- 마찰력이 좋아야 함
- 신뢰성과 내구성이 뛰어나야 함
- 작동이 확실하고 제동 효과가 우수해야 함

27
정답 ④

하부 롤러 교환 시에는 트랙을 분리할 필요가 없다.

트랙을 트랙터로부터 분리하는 경우
- 아이들러, 실, 스프로킷, 트랙 교환 시
- 트랙이 벗겨진 경우

28
정답 ②

프론트 아이들러는 트랙 프레임 위를 전 · 후로 움직이며 트랙의 장력을 조정해 주행 중 지면으로부터 받는 충격을 완화한다. 또한 트랙 앞부분에서 트랙 장력을 조정하여 진행 방향을 유도한다.

29
정답 ①

유압 장치는 에너지 축적이 가능하다는 장점이 있다.

30
정답 ④

유량 제어 밸브는 회로에 공급되는 유량을 조절해 액추에이터의 속도를 조절하는 기능을 한다.

31
정답 ②

유압회로 내에 잔압을 설정하는 이유는 작동이 신속하게 이루어지도록 하기 위해서이다. 뿐만 아니라 유압회로 내 공기 혼입, 오일 누설 등을 방지하기 위한 목적도 있다.

32 정답 ①

차량용 축전지의 각 셀은 2.1~2.3V의 전압을 지니고 있다.

33 정답 ③

유압장치의 기호 회로도에는 각 기기의 구조나 작용 압력을 표시하지 않는다.

34 정답 ③

① 보조 가스 용기를 나타내는 기호이다.
② 공기압 모터를 나타내는 기호이다.
④ 유압 펌프를 나타내는 기호이다.

35 정답 ②

건설기계에 사용되는 유압펌프에는 기어 펌프, 베인 펌프, 나사 펌프, 피스톤 펌프(플런저 펌프)가 있다.

36 정답 ①

파스칼의 원리에 의해 밀폐된 용기 내 액체의 일부에 가해진 압력은 유체 각 부분에 동시에 같은 크기로 전달된다.

37 정답 ④

유압펌프는 일반적으로 엔진의 플라이휠에 의해 구동된다.

38 정답 ④

릴리프 밸브는 회로 내 최고 압력을 제한하는 밸브이다. 즉, 유압을 설정 압력으로 일정하게 유지시키는 역할을 한다.

39 정답 ④

일반적인 경우 조종사는 55데시벨의 소리를 들을 수 있어야 한다. 다만, 보청기를 사용하는 사람은 40데시벨이 기준이다.

40 정답 ①

등록이 말소된 건설기계를 운행한 자는 2년 이하의 징역 또는 2천만원 이하의 벌금을 내야 한다. 나머지는 1년 이하의 징역 또는 1천만원 이하의 벌금을 내야 한다.

41 정답 ②

시 · 도지사가 수시검사를 명령하고자 하는 때에는 수시검사를 받아야 할 날부터 10일 이전에 건설기계소유자에게 명령서를 교부하여 한다.

42 정답 ④

모든 차의 운전자는 교차로, 터널 안, 다리 위, 도로의 구부러진 곳, 비탈길의 고갯마루 부근 또는 가파른 비탈길의 내리막 등 지방경찰청장이 도로에서의 위험을 방지하고 교통의 안전과 원활한 소통을 확보하기 위하여 필요하다고 인정하는 곳으로서 안전표지로 지정한 곳에서는 앞지르기를 해서는 안 된다.

43 정답 ②

규정에 따른 과태료는 대통령령으로 정하는 바에 따라 국토교통부장관, 시 · 도지사, 시장 · 군수 또는 구청장이 부과 · 징수한다.

44 정답 ②

교차로 · 횡단보도 · 건널목이나 보도와 차도가 구분된 도로의 보도에서는 주차 및 정차가 모두 금지이다. 나머지는 모두 주차가 금지된 장소이다.

45 정답 ④

일시적인 부상으로 건설기계 조종을 할 수 없게 된 경우 면허증을 반납하지 않아도 된다.

46 정답 ③

편도 3차로 이상인 고속도로에서 오른쪽 차로는 대형승합자동차, 화물자동차, 특수자동차, 건설기계가 통행할 수 있다.

47 정답 ④

① 건설기계소유자는 검사신청기간 내에 검사를 신청할 수 없는 경우 만료일까지 신청서를 제출해야 한다.
② 검사연기신청서에 연기 사유를 증명할 수 있는 서류를 첨부하여 시 · 도지사에게 제출하면 된다.
③ 검사를 연기하는 경우 그 연기기간을 6월 이내로 한다.

48 정답 ②

① 주머니가 적은 것이 좋다.
③ 단추가 달린 것은 되도록 피한다.
④ 팔이나 발이 노출되지 않는 것이 좋다.

49 정답 ①

송전선로는 발전소 상호 간, 변전소 상호 간 또는 발전소와 변전소 간의 설치된 전력 선로이다. 한국전력의 송전선로 전압은 154kV, 345kV 등을 주로 사용한다.

50 정답 ④

라인마크는 도시가스배관 매설 시 도로 및 공동주택 등의 부지 내 도로에 설치하는 표지이다.

51 정답 ④

전기화재 시에는 이산화탄소 소화기가 가장 적합하다. 포말소화기는 일반화재나 유류화재 시 유용하나 전기화재에는 적합하지 않다.

52 정답 ④

건설기계와 전선로와의 이격 거리
- 애자수가 많을수록 멀어져야 한다.
- 전선이 굵을수록 멀어져야 한다.
- 전압이 높을수록 멀어져야 한다.

53 정답 ④

주어진 표지는 금지표지 중 탑승금지에 해당하므로 사용되는 색채는 흰색 바탕에 빨간색 모형이다.

54 정답 ③

도시가스 보호판은 배관 직상부 30cm 상단에 매설되어 있다.

55 정답 ④

산소 또는 아세틸렌 용기의 누출 여부는 비눗물로 검사하는 것이 가장 쉽고 안전한 방법이다.

56 정답 ④

고압 전선은 높은 전력을 가지고 있어서 근접만 해도 사고가 발생할 수 있으므로 주의가 필요하다.

57 정답 ②

인적 원인은 작업자의 불안전한 행동으로 1차 원인에 해당하며, 산업재해 중 가장 높은 비율을 차지한다.

58 정답 ④

공기 중에 비산한 금속분진에 의한 화재는 D급 화재이다.

① A급 화재 : 목재, 종이 섬유 등 일반 가연물에 의한 화재
② B급 화재 : 유류(기름)에 의한 화재
③ C급 화재 : 전기를 이용하는 기구 및 기계, 전선 등에 의한 화재

59 정답 ②

항타기는 부득이한 경우를 제외하고 가스배관과의 수평거리를 최소한 2m 이상 이격해야 한다.

60 정답 ①

지하 매설배관이 저압일 때는 황색, 중압 이상일 때는 적색으로 표시한다.

제3회 실전모의고사 정답 및 해설

01	02	03	04	05	06	07	08	09	10
②	③	④	①	④	④	①	②	③	①
11	12	13	14	15	16	17	18	19	20
②	②	③	③	②	②	③	③	④	①
21	22	23	24	25	26	27	28	29	30
④	①	④	④	②	③	②	④	②	③
31	32	33	34	35	36	37	38	39	40
④	④	①	②	③	②	③	④	②	③
41	42	43	44	45	46	47	48	49	50
①	④	④	③	①	③	①	③	①	④
51	52	53	54	55	56	57	58	59	60
④	④	①	③	④	①	③	②	③	③

01
정답 ②

내연기관은 저속에서 회전력이 크고 가속도도 커야 한다.

02
정답 ③

실린더 헤드 쪽에 설치되는 것은 압축 링이다.

03
정답 ④

밸브의 간극이 너무 클 경우 정상 온도에서 밸브가 완전히 열리지 않고 소음이 발생하게 된다.

04
정답 ①

디젤 기관의 노킹 방지를 위해서는 불완전연소가 일어나지 않도록 흡입 공기의 압력과 기관의 압축비를 높이고, 세탄가가 높은 연료를 사용해야 한다. 또한 연소실 벽(실린더 벽)의 온도는 높게 유지해야 한다.

05
정답 ④

실린더나 피스톤, 피스톤링 등의 마멸은 엔진오일의 연소실 유입을 야기한다. 배기 밸브가 마멸될 경우 압축 압력 저하의 원인이 된다.

06
정답 ④

유압식 밸브 리프터는 캠에 의한 충격을 흡수하여 밸브 기구의 내구성이 향상된다는 특징이 있다.

07
정답 ①

프라이밍 펌프는 연료 계통의 공기 빼기 작업을 위한 펌프이며, 연료의 공급과는 무관하다.

08
정답 ②

냉각장치의 팬 벨트 장력은 물펌프 풀리와 발전기 풀리 사이에서 10kg의 힘으로 눌렀을 때 13~20mm로 처짐이 발생하면 정상 범위에 해당한다.

09
정답 ③

부동액은 내부식성이 크고 팽창계수가 작아야 한다. 또한 비점이 높고 응고점이 낮아야 하며, 휘발성이 없고 유동성이 좋아야 한다.

10
정답 ①

오일이 붉은색에 가까울 경우 연료유가 유입된 것이다.

11
정답 ②

비산식은 윤활 방식(오일 급유 방식)의 한 종류이다. 윤활유 여과 방식으로는 분류식, 전류식, 샨트식 등이 있다.

12
정답 ②

과급기는 연소실 내에 외기를 밀어넣어 기관의 출력을 증대(35~45%)시키는 장치이다.

13
정답 ③

납축전지의 전해액은 물 70%, 황산 30%가 섞여 있는 묽은 황산을 이용한다.

14

정답 ③

12V 배터리 1개의 셀당 방전 종지 전압은 1.75[V]이다.

15

정답 ②

음극단자는 회색으로 칠해져 있으며 양극단자보다 더 작다. 또한 N자로 표시가 되어 있다.

16

정답 ②

국내에서는 20℃ 기준으로 전해액의 완충 시 표준 비중을 1.280으로 한다.

17

정답 ③

교류발전기는 실리콘 다이오드로 정류를 하기 때문에 정류 특성이 좋다.

18

정답 ③

엔진오일 경고등은 윤활 계통이 막혀 있거나 오일 필터가 막혀 있을 때, 드레인 플러그가 열려 있을 때 점등된다. 연료 필터와는 무관하다.

19

정답 ④

압력포트는 압력스위치의 구성 부품 중 하나이다.

20

정답 ①

변속 조이트의 설치 각도는 30° 이하로 하여야 한다.

21

정답 ④

캐스터(Caster)는 앞바퀴를 옆에서 보았을 때 수직선에 대해 조향축이 뒤 또는 앞으로 기울여 설치되어 있는 것이다.

22

정답 ①

진공식 제동배력장치가 고장이 나 브레이크가 작동되지 않아도 유압에 의한 브레이크는 어느 정도 작동된다.

23

정답 ④

기어의 백래시가 클 때 변속기어에 소음이 발생한다.

24

정답 ④

조향 안전축에는 메시식, 벨로우즈식, 볼식이 있다.
④ 엘리옷 형은 킹핀의 설치방식에 해당한다.

25

정답 ③

클러치 스프링 점검 시 장력, 자유도, 직각도를 확인해야 한다.

26

정답 ③

조향 기어가 마모되면 백래시가 커지고, 백래시가 커지면 핸들 유격도 함께 커진다.

27

정답 ②

무한궤도식 굴삭기에서 상부롤러는 트랙을 지지하고, 하부롤러는 트랙터 전체의 무게를 지지하는 목적을 가진다.

28

정답 ④

센터 조인트에 대한 설명으로 상부 회전체가 회전하더라도 호스나 파이프 등 오일관로가 꼬이지 않고 오일을 하부주행모터에 원활하게 공급하는 기능을 한다.

29

정답 ②

분기 회로에 사용되는 밸브는 리듀싱 밸브와 시퀀스 밸브이다.

30

정답 ③

실린더 자연 하강 현상의 발생원인

- 실린더 내부의 마모
- 실린더 내 피스톤 실의 마모
- 릴리프 밸브의 불량
- 컨트롤 밸브의 스풀 마모

31

정답 ④

④는 압력표시기를 의미한다.

32
정답 ④

유압장치는 회로의 구성이 어렵고 보수 관리가 복잡하다는 단점이 있다.

① 오일의 온도에 따라 점도가 변하기 때문에 기계의 속도도 함께 변한다.

33
정답 ①

유압펌프는 원동기의 기계적 에너지를 유압에너지로 변환하며 엔진의 플라이휠에 의해 구동된다.

② 릴리프 밸브의 기능에 대한 설명이다.
③ 유압모터에 대한 설명이다.
④ 유압탱크에 대한 설명이다.

34
정답 ②

정상 작동 온도로 난기 운전을 실시하여 작동유 유출을 점검하는 것이 좋다.

35
정답 ③

플런저 펌프(피스톤 펌프)는 유압펌프 중에서 가장 고압, 고효율이다.

유압펌프의 최고 압력
- 베인형 175kgf/cm^2
- 기어형 210kgf/cm^2
- 플런저형 350kgf/cm^2

36
정답 ②

토출량의 변화는 가변 용량형 펌프에서 볼 수 있으며, 가변 용량이 가능한 펌프는 피스톤 펌프와 베인 펌프이다.

37
정답 ③

릴리프 밸브의 설정 압력이 너무 높아 불량한 경우 고압호스가 파손될 가능성이 있다.

38
정답 ④

①, ② 베이퍼록과 페이드는 제동 작용에 의한 현상이다.
③ 노킹 현상은 이상 연소로 인해 연료의 연소를 제어할 수 없는 현상이다.

39
정답 ②

경사로의 정상부근은 앞지르기 금지 장소에 해당된다.

40
정답 ③

총중량이 40톤을 초과하는 건설기계에는 특별표지를 부착해야 한다.

41
정답 ①

운전자가 건설기계의 조종 중 과실로 중대한 사고를 일으킨 경우 피해금액 50만원마다 면허효력정지 1일의 처분을 받는다. 이때 면허효력정지일은 90일을 넘지 못한다.

42
정답 ④

술에 취한 상태(혈중알콜농도 0.03퍼센트 이상 0.08퍼센트 미만을 말한다)에서 건설기계를 조종한 경우, 면허효력정지 60일의 처분을 받는다.

43
정답 ④

정기검사를 받으려는 자는 검사유효기간의 만료일 전후 각각 31일 이내의 기간에 정기검사신청서를 시 · 도지사에게 제출해야 한다.

44
정답 ③

정기적성검사 또는 수시적성검사를 받지 않은 자는 300만원 이하의 과태료를 내야 한다.

45
정답 ①

교통정리를 하고 있지 않고 좌우를 확인할 수 없거나 교통이 빈번한 교차로에서는 일시정지해야 한다.
②~④는 서행해야 하는 장소이다.

46
정답 ③

건설기계소유자는 천재지변, 건설기계의 도난, 사고 발생, 압류, 1월 이상에 걸친 정비 그 밖의 부득이한 사유로 검사신청기간 내에 검사를 신청할 수 없는 경우에는 검사신청기간 만료일까지 검사연기신청서에 연기사유를 증명할 수 있는 서류를 첨부하여 시 · 도지사에게 제출해야 한다. 다만, 검사대행자를 지정한 경우에는 검사대행자에게 제출해야 한다.

47
정답 ①

비가 내려 노면이 젖어있거나, 눈이 20mm 미만 쌓인 경우에 최고속도의 20%을 줄인 속도로 운행해야 한다.

48 정답 ③

출입금지는 안전표지 중에서 금지표지에 해당한다.

49 정답 ①

용접작업 시 담금질한 재료는 정으로 쳐서는 안 된다.

50 정답 ④

전해액은 황산과 물로 구성되어 있어 면직 또는 나일론 등을 입고 작업하면 작업복이 손상될 수 있다. 따라서 고무로 된 작업복을 착용해야 한다.

51 정답 ④

땅속을 굴착하고자 할 때, 그 지역에 가스를 공급하는 도시가스 회사에 가스배관의 매설 유무를 확인해야 한다.

52 정답 ④

① LPG 봄베는 굴려서 운반하면 안 된다.
② 긴 물건은 앞쪽을 위로 올린다.
③ 힘의 균형을 유지하여 이동한다.

53 정답 ①

바람에 흔들리는 정도를 파악해 작업안전거리를 확보한 후 작업해야 한다.

54 정답 ③

해당 그림은 지시표지 중 안전모 착용을 의미한다.

55 정답 ④

지하구조물이 설치된 지역에서는 지면으로부터 0.3m 지점에 도시가스배관을 보호하기 위한 보호관을 두어야 한다.

56 정답 ①

안전장치는 작업자 보호 및 기계 손상 방지를 위해 만들거나 설치하는 장치 · 구조물이다.

57 정답 ③

154kV의 송전선로에 대한 안전거리는 160cm 이상이다.

58 정답 ②

도시가스사업자는 황색 페인트 표시, 표시깃발 등에 따른 표시 여부를 확인해야 하며, 표시가 완료된 것이 확인되면 즉시 그 사실을 정보지원센터에 통지해야 한다.

59 정답 ③

굴착 장비를 이용하여 도로 굴착 작업 중 '고압선 위험' 표지 시트가 발견되었을 경우 표지 시트의 바로 아래 전력 케이블이 묻혀 있다는 의미이다.

60 정답 ③

가스배관의 좌우 1m 이내에는 장비 작업을 금하고 인력으로 작업해야 한다.

제4회 실전모의고사 정답 및 해설

01	02	03	04	05	06	07	08	09	10
②	④	③	①	④	②	②	③	④	③
11	12	13	14	15	16	17	18	19	20
①	①	③	②	②	③	①	④	④	②
21	22	23	24	25	26	27	28	29	30
③	②	③	③	④	①	④	②	④	③
31	32	33	34	35	36	37	38	39	40
①	①	②	③	②	①	①	③	④	①
41	42	43	44	45	46	47	48	49	50
③	②	③	③	②	②	②	④	②	①
51	52	53	54	55	56	57	58	59	60
③	①	②	④	③	④	④	③	②	④

01 정답 ②

행정이란 피스톤의 상사점(가장 높이 올라갔을 때의 지점)과 하사점(가장 낮게 내려갔을 때의 지점) 사이의 거리를 말한다.

02 정답 ④

크랭크축은 실린더의 폭발로 발생하는 기관의 상 · 하 왕복운동을 전달받아 회전운동으로 변환한다.

03 정답 ③

실린더가 마멸될 경우 압축 압력이 저하되고 이로 인해 기관의 출력이 저하된다.

04 정답 ①

기관의 온도가 상승한다는 것은 기관의 냉각이 잘 이루어지지 않고 있다는 의미이므로 가장 먼저 냉각수의 양이 모자라지 않은지 점검한다.

05 정답 ④

불완전연소 혹은 노킹 등이 발생할 경우 카본이 발생하여 예열 플러그를 오염시킬 수 있다.

06 정답 ②

엔진의 압축 압력이 과다하다고 하여 피스톤의 고착이 발생하지는 않는다.

07 정답 ②

연료분사펌프가 고장 등으로 인해 기능이 불량할 경우 연료가 필요한 곳으로 잘 도달하지 못하고, 이로 인해 시동 및 기관 작동 유지가 잘 되지 않을 수 있다.

08 정답 ③

라디에이터 캡은 냉각장치 내의 압력을 0.2~0.9kg/cm^2 정도로 유지하여 비등점을 상승시킨다. 따라서 캡의 스프링이 파손될 경우 냉각수의 비등점이 낮아진다.

09 정답 ④

물 펌프는 엔진이 회전하면 전동팬의 작동과 관계없이 작동한다.

10 정답 ③

릴리프 밸브가 열린 채로 고착될 경우 오일의 압력이 낮아질 수 있다.

11 정답 ①

피스톤링이 마멸되어 윤활유가 연소실 내로 유입될 경우 윤활유 소비량이 과다해진다.

12 정답 ①

공기청정기는 엔진으로 흡입되는 공기를 여과하고 연소의 질을 높임으로써 소음도 방지한다.

13 정답 ③

$V=I\times R$이므로 전압은 10[A]×5[Ω]=50[V]이다.

14 정답 ②

반대로 직렬 연결은 여러 개의 저항을 한 줄로 연결하는 방법으로 전체 저항은 증가한다.

15 정답 ②

급속 충전은 배터리 용량의 50%를 보통 1시간 이내로 충전을 완료하는 방법이다. 비상시에만 실시하며, 충전 시간도 가능한 짧게 해야 한다.

16 정답 ③

기동전동기를 동력 전달 방식에 따라 구분하면 벤딕스식(관성 섭동식), 전기자 섭동식, 피니언 섭동식(전자식)으로 구분할 수 있다.

17 정답 ①

발전기는 플레밍의 오른손법칙을 응용한 장치이다.

18 정답 ④

충전 경고등은 충전 계통에 이상이 있거나 충전이 제대로 이루어지지 않고 있을 경우 점등된다.

19 정답 ④

클러치의 용량은 기관 최고 회전력의 1.5에서 2.5배 정도여야 한다. 너무 크면 조작이 어렵고 너무 작으면 미끄러짐이 발생하기 쉽다.

20 정답 ②

페이드 현상은 과도한 마찰열로 인해 발생하므로 작동을 멈추고 열을 식혀야 한다.
③ 베이퍼록 현상을 방지하기 위한 운전 방법이다.

21 정답 ③

베이퍼록 현상이란 브레이크의 마찰열로 인해 오일이 비등하여 회로 내 기포가 발생하여 브레이크 작동이 잘 되지 않는 현상을 말한다.

22 정답 ②

공기 탱크에는 안전 밸브가 설치되어 탱크 내의 압력이 일정 수준에 닿으면 안전밸브를 이용하여 공기를 대기로 방출시킨다.

23 정답 ③

장비에 부하가 걸릴 때마다 토크 컨버터의 터빈 속도는 느려진다.

24 정답 ③

십자축 자재이음은 회전 속도의 변화를 상쇄하기 위해 추친축의 앞 · 뒤에 둔다.

25 정답 ④

조향장치는 수명이 길고 취급이나 정비하기 쉬워야 한다.

26 정답 ①

클러치판 댐퍼 스프링은 수동변속기에서 클러치에 접속될 때 회전 충격을 흡수하는 역할을 한다.

27 정답 ④

암반이나 부정지, 연약지, 요철이 심한 곳 등에서는 저속으로 주행하여야 한다.

28 정답 ②

콘크리트관이 파손되지 않도록 조치를 한 후에 서행으로 주행하여야 한다.

29 정답 ④

리듀싱 밸브는 감압 밸브라고도 하며, 유량이나 1차측의 압력과 상관없이 분기회로에서 2차측 압력을 설정값까지 감압하여 사용하는 밸브이다.

30 정답 ③

유압의 제어방법
- 방향제어 : 일의 방향 제어
- 압력제어 : 일의 크기 제어
- 유량제어 : 일의 속도 제어

31 정답 ①

② 정위치 고정을 나타낸다.
③ 자동형 배수기를 나타낸다.
④ 유압 압력계를 나타낸다.

32 정답 ①

그림에 해당하는 밸브는 릴리프 밸브이다.

33 정답 ②

숨돌리기 현상에서 나타나는 현상
- 작동지연 현상
- 서지압 발생
- 피스톤 작동의 불안정

34 정답 ③

유압 실린더는 유압 펌프에서 공급되는 유압을 직선 왕복 운동으로 변환시킨다.

35 정답 ②

오일탱크의 구성 부품 중 드레인 플러그는 오일 탱크 내의 오일을 전부 배출시킬 때 사용하는 마개이다.

36 정답 ①

오일 탱크에 수분 혼입되었을 때의 영향
- 유압 기기의 마모를 촉진시킨다.
- 작동유의 열화가 촉진된다.
- 공동 현상(캐비테이션)이 발생한다.

37 정답 ①

어큐뮬레이터는 일정한 압력을 유지하며 압력을 점진적으로 증대시키고 유압 에너지를 저장한다. 또한 서지 압력의 흡수, 펌프 맥동 흡수 등을 위해 사용된다.

38 정답 ③

나선 와이어 브레이드는 가장 큰 압력을 견딜 수 있는 유압호스이다.

39 정답 ④

정기적성검사를 받지 않은 자는 300만원 이하의 과태료를, 나머지는 1년 이하의 징역 또는 1천만원 이하의 벌금을 내야 한다.

40 정답 ①

모든 차 또는 노면전차의 운전자가 서행해야 하는 장소
- 교통정리를 하고 있지 않은 교차로
- 도로가 구부러진 부근
- 비탈길의 고갯마루 부근
- 가파른 비탈길의 내리막
- 지방경찰청장이 도로에서의 위험을 방지하고 교통의 안전과 원활한 소통을 확보하기 위하여 필요하다고 인정하여 안전표지로 지정한 곳

41 정답 ③

시 · 도지사는 등록된 건설기계를 그 소유자의 신청이나 시 · 도지사의 직권으로 등록을 말소할 수 있다. 하지만 건설기계를 판매하는 경우는 이에 해당하지 않는다.

42 정답 ②

① 신규 등록검사 : 건설기계를 신규로 등록할 때 실시하는 검사
③ 수시검사 : 성능이 불량하거나 사고가 자주 발생하는 건설기계의 안전성 등을 점검하기 위하여 실시하는 검사
④ 정기검사 : 건설공사용 건설기계로서 3년의 범위에서 국토교통부령으로 정하는 검사유효기간이 끝난 후에 계속하여 운행하려는 경우에 실시하는 검사와 운행차의 정기검사

43 정답 ③

시 · 도지사는 등록된 건설기계가 최고(催告)를 받고 지정된 기한까지 정기검사를 받지 않는 경우에는 그 소유자의 신청이나 시 · 도지사의 직권으로 등록을 말소할 수 있다.

44 정답 ③

도로
- 「도로법」에 따른 도로
- 「유료도로법」에 따른 유료도로
- 「농어촌도로 정비법」에 따른 농어촌도로
- 그 밖에 현실적으로 불특정 다수의 사람 또는 차마(車馬)가 통행할 수 있도록 공개된 장소로서 안전하고 원활한 교통을 확보할 필요가 있는 장소

45 정답 ②

긴급자동차 외의 자동차 간의 통행 우선 순위는 최고속도 순서에 따른다.

46 정답 ②

교차로에 동시에 들어가려고 하는 차의 운전자는 우측 도로의 차에 진로를 양보해야 한다.

47 정답 ②

① 영업용 등록번호표는 주황색 판에 흰색 문자로 한다.
③ 시 · 도지사의 등록번호표 봉인자 지정을 받은 자에게 등록번호표의 제작, 부착 등을 받아야 한다.
④ 건설기계 등록이 말소된 경우 등록번호표를 10일 이내에 시 · 도지사에게 반납해야 한다.

48 정답 ④

보안경은 산소용접, 클러치 탈 · 부착 작업, 그라인딩 작업, 전기용접 및 가스용접 작업 등을 할 때 필요하다.

49 정답 ②

렌치는 밀지 않고 끌어당기는 상태로 작업한다.

50 정답 ①

작업 종료 후 브레이크가 아닌 장비의 전원을 꺼야 한다.

51 정답 ③

① 땀을 닦기 위한 수건이나 손수건은 허리나 목에 두르지 않는다.
② 옷에 쇳가루가 묻었을 경우 솔이나 털이개를 이용하여 털어낸다.
④ 기름이 묻은 작업복은 될 수 있는 한 입지 않도록 한다.

52 정답 ①

도시가스라고 표기되어 있고 화살표가 표시되어 있는 것은 라인마크에 대한 설명이다.

53 정답 ②

안전보건표지 중 안내표지인 응급구호 표지를 나타낸 것이다.

54 정답 ④

중량물 운반 시 어떤 경우라도 사람을 승차시켜 화물을 붙잡도록 할 수 없다.

55 정답 ③

파일 항타기를 이용한 파일 작업 중 지하에 매설된 전력케이블 외피가 손상되었을 때 인근 한국전력 사업소에 연락하여 한전 직원이 조치하도록 한다.

56 정답 ④

액화천연가스의 주성분은 메탄이고, 공기보다 가벼워 가스 누출 시 위로 올라간다. 또한 가연성이 있어 공기와 혼합했을 때 폭발할 수 있다. ①~③은 LP 가스의 특징이다.

57 정답 ④

지시표지는 파란색 바탕을 사용한다.
① 노란색은 경고표지의 바탕색이다.
② 흰색은 금지표지, 안내표지의 바탕색이다.
③ 녹색은 안내표지의 바탕색이다.

58 정답 ③

가스배관의 표지판

- 설치간격은 500m마다 1개 이상이다.
- 표지판의 크기는 가로 200mm, 세로 150mm 이상의 직사각형이다.
- 황색 바탕에 검정색 글씨로 도시가스 배관임을 알리고 연락처 등을 표시한다.

59 정답 ②

도시가스의 최고 사용압력이 저압인 배관의 경우 배관의 정상부로 60cm 이상인 곳에 설치해야 한다.

60 정답 ④

렌치나 플라이어 등은 밀지 말고 끌어당기는 상태로 작업한다.

제5회 실전모의고사 정답 및 해설

01	02	03	04	05	06	07	08	09	10
①	②	②	①	②	④	③	④	④	①
11	12	13	14	15	16	17	18	19	20
④	④	②	④	②	①	①	④	④	①
21	22	23	24	25	26	27	28	29	30
③	②	①	③	③	②	①	③	②	②
31	32	33	34	35	36	37	38	39	40
①	④	①	④	③	②	①	③	②	②
41	42	43	44	45	46	47	48	49	50
④	①	①	②	①	②	③	①	③	④
51	52	53	54	55	56	57	58	59	60
①	①	①	①	③	③	④	③	②	③

01 정답 ①

실린더와 피스톤 및 피스톤링 등이 마멸되었을 경우 엔진오일이 연소실로 유입될 수 있다.

02 정답 ②

실린더 벽이 과도하게 마멸되었을 경우 엔진오일이 연소실 내로 유입되어 엔진오일의 소모량이 증가할 수 있다.

03 정답 ②

마찰열에 의한 피스톤의 소결 현상 발생은 피스톤의 간극이 작을 경우 나타나는 현상이다.

04 정답 ①

실린더 라이너가 마멸될 경우 연소가스가 연소실 밖으로 누출되고, 결국 압축 압력이 저하된다.

05 정답 ②

피스톤링은 연소실의 기밀 유지, 오일 제어, 열 전도 등의 역할을 한다.

06 정답 ④

냉각수의 순환 속도는 냉각수 펌프의 속도와 온도 등에 따라 달라진다.

07 정답 ③

연료 분사의 요소는 무화, 관통, 분산, 분포이다.

08 정답 ④

정온기는 냉각장치를 구성하는 부품으로, 실린더 헤드와 라디에이터 사이에 설치되어 냉각수의 온도를 알맞게 조절하는 장치이다.

09 정답 ④

인젝터의 연료 분사 시기는 인젝터 솔레노이드 코일의 통전시간에 의해 제어된다.

10 정답 ①

엔진오일은 비중과 점도가 적절한 수준으로서 너무 높지도, 너무 낮지도 않아야 한다.

11 정답 ④

기관을 정지시킨 후 약 5~10분이 지난 뒤에 점검해야 한다.

12 정답 ④

오일을 교환하는 것은 기관 내 윤활 및 방청 등의 작용을 원활히 하기 위한 것으로, 기관의 출력을 저하시키는 원인으로 보기 어렵다.

13 정답 ②

전류$=\frac{전력}{전압}$이다. 따라서 전류$=\frac{1,000}{25}=40$[A]이다.

14 정답 ④

납축전지의 장기간 보관 시 1개월마다 한 번씩 보충 충전을 해 주어야 한다.

15 정답 ②

정전류 충전은 배터리 용량의 약 10%의 일정한 전류로 충전하는 방법이며, 가장 일반적으로 활용되는 충전 방법이다.

16 정답 ①

축전지 터미널이 부식되더라도 시동 스위치가 손상되지는 않는다.

17 정답 ①

퓨즈는 과도한 전류로부터 전기 회로를 보호하는 장치이다.

18 정답 ④

전조등의 좌 · 우 램프 간 회로는 병렬로 연결된다.

19 정답 ④

유압식 브레이크의 부품으로는 마스터 실린더, 브레이크 페달, 브레이크 파이프 라인, 휠 실린더 등이 있다.
④ 센터링크는 조향장치의 구성 부품에 해당한다.

20 정답 ①

토크 컨버터에서 터빈 속도와 회전력은 반비례 관계이다. 즉, 터빈 속도가 올라가면 회전력은 감소한다.

21 정답 ③

독립차축 방식의 조향기구에는 조향핸들, 조향축, 조향기어, 센터 링크, 타이로드, 아이들러 암 등으로 구성되어 있으며 드래그 링크는 없다.

22 정답 ②

추진축 회전할 때 진동을 방지하기 위해 추진축에 밸런스웨이트를 설치한다.

23 정답 ①

스테이터는 오일의 방향을 바꾸어 회전력을 증대시키며 토크를 전달하는 기능을 한다.

24 정답 ③

마찰열 때문에 휠 실린더나 브레이크 회로 내에 오일이 기화되어 기포가 형성되는 현상은 베이퍼록에 대한 설명이다.

25 정답 ③

디스크식 브레이크는 자기배력작용이 없기 때문에 큰 조작력을 필요로 하는 브레이크이다.

26 정답 ②

타이어식 건설기계에서 조향 바퀴의 토인은 타이로드의 길이로 조정한다.

27 정답 ①

시동이 되어 있는 건설기계장비에서는 운전자가 하차하지 않아야 하며 부득이한 경우에 변속기 선택레버를 중립으로 하고 주차브레이크를 당긴 후 내려야 한다.

28 정답 ③

버킷(bucket)은 토사 굴토, 도랑 파기, 토사 상차 작업에 가장 적합한 건설기계 작업장치이다.

29 정답 ②

체크 밸브에 대한 설명으로 유압유의 흐름을 한쪽으로만 허용하고 반대방향의 흐름을 제어하는 역할을 한다.

30 정답 ②

스트레이너는 유압펌프의 흡입관에 설치되어 유압유에 포함된 불순물을 제거한다.

31 정답 ①

작동유는 열팽창계수가 작고, 비압축성이어야 하며 강인한 유막을 형성해야 하는 등의 구비조건을 갖추어야 한다.

32 정답 ④

유압오일의 온도와 점도는 반비례하므로 온도가 상승하면 점도는 저하된다. 따라서 펌프 효율 및 밸브의 기능이 저하되어 오일 누출 현상이 증가한다.

33 정답 ①

유압유가 부족하면 과열이 될 수 있으나 유량이 많다고 해서 과열의 원인이 되지는 않는다.

34 정답 ④

유압기기의 마모 촉진, 작동유의 열화, 공동 현상(캐비테이션)은 작동유에 수분이 혼입되었을 때의 영향에 해당한다.

35 정답 ③

플러싱은 슬러지 등을 용해하여 장치 내를 깨끗하게 하는 작업이다.

36 정답 ②

탱크 내부를 점검하는 일은 일상적으로 점검하는 사항이 아니다.

유압장치의 일일 점검 사항

- 오일 누유 여부 확인
- 변질상태 확인
- 오일의 양 확인

37 정답 ①

가동 중 이상음이 발생하면 즉시 작업을 중단하여야 한다.

38 정답 ③

오일의 압력이 낮아지는 원인

- 오일의 점도가 낮아졌을 때
- 계통 내 누설이 있을 때
- 오일펌프가 마모 · 노후되었을 때

39 정답 ②

규제표지는 도로교통의 안전을 위하여 각종 제한 · 금지 등의 규제를 하는 경우에 이를 도로사용자에게 알리는 표지를 말한다.

40 정답 ②

폐기요청을 받은 건설기계를 폐기하지 않거나 등록번호표를 폐기하지 않은 자는 1년 이하의 징역 또는 1천만 원 이하의 벌금을 내야 한다.

41 정답 ④

육상작업용 건설기계규격의 증가 또는 적재함의 용량 증가를 위한 구조변경은 할 수 없다.

42 정답 ①

모든 차 또는 노면전차의 운전자는 철길건널목을 통과하려는 경우에는 건널목 앞에서 일시정지하여 안전한지 확인한 후에 통과해야 한다. 다만, 신호기 등이 표시하는 신호에 따르는 경우에는 정지하지 않고 통과할 수 있다.

43 정답 ①

최소 회전 반경이 12m를 초과하는 건설기계는 특별표지를 부착해야 한다.

44 정답 ②

운전이 금지되는 술에 취한 상태의 기준은 운전자의 혈중알코올농도가 0.03퍼센트 이상인 경우로 한다.

45 정답 ①

비가 내려 노면이 젖은 상태에서는 최고속도의 20%를 줄인 속도로 운행해도 된다.

46 정답 ②

교차로에 들어가려고 하는 차의 운전자는 이미 교차로에 들어가 있는 다른 차가 있을 때에는 그 차에 진로를 양보해야 한다.

47 정답 ③

건설기계 안전기준에 관한 규칙의 기준에 따라 대형건설기계의 최고주행속도가 35km/h 미만인 건설기계의 경우에는 전후 범퍼에 특별도색을 하지 않아도 된다.

48 정답 ①

표지시트는 전력케이블이 매설되어 있음을 알리는 시트로, 만약 굴착 도중 전력케이블 표지시트가 나왔을 경우 즉시 굴착을 중단하고 해당 시설 관련 기관에 연락한다.

49 정답 ③

가스배관 좌우 1m 이내에는 장비 작업을 금하고 인력으로 작업해야 한다.

50
정답 ④

토치에 점화할 때 전용 점화기를 사용한다.

51
정답 ①

무거운 중량물을 탈착 시 화물의 낙하 위험성이 크므로 밑에서 작업하면 안 된다.

52
정답 ①

퓨즈대용으로 철사를 감아 사용 시 화재의 위험이 있다.

53
정답 ①

해머로 작업 시 열처리된 것은 강하게 쳐서는 안 된다.

54
정답 ①

② 안내표시 : 사각형 및 원형
③ 금지표시 : 빨강 원형
④ 지시표시 : 파랑 원형

55
정답 ③

폭 8m 이상의 도로에서는 도시가스배관을 최소 1.2m 이상 매설해야 한다.

56
정답 ③

154,000V는 한국전력에서 송전선으로 사용하는 고압의 전력선으로 안전거리는 160cm 이상이다.

57
정답 ④

가스의 압력이 저압일 때 매설배관을 황색으로 표시하므로 저압은 0.01MPa 미만이다.

58
정답 ③

배전선로 부근 작업 시 안전사항(22.9kV)

- 전력선이 활선이지 확인 후 안전조치된 상태에서 작업한다.
- 해당 시설관리자의 입회하에 안전 조치된 상태에서 작업한다.
- 임의로 작업하지 않고 안전관리자의 지시에 따른다.

59
정답 ②

가스안전영향평가서는 시장 · 군수 또는 구청장에게 제출한다.

60
정답 ③

직선구간에는 배관 길이 50m마다 1개 이상 설치해야 한다.

Memo

Memo

Memo

Memo

Memo

Memo

답만 짚어주는

굴삭기운전기능사 필기

초판발행 2021년 3월 15일

저 자 건설기계교육연구소

발 행 인 정용수

발 행 처 예문사

주 소 경기도 파주시 직지길 460(출판도시) 도서출판 예문사

T E L 031) 955-0550

F A X 031) 955-0660

등록번호 11-76호

정 가 13,000원

홈페이지 http://www.yeamoonsa.com

I S B N 978-89-274-3896-0 [13550]